Empirische Wirtschaftsforschung und Ökonometrie

Peter Winker

Empirische Wirtschaftsforschung und Ökonometrie

4., aktualisierte und ergänzte Auflage

 Springer

Prof. Peter Winker
Justus-Liebig-Universität Gießen
Gießen, Deutschland

ISBN 978-3-662-49298-7   ISBN 978-3-662-49299-4 (eBook)
DOI 10.1007/978-3-662-49299-4

Die Deutsche Nationalbibliothek verzeichnet diese Publikation in der Deutschen Nationalbibliografie; detaillierte bibliografische Daten sind im Internet über http://dnb.d-nb.de abrufbar.

Springer ist Teil von Springer Nature
Die eingetragene Gesellschaft ist Springer-Verlag GmbH Germany
Die Anschrift der Gesellschaft ist: Heidelberger Platz 3, 14197 Berlin, Germany

Vorwort

Vorwort zur 4. Auflage

Für die vierte Auflage dieses Buches wurden alle empirischen Anwendungen aktualisiert. Auch in den Kapiteln, die sich auf die Datengrundlage der empirischen Wirtschaftsforschung fokussieren, erfolgten einige Änderungen, während die methodischen Kapitel weitgehend unverändert blieben, einmal abgesehen von der Korrektur von Fehlern und einigen kleineren Ergänzungen.

An der Vorbereitung dieser Auflage waren insbesondere Paul Rudel, der das gesamte Manuskript der vorangegangenen Auflage sorgfältig auf Aktualisierungsbedarfe hin durchgesehen hat, und Christoph Funk, der weitere inhaltliche Anregungen beigesteuert hat, beteiligt. Ich bin Ludwig Camin und Uwe Hassler dankbar, die Hinweise zu Fehlern in der 3. Auflage gegeben haben, die nun entfernt sein sollten. Eine finale Durchsicht einzelner Kapitel erfolgte durch Jana Brandt, Christoph Funk, Daniel Grabowski, Johannes Lips und Johannes Lüdering, denen ich dafür zu Dank verpflichtet bin. An der Endredaktion wirkte schließlich Cornelia Sawallisch mit. Ich hoffe, dass es dank dieser Unterstützung gelungen ist, die Anzahl der Fehler und Unklarheiten weiter zu reduzieren. Alle verbleibenden Unvollkommenheiten liegen natürlich auch weiterhin alleine in meiner Verantwortung.

Gießen, im Dezember 2016   Peter Winker

Vorwort zur 3. Auflage

Ungefähr vier Jahre liegt die 2. Auflage dieses Buches zurück, in der ein deutlich höheres Gewicht auf die ökonometrischen Methoden gelegt wurde. In der vorliegenden neuen Auflage bleibt die Gewichtung der verschiedenen Bestandteile nahezu unverändert. Die vorgenommenen Änderungen konzentrieren sich auf die Aktualisierung der empirischen Beispiele, die Beseitigung von Fehlern und Unklarheiten, auf die mich in den vergangenen Jahren viele Nutzer hingewiesen haben, sowie kleinere methodische Ergänzungen.

Zum Gelingen dieser dritten Auflage haben Manuel Baur, Sebastian Bredl, Björn Fastrich, Henning Fischer, Christian Nitsche, Dorothea Reimer, Wolfgang Scherf, Nina Storfinger und Martin Wagner durch wertvolle Hinweise beigetragen. Besonderer Dank gebührt Iris Gönsch, Katharina Niehoff und Frauke Schleer für die sorgfältige Durchsicht verschiedener Fassungen und für viele Hinweise, die zu einer besseren Darstellung geführt haben. Leider wird auch diese Neuauflage trotz aller Bemühungen nicht ganz ohne Fehler geblieben sein. Für diese verbliebenen Mängel trage ich alleine die Verantwortung.

Gießen, im August 2010   Peter Winker

Vorwort 2. Auflage

Zehn Jahre sind ungefähr vergangen seit dem Abschluss der Arbeiten an der ersten Ausgabe des vorliegenden Lehrbuches. Zehn Jahre sind eine lange Zeit angesichts des rasanten Fortschritts im Bereich der empirischen Wirtschaftsforschung und Ökonometrie einerseits und der zunehmenden Berücksichtigung dieser Felder in den universitären Curricula. Aus diesem Grund freue ich mich besonders, nunmehr eine aktualisierte, korrigierte und teilweise erweiterte Version des Buches vorlegen zu können. Dem etwas gestiegenen Gewicht der ökonometrischen Analyse wird durch den im Vergleich zur ersten Auflage erweiterten Titel "Empirische Wirtschaftsforschung und Ökonometrie" Rechnung getragen. Dennoch bleibt die ursprüngliche Zielsetzung erhalten, den Leser behutsam an die Methoden und Fallstricke der empirischen Wirtschaftsforschung unter Einschluss elementarer ökonometrischer Methoden heranzuführen.

Ich hoffe, dass die Neuauflage von den vielfältigen Kommentaren von Kollegen, Mitarbeitern und vor allem von Kursteilnehmern an den Universitäten Konstanz, Mannheim, Erfurt und Gießen sowie am Zentrum für Europäische Wirtschaftsforschung in Mannheim profitieren konnte. Besonderer Dank für das Gelingen an dieser zweiten Auflage gebührt Virginie Blaess, Johanna Brüggemann, Mark Meyer, Katja Specht und Markus Spory für die Unterstützung bei der Durchsicht der ersten Auflage, der Suche nach aktuellen Daten, der Aktualisierung der Referenzen und der Erstellung des druckfertigen Manuskripts. Klaus Abberger stellte dankenswerter Weise den Fragebogen und die Auswertung für den ifo Konjunkturtest zur Verfügung. Alle immer noch vorhandenen oder mit der Neuauflage neu hinzugefügten Fehler und Unterlassungen gehen allein zu meinen Lasten.

Gießen, im August 2006   Peter Winker

Vorwort 1. Auflage

Ziel dieses Buches ist eine einführende Darstellung der "empirischen Wirtschaftsforschung", wobei besonderes Augenmerk auf konkrete Anwendungen gerichtet wurde.

Inhaltlicher Schwerpunkt sind dabei Aspekte, die im Zusammenhang mit der Diagnose und Prognose der konjunkturellen Entwicklung in Deutschland von Bedeutung sind. Neben den Beispielen, an denen die beschriebenen Probleme und mögliche Lösungen diskutiert werden, ist das Buch mit einigen "Fallbeispielen" aus der Literatur angereichert, um die Bezüge zu den realen Anwendungen zu unterstreichen. "Empirische Wirtschaftsforschung" kann heute kaum mehr ohne "Ökonometrie" betrieben oder gedacht werden. Häufig werden die Begriffe auch synonym verwendet. Auch in dieser Darstellung werden Grundbegriffe der Ökonometrie eingeführt und diskutiert. Allerdings werden hier Aspekte wie Datenquellen und -aufbereitung, Konjunkturindikatoren und Prognose, um nur einige zu nennen, gleichwertig diskutiert. Ferner wird in den ökonometrischen Abschnitten versucht, die für die praktische Anwendung relevanten Aspekte in den Vordergrund zu rücken, was notgedrungen zu einem Verlust an Tiefe, vor allem die formalen und statistischen Anteile betreffend führt. Insofern erhebt dieses Buch nicht den Anspruch, eine einführende Darstellung in die Ökonometrie ersetzen zu können.

Geschrieben wurde dieses Buch für Studentinnen und Studenten der Wirtschaftswissenschaften, die sich auch für die empirische Relevanz der studierten Phänomene interessieren. Obwohl die Beispiele überwiegend aus Bereichen gewählt wurden, die traditionell der Volkswirtschaftslehre zugeordnet werden, sollte die Darstellung der Vorgehensweise auch für andere Disziplinen, in denen empirische Aspekte von Bedeutung sind, geeignet sein. Dazu zählen beispielsweise die Betriebswirtschaftslehre, Verwaltungswissenschaften und Soziologie. Da das Buch eine in sich geschlossene Darstellung des Gebietes unternimmt, ist es auch für Wirtschaftswissenschaftler und Praktiker aus verwandten Forschungsgebieten gedacht, die sich verstärkt mit empirischen Aspekten auseinander setzen wollen. Da angesichts des großen Forschungsgebietes kaum der Anspruch erhoben werden kann, eine umfassende Darstellung zu liefern, sollen die den einzelnen Kapiteln angefügten Literaturhinweise als Quellen für die Vertiefung der entsprechenden Fragestellungen dienen.

Das vorliegende Ergebnis eines Versuchs, mir wesentlich erscheinende Bereiche der angewandten Wirtschaftsforschung in kompakter Form darzustellen, wäre ohne die Anregungen, Kommentare, viele wertvolle Hinweise und konstruktive Kritik einer Vielzahl von Beteiligten nicht denkbar gewesen. Weder wäre er je unternommen worden noch hätte er zu einem Ergebnis führen können.

Über die Qualität dieses Ergebnisses möchte ich nicht spekulieren, doch zeichnen eine Reihe von Kolleginnen und Kollegen sowie die Studentinnen und Studenten der Vorlesung "Einführung in die angewandte Wirtschaftsforschung" an der Universität Konstanz für einige der positiven Merkmale verantwortlich, während Unterlassungen, Fehler usw. wie üblich allein zu meinen Lasten verbleiben.

Ohne Anspruch auf Vollständigkeit erheben zu können, möchte ich an dieser Stelle Thiess Büttner, Bernd Fitzenberger, Klaus Göggelmann, Hedwig Prey, Thomas Schneeweis, Esther Schröder und Volker Zimmermann für hilfreiche Kommentare zu vorläufigen Versionen von Teilen dieser Arbeit danken. Ein ganz besonderer Dank gebührt Werner Smolny für viele Anregungen und Hinweise zu den in dieser Arbeit behandelten Problemfeldern und die intensive Diskussion einzelner Kapitel. Ebenso bin ich Wolfgang Franz für anregende Kommentare und für die Ermunterung, diese Arbeit zu veröffentlichen, zu Dank verpflichtet. Er hat zusammen mit Bernd Fitzenberger und Werner Smolny die Vorlesung "Einführung in die angewandte Wirtschaftsforschung" in Konstanz geprägt und damit eine wesentliche Grundlage für dieses Buch geschaffen.

Thomas Schneeweis hat mir Material zur Geschichte der Konjunkturforschung in Deutschland zugänglich gemacht. Franz Baumann war mir eine unentbehrliche Hilfe bei der Einarbeitung von Grafiken und der Konvertierung von Datenformaten. Bernhard Grötsch hat dazu beigetragen, online Zugänge zu Datenquellen weltweit zu erfassen. Anja Stoop hat mich bei der Erstellung einiger Grafiken unterstützt und Teile des Manuskripts sorgfältig auf Fehler hin durchgesehen. Nicht zuletzt gebührt Angela Köllner Dank für die gewissenhafte Durchsicht der Endfassung und ihren Beitrag zur Verbesserung des Index.

Ihnen allen und den vielen ungenannt gebliebenen Helfern bin ich zu Dank verpflichtet. Jetzt entlasse ich das Ergebnis aller Bemühungen in der Hoffnung auf eine wohlgesonnene Leserschaft, die mich dennoch über die Mängel und Unvollkommenheiten dieses Buches nicht im Zweifel lassen sollte.

Konstanz, im April 1997   Peter Winker

Inhaltsverzeichnis

Teil III Ökonometrische Grundlagen

Teil I

Einleitung

1

Aufgabe und Prinzip der empirischen Wirtschaftsforschung

"Theory, in formulating its abstract quantitative notions, must be inspired to a large extent by the technique of observation. And fresh statistical and other factual studies must be the healthy element of disturbance that constantly threatens and disquiets the theorist and prevents him from coming to rest on some inherited, obsolete set of assumptions."

(Frisch, 1933, S. 2)

1.1 Ziele empirischer Wirtschaftsforschung

In sehr kompakter Form lässt sich die Aufgabe der empirischen Wirtschaftsforschung darin sehen, quantitative oder qualitative Aussagen über ökonomische Zusammenhänge zu treffen, die auf Beobachtungen von realen wirchaftlichen Aktivitäten basieren. Abhängig vom Zeitraum, auf den sich die Analyse bezieht, können dabei drei Zielsetzungen unterschieden werden:

1. Die empirische Analyse von Entwicklungen in der Vergangenheit: Hierbei geht es primär darum, zu überprüfen, inwieweit theoretische Modelle geeignet waren, die tatsächliche Entwicklung zu beschreiben oder gar zu erklären.
2. Analyse der aktuellen Situation: Ausgehend von einem fundierten Wissen über Zusammenhänge ermöglicht es die Diagnose der aktuellen wirtschaftlichen Lage, angemessene wirtschaftspolitische Empfehlungen zu geben beziehungsweise geeignete Maßnahmen vorzuschlagen.
3. Prognose der zukünftigen Entwicklung: Ein empirisch bewährtes Modell zusammen mit einer zutreffenden Einschätzung der aktuellen Situation stellt die Basis für Prognosen dar.

Diese allgemein gehaltene Beschreibung der Aufgaben der empirischen Wirtschaftsforschung legt nahe, dass die unter diesem Oberbegriff zusammengefassten Methoden zur Beantwortung einer Vielzahl sehr unterschiedlicher Fragestellungen herangezogen werden können. Die folgende Auflistung nennt einige Beispiele aus dem im Jahr 2016 aktuellen Kontext, ohne den Anspruch zu erheben, damit auch nur in die Nähe einer repräsentativen Auswahl zu kommen.

- Welche Effekte wird die Migration nach Deutschland auf die wirtschaftliche Entwicklung kurz-, mittel- und langfristig haben?
- Wie wird sich das Ausscheiden Großbritanniens auf einzelne Industrien in Großbritannien und im Rest der EU auswirken?
- Wie wirken sich niedrige Rohölpreise auf das zukünftige Rohölangebot aus?
- Hat sich das systemische Risiko des Bankensektors aufgrund geänderter institutioneller Regelungen in Folge der Finanzmarktkrise reduziert?
- Hat die Einführung des Mindestlohns Arbeitsplätze gekostet?
- Mit welchen Auswirkungen auf Unternehmenswert, Preise und Umsatz müssen Unternehmen rechnen, die sich über bestehende gesetzliche Regelungen (z.B. beim Schadstoffausstoß von Kraftfahrzeugen) hinwegsetzen?
- Sind steuerliche Abschreibungsmöglichkeiten auf Neubauten geeignet, um ein ausreichendes Wohnungsangebot sicherzustellen?
- Welcher Anteil der EEG-Umlage wird tatsächlich auf die Endverbraucher umgelegt?

Wie bereits diese eher willkürliche Auflistung von Beispielen verdeutlicht, gibt es in jedem Bereich der Wirtschaftswissenschaften Fragestellungen, deren Beantwortung den Einsatz der Methoden empirischer Wirtschaftsforschung erfordert.[1] Gleichzeitig wird jedoch deutlich, dass die Beantwortung derartiger Fragen in der Regel nicht alleine durch den Einsatz empirischer Verfahren möglich ist; vielmehr ist dafür ein enger wechselseitiger Bezug zwischen ökonomischer Theorie und empirischen Ergebnissen erforderlich.

1.2 Prinzip der empirischen Wirtschaftsforschung

Das generelle Vorgehen in der empirischen Wirtschaftsforschung ist stark vom Bezug zwischen Theorie und empirischen Fakten geprägt, wobei die Methoden eine Scharnierfunktion haben. Abbildung 1.1 zeigt schematisch einige Facetten des generellen Vorgehens.

Am Anfang einer empirischen Untersuchung stehen eine ökonomische Theorie und Fakten, die sich im Lichte dieser Theorie interpretieren lassen. Aus der Theorie wird ein konkretes Modell abgeleitet, das mit den Daten, welche die Fakten repräsentieren sollen, konfrontiert werden kann. Neben Theorie und Modell einerseits sowie Fakten und Daten andererseits spielt die statistische Theorie eine weitere zentrale Rolle, da sie genutzt wird, um zu bewerten, wie gut Daten und Modell zusammen passen, und um die Beziehungen innerhalb des Modells auf Basis der Daten zu quantifizieren. Die in diesem Kontext eingesetzten statistischen Verfahren werden als ökonometrische Methoden bezeichnet. Aus allen drei Zutaten resultiert in einem dritten Schritt das ökonometrische Modell, das einer quantitativen Analyse mit den

---

[1] Zum Begriff der Methode beziehungsweise Methodologie vgl. Kamitz (1980).

Abb. 1.1. Ablauf der empirischen Wirtschaftsforschung

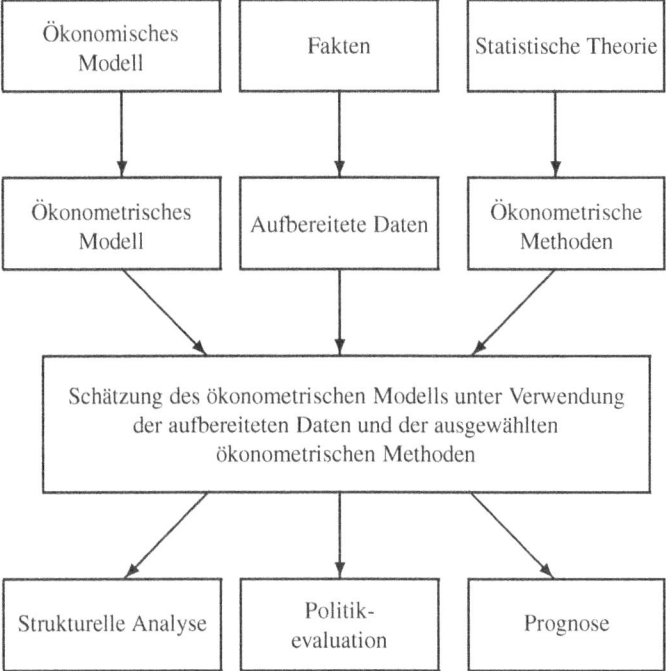

zu diesem Zweck aufbereiteten Daten zugänglich ist. Die ökonometrischen Methoden werden eingesetzt, um die quantitative Analyse durchzuführen und ihre Qualität zu gewährleisten oder zumindest zu prüfen. Aus den Ergebnissen der Schätzung des Modells, d.h. der Bestimmung von Parametern im ökonometrischen Modell aufgrund der vorhandenen Daten, können dann je nach Zielsetzung und vorliegender zeitlicher Perspektive in Form der strukturellen Analyse, der Politikevaluation oder der Prognose unterschiedliche Schlussfolgerungen gezogen werden.

Die strukturelle Analyse dient einem besseren Verständnis des ökonomischen Modells, indem die Relevanz von Einflussgrößen überprüft und die Größenordnungen einzelner Modellparameter bestimmt werden. Insbesondere gehört hierzu die Evaluation des ökonomischen Modells an sich, da bestimmte Zusammenhänge, die sich aus der Theorie ableiten lassen, möglicherweise in den Daten nicht auftreten. Es gilt also zu überprüfen, ob Aussagen und Folgerungen der Theorie auf Basis der vorliegenden Daten verworfen werden müssen. Beispielsweise folgt aus der Standardversion der Quantitätstheorie des Geldes, dass die Geldnachfrage direkt proportional zum Transaktionsvolumen steigen sollte. Der zugehörige Parameter sollte also den Wert eins aufweisen. Empirisch wurden jedoch häufig deutlich größere Parameterwerte gefunden,[2] was wiederum Anlass zur Erweiterung des theoretischen Rahmens

---

[2] Coenen und Vega (2001, S. 734) finden etwa für den Euro-Raum im Zeitraum 1980 bis 1998 einen Langfristkoeffizienten von 1,163.

gab. Besteht kein Widerspruch zwischen Theorie und Daten, so kann damit zwar nicht belegt werden, dass die Theorie zutreffend ist; aber zumindest spricht es nicht gegen die Theorie, wenn sie in wiederholten Ansätzen nicht verworfen werden kann.

Eine anderes Anwendungsfeld liegt in der Politikevaluation. Mit Hilfe der geschätzten Zusammenhänge soll dabei beurteilt werden, ob Politikmaßnahmen den gewünschten Effekt hatten, und ob dieselben Ziele mit anderen Maßnahmen einfacher, schneller oder kostengünstiger zu erreichen gewesen wären. Ein aktuelles Beispiel betrifft die anhaltende Diskussion um die Beschäftigungswirkungen aktiver Arbeitsmarktpolitik. Dabei ist einerseits zu prüfen, ob und in welchem Ausmaß die Teilnehmer an derartigen Maßnahmen davon profitieren, und andererseits, ob sich auch gesamtwirtschaftlich positive Wirkungen ergeben.[3]

Schließlich ist auch die Prognose für die Wirtschafts- und Unternehmenspolitik von großer Bedeutung. Wenn die geschätzten quantitativen Zusammenhänge zwischen einzelnen Variablen als vergleichsweise stabil betrachtet werden können, reicht die Kenntnis der wahrscheinlichen Entwicklung einiger Größen aus, um auch Aussagen über die Entwicklung anderer wichtiger Variablen machen zu können. Diese sind jedoch bestenfalls so gut wie die Güte der Prognose der erklärenden oder exogenen Größen und die Qualität des geschätzten Modells. Wichtige Prognosen für die gesamtwirtschaftliche Entwicklung legen die Arbeitsgemeinschaft der führenden Wirtschaftsforschungsinstitute und der Sachverständigenrat zur Begutachtung der gesamtwirtschaftlichen Entwicklung jeweils im Spätherbst vor. Der Vergleich dieser Prognosen mit den tatsächlich realisierten Werten ein Jahr später weist auf die Schwierigkeiten dieser Ansätze hin.[4]

Obwohl Abbildung 1.1 einen sequentiellen Verlauf des Prozesses der empirischen Wirtschaftsforschung suggeriert, stellt dies nicht die ganze Wirklichkeit dar. Vielmehr ist es, wie bereits erwähnt, zentraler Bestandteil der ökonomischen Forschung, entwickelte Theorien an der Realität zu messen. Die Ergebnisse solcher Analysen dienen wiederum dazu, die Theoriebildung voranzutreiben. Schließlich können die Resultate empirischer Untersuchungen auch Rückwirkungen auf den Prozess der Datenbeschaffung und -aufbereitung sowie die Entwicklung geeigneter ökonometrischer Verfahren haben. Der sich ergebende deduktiv-induktive Prozess kann beispielsweise wie in Abbildung 1.2 dargestellt werden.[5]

Aus der Beobachtung realwirtschaftlicher Phänomene wird durch Abstraktion, beispielsweise indem unbedeutend erscheinende Details vernachlässigt werden, ein ökonomisches Theoriegebäude hergeleitet. Im Rahmen dieser Theorie können durch logische Ableitungen aus unterstellten oder beobachteten Zusammenhängen weitere Schlussfolgerungen gezogen werden. Ein Teil dieser Schlussfolgerungen lässt eine Interpretation hinsichtlich realer Größen zu, d.h. aus der Theorie können Schlussfolgerungen für reale Größen hergeleitet werden. Aufgabe der empirischen Wirt-

---

[3] Fitzenberger und Hujer (2002) stellen den Stand der Diskussion dar, Stephan (2008, S. 592f) liefert eine aktuelle Übersicht über empirische Studien und deren Resultate.

[4] Vergleiche dazu beispielsweise auch Heilemann (2004), Kappler (2006), Klüh und Swonke (2009) und Heilemann und Stekler (2013) sowie die Ausführungen in Kapitel 13.

[5] Ein noch deutlich breiter angelegter Ansatz zur angewandten Wirtschaftsforschung findet sich beispielsweise in Abbildung 2.1 in Swann (2006, S. 31).

Abb. 1.2. Deduktiv-induktiver Ansatz der Wirtschaftsforschung

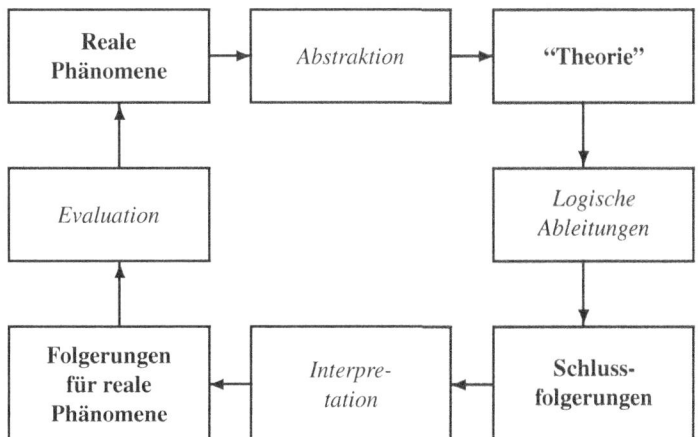

schaftsforschung ist es nun, diese Schlussfolgerungen anhand von Daten mit Hilfe ökonometrischer Verfahren zu überprüfen. Führt diese Evaluation zu dem Ergebnis, dass die Schlussfolgerungen mit den realen Phänomenen kompatibel sind, kann die Theorie zunächst nicht verworfen werden. Anderenfalls ergibt sich unmittelbar die Notwendigkeit, im Zuge der Abstraktion die beobachtete Diskrepanz zwischen realen Phänomenen und den aus der bisherigen Theorie gewonnenen Schlussfolgerungen zu erklären, d.h. in die Theorie zu integrieren. Der Kreis schließt sich.

1.3 Literaturauswahl

Grundlegende Darstellungen des Forschungsprinzips in der empirischen Wirtschaftsforschung sind nur vereinzelt zu finden. Dies gilt auch für die Verknüpfung mit allgemeinen wissenschaftstheoretischen Ansätzen. Einige für diese Fragestellung wichtige Aspekte sind in Hujer und Cremer (1978), Kapitel I, der Einführung von Schips (1990), und relativ knapp auch in Hübler (2005), Abschnitt 1.1, enthalten. Ausführlicher wird in den ersten beiden Kapiteln von Stier (1999) auf diesen Themenkomplex eingegangen.

Eine allgemeine Darstellung und Kritik aktueller Forschungsmethoden findet sich in Hendry (1980), Schor (1991) und Popper (1994), insbesondere Kapitel I und II. Swann (2006) geht auch auf den Gebrauch und Missbrauch ökonometrischer Methoden ein, während Kuhn (1976) eine grundlegende Beschreibung des Wissenschaftsprozesses liefert.

Teil II

Daten

Datenbasis der empirischen Wirtschaftsforschung

"Most applied economics do not invest a large amount of time in collecting their own data – though there are some honourable exceptions. As a result, we often give little thought to where our data come from. [...] Does this matter? Yes it does, if the mental models which data collectors use to collect their data are different from our own."

(Swann, 2006, S. 14)

Praktische Probleme finden in der Wissenschaft häufig nur geringe oder keine Berücksichtigung, wenn an ihnen keine grundlegenden Fragestellungen aufgeworfen oder Theorien entwickelt werden können. Davon bleibt auch die empirische Wirtschaftsforschung nicht verschont, indem das Problem der Verfügbarkeit geeigneter Daten von hinreichender Qualität unterschätzt wird. Stattdessen wird davon ausgegangen, dass die notwendigen Daten ohne allzu großen Aufwand beschafft werden können, beziehungsweise dass die in Datenbanken oder im Internet verfügbaren Daten für den jeweils anstehenden Zweck geeignet sind. Beides trifft in der Praxis jedoch selten zu. Dass passende Daten von hinreichender Qualität vorliegen ist also eher die Ausnahme als die Regel. Datenbeschaffung und Datenqualität stellen daher – je nach Untersuchungsgegenstand – häufig einen zentralen Engpass der empirischen Wirtschaftsforschung dar. Auch aus diesem Grund wurde im Jahr 2004 vom Bundesministerium für Bildung und Forschung der Rat für Sozial- und Wirtschaftsdaten ins Leben gerufen. Zu dessen Aufgaben gehört es insbesondere, Empfehlungen abzugeben, wie der Zugang zu bereits existierenden Daten für die Wissenschaft verbessert werden kann, etwa durch die Etablierung von Forschungsdatenzentren. Außerdem beschäftigt er sich auch mit Methoden zur Erstellung neuer Datensätze, beispielsweise im Bereich der Kriminalstatistik oder im Hinblick auf die Messung regionaler Preisunterschiede.[1]

---

[1] Weiterführende Informationen finden sich auf der Webseite des Rates für Sozial- und Wirtschaftsdaten unter `http://www.ratswd.de`.

Eine Auseinandersetzung mit der Datenbasis der empirischen Wirtschaftsforschung kann unter drei Aspekten erfolgen:

1. Verfügbarkeit, Quellen und Beschaffung von Daten,
2. Qualität der Daten und
3. Aufbereitung und (deskriptive) Interpretation der Daten.

Bevor auf diese Aspekte genauer eingegangen werden kann, sollte zunächst der Begriff der "Daten" selbst geklärt werden. Offenbar kann es sich dabei nicht allein um die Zahlen handeln, die in einschlägigen Tabellen ausgewiesen sind. Vielmehr wird die Zahl 3 026,60 Mrd. € erst dadurch zu einem Datenpunkt, dass zusätzlich angegeben wird, dass es sich dabei um das Bruttoinlandsprodukt der Bundesrepublik Deutschland im Jahr 2015 in jeweiligen Preisen handelt (Stand: Februar 2016). Damit ist eine klare Definition der Zahl gegeben; nicht geklärt ist hingegen, ob die übliche Praxis, eine solche Zahl synonym für die gesamtwirtschaftliche Produktion Y in einem makroökonomischen Modell einzusetzen, gerechtfertigt ist. Dahinter steckt die Frage nach dem Zusammenhang zwischen einem theoretischen Konzept in einem ökonomischen Modell und einem Datenkonzept, für das Beobachtungen vorliegen. Um im genannten Beispiel zu bleiben: Misst das Bruttoinlandsprodukt (BIP) tatsächlich das, was in einem einfachen Makromodell als gesamtwirtschaftliche Produktion betrachtet wird? Wie steht es etwa um Komponenten wie die unentgeltliche Arbeit im Haushalt oder die Schattenwirtschaft?[2]

Der Vorgang, der von einem theoretischen Konzept zu einer Messgröße führt, wird durch Abbildung 2.1 veranschaulicht.[3] Am Beispiel der Messung des gesamtwirtschaftlichen Aktivität lassen sich die einzelnen Schritte wie folgt konkretisieren: Die realen Phänomene, die beschrieben werden sollen, umfassen die Produktion von Gütern und Dienstleistungen. Ob diese Gegenstand von Zahlungsvorgängen sind oder steuerlich erfasst werden oder nicht, ist dabei für viele Fragestellungen nicht relevant. Versucht man, den Wert aller in einer Volkswirtschaft in einem bestimmten Zeitraum produzierten Güter und Dienstleistungen zu erfassen, um durch Summation eine Messgröße für den gesamtwirtschaftlichen Output zu erhalten, wird schnell das Problem der Mehrfachzählung offenkundig. Da man den Wert in der Regel nur bei konkreten Transaktionen beobachten kann, würden die Messwerte stark vom Ausmaß der vertikalen Integration der Produktion abhängen. Werden Fahrradreifen von einem Zulieferer gekauft, tauchen sie zweimal in der Messgröße auf – das zweite Mal als Bestandteil des Fertigproduktes Fahrrad. Produziert der Fahrradhersteller auch die Reifen selbst, werden sie hingegen nur einmal gezählt. Zu sinnvollen Messgrößen gelangt man offenbar nur über eine klare theoretische Vorstellung dessen, was zu messen ist. Im Falle des gesamtwirtschaftlichen Geschehens ist das zugrunde

---

[2] Das Bruttoinlandsprodukt umfasst nach der Abgrenzung durch das Europäische System Volkswirtschaftlicher Gesamtrechnungen (EVSG) 1995 auch weite Bereiche der so genannten Schattenwirtschaft – so seit September 2014 auch illegale Aktivitäten im Drogenhandel und Tabakschmuggel (Tachowsky, 2015) – nicht hingegen die Haushaltsproduktion.

[3] Radermacher und Körner (2006, S. 561) benutzen eine ähnliche Grafik, in der außerdem spezifisch auf mögliche Fehlerquellen in einzelnen Erhebungsstufen eingegangen wird, das so genannte "Trichtermodell".

Abb. 2.1. Was sind Daten?

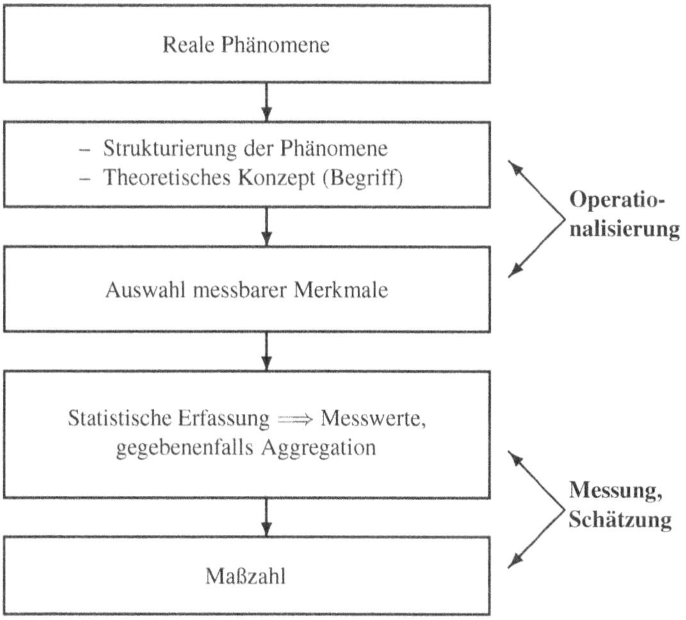

```
┌─────────────────────────────────────────┐
│          Reale Phänomene                 │
└─────────────────────────────────────────┘
                  │
                  ▼
┌─────────────────────────────────────────┐
│  – Strukturierung der Phänomene          │    ⟩ Operatio-
│  – Theoretisches Konzept (Begriff)       │      nalisierung
└─────────────────────────────────────────┘
                  │
                  ▼
┌─────────────────────────────────────────┐
│      Auswahl messbarer Merkmale          │
└─────────────────────────────────────────┘
                  │
                  ▼
┌─────────────────────────────────────────┐
│  Statistische Erfassung ⟹ Messwerte,     │
│  gegebenenfalls Aggregation              │    ⟩ Messung,
└─────────────────────────────────────────┘      Schätzung
                  │
                  ▼
┌─────────────────────────────────────────┐
│             Maßzahl                      │
└─────────────────────────────────────────┘
```

liegende Konzept das der Wertschöpfung, d.h. man möchte auf jeder Produktionsstufe nur jeweils die zusätzlich geschaffenen Werte berücksichtigen. Als konkrete Operationalisierung erhält man dann das Bruttoinlandsprodukt,[4] so dass als messbares Merkmal die Wertschöpfung in jedem Produktionsschritt zu erheben wäre. Die Messung selbst kann in diesem Fall für viele Bereiche direkt erfolgen, beispielsweise gekoppelt an die Umsatzsteuerstatistik. Allerdings ergeben sich in den Fällen Probleme, in denen die Wertschöpfung im privaten Bereich oder in der so genannten Schattenwirtschaft stattfindet. Auf Basis von Festlegungen über den Umgang mit diesen Komponenten resultiert schließlich die gesuchte Maßzahl.[5]

Die geschilderten Probleme treten natürlich nicht nur bei der Messung der gesamtwirtschaftlichen Produktion zu Tage. Wie etwa sollte ein Datenkonzept aussehen, dass die steigenden Kosten der privaten Haushalte für Güter des täglichen Bedarfs angemessen erfasst? Mit welcher Maßzahl lässt sich das Ausmaß von Arbeitslosigkeit am besten beschreiben? Wie bestimmt man die Höhe der Zahlungen im Bereich der Entwicklungshilfe von öffentlichen und privaten Geldgebern? Und welche Maßzahl ist für Importe zu verwenden? Offensichtlich muss zunächst jeweils ein geeignetes, oft von der konkreten Fragestellung abhängiges Konzept identifiziert, an-

---

[4] Zum Problem der Operationalisierung siehe auch Brachinger (2007, S.18f).

[5] Zur Berechnung gesamtwirtschaftlicher Daten für Deutschland siehe auch die Beiträge in der Zeitschrift "Wirtschaft und Statistik" des Statistischen Bundesamts, z.B. Räth und Braakmann (2010, 2016).

schließend im Hinblick auf messbare Merkmale operationalisiert und dann konkret gemessen werden, so wie dies Abbildung 2.1 schematisch darstellt.

Wenn es gelungen ist, ein geeignetes Konzept zur Erfassung der realen Phänomene festzulegen, sollten die auf Basis dieser Vorgabe erhobenen Daten im besten Fall die unter den folgenden drei Stichworten beschriebenen Eigenschaften aufweisen:

- Objektivität,
- Zuverlässigkeit (Reliabilität) und
- Validität.

Die Objektivität der Daten erfordert, dass das Ergebnis ihrer Messung unabhängig vom Beobachter ist. Während beispielsweise "schlechtes Wetter" eine subjektive Bewertung darstellt, kann derselbe Sachverhalt mit "Regen" objektiv dargestellt werden, sofern Einigkeit über den Begriff "Regen" besteht. In der empirischen Wirtschaftsforschung ergeben sich Unterschiede in den Daten aufgrund unterschiedlicher Datenkonzepte und Messverfahren, z.B. in Bezug auf die Abgrenzung relevanter Komponenten wie im Fallbeispiel "Die griechische Tragödie".

Fallbeispiel: Die griechische Tragödie

Am 22. April 2010 veröffentlichte Eurostat eine Pressemitteilung mit ersten Zahlen über das öffentliche Defizit in der Eurozone für das Jahr 2009 (Eurostat, 2010). Diese Zahlen waren vielleicht der buchstäbliche Tropfen, um das Fass der angeschlagenen Reputation der griechischen Zahlungsfähigkeit zum Überlauf zu bringen. Besonders gravierend dürfte die Aussage gewesen sein, dass der auf 115% des BIP geschätzte Schuldenstand des Staates möglicherweise um weitere fünf bis sieben Prozentpunkte nach oben revidiert werden muss. Ursache dafür waren unklare Zuordnungen der Verbindlichkeiten öffentlicher Einrichtungen, insbesondere der Krankenhäuser.
Damit hatten sich einmal mehr die Zahlen zu BIP, Defizit und Schuldenstand Griechenlands als wenig objektiv, unzuverlässig und damit auch wenig valide für weitere Analysen, z.B. im Hinblick auf die Einschätzung der zukünftigen Zahlungsfähigkeit erwiesen. Bereits im Jahr 2004 führte eine genauere Analyse der griechischen Daten zu einer erheblichen Revision. Der Schuldenstand für die Jahre 2000 bis 2003 fiel danach jeweils um etwa acht Prozentpunkte höher aus als ursprünglich geschätzt. Doch damit waren die Probleme ungenügender Datenerfassung, mangelnder Dokumentation und fehlerhafter Datenübermittlung etc. noch nicht behoben.
Allerdings waren methodische Probleme nur für einen Teil der Fehler maßgeblich. Schwerer wiegt, dass es mehrfach zu einer vorsätzlichen Meldung falscher Zahlen kam, u.a. durch den obersten Rechnungshof Griechenlands (Europäische Kommission, 2009, S. 24). Verfolgt man etwa die Meldungen für den Schuldenstand im Jahr 2005, so lag dieser im ersten Bericht vom April 2006 bei 107,5% des BIP. In den folgenden Berichten wurden zunehmend kleinere Werte gemeldet bis zum Minimum von 98,0% des BIP im April 2008. Im Oktober 2009 waren es dann aber wieder 100,0%. Während gesamtwirtschaftliche Daten in den ersten zwei Jahren nach Veröffentlichung durchaus gewissen Revisionen unterliegen, ist eine Schwankungsbreite von fast 10% des BIP (für Griechenland bedeutet dies etwa 20 Mrd. €) als sehr erheblich zu bezeichnen.

Quelle: Europäische Kommission (2009) und Eurostat (2010)

Zuverlässigkeit ist dann gegeben, wenn wiederholte Messungen zu identischen Ergebnissen führen. In dieser Hinsicht sind insbesondere Daten, die auf Umfragen mit kleinem Teilnehmerkreis basieren, anfällig, da bei einer Wiederholung mit einer neuen Stichprobe nicht unerhebliche Abweichungen auftreten können. Die Validität schließlich bezieht sich auf den bereits angesprochenen Zusammenhang zwischen theoretischem Konzept und empirischen Beobachtungen. Es geht also darum, ob Daten tatsächlich das messen, was im ökonomischen Modell oder in der wirtschafts-politischen Diskussion betrachtet wird. Die später folgenden Fallbeispiele "Wer ist arbeitslos?" (S. 16), "Der Teuro und die wahrgenommene Inflation" (S. 55) und "Direktinvestitionen und der Standort Deutschland" (S. 83) sollen dieses Problem verdeutlichen.

Die konkrete Datenerhebung hängt vom gewählten Datenkonzept und – was häufig unerwähnt bleibt – von den Kosten der Erhebung ab. So kann man einmal zwischen Vollerhebungen (z.B. registrierte Arbeitslose) und Stichproben (z.B. Mikrozensus) unterscheiden und zum anderen – nach der Art der Erhebung – zwischen Befragung (z.B. ifo Konjunkturtest oder ZEW Finanzmarkttest), Beobachtung (z.B. Güterpreise zur Berechnung von Preisindizes[6]) und Schätzung (z.B. nicht meldepflichtige Importe) differenzieren. Von der möglichen beziehungsweise notwendigen Art der Erhebung hängt es ab, ob und zu welchen Konditionen die Daten verfügbar sind. Es liegt auf der Hand, dass Vollerhebungen dabei in der Regel höhere Kosten als Stichproben verursachen, sofern die Daten nicht ohnehin im Zuge administrativer Prozesse erfasst werden.

Schließlich muss auf die "Unschärferelation der empirischen Wirtschaftsforschung" hingewiesen werden, welche die mögliche Interaktion von Befragung, Antwortverhalten und ökonomischem Verhalten beschreibt.[7] Je detaillierter die zu erhebenden Daten sind, desto größer wird die Gefahr, dass eine derartige Interaktion eintritt.[8] Dies kann auf zwei Wegen passieren. Einmal kann sich der Befragte durch zu detaillierte Fragen derart in Anspruch genommen sehen, dass er die Antwort verweigert.[9] Die zweite Möglichkeit besteht darin, dass die Auseinandersetzung mit den Inhalten der Fragen zu einer Verhaltensänderung führt. Zu erwarten sind solche Effekte beispielsweise bei Haushalten, die im Auftrag des Statistischen Bundesamtes ein Haushaltsbuch führen, in dem alle Ein- und Ausgaben notiert werden müssen.[10] Obwohl die Beschaffung von Daten mit einem großen Aufwand verbunden ist, der unter anderem aus den genannten Aspekten resultiert, gibt es mittlerweile zu fast

---

[6] Auch die automatisierte Sammlung von Preisdaten im Internet fällt in diese Kategorie (Brunner, 2014).

[7] Vgl. Morgenstern (1965, S. 20f), Eichner (1983, S. 13) und Stier (1999, S. 186) zum Aspekt der "sozialen Erwünschtheit" bestimmter Antworten sowie Krämer (1999) für einige konkrete Beispiele.

[8] Vgl. hierzu auch Koch (1994, S. 93).

[9] In Statistisches Bundesamt (1997, S. 104ff) sind die Maßnahmen aufgeführt, mit denen das Statistische Bundesamt bei seinen Erhebungen diesem Phänomen zu begegnen versucht.

[10] Crossley et al. (2014) zeigen beispielsweise mit niederländischen Daten, dass eine detaillierte Befragung zu Ersparnissen und Altersvorsorge bei Haushalten mit hohen Einkommen zu einer Reduktion der Ersparnisse führt.

allen Bereichen der Ökonomie einen großen und ständig wachsenden Datenbestand. Dieser kann im Folgenden nach der Art von Daten, die er umfasst, und nach der Herkunft dieser Daten aus der nationalen amtlichen Statistik, der nicht amtlichen Statistik und der internationalen Statistik untergliedert werden.

Fallbeispiel: Wer ist arbeitslos?

Theoretisch lässt sich diese Frage klar beantworten: Arbeitslos ist eine Person, die zum gegebenen Lohn mehr Arbeit anbietet, als nachgefragt wird. Damit wäre Arbeitslosigkeit eher in Stunden als in Personen zu messen. In der Realität sind Arbeitsangebot und -nachfrage und damit auch die Lohnsätze jedoch sehr heterogen. Ist eine Person, die gerne als Busfahrer arbeiten würde, aber keinen entsprechenden Führerschein vorweisen kann, arbeitslos? Und was wäre wenn zwar ein Busführerschein vorhanden wäre, aber keine relativ sichere Stelle bei einem kommunalen Verkehrsunternehmen, sondern nur eine bei einem privaten Anbieter? Eine angemessene Operationalisierung des theoretischen Konzeptes der Arbeitslosigkeit liegt also nicht unmittelbar auf der Hand.

Für Deutschland werden Zahlen zur Arbeitslosigkeit einmal basierend auf den Meldungen der Bundesagentur für Arbeit (Arbeitslose) und zum anderen seit Januar 2005 auch nach dem ILO-Konzept (Erwerbslose) zunächst per Telefonumfrage, dann auf Basis des Mikrozensus durch das Statistische Bundesamt erhoben. Die folgende Tabelle fasst die wesentlichen Unterschiede beider Konzepte zusammen:

Registrierte Arbeitslose	ILO-Erwerbslose
weniger als 15 Stunden pro Woche gearbeitet	weniger als 1 Stunde pro Woche gearbeitet
bei der Arbeitsagentur arbeitslos gemeldet	aktive Arbeitssuche in den vergangenen vier Wochen
steht der Arbeitsvermittlung zur Verfügung	sofort (innerhalb von zwei Wochen) verfügbar

Erscheint die "amtliche" Zahl der registrierten Arbeitslosen im ersten Kriterium näher am theoretischen Konzept, sieht es beim zweiten Kriterium gerade umgekehrt aus: Aktive Arbeitssuche ist hier sicher näher an der Theorie als die Meldung bei der Arbeitsagentur. Die nach beiden Konzeptionen erhobenen Zahlen unterscheiden sich dabei durchaus. Im Januar 2016 betrug die Anzahl der registrierten Arbeitslosen im Durchschnitt 2,92 Millionen, während nach dem ILO-Konzept 1,82 Millionen Personen als erwerbslos erfasst wurden. Zusätzlich ist zu beachten, dass viele nach dem ILO-Konzept erwerbslose Personen nicht amtlich registrierte Arbeitslose sind und umgekehrt.

Welche der beiden Zahlen für eine empirische Analyse hilfreicher ist, hängt von der konkreten Anwendung ab. Will man ein Prognosemodell für die Ausgaben der Bundesagentur für Arbeit entwickeln, sind sicher die registrierten Arbeitslosen relevant. Geht es hingegen um einen internationalen Vergleich von Arbeitsmärkten liegt der Vorteil beim ILO-Konzept, weil mittlerweile sehr viele Staaten Zahlen auf dieser Basis veröffentlichen.

Quelle: Franz (2013, S. 352ff) und Hartmann und Riede (2005).

2.1 Arten von Daten

Nachdem im vorangegangenen Abschnitt dargestellt wurde, was Daten sind und welche Anforderungen an Daten zu stellen sind, soll im Folgenden versucht werden, Daten nach verschiedenen Gesichtspunkten einzuteilen.

Die erste Kategorisierung orientiert sich am Aussagegehalt der Zahlenwerte, die einer Variablen zugewiesen werden können. Hierbei werden mit zunehmendem Informationsgehalt drei Formen der Skalierung unterschieden:

Nominalskalierung: Die einzelnen Ausprägungen der Variablen haben keine über ihre Unterscheidung hinausgehende Bedeutung. Postleitzahlen können beispielsweise zwar der Größe nach geordnet werden, doch ist daraus keine klare inhaltliche Ordnung zu entnehmen, allenfalls kann man aus ähnlichen Postleitzahlen oft auf eine gewisse räumliche Nähe schließen. Häufiger treten nominal skalierte Variablen in der empirischen Wirtschaftsforschung in Form von Dummyvariablen auf, die nur die Werte 0 und 1 annehmen können. Diese Variablen können dann für individuelle Charakteristika wie männlich/weiblich stehen oder bei einer Betrachtung von Variablen im Zeitablauf unterschiedliche Perioden charakterisieren, z.B. Phasen fixer beziehungsweise flexibler Wechselkurse oder die Zeit vor und nach der deutschen Wiedervereinigung.

Ordinalskalierung: Hier kann die Ordnung der Ausprägungen der Variablen interpretiert werden. Bei Klausurnoten etwa ist eine 1 besser als eine 2, eine 2 besser als eine 3 usw. Ein anderes Beispiel sind Angaben über die gegenwärtige Geschäftslage im ifo Konjunkturtest, die mit 1 (gut), 2 (mittel) und 3 (schlecht) codiert werden. Auch hier ist 1 besser als 2, und 2 besser als 3. Die Ordnung der Ausprägungen erlaubt es jedoch nicht, Aussagen über die Abstände zwischen den Werten zu machen. Obwohl numerisch die 3 ebenso weit von der 2 entfernt ist wie die 1, kann nicht automatisch geschlossen werden, dass – im Beispiel der Klausurnoten – der Abstand zwischen einer 3 und einer 2 genauso groß ist wie der zwischen einer 2 und einer 1. Für das Beispiel der ifo Geschäftslageindikatoren kann man sogar durch geeignete statistische Analysen belegen, dass die Schwellen, ab denen die Firmen "gut" beziehungsweise "schlecht" angeben, verschieden hoch sind (Entorf und Kavalakis, 1992).

Kardinalskalierung: Die weitgehendste Interpretation erlauben kardinale Merkmale, für die auch der Unterschied zwischen den Ausprägungen interpretiert werden kann. Im einfachsten Fall bedeutet dies, dass auch die Differenzen zwischen zwei Ausprägungen interpretiert werden können. Man spricht dann auch von intervallskalierten Daten. Ist zusätzlich noch ein natürlicher Nullpunkt der Skala vorhanden, liegt eine Verhältnisskala vor, da in diesem Fall auch Quotienten der Daten interpretiert werden können. Ein großer Teil üblicher ökonomischer Zeitreihen gehört zu dieser Gruppe, beispielsweise alle Wertgrößen der

Volkswirtschaftlichen Gesamtrechnung, aber auch Zinssätze und Preise. Für derartige Daten findet sich auch die Bezeichnung metrische Daten.[11]

Für die Unterscheidung der Daten im Hinblick auf die Frage, ob Differenzen zwischen den Ausprägungen interpretiert werden sollten oder nicht, werden häufig auch die Begriffe qualitative und quantitative Daten gebraucht. Zu den qualitativen Daten gehören nach der vorangegangenen Gliederung die nominal und ordinal skalierten Daten, während kardinale Daten quantitativen Charakter haben.

Eine weitere Unterscheidung der Daten kann nach dem Aggregationsniveau, also der Frage, ob Daten für einzelne Personen oder Firmen, oder aber für ganze Sektoren oder Volkswirtschaften vorliegen, den Merkmalsträgern[12] und der Frequenz der Datenerhebung erfolgen.

Zeitreihen sind Daten, die über die Zeit wiederholt erhoben werden. In der Regel wird dabei eine regelmäßige Frequenz, z.B. täglich, monatlich, quartalsweise oder jährlich benutzt. Ferner werden die Daten nach Möglichkeit bei denselben Merkmalsträgern und mit gleich bleibender Methodik und Definition erhoben. Typische Beispiele sind wieder gesamtwirtschaftliche Daten wie das BIP, Zinssätze, Geldmengenaggregate etc., aber auch Wetteraufzeichnungen oder die Anzahl der ausgegebenen Mensaessen an einem Hochschulstandort.

Querschnittsdaten beziehen sich auf zeitlich ungeordnete Beobachtungen für unterschiedliche Merkmalsträger, die häufig zu einem einheitlichen Zeitpunkt erhoben werden. Damit Querschnittsdaten für weitere statistische Analysen genutzt werden können, müssen sie stärker disaggregiert sein. So hat das BIP eines Landes für eine Periode keinen Querschnittscharakter, wohl aber ein Datensatz mit Informationen über die Wertschöpfung in einzelnen Sektoren einer Volkswirtschaft. Zu den Querschnittsdaten gehören auch die bei einzelnen Wirtschaftssubjekten (Personen oder Unternehmen) erhobenen Individualdaten wie die Umsätze von Unternehmen oder die Einkommen von Haushalten.

Paneldaten schließlich kombinieren die Eigenschaften von Zeitreihen- und Querschnittsdaten, indem für eine Vielzahl von Merkmalsträgern mehrere zeitlich geordnete Beobachtungen vorliegen. Beispiele für Paneldaten sind der ifo Konjunkturtest, in dem dieselben Firmen jeden Monat über ihre Geschäftslage und andere Variablen befragt werden, und das deutsche Sozioökonomische Panel (GSOEP), dessen Erhebungseinheiten Haushalte sind, bei denen zum Teil seit 1984 jährlich Daten erhoben werden. Neben diesen Individualdaten können jedoch auch sektoral oder international vergleichende Daten die Form von Paneldaten annehmen, wenn Beobachtungen über mehrere Perioden vorliegen.

---

[11] Streng genommen können metrische Daten auch ohne natürlichen Nullpunkt vorliegen, also lediglich intervallskaliert sein. Für die in den Wirtschaftswissenschaften üblichen in Geldeinheiten gemessenen Größen liegt jedoch immer ein natürlicher Nullpunkt vor.

[12] Darunter versteht man die Personen, Haushalte, Firmen, Länder etc., auf die sich die erhobenen Daten beziehen.

2.2 Amtliche Statistik

Amtliche Statistik ist in der Bundesrepublik Deutschland überwiegend die Bundesstatistik, die auf einer eigenen Gesetzesgrundlage basiert (**BStatG**).[13] Ihre Aufgabe besteht im laufenden Sammeln, Aufbereiten und Darstellen von Daten über Massenerscheinungen. Die Durchführung obliegt den statistischen Ämtern als zuständigen Fachbehörden. Zum Teil ergibt sich die Verpflichtung zur Erhebung von Daten durch das Statistische Bundesamt auch aus der Mitgliedschaft in internationalen Organisationen. Um Objektivität und Neutralität zu gewährleisten, sind die statistischen Ämter in methodischen und wissenschaftlichen Fragen nicht an fachliche Weisungen gebunden.[14]

Zur Sicherstellung der Qualität der Erhebungen besteht für viele Bundesstatistiken Auskunftspflicht der Befragten. Dies gilt nicht nur für Vollerhebungen wie die Volks- und Betriebsstättenzählung, sondern auch für Stichprobenerhebungen wie den Mikrozensus oder die Einkommens- und Verbrauchsstichprobe (EVS). Dadurch sollen Verzerrungen der Ergebnisse aufgrund unterschiedlicher Auskunftsbereitschaft vermieden werden. Mit der Auskunftspflicht verknüpft ist die Geheimhaltungspflicht seitens der statistischen Ämter. Die erhobenen Daten über Personen oder Firmen (Individualdaten) dürfen weder für die Zwecke anderer Ämter genutzt werden, noch dürfen Daten veröffentlicht werden, die in irgendeiner Form den Rückschluss auf Individualdaten zulassen.

Daher werden die meisten Daten für Gruppen von Individuen zusammengefasst und dadurch in anonymer Form publiziert. Enthält eine derart gebildete Gruppe nur sehr wenige Individuen, so werden keine Angaben publiziert, da ein Rückschluss auf einzelne Merkmalsträger möglich wäre. Ein Beispiel hierfür stellen die Angaben über Beschäftigte nach Betriebsgrößenklassen dar. Für Sektoren wie die Holzverarbeitung oder die Herstellung von Musikinstrumenten, Spielwaren, Füllhaltern usw., in denen es jeweils nur einen Betrieb mit mehr als 1 000 Beschäftigten gibt, wird die Anzahl der Beschäftigten für die Gruppe der Betriebe mit mehr als 1 000 Beschäftigten nicht ausgewiesen, da sonst ein unmittelbarer Rückschluss auf die Beschäftigung des einzelnen Unternehmens möglich wäre.

Eine Sonderstellung nimmt der seit 1957 jährlich durchgeführte Mikrozensus ein. Darin werden 1% aller Haushalte in Deutschland (bis 1990 nur in Westdeutschland) in einer repräsentativen Stichprobe erfasst, d.h. es werden Haushalte ausgewählt, die in der Verteilung von Merkmalen wie der Haushaltszusammensetzung, dem Haushaltseinkommen, der regionalen Verortung etc. möglichst genau der aller Haushalte in Deutschland entsprechen. Der Fragenkatalog des Mikrozensus umfasst ein regelmäßig erhobenes Grundprogramm, für das Auskunftspflicht besteht, und sich im Zeitablauf ändernde Zusatzfragen, deren Zusammensetzung sich ab 2005 etwas verändert hat. Insbesondere werden Informationen zur wirtschaftlichen und sozialen Lage, Erwerbstätigkeit und Ausbildung erhoben. Um diesen umfangreichen

---

[13] Vgl. zu den folgenden Ausführungen auch Statistisches Bundesamt (1997).

[14] Eine Beratung in Grundsatzfragen erfolgt über den Statistischen Beirat nach §4 BStatG und seit 2004 auch – besonders im Hinblick auf die Interessen der wissenschaftlichen Datennutzer – durch den Rat für Sozial- und Wirtschaftsdaten (www.ratswd.de).

Datensatz einer wissenschaftlichen Auswertung zugänglich zu machen und trotzdem die Anonymität der Befragten zu gewährleisten, stellt das Statistische Bundesamt faktisch anonymisierte Mikrodatenfiles zur Verfügung.[15] Mit weiteren Mikrodatensätzen aus der amtlichen Statistik kann über das Forschungsdatenzentrum der Statistischen Landesämter gearbeitet werden.[16]

Dem föderalen Charakter des Verwaltungsaufbaus der Bundesrepublik Deutschland entsprechend, wird auch die Bundesstatistik weitgehend dezentral organisiert. Bei der Durchführung können drei Stadien unterschieden werden:

1. Vorbereitung einer Erhebung,
2. Durchführung der Erhebung und Aufbereitung der Daten und
3. Bereitstellung der Ergebnisse und Veröffentlichung.

Die Kompetenz für die methodische und technische Vorbereitung der einzelnen Statistiken und die Zusammenstellung und Veröffentlichung der Bundesergebnisse liegt beim Statistischen Bundesamt.[17] Für die Erhebung und Aufbereitung sind jedoch in der Regel die Statistischen Landesämter zuständig. Diese veröffentlichen auch Ergebnisse auf Landesebene und für die kleineren regionalen Verwaltungseinheiten. Lediglich für zentrale Statistiken wie die Außenhandelsstatistik ist das Statistische Bundesamt allein zuständig. Abbildung 2.2 zeigt schematisch den allgemeinen Ablauf der Bundesstatistik.

Die Veröffentlichungen im Rahmen der nationalen amtlichen Statistik in Deutschland erfolgen unter anderem durch:

1. Das **Statistische Bundesamt**[18]

   Statistisches Jahrbuch (seit 1952, ab 1991 für das vereinte Deutschland) erscheint einmal jährlich und gibt einen aktuellen Überblick über relevante wirtschaftliche, gesellschaftliche und ökologische Zusammenhänge in der Bundesrepublik Deutschland.

   19 Fachserien erscheinen in unterschiedlicher Folge von monatlichen Veröffentlichungen bis zu Veröffentlichungen in unregelmäßigen Abständen. Die Fachserien umfassen die selben Gebiete wie das Statistische Jahrbuch, jedoch in größerer Gliederungstiefe. Beispielsweise enthält die Fachserie 18

---

[15] Die Anonymisierung wird durch eine Reihe von Maßnahmen sichergestellt. So wird nur eine 70%-Stichprobe zur Verfügung gestellt, in der Angaben wie Personennummern entfernt sind. Die geografische Untergliederung beschränkt sich auf die Bundeslandebene. Es werden nur Variablen ausgewiesen, für die eine Mindestanzahl an Beobachtungen vorliegt. Siehe auch Pohlmeier *et al.* (2005) und Ronning (2006).

[16] Siehe die Übersicht in Forschungsdatenzentrum der Statistischen Landesämter (2006) oder unter www.forschungsdatenzentrum.de.

[17] Aktuelle Informationen über die Weiterentwicklung der Methoden und Verfahren der amtlichen Statistik finden sich in der Reihe "Methoden ... Verfahren ... Entwicklungen", die beim Statistischen Bundesamt online bezogen werden kann.

[18] Die letzte in gedruckter Form vorliegende Übersicht über die vom Statistischen Bundesamt erhobenen Daten und die Form ihrer Publikation findet sich in Statistisches Bundesamt (1997). Über den Webauftritt www.destatis.de kann auf eine Vielzahl von Daten und zugehörigen Publikationen zugegriffen werden.

Abb. 2.2. Ablauf der Bundesstatistik

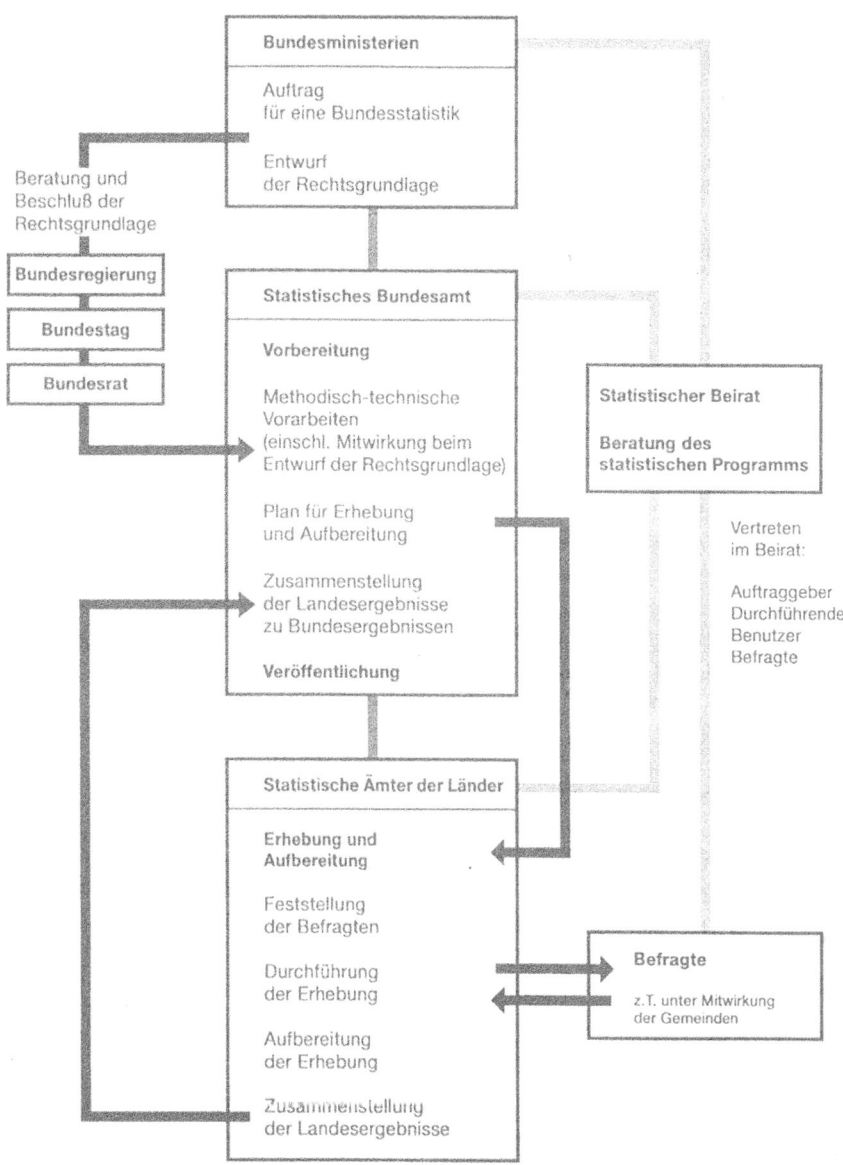

Quelle: Statistisches Bundesamt (1997, S. 92).

die Ergebnisse der Volkswirtschaftlichen Gesamtrechnung für die Bundes-republik Deutschland.

Zeitschrift Wirtschaft und Statistik erscheint monatlich und enthält neben aktu-ellen statistischen Zahlen (zum Teil vorläufiger Natur) Artikel zum metho-dischen Vorgehen der Bundesstatistik. Insbesondere ist hier die Fundstelle für detaillierte Informationen über die Definition einzelner Variablen und Änderungen dieser Definitionen im Zeitablauf. Alle Ausgaben seit Januar 2001 sind über www.destatis.de kostenfrei verfügbar.

Statistische Wochenberichte erscheinen üblicherweise freitags im Internetange-bot des Statistischen Bundesamtes und bieten aktuell umfangreiche Tabellen zu Entwicklungen in vielen Bereichen des gesellschaftlichen und wirtschaft-lichen Lebens in Deutschland.

2. Die **Statistischen Ämter der Länder und Gemeinden**

Statistische Berichte enthalten einen Teil der Daten der Fachserien des Statisti-schen Bundesamtes jedoch auf stärker regional disaggregierter Ebene, ins-besondere für Regierungsbezirke und Kreise.

Statistische Jahrbücher und Handbücher enthalten Wirtschaftsdaten für Länder, Regionen, Kreise und Gemeinden entsprechend der regionalen Untergliede-rung. In der Regel liegen dabei Beobachtungen über mehrere Jahre hinweg vor.

3. Die **Deutsche Bundesbank**

Monatsberichte informieren über die Veränderungen wichtiger monetärer Größen und deren Hintergründe. Sie können unter www.bundesbank.de kostenfrei bezogen werden. Im statistischen Teil finden sich vor allem Daten zu Geldmengenaggregaten, Zinssätzen, Kapitalmarkt und Wechselkursen sowie die Bankenstatistik. Daneben werden einige allgemeine wirtschaft-liche Zahlen aus anderen Quellen übernommen.

Statistische Beihefte enthalten detailliertere Informationen zu den Bereichen: Bankenstatistik nach Bankengruppen, Kaptialmarktstatistik, Zahlungsbi-lanzstatistik, saisonbereinigte Wirtschaftszahlen und Devisenkursstatistik.

Geschäftsberichte erscheinen einmal jährlich und geben zusammenfas-sende Übersichten. Insbesondere sind darin Daten zur Kreditüber-wachungsfunktion der Bundesbank enthalten.

4. Die **Bundesregierung**

Berichte werden zu verschiedenen Themengebieten veröffentlicht und enthal-ten teilweise auch selbst erstellte Statistiken. Zu den Berichten gehören der Jahreswirtschaftsbericht, der Finanzbericht, der Agrarbericht und der Sozi-albericht.

Monatsberichte des BMWi[19] geben einen Überblick über die aktuelle wirt-schaftliche Lage in der Bundesrepublik Deutschland mit einigen wichtigen Daten.

---

[19] Bundesministerium für Wirtschaft und Energie.

5. Die **Bundesagentur für Arbeit**

   Amtliche Nachrichten der Bundesagentur für Arbeit oder kurz ANBA enthalten Angaben über die Entwicklungen am Arbeitsmarkt wie die Zahl der Arbeitslosen, Arbeitsvermittlung, Arbeitsbeschaffungsmaßnahmen etc.

   Institut für Arbeitsmarkt- und Berufsforschung (IAB) wurde 1967 als Forschungsinstitut der Bundesanstalt für Arbeit gegründet. Es verfügt über einen umfangreichen Datenbestand, insbesondere auch über Mikrodaten der Bundesagentur für Arbeit und das IAB-Betriebspanel. Mit diesen Daten kann zu wissenschaftlichen Zwecken über das Forschungsdatenzentrum des IAB gearbeitet werden.

2.3 Nicht amtliche Statistik

Neben der amtlichen Statistik gibt es in der Bundesrepublik Deutschland eine Vielzahl von Institutionen, die Daten erheben, auswerten und zur Verfügung stellen. Dies geschieht aus den unterschiedlichsten Beweggründen, die von der wissenschaftlichen Forschung bis hin zum gewerblichen Angebot reichen. Die folgende Liste ist nur als Hinweis auf die Vielfältigkeit des Datenangebotes zu betrachten. Sie wurde insbesondere im Hinblick auf die Daten zusammengestellt, die in folgenden Kapiteln für Beispiele verwendet werden.

1. Der **Sachverständigenrat zur Begutachtung der gesamtwirtschaftlichen Entwicklung** (SVR)

   Jahresgutachten mit umfangreichem Tabellenanhang, in dem Daten aus verschiedenen nationalen und internationalen Quellen zusammengestellt werden. Die Daten beinhalten insbesondere die wichtigsten Indikatoren hinsichtlich der Ziele des Stabilitätsgesetzes.[20]

2. **Deutsches Institut für Wirtschaftsforschung** (DIW)

   Sozioökonomisches Panel (GSOEP) mit Individualdaten für mehrere tausend Personen ab 1983.[21]

3. **ifo Institut für Wirtschaftsforschung**

   ifo Konjunkturtest seit 1949 mit monatlichen Angaben für mehrere tausend Unternehmen als Panel, überwiegend qualitative Daten, enthält beispielsweise vierteljährliche Angaben über den Kapazitätsauslastungsgrad.[22] Eine Zusammenfassung der Ergebnisse wird monatlich in der Zeitschrift ifo Konjunkturperspektiven veröffentlicht.

   ifo Investitionstest wird seit 1955 jährlich in zwei Durchgängen (Vor- und Hauptbericht) erhoben und enthält neben allgemeinen Informationen über die Firmen auch quantitative Angaben über die Investitionstätigkeit.

---

[20] Vgl. hierzu Abschnitt 4.3.

[21] Eine Beschreibung des Datensatzes findet sich in Wagner *et al.* (2008).

[22] Eine Beschreibung der vom ifo Institut durchgeführten Umfragen findet sich in Oppenländer und Poser (1989), eine Übersicht über verfügbare Mikrodaten und Zugangsmöglichkeiten in Abberger *et al.* (2007).

ifo Innovationstest wird seit 1981 bei einem Teil der Firmen aus dem Konjunkturtest jährlich erhoben und enthält Angaben über Innovationstätigkeit, -aufwendungen und -hemmnisse.

4. **Zentrum für europäische Wirtschaftsforschung** (ZEW)

ZEW-Finanzmarkttest & ZEW-Konjunkturerwartungen wird seit 1991 durch monatliche Umfragen bei circa 350 Finanzexperten erhoben. Die Daten umfassen Erwartungen über die Entwicklung der Wirtschaft, der Zinsen, Wechsel- und Aktienkurse und Preise für mehrere Länder, sowie die Ertragslage einiger Branchen. Veröffentlicht werden die Ergebnisse im ZEW Finanzmarktreport (monatlich) sowie über die Webseiten des ZEW.

Mannheimer Innovationspanel (MIP) wird seit 1991 jährlich als Panelbefragung in den Bereichen Bergbau, verarbeitendes Gewerbe, Energie, Baugewerbe, unternehmensnahe Dienstleistungen und distributive Dienstleistungen erhoben. Der inhaltliche Schwerpunkt liegt dabei auf Produkt- und Prozessinnovationen, deren Bestimmungsgründe und Auswirkungen.

5. Verband der Vereine **Creditreform**

Wirtschaftslage & Finanzierung im Mittelstand fasst die Ergebnisse einer halbjährlichen Umfrage bei mittelständischen Unternehmen zusammen, die seit 1981 durchgeführt wird.[23] Neben allgemeinen Zahlen zur wirtschaftlichen Entwicklung wird besonderes Augenmerk auf die Finanzierung, die Liquidität und die Zahlungsmoral der Unternehmen gelegt. Außerdem werden Daten über die Entwicklung der Anzahl der Insolvenzen bereitgestellt.

Die Abbildungen 2.3 und 2.4 zeigen als Beispiel den Fragebogen des ifo Konjunkturtests und einen Teil der Auswertungen auf stark disaggregierter Ebene. Aus dem Fragebogen in Abbildung 2.3 geht hervor, dass der überwiegende Teil der Fragen einen qualitativen Charakter hat, d.h. keine detaillierten Zahlen über das betriebliche Geschehen abgefragt werden. Dennoch ist die Beantwortung mit einem gewissen Aufwand verbunden.[24]

Die den Teilnehmern unmittelbar nach Ende der Erhebungsphase zugesandten Auswertungen auf Branchenebene stellen einen Anreiz dar, trotz des damit verbundenen Aufwands an der Befragung teilzunehmen, da sie darüber wesentlich schneller zu Informationen über die wirtschaftliche Lage in ihrem Bereich kommen, als dies beispielsweise über die amtliche Statistik der Fall wäre. Als Beispiel zeigt Abbildung 2.4 die Einschätzung der gegenwärtigen Geschäftslage (graue Linie), die Geschäftserwartungen (doppelte Linie) und ein aus beiden Größen berechnetes Geschäftsklima (schwarze Linie) für den Sektor Herstellung von chemischen

---

[23] Bis zum Jahr 2000 jährlich unter dem Titel "Wirtschaftslage mittelständischer Unternehmen".

[24] Abberger *et al.* (2009) untersuchen für den Sektor Handel, welche Informationen die Teilnehmer nutzen, um die einzelnen Fragen zu beantworten.

Abb. 2.3. ifo Konjunkturtest Fragebogen

ifo Institut
für Wirtschaftsforschung
Forschungsbereich Unternehmensbefragungen
Postfach 86 04 60 81631 München
e-mail: umfragen@ifo.de Internet:http://www.ifo.de

Telefon: (089) 9224-0 bei Rückfragen: Herr Kunkel App. 1382
Telefax: (089) 9224-1508,-1235 Fr. Hauke App. 1224
Fr. Forkl App. 1230

Konjunkturtest
Verarbeitendes Gewerbe

Die Fragen betreffen das unten eingedruckte Erzeugnis (nachstehend bezeichnet mit XY). Zutreffendes Kästchen bitte kennzeichnen.

Ihre Angaben werden **streng vertraulich** behandelt.
Der gesetzliche Datenschutz ist voll gewährleistet.

KT-Industrie West

(12-14) (18-19)

Kenn-Nr.

April 2006 **(Ihr aktueller Informationsstand)**

Bereich (XY):

Rücksendung des ifo Exemplars erbeten baldmöglichst

Aktuelle Situation

1) Wir beurteilen unsere **Geschäftslage** für XY als
- gut
- befriedigend
- schlecht

2) Unseren Bestand an unverkauften **Fertigwaren** von XY empfinden wir als
- zu klein
- ausreichend (saisonüblich)
- zu groß
- Lagerhaltung nicht üblich

3) Unseren **Auftragsbestand** für XY empfinden wir als (Insge-samt / für den Export)
- verhältnismäßig groß
- ausreichend (saisonüblich) bzw. nicht üblich
- zu klein
- wir exportieren XY nicht

Tendenzen im vorangegangenen Monat

4) Die **Nachfragesituation** für XY hat sich
- gebessert
- nicht verändert
- verschlechtert

5) Unser **Auftragsbestand** (In- u. Ausland, *wertmäßig*) für XY ist
- gestiegen
- etwa gleich geblieben (bzw. nicht üblich)
- gesunken

6) Unsere inländische **Produktionstätigkeit***) bezüglich XY ist
- gestiegen
- etwa gleich geblieben
- gesunken
- keine nennenswerte inländische Produktion

*) Ohne Berücksichtigung unterschiedlicher Monatslängen und saisonaler Schwankungen

7) Unsere **Inlandsverkaufspreise** (Netto) für XY wurden - unter Berücksichtigung von Konditionsveränderungen -
- erhöht
- nicht verändert
- gesenkt

Erwartungen für die nächsten 3 Monate

8) Unsere inländische **Produktionstätigkeit***) bezüglich XY wird voraussichtlich
- steigen
- etwa gleich bleiben
- abnehmen
- keine nennenswerte inländische Produktion

9) Unsere **Inlandsverkaufspreise** (Netto) für XY werden - unter Berücksichtigung von Konditionsveränderungen - voraussichtlich
- steigen
- etwa gleich bleiben
- fallen

10) Der Umfang unseres **Exportgeschäfts** mit XY wird voraussichtlich - unter Berücksichtigung der bisherigen Exportabschlüsse und der laufenden Auftragsverhandlungen -
- zunehmen
- etwa gleich bleiben
- abnehmen
- wir exportieren XY nicht

11) **Beschäftigte** (nur inländische Betriebe) Die Zahl der mit der Herstellung von XY beschäftigten Arbeitnehmer wird
- zunehmen
- etwa gleich bleiben
- abnehmen

Erwartungen für die nächsten 6 Monate

12) Unsere **Geschäftslage** für XY wird in konjunktureller Hinsicht
- eher günstiger
- etwa gleich bleiben
- eher ungünstiger

Sonderfragen:

A1) Unsere **Auftragsbestände** für XY entsprechen **gegenwärtig** einer Produktionsdauer

keine Bestände	bis zu etwa Monat(en)											Bei mehr als 10 bitte Zahl der Monate angeben
	½	1	2	3	4	5	6	7	8	9	10	

A2) **Ende vergangenen Monats** erreichten sie

keine Bestände	bis zu etwa Monat(en)											Bei mehr als 10 bitte Zahl der Monate angeben
	½	1	2	3	4	5	6	7	8	9	10	

B1) Die **Ausnutzung** unserer **Anlagen** zur Herstellung von XY (betriebsübliche Vollausnutzung = 100%) beträgt **gegenwärtig** bis ..... %

30	40	50	60	70	75	80	85	90	95	100	mehr als 100% und zwar:

B2) im **vergangenen Monat** waren es bis ....%

30	40	50	60	70	75	80	85	90	95	100	mehr als 100% und zwar:

C) Unter Berücksichtigung unseres *gegenwärtigen* Auftragsbestandes und des von uns in den nächsten 12 Monaten *erwarteten* Auftragseingangs halten wir unsere derzeitige **technische Kapazität** für XY für
- mehr als ausreichend
- ausreichend
- nicht ausreichend

D1) Unsere inländische **Produktionstätigkeit** wird zurzeit behindert

ja nein

D2) **wenn ja,** durch folgende Faktoren:
- zu wenig Aufträge
- Mangel an Fachkräften
- Mangel an Rohstoffen bzw. Vormaterialien
- zu geringe technische Kapazität
- Finanzierungsengpässe
- sonstige Faktoren

E) **Unsere Wettbewerbsposition** für XY hat sich in den letzten 3 Monaten gegenüber den 3 Monaten davor auf

	dem Inlandsmarkt	den Auslandsmärkten innerhalb der EU	den Auslandsmärkten außerhalb der EU
verbessert			
nicht verändert			
verschlechtert			
wir exportieren XY nicht			

Abb. 2.4. Sektorale Auswertung des ifo Konjunkturtests (ifo Institut, 2016, S. 5)

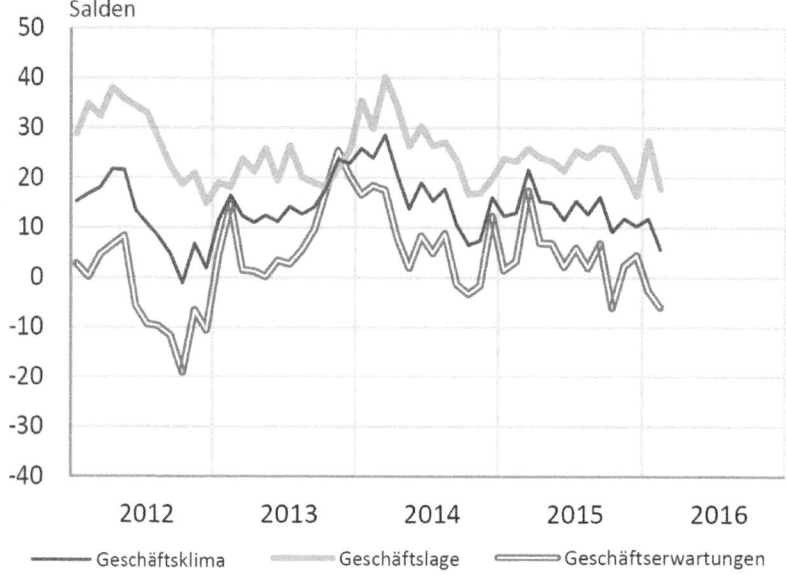

Erzeugnissen.[25] Die einzelnen Firmen können daraus Rückschlüsse auf ihre Entwicklung im Verhältnis zur gesamten Branche und auf die zu erwartende branchenweite Entwicklung ziehen und ihre Geschäftstätigkeit entsprechend anpassen. Ebenfalls auf Branchenebene werden den Firmen Daten über aktuelle und erwartete Auftragseingangs-, Lager- und Geschäftslageeinschätzungen zur Verfügung gestellt.

Im Fall des Sozioökonomischen Panels, an dem private Haushalte teilnehmen, wird eine hohe Beteiligung über die Jahre hinweg dadurch zu erreichen versucht, dass die Erhebung der Daten durch Interviewer in den Haushalten erfolgt, kombiniert mit kleinen materiellen Anreizen.[26]

2.4 Internationale Statistik

Als erster Zugang zu internationalen Daten kann der seit 2006 im Statistischen Jahrbuch des Statistischen Bundesamtes veröffentlichte Anhang zu internationalen Daten

---

[25] Ausgewiesen ist jeweils der Saldo aus dem Anteil der Firmen, die eine Preiserhöhung erwarten, und dem Anteil, der sinkende Preise erwartet. Zur Konstruktion und Interpretation derartiger Salden siehe auch Abschnitt 3.5.

[26] Vgl. Hanefeld (1987).

dienen.[27] Daneben besteht die Möglichkeit, auf die jeweiligen nationalen statistischen Ämter und deren Veröffentlichungen zurückzugreifen. Obwohl das Internet diesen direkten Zugriff auf ausländische Daten wesentlich erleichtert,[28] bestehen doch nach wie vor nicht unerhebliche Probleme bei der Nutzung. Diese beginnen damit, dass die Dokumentation und Erläuterung der nationalen Statistik in der Regel in der Landessprache erfolgt. Ferner werden internationale Daten häufig benutzt, um vergleichende Studien für verschiedene Länder durchzuführen. Hierbei stellt sich die Frage, inwieweit die Daten aus unterschiedlichen nationalen Statistiken vergleichbar sind. Denn nur in diesem Fall können die Daten sinnvoll eingesetzt werden, um beispielsweise die Auswirkungen unterschiedlicher Politikansätze zu beurteilen. Anderenfalls könnte unter anderem die Frage nicht beantwortet werden, ob eine relativ günstigere Arbeitsmarktentwicklung in einem Land tatsächlich auf eine bessere Konjunktur oder geeignete wirtschaftspolitische Maßnahmen zurückzuführen ist oder lediglich aus den unterschiedlichen Operationalisierungen dieser Größen in den Daten resultiert.

Sowohl das Sprachproblem als auch die Problematik unterschiedlicher Operationalisierungen werden beim Zugriff auf die Datenbestände internationaler Organisationen verringert. Zum einen erfolgen hier die Dokumentation und Erläuterung der Daten in englisch, französisch und/oder deutsch. Außerdem finden Bemühungen statt, die Datenbasis, die aus nationalen Quellen gesammelt wird, international vergleichbar zu machen. Für die EU wird dieses Ziel beispielsweise durch ein harmonisiertes System der Volkswirtschaftlichen Gesamtrechnung (EVSG 1995) und die Berechnung Harmonisierter Verbraucherpreisindizes (HVPI) verfolgt. Als Beispiel im internationalen Rahmen kann die Messung der Arbeitslosigkeit dienen, die sich an den Vorgaben der Internationalen Arbeitsorganisation (ILO) orientiert.[29]

Einige wichtige internationale Organisationen, die statistisches Material zur Verfügung stellen:

Eurostat hat als der Europäischen Kommission zugeordnete Institution die Aufgabe, der Europäischen Union einen hochwertigen statistischen Informationsdienst zur Verfügung zu stellen. Eurostat bietet ein sehr umfangreiches Angebot an Daten aus allen wirtschaftlichen Bereichen an, wobei großes Augenmerk auf die Vergleichbarkeit der Daten zwischen den Ländern der EU gerichtet wird. Dabei basieren jedoch die meisten Daten auf den jeweiligen Angaben der Mitgliedsländer – diese Problematik wurde besonders für Griechenland in den Jahren seit 2004 offenkundig (siehe hierzu auch das Fallbeispiel "Die griechische Tragödie" auf Seite 14). Seit dem 1. Oktober 2004 werden alle eigenen Daten und Veröffentlichungen potentiellen Nutzern im Internet kostenlos bereit gestellt.

---

[27] Von 1989 bis 2005 erschienen entsprechende Informationen im Statistischen Jahrbuch für das Ausland.

[28] Eine sehr umfangreiche Sammlung von Quellen stellt Bill Goffe über die Webseite "Resources for Economists in the Internet" unter `rfe.org` zur Verfügung.

[29] Vgl. hierzu auch das Fallbeispiel "Wer ist arbeitslos?" (S. 16).

United Nations Statistics Division beschäftigt sich als Einrichtung der Vereinten Nationen mit dem Sammeln, Aufbereiten und Weitergeben von Statistiken. Insbesondere werden Daten aus dem Bereich der Wirtschafts- und Sozialstatistik, sowie der Umwelt- und Energiestatistik angeboten, wobei die Abdeckung über die Zeit und Inhalte hinweg zwischen den Ländern stark unterschiedlich ausfällt. Neben der Aufgabe als Datenlieferant werden von der United Nations Statistics Division auch Anstrengungen zur weltweiten Harmonisierung der nationalen statistischen Systeme unternommen. So wird beispielsweise im Bereich der Volkswirtschaftlichen Gesamtrechnung das 2008 vorgestellte System of National Accounts (2008 SNA)[30] mittlerweile in vielen Ländern angewendet.

Auch andere Einrichtungen der Vereinten Nationen stellen relevante Daten zur Verfügung, beispielsweise die sektoral stark disaggregierte Industrial Statistics Database, die von der United Nations Industrial Development Organization (UNIDO) seit 1984 verfügbar gemacht wird. Die International Labour Organization (ILO) stellt insbesondere international vergleichbare Arbeitsmarktstatistiken zur Verfügung.

International Monetary Fund (IMF) (Internationaler Währungsfonds) ist eine Internationale Organisation, die 188 Mitgliedsländer umfasst (Stand: März 2016) und deren Ziel in der Stabilisierung von Finanz- und Wechselkurssystemen besteht. Als Grundlage für die eigenen Analysen werden umfangreiche Daten aus den Bereichen Volkswirtschaftliche Gesamtrechnung, monetäre Aggregate, Preise und Wechselkurse gesammelt und über die "World Economic Outlook Databases" zur Verfügung gestellt.

Bank für internationalen Zahlungsausgleich (BIS) liefert vor allem Daten zum monetären Bereich, insbesondere über grenzüberschreitende Einlagen- und Kreditgeschäfte, Emission von Wertpapieren, Handel mit Derivaten, Devisenmärkte und die Staatsverschuldung gegenüber dem Ausland.

Organisation for Economic Co-operation and Development (OECD) (Organisation für wirtschaftliche Zusammenarbeit und Entwicklung) sammelt und publiziert eine Reihe von Daten für die 34 Mitgliedsländer, insbesondere aus den Bereichen Volkswirtschaftliche Gesamtrechnung (Annual and Quarterly National Accounts), Staatssektor (General Government Accounts), Finanzmärkte (Financial Accounts) sowie Input-Output-Tabellen.[31]

Neben den genannten internationalen Organisationen bemühen sich noch eine Vielzahl weiterer Einrichtungen um die Erstellung international vergleichbarer Daten. Ein besonders häufig benutzter Datensatz zur empirischen Analyse von Wachstumsprozessen stellt der so genannte "Penn World Table" dar (Feenstra *et al.*, 2015). Dieser Datensatz liefert Angaben über Kaufkraftparitäten und die Volkswirtschaftliche Gesamtrechnung für bis zu 182 Länder und den Zeitraum 1950–2014.[32] Alle Wertgrößen sind dabei in internationale Preise umgerechnet.

---

[30] Siehe `http://unstats.un.org/unsd/nationalaccount/sna2008.asp`.

[31] Zur Anwendung von Input-Output-Tabellen in der Empirischen Wirtschaftsforschung siehe Kapitel 5.

[32] Siehe `http://www.rug.nl/research/ggdc/data/pwt/pwt-9.0`.

2.5 Zugang zu verfügbaren Daten

Der Zugang zu verfügbaren Daten aus amtlichen und nicht amtlichen Quellen hat sich im Lauf der Zeit grundlegend geändert. Während bis zu Beginn der neunziger Jahre der Zugang zu Daten immer mit der Übergabe eines physischen Datenträgers – zunächst in gedruckter Form, später auch als Magnetband oder CD-Rom – verbunden war, stellt mittlerweile der Zugriff über das Internet den Standard dar. Lediglich für historische Daten oder besonders sensible Daten (Individualdaten für Haushalte oder Firmen) spielen auch traditionelle Formen weiterhin eine Rolle.

Als Beispiel für den Zugriff über das Internet zeigt Abbildung 2.5 eine Seite aus dem umfangreichen Angebot des Statistischen Bundesamtes. Dort sind viele Daten direkt und sehr aktuell verfügbar. Darüber hinaus besteht die Möglichkeit, auf die gesamte Zeitreihendatenbank zuzugreifen. Allerdings sind diese Zugriffe dann teilweise kostenpflichtig. Ähnliche Angebote finden sich auch bei den meisten der anderen aufgeführten Anbieter von Daten.

Viele frei verfügbare Datensätze werden auch über spezialisierte Anbieter im Internet zur Verfügung gestellt, zum Teil mit kommerziellen Interessen. Dabei werden allerdings nicht immer alle relevanten Informationen zum Prozess der Datenerhebung, zu gewählten Operationalisierungen, zum Revisionsstand etc. mit zur Verfügung gestellt. Daher ist es in der Regel zu empfehlen, die Daten nach Möglichkeit von den jeweiligen Produzenten selbst zu beziehen.

2.6 Datenqualität

Obwohl neben der Verfügbarkeit von Daten vor allem deren Qualität wesentlich für die Ergebnisse empirischer Wirtschaftsforschung ist, fällt es häufig schwer, Aussagen über die Qualität konkreter Daten zu treffen. Denn wenn man von der Datenqualität spricht, adressiert man implizit eine ganze Reihe von Merkmalen, die in den vorangegangenen Abschnitten angesprochen wurden. Dazu gehören so unterschiedliche Aspekte wie die Frage, ob die Daten das eigentlich interessierende reale Phänomen wirklich abbilden, oder die Klassifikation in quantitative und qualitative Daten. Deshalb erscheint es schwierig, einen eindimensionalen Indikator oder gar eine Maßzahl für die Datenqualität abzuleiten.[33]

In den folgenden Kapiteln wird im Zusammenhang mit einigen Beispielen jedoch deutlich werden, welche zentrale Bedeutung die Datenqualität für die Anwendung haben kann. Da es nicht möglich erscheint, alle Aspekte der Datenqualität in einem exakten Rahmen darzustellen, soll hier lediglich ein heuristischer Ansatz vorgestellt werden, der dazu dienen soll, die Qualität der für eine Untersuchung benutzten Daten zumindest grob einzuordnen. Damit wird es möglich, die gewonnenen Resultate relativ zur Ausgangsbasis von der Datenseite her zu sehen, da letztlich die Qualität

---

[33] In Damia und Pic´on Aguilar (2006) wird ein Ansatz vorgestellt, auf Basis verschiedener Kriterien zu quantitativen Qualitätsindikatoren zu gelangen. Dabei werden insbesondere das Ausmaß von Revisionen und die Konsistenz der Daten berücksichtigt.

Abb. 2.5. Webseite des Statistischen Bundesamtes (www.destatis.de)

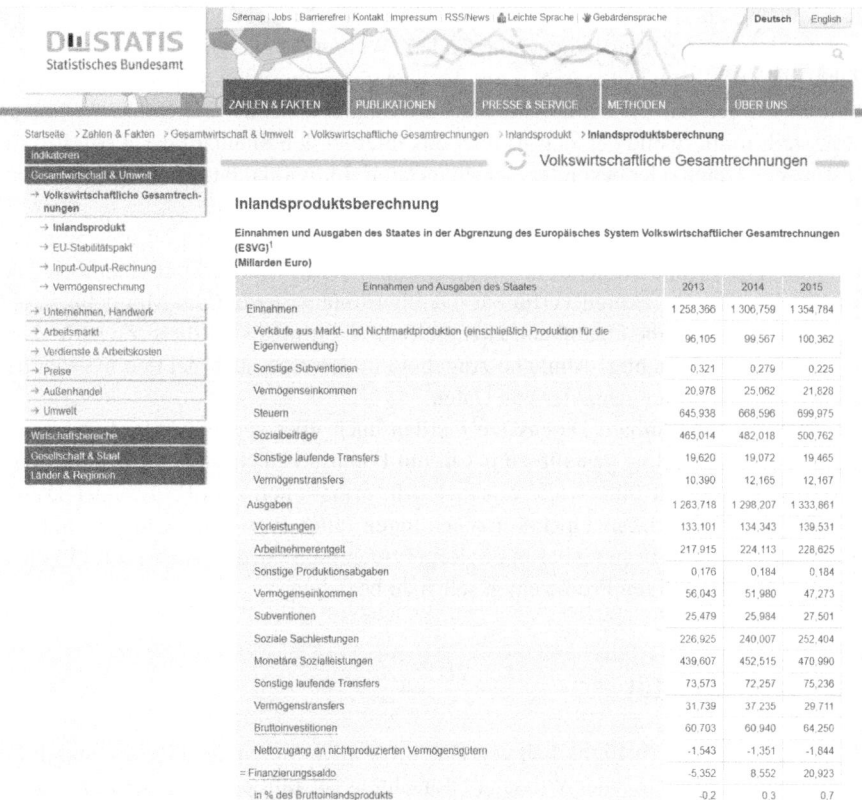

einer empirischen Analyse allenfalls so gut sein kann wie die dafür benutzten Daten. Das heuristische Konzept besteht darin, die Daten auf einer Skala von "hart" bis "weich" einzustufen.[34] Tabelle 2.1 zeigt die Einordnung einiger Daten in dieses Schema.

Der aktuelle Wechselkurs €/US-$ kann auf den Devisenmärkten unmittelbar beobachtet werden. Abweichungen zwischen theoretischem Konzept und gemessener Realisierung ergeben sich höchstens aufgrund von Transaktionskosten, die möglicherweise nicht berücksichtigt wurden. Ähnlich "hart" sind auch andere monetäre Größen wie Wertpapierkurse einzuschätzen, sofern der Fokus unmittelbar auf den Preisen selbst liegt.

---

[34] Die Klassifizierung von harten und weichen Daten wird auch in der Wissenschaftstheorie benutzt. Vgl. Balzer (1997, S. 146f).

Tabelle 2.1. Datenqualität

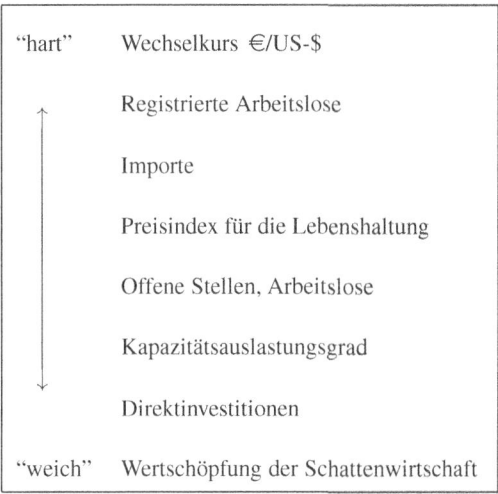

"hart"   Wechselkurs €/US-$

            Registrierte Arbeitslose

            Importe

            Preisindex für die Lebenshaltung

            Offene Stellen, Arbeitslose

            Kapazitätsauslastungsgrad

            Direktinvestitionen

"weich"   Wertschöpfung der Schattenwirtschaft

Registrierte Arbeitslose zu einem Stichtag werden durch eine Vollerhebung über die Arbeitsagenturen ermittelt. Abgesehen von Erfassungs- und Übertragungsfehlern bei den einzelnen Agenturen stellen die Daten darüber somit die untersuchte Größe exakt und in kardinaler Skalierung dar. Die Tatsache, dass die Variable "Arbeitslose" noch ein zweites Mal deutlich weiter unten auf der Skala erscheint, verweist jedoch auf ein Problem. Die Anzahl der registrierten Arbeitslosen wird zwar verlässlich erfasst, doch häufig ist dies nicht die ökonomisch interessierende Größe. Dies ist eher die tatsächliche Anzahl der Arbeitslosen, also insbesondere einschließlich der – zum Beispiel aufgrund fehlender Ansprüche an die Arbeitslosenversicherung – nicht registrierten Arbeitslosen.[35] Zahlen hierfür sind deutlich schwieriger zu erheben und basieren teilweise auf Schätzungen. Ähnliches gilt für die Zahl der offenen Stellen, die nicht nur die Zahl der gemeldeten offenen Stellen umfasst.[36]

Die in der Volkswirtschaftlichen Gesamtrechnung ausgewiesenen Importe basieren ebenfalls weitgehend auf einer Vollerhebung. Im Rahmen des amtlichen Meldeverfahrens sind die Firmen verpflichtet, Angaben über das Volumen ihrer Importe zu machen. Da diese Meldungen teilweise erst mit Verzögerung bei den statistischen Ämtern eingehen und fehlerbehaftet sein können, kommt es in den Folgejahren häufig zu deutlichen Revisionen der zunächst ausgewiesenen Werte. Der aktuelle Ansatz zu Revisionen des Statistischen Bundesamtes wird von Meinke (2015) beschrie-

---

[35] Vgl. hierzu auch das Fallbeispiel "Wer ist arbeitslos?" (S. 16).
[36] Vgl. dazu Abschnitt 4.3.2.

ben.[37] Eine weitere Unschärfe dieser Volumengröße liegt in den privaten Direktimporten, zum Beispiel durch Einkäufe im grenznahen Bereich, die über Schätzungen erfasst werden müssen.

Der Preisindex der Lebenshaltung stellt intervallskalierte Daten aus der amtlichen Statistik bereit. Diese beruhen zwar im Gegensatz zur Zahl der registrierten Arbeitslosen nicht auf einer Gesamterhebung, sondern lediglich auf einer umfangreichen Stichprobe. Dennoch kann bei Erhebung und Aufbereitung dieser Daten von guter Qualität ausgegangen werden. Dafür ist jedoch das Konzept der Berechnung von Preisindizes selbst mit einigen Problemen behaftet, auf die in Abschnitt 3.4 eingegangen wird. Damit wird letztlich das ökonomische Konzept des Preisniveaus nur bedingt beziehungsweise "weich" erfasst.

Der Kapazitätsauslastungsgrad basiert auf Umfragen bei einer Stichprobe von Unternehmen. Im Fragebogen (siehe Abbildung 2.3) werden dabei nur die Ausprägungen "30, 40, 50, 60, 70, 75, 80, 85, 90, 95" und "100" sowie "mehr als 100% und zwar ..." zugelassen. Damit wird deutlich, dass es sich bei den individuellen Angaben eher um grobe Schätzwerte handeln wird. Außerdem besteht bei den Befragten offenbar eine gewisse Unsicherheit über die Interpretation des Begriffes Vollauslastung, da bei den Daten auf Firmenebene auch Angaben von deutlich mehr als 100% beobachtet werden können. Dennoch kann der aggregierte Indikator ein relativ genaues Bild der aktuellen Konjunkturlage aus Firmensicht liefern.

Bei der Messung der Direktinvestitionen treffen konzeptionelle und erfassungsbedingte Probleme zusammen, so dass von diesen Daten nur sehr wenig Information über das eigentlich interessierende Phänomen ausländischer Direktinvestitionen in Deutschland, beziehungsweise deutscher Direktinvestitionen im Ausland erwartet werden kann.[38]

Die Wertschöpfung der Schattenwirtschaft schließlich ist mit den üblichen Methoden zur Datenerhebung nicht zu erfassen. Da es gerade die Natur der Schattenwirtschaft ist, nicht mit Ämtern zu interagieren, werden dort keine verwertbaren Daten vorliegen. Auch die Erhebung von Daten mit Hilfe von Umfragen ist nur begrenzt möglich, da die beteiligten Firmen und Personen nicht bekannt sind. Damit können bestenfalls zufällig einige Repräsentanten befragt werden. Allerdings können andere Daten, in denen sich Aktivitäten jenseits der direkt statistisch erfassten Wertschöpfung niederschlagen, zur Schätzung der wirtschaftlichen Aktivitäten im Bereich der Schattenwirtschaft herangezogen werden. So können Eigenleistungen im Wohnungsbaubereich etwa aus dem Umsatz in Bau- und Heimwerkermärkten approximiert werden. Durch eine Erfassung von Wohnungsflächen und Quadratmetermieten ist es möglich, die Wertschöpfung auch für nicht offiziell vermietete Wohnungen zu erfassen. Die nationalen statistischen Ämter in der EU unterliegen durch das Europäische System der Volkswirtschaftlichen Gesamtrechnungen (ESVG) der Verpflichtung, durch derartige Schätzungen die gesamte Wertschöpfung

---

[37] Vgl. auch York und Atkinson (1997, S. 249), Branchi *et al.* (2007) und Deutsche Bundesbank (2014*b*). Für manche Anwendungen ist es daher notwendig, die jeweils historisch verfügbaren Daten zu nutzen, so genannte "Echtzeitdaten".

[38] Vgl. dazu das Fallbeispiel "Direktinvestitionen und der Standort Deutschland" auf Seite 83.

möglichst vollständig abzubilden.[39] Demnach sind Aussagen über die Größenordnung der Wertschöpfung der Schattenwirtschaft weitgehend auf Schätzungen angewiesen, die zum Teil auf einer kleinen und schwachen Datenbasis beruhen.[40]

Die Diskussion der in Tabelle 2.1 dargestellten Daten kann sicherlich keine erschöpfende Übersicht aller möglicherweise relevanten Aspekte zur Einordnung von Daten liefern. Sie soll vielmehr dazu dienen, einen Eindruck zu gewinnen, wie eine derartige Einschätzung grundsätzlich hergeleitet werden kann. Verbunden damit ist die dringende Empfehlung, bei jeder Anwendung eine Abschätzung der Qualität der vorliegenden Daten vorzunehmen, wobei dies stets in Bezug zu der konkret betrachteten Fragestellung erfolgen sollte.

2.7 Literaturauswahl

Grundsätzliche Fragen zur Erhebung von Daten werden in Stier (1999), Kapitel 3 zum Messen, 4 zur Skalierung und 6 zur Datenerhebung, Hujer und Cremer (1978), Kapitel II, Krug *et al.* (2001) und relativ knapp auch in Hübler (2005), Abschnitt 1.4, angesprochen.

Eine kritische Würdigung des Verhältnisses der Wirtschaftsforschung zu empirischen Daten liefern Morgenstern (1965), der auch ausführlich auf Datenquellen und Fehler in Daten der empirischen Wirtschaftsforschung eingeht, Brinkmann (1997), Kapitel 16, Swann (2006), Kapitel 2, und Winkler (2009), Kapitel 2 und 3.

Speziell mit der Datenerhebung und -aufbereitung für die Volkswirtschaftliche Gesamtrechnung befassen sich Frenkel und John (2011), die unter anderem auch auf Probleme bei der Datenerhebung und -aufbereitung sowie die Anpassung an die ESVG 1995 eingehen, Stobbe (1994), der im Anhang I einige wichtige amtliche, nicht amtliche und internationale Datenquellen beschreibt, und Krug *et al.* (2001), Kapitel 11. Räth (2016) diskutiert den aktuellen Stand der Volkswirtschaftlichen Gesamtrechnung in Deutschland vor dem Hintergrund der Veränderungen der letzten 30 Jahre in diesem Bereich. Eine geschichtliche Einordnung zur Einführung der Volkswirtschaftlichen Gesamtrechnung in Westdeutschland findet sich bei Stahmer (2010).

Eine gelungene knappe Übersicht über wesentliche Quellen von Forschungsdaten und weiterführende Hinweise zur Datenrecherche stellen das Leibniz-Informationszentrum Wirtschaft, gesis Leibniz-Institut für Sozialwissenschaften und der Rat für Sozial- und WirtschaftsDaten (RatSWD) in der gemeinsamen Broschüre Vlaeminck *et al.* (2014 (2. Aufl.)) zur Verfügung.

---

[39] Leider gibt es derzeit seitens der statistischen Ämter keine Publikationen, aus denen das genaue Vorgehen bei der Zuschätzung hervorgeht (vgl. Räth (2016, S. 99f)). Eine Überwachung der nationalen Ansätze im Zuge der Konvergenzbemühungen findet lediglich intern durch EuroStat statt.

[40] Eine Übersicht über Methoden zur Schätzung des Umfangs der Schattenwirtschaft und der Schwarzarbeit sowie Schätzergebnisse finden sich bei Schneider und Enste (2000), Schneider (2005), Feld und Schneider (2010) und Schneider (2015).

3

Datenaufbereitung

Die Aufbereitung von Roh- oder Ursprungsdaten kann aus verschiedenen Gründen notwendig sein und mit unterschiedlichen Zielsetzungen durchgeführt werden. Die folgenden Ausführungen werden sich auf das Ziel konzentrieren, die in den Daten enthaltene Information zu komprimieren. Eine derartige Informationsverdichtung ist häufig erforderlich, um eine unübersichtliche Fülle an Daten in möglichst knapper aber informationsreicher Form für den Endnutzer zur Verfügung zu stellen. Grafische Darstellungen sind zu diesem Zweck besonders geeignet und weit verbreitet, können aber auch zu Missverständnissen führen oder gar manipulativ eingesetzt werden. Darüber hinaus werden in diesem Kapitel einfache Transformationen der Daten, grundlegende statistische Kenngrößen, Preis- und Mengenindizes sowie – als eher spezielles Thema – die Saldierung von Tendenzindikatoren vorgestellt. Natürlich stellt auch die ab Kapitel 6 näher vorgestellte ökonometrische Analyse eine Form der Informationsverdichtung dar. Allerdings stoßen auch ökonometrische Verfahren bei zu umfangreichen Daten gelegentlich an ihre Grenzen. Diese Grenzen können in der gewählten Methodik oder – mit wachsenden Computerkapazitäten in abnehmender Bedeutung – in Beschränkungen der Rechenkapazität liegen. In diesem Kontext stößt man beispielsweise auf das Problem der Aggregation von Zeitreihen, auf das in Abschnitt 3.6 kurz eingegangen wird. Schließlich wird auch das Problem von Messfehlern und Ausreißern kurz angesprochen, deren Einfluss im Rahmen eines ökonometrischen Modells in Abschnitt 8.8 noch einmal aufgegriffen wird.

Die Behandlung von Trends und saisonalen Effekten stellt eine weitere sehr verbreitete Form der Datenaufbereitung dar. Die Notwendigkeit zur Identifikation und gegebenenfalls Eliminierung von Trends und saisonalen Mustern ergibt sich unter anderem daraus, dass deutliche Trends oder heftige saisonale Schwankungen die Identifikation anderer Veränderungen in den Daten, z.B. konjunktureller Komponenten, erschweren. Einige Methoden zur Trend- und Saisonbereinigung werden daher in Kapitel 10 näher vorgestellt.

Obgleich für viele Anwendungen unvermeidbar, birgt dennoch jede Form der Datenaufbereitung die Gefahr von Fehlern, irreführenden Ergebnissen und im Extremfall auch die Möglichkeit der bewussten Manipulation in sich. Deshalb ist bei der Anwendung der im Folgenden beschriebenen Verfahren und vielleicht mehr noch bei der weiteren Verwendung und Interpretation der aufbereiteten Daten Vorsicht geboten. Noch kritischer ist die Situation einzuschätzen, wenn die Daten nicht selbst aufbereitet wurden, so dass im Extremfall weder Ursprungsdaten noch Aufbereitungsverfahren im Detail bekannt sind.[1]

Abgesehen von den bereits angesprochenen Verfahren zur Bereinigung von Messfehlern, Ausreißern sowie Trend- und Saisonkomponenten können die meisten Methoden zur Datenaufbereitung als Verfahren zur Verdichtung der in den Ursprungsdaten enthaltenen Information interpretiert werden. Durch eine derartige Verdichtung werden Daten häufig erst für eine Analyse brauchbar. Andererseits führt jedes dieser Verfahren auch zum Verlust an Information, so dass sich die Frage nach dem optimalen Verdichtungsgrad stellt, der wiederum von der jeweiligen Anwendung abhängt. In der deskriptiven Statistik wird meistens ein hoher Verdichtungsgrad angestrebt, um nur wenige Kennzahlen interpretieren zu müssen. Für ökonometrische Ansätze hingegen können und sollten weniger verdichtete Daten genutzt werden, da die ökonometrischen Verfahren selbst dazu dienen, die für eine gegebene Fragestellung relevante Information aus den Daten zu extrahieren.

3.1 Grafische Darstellung von Daten

Je nach Art der Daten steht eine Vielzahl von grafischen Darstellungsformen zur Verfügung. Eine gut gewählte grafische Darstellungsform ermöglicht einen schnellen Überblick über wesentliche Aspekte der Daten. Die folgende Tabelle nennt einige gebräuchliche Formen und Beispiele ihrer Anwendung. Konkrete Anwendungen der meisten Darstellungsformen finden sich über das ganze Buch verteilt. Es wird soweit möglich jeweils der Verweis auf ein Beispiel ausgewiesen.

Tabelle 3.1. Grafische Darstellung von Daten

Darstellungsform	Beispiele	im Text
Liniendiagramm	alle Zeitreihen	
	z.B. BIP 1991–2015	Abbildung 3.1
Kreisdiagramm	Anteile	
	z.B. Verwendung des BIP 2015	
Balkendiagramm	Reihen mit wenigen Werten	Fallbeispiel S. 66
	z.B. Ländervergleiche	Abbildung 3.6
Histogramm	Häufigkeiten, z.B. Klausurnoten	Abbildung 7.5
Streudiagramm	bivariate Daten, z.B. Konsum	
	und verfügbares Einkommen	Abbildung 3.4

Gerade weil grafische Darstellungen umfangreiche Informationen sehr kompakt und schnell zugänglich vermitteln können, besteht auch eine nicht unerhebliche Ge-

---

[1] Vgl. die Beispiele in Krämer (2015).

fahr von Fehlinterpretationen und das Potenzial der unbewussten oder bewussten Manipulation.

So wirken beispielsweise Veränderungen in einem Balkendiagramm oder in Zeitreihendarstellungen deutlich größer, wenn die Skala der Ordinate (*y*-Achse) nicht bei Null sondern knapp unter dem Minimalwert der dargestellten Daten beginnt.[2] Abbildung 3.1 zeigt dies am Beispiel der Jahresdaten für das nominale Bruttoinlandsprodukt in Deutschland. Während im linken Schaubild die Ordinate bei Null beginnt, wurde für die rechte Abbildung ein Minimalwert von 1 500 Mrd. € angenommen. Entsprechend wirkt die Entwicklung des nominalen BIP in der rechten Abbildung deutlich dynamischer, obwohl es sich in beiden Fällen um die Darstellung derselben Daten handelt.[3]

Abb. 3.1. Nominales Bruttoinlandsprodukt

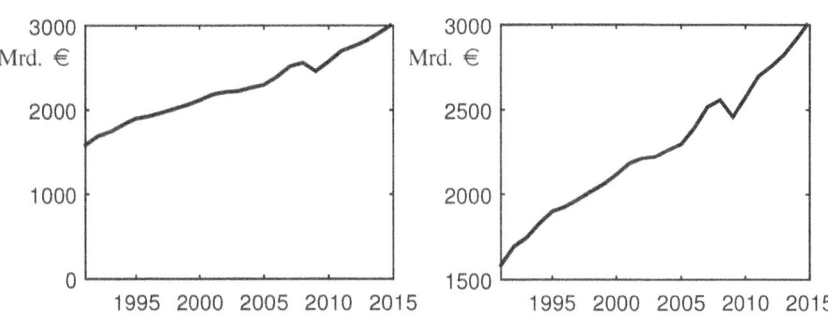

Quelle: Deutsche Bundesbank, Zeitreihendatenbank: BBNZ1.A.DE.N.G.0000.A.

Ähnliche Verzerrungen des optischen Eindrucks ergeben sich beispielsweise auch durch eine unterschiedliche Wahl des in die Abbildung aufgenommenen Zeitraums. So wird ein gegebener Trend in einer Zeitreihe in der grafischen Darstellung schwächer wirken, wenn er auf eine Phase hohen Wachstums folgt, im Vergleich zu einer Abbildung, die mit der schwachen Wachstumsphase beginnt.

3.2 Einfache Transformationen von Daten

3.2.1 Quotientenbildung

Durch die Berechnung von Quotienten können Trends entfernt werden, die in Zähler und Nenner auftreten, was für die Interpretation trendbehafteter Zeitreihen[4] oder

---

[2] Vgl. auch hierzu Krämer (2015).
[3] Brachinger (2007, S. 8) zeigt ein ähnliches Beispiel für den Schweizer Aktienindex SMI.
[4] Zu allgemeinen Methoden der Trendbereinigung siehe auch Kapitel 10.

auch für Vergleiche zwischen Merkmalsträgern (Firmen, Länder) unterschiedlicher Größe hilfreich sein kann. Sind Zähler und Nenner Wertgrößen derselben Einheit, so resultieren einheitenfreie Quotienten. Auch dies erleichtert naturgemäß internationale Vergleiche, da eine Umrechnung von Währungen nicht erforderlich ist. Schließlich sind Quotienten häufig unabhängig von den Niveaus der Variablen, was ebenfalls Betrachtungen im Zeitablauf sowie internationalen Vergleichen zu Gute kommt. Beispiele für Quotienten sind die Lohnquote, Stundenlöhne, BIP pro Kopf, Arbeitsproduktivität oder Arbeitslosenquote. Anhand des letztgenannten Beispiels der Arbeitslosenquote lässt sich zeigen, dass auch bei der Bildung und Interpretation von Quotienten ein sorgfältiger Umgang mit den Daten erforderlich ist.[5] Als Nenner wurden und werden für den Arbeitslosenquote durchaus unterschiedliche Bezugsgrößen benutzt, beispielsweise die Zahl der Erwerbstätigen zuzüglich der Zahl der Arbeitslosen oder die Anzahl der abhängig Beschäftigten zuzüglich der Arbeitslosen. Verwendet man die zweite Bezugsgröße resultiert bei gleicher Anzahl der Arbeitslosen automatisch eine höhere Arbeitslosenquote, da beispielsweise Selbstständige nicht im Nenner berücksichtigt werden.

Als Beispiel zeigt Abbildung 3.2 im oberen Teil zunächst die Zeitreihen für das verfügbare Einkommen (graue Linie) und den privaten Verbrauch (schwarze Linie) jeweils in laufenden Preisen. Die Daten beziehen sich bis einschließlich 1990 auf Westdeutschland und ab 1991 auf Deutschland, woraus der sprunghafte Anstieg beider Reihen in 1991 resultiert. Beide Reihen weisen einen deutlichen Trend über die Zeit hinweg auf. Dazu kommen kurzfristige Schwankungen innerhalb eines Jahres, die unter anderem auf saisonale Einflüsse zurückzuführen sind.

Im unteren Teil der Abbildung 3.2 ist die Konsumquote berechnet als Quotient beider Reihen, d.h. privater Verbrauch geteilt durch verfügbares Einkommen dargestellt (grau gestrichelte Linie). Außerdem ist ein gleitender Durchschnitt[6] als schwarze Linie dargestellt, wodurch die Saisoneffekte ausgeblendet werden. In diesem Beispiel hilft der Quotient, mittelfristige Veränderungen im Konsumverhalten – beispielsweise den Anstieg der Konsumquote im ersten Jahrzehnt nach der Wiedervereinigung – zu erkennen.

3.2.2 Wachstumsraten

Wachstumsraten weisen den Vorteil auf, dass sie unabhängig vom Niveau der Variablen sind. So können zum Beispiel Wachstumsraten des Bruttoinlandsproduktes (BIP) in verschiedenen Ländern direkt miteinander verglichen werden. Allerdings muss bei der Interpretation häufig auch das Niveau in Betracht gezogen werden. So bedeuten etwa hohe reale Wachstumsraten für ein Entwicklungsland relativ zu geringen Wachstumsraten in den Industrieländern nicht unbedingt, dass es tatsächlich zu einer Verringerung der (absoluten) Einkommensunterschiede kommt.

---

[5] Eine tiefer gehende Auseinandersetzung mit Quotienten findet sich in Winkler (2009, Kapitel 4).

[6] Zur Berechnung und Interpretation gleitender Durchschnitte siehe auch Abschnitt 10.4.

Abb. 3.2. Verfügbares Einkommen, Privater Verbrauch und Konsumquote

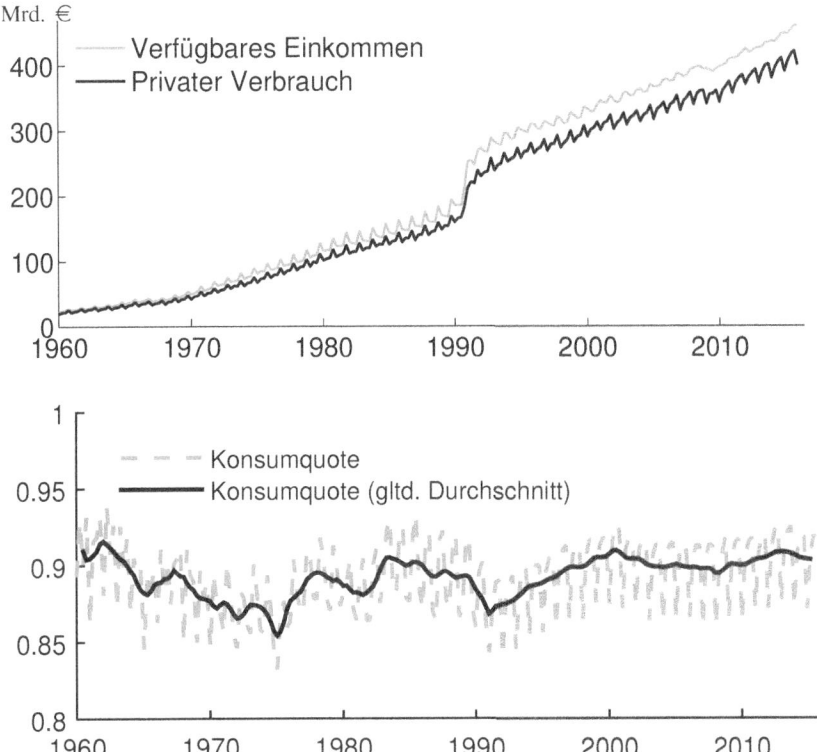

Quelle: Deutsches Institut für Wirtschaftsforschung VGR; Deutsche Bundesbank Zeitrei-
    hendatenbank: BBNZ1.Q.DE.N.G.0034.A und 0103.A; eigene Berechnun-
    gen.

Wachstumsraten werden auf Basis unterschiedlicher Definitionen berechnet:

(i) Am gebräuchlichsten ist es, die Veränderung der Werte zwischen Periode $t-1$
     und Periode t auf den Wert in der Basisperiode $t-1$ zu beziehen:

$$[(x_t - x_{t-1})/x_{t-1}] \cdot 100\% \, .$$

(ii) Weniger üblich ist es, die Veränderung auf den Wert in Periode t zu beziehen,
     was bei steigenden Werten zum Ausweis kleinerer Wachstumsraten führt:

$$[(x_t - x_{t-1})/x_t] \cdot 100\% \, .$$

(iii) Ein Mittelweg zwischen den ersten beiden Ansätzen besteht darin, als Bezugs-
      größe das arithmetische Mittel der Variablen in beiden Perioden zu verwenden:

$$[(x_t - x_{t-1})/(0,5(x_t + x_{t-1}))] \cdot 100\% \, .$$

(iv) In der Ökonometrie und für Finanzmarktdaten verwendet man häufig die Differenz der natürlichen Logarithmen der betrachteten Reihen, d.h.

$$\Delta \ln(x) = \ln(x_t) - \ln(x_{t-1}),$$

die auch als logarithmische Wachstumsrate bezeichnet wird. Der Vorteil dieser Definition besteht darin, dass die so berechnete Wachstumsrate über mehrere Perioden hinweg exakt der Summe der einzelnen Wachstumsraten entspricht, was für die Methoden (i) – (iii) allenfalls näherungsweise gilt.

Am Beispiel des deutschen Bruttoinlandsproduktes in jeweiligen Preisen für die Jahre 2013–2015 kann der Unterschied in den Ergebnissen demonstriert werden:

		Wachstumsrate nach Konzept			
t	x_t	(i)	(ii)	(iii)	(iv)
2013	2 820,82 €				
2014	2 915,65 €	3,362%	3,252%	3,306%	3,307%
2015	3 025,90 €	3,781%	3,644%	3,711%	3,712%

Bei positivem Wachstum wird die nach Methode (i) berechnete Wachstumsrate immer über der mit Methode (ii) berechneten liegen. Die Resultate nach Verfahren (iii) und (iv) liegen jeweils dazwischen. Wenn die Zuwachsraten insgesamt eher klein ausfallen, sind auch die Unterschiede in den ausgewiesenen Wachstumsraten gering. Bei größeren Wachstumsraten fallen sie entsprechend deutlicher aus.

Die Ähnlichkeit zwischen der klassischen Wachstumsrate (i) und der logarithmischen Wachstumsrate, die zumindest bei vergleichsweise geringen Zuwachsraten besteht, lässt sich auch formal begründen. Für die Funktion des natürlichen Logarithmus und Werte x mit $-1 < x \leq 1$ gilt:

$$\ln(1+x) = \sum_{n=1}^{\infty} \frac{(-1)^{n-1}}{n} x^n .$$

Für Werte von x, die sehr nahe bei Null liegen, liefert bereits der erste Summand dieser Taylorreihenentwicklung eine gute Approximation, d.h. es gilt näherungsweise $\ln(1+x) \approx x$. Daraus folgt die Approximation für die Wachstumsrate nach Konzept (i) durch

$$\frac{x_t - x_{t-1}}{x_{t-1}} = \approx \ln\left(1 + \frac{x_t - x_{t-1}}{x_{t-1}}\right) = \ln\left(\frac{x_t}{x_{t-1}}\right) = \ln(x_t) - \ln(x_{t-1}) .$$

Neben den Wachstumsraten für zwei aufeinander folgende Perioden, z.B. Monate, werden häufig auch Jahreswachstumsraten ausgewiesen, die nach einer der vorgestellten Konzepte (i) bis (iv) berechnet werden, indem anstelle von x_{t-1} der Wert des Vorjahres, bei Monatsdaten also x_{t-12} eingesetzt wird, was unter anderem den Vorteil hat, dass sich dabei Saisoneffekte weitgehend aufheben. Werden Jahreswachstumsraten für Daten geringerer Frequenz, also zum Beispiel für Quartalsdaten oder nur jährlich vorliegende Daten berechnet, ergeben sich bei Bestandsgrößen oft deutliche Unterschiede je nachdem, ob die Wachstumsrate auf die Mittelwerte der jeweiligen Periode oder auf Periodenanfangs- und -endbestände bezogen wird, was den unterschiedlichen Konzepten (i) bis (iii) entspricht.

3.2.3 Maßzahlen

Durch Maßzahlen – auch als Messzahlen bezeichnet – wird der Wert einer Variablen in Bezug auf eine Basisgröße ausgedrückt. Bei Zeitreihen wird etwa die Beobachtung x_0 für ein ausgewähltes Jahr t_0 als Basisgröße herangezogen und üblicherweise auf 100 normiert. Die Werte für andere Jahre x_t werden dann ins Verhältnis zum Wert im Basisjahr t_0 gesetzt, indem man $x_t/x_0 \cdot 100$ ausweist. Der Vorteil der Darstellung in Maßzahlen liegt darin, dass der Vergleich zwischen Beobachtungen vereinfacht wird. So können Anteilsgrößen direkt interpretiert werden, und bei Zeitreihen liefert die Differenz der Maßzahlen eine Approximation der Wachstumsrate. Weitere Anwendungen von Maßzahlen stellen Vergleiche zwischen verschiedenen Ländern und die in Abschnitt 3.4 besprochenen Mengen- und Preisindizes dar.

In Tabelle 3.2 wird in der zweiten Spalte zunächst das Bruttoinlandsprodukt in jeweiligen Preisen ausgewiesen. In der mit BIP_{10} überschriebenen Spalte finden sich die Maßzahlen bezogen auf das Basisjahr 2010. So besagt die Zahl 104,77 in der Zeile für 2011, dass das nominale BIP von 2010 auf 2011 um 4,77% gewachsen ist, was durch die in der nächsten Spalte jeweils gegenüber der Vorperiode ausgewiesenen Wachstumsraten nach Konzept (i) von oben bestätigt wird. In den folgenden Jahren kann die Differenz der Maßzahlen von zwei aufeinander folgenden Jahren nur noch als Approximation der Wachstumsraten betrachtet werden. Im Vergleich mit dem Basisjahr wird die Wachstumsrate jedoch auch über mehrere Jahre hinweg korrekt im Sinne der Definition (i) ausgewiesen. So betrug das Wachstum des nominalen BIP von 2010 bis 2015 insgesamt 17,28%.

3.2.4 Preisbereinigung

Die Preisbereinigung nominaler Größen ist insbesondere in Phasen hoher oder schwankender Inflationsraten notwendig, um reale Veränderungen von nur durch die Veränderung des Preisniveaus hervorgerufenen zu unterscheiden. Die Preisbereinigung erfolgt, indem die nominalen Werte durch den entsprechenden Preisindex geteilt werden.[7] Die resultierenden Größen werden als "reale Größen" oder als Größen "zu Preisen des Basisjahrs" bezeichnet, wobei wie in Abschnitt 3.2.3 eingeführt das Basisjahr das Jahr ist, für das der Preisindex auf 100 normiert wurde.

Ein Nachteil der Preisbereinigung mit festem Basisjahr – auch Festpreismethode genannt – besteht darin, dass Substitutionseffekte, die aus Veränderungen der relativen Preise resultieren, erst bei der periodisch stattfindenden Umbasierung (typi-

---

[7] Zur Berechnung von Preisindizes und den dabei bestehenden Problemen siehe Abschnitt 3.4.

Tabelle 3.2. Beispiel für Maßzahlen

Jahr	BIP in jew. Preisen	BIP_{10} Maßzahl	Wachstums- rate (i)	Kettenindex reales BIP
2005	2 300,9	89,18	–	94,05
2006	2 393,3	92,76	4,02	97,53
2007	2 513,2	97,41	5,01	100,71
2008	2 561,7	99,29	1,93	101,80
2009	2 460,3	95,36	-3,96	96,08
2010	2 580,1	100,00	4,87	100,00
2011	2 703,1	104,77	4,77	103,66
2012	2 754,9	106,78	1,91	104,08
2013	2 820,8	109,33	2,39	104,39
2014	2 915,7	113,01	3,36	106,06
2015	3 025,9	117,28	3,78	107,85

Quelle: Statistisches Bundesamt; Volkswirtschaftliche Gesamtrechnungen; Bruttoinlandsprodukt ab 1970; 4. Vierteljahr 2015; eigene Berechnungen.

scherweise alle 5 Jahre) Berücksichtigung finden können.[8] In der Zwischenzeit besteht die Gefahr, das reale Wachstum zu überschätzen, wenn höhere relative Preise einer Gütergruppe dazu führen, dass die Produktion dieser Gütergruppe sinkt
(Tödter, 2005, S. 7). Aus diesem Grund und im Hinblick auf Vorgaben zur internationalen Vergleichbarkeit wurde die Volkswirtschaftliche Gesamtrechnung in Deutschland im Frühjahr 2005 auf die Vorjahresbasis umgestellt. Dabei werden die Volumen
einer Periode jeweils mit Preisen des Vorjahres bewertet. In Tabelle 3.2 ist in der
letzten Spalte ein derartiger Kettenindex für das Bruttoinlandsprodukt ausgewiesen,
dessen Veränderung als reales Wachstum interpretiert werden kann. Dem nominalen
Wachstum von 2010 bis 2015 von 17,28% steht demnach ein reales Wachstum von
lediglich 7,85% gegenüber.

Der resultierende implizite Deflator ist ein verketteter Paasche-Preisindex (siehe
dazu auch Abschnitt 3.4). Durch diese Methode werden die Verzerrungen aufgrund
von Substitutionseffekten deutlich reduziert. Dafür entstehen andere Schwierigkeiten. Erstens lassen sich reale Teilaggregate nicht mehr direkt addieren, d.h. das reale
Bruttoinlandsprodukt entspricht nicht mehr genau der Summe seiner realen Komponenten. Zweitens erfordert das Rechnen mit realen Quartalsdaten auf Vorjahresbasis, insbesondere im Zusammenhang mit Wachstumsraten, zusätzliche Anpassungen.
Drittens führt die Saisonbereinigung[9] von derart preisbereinigten Daten unausweich-
lich zu einer Vermischung von Preis- und Mengeneffekten. Werden Wachstumsraten
saisonbereinigter Daten benutzt, werden auf diesem Weg sogar die Saisoneffekte
wieder eingeführt.[10]

---

[8] Siehe dazu auch das Fallbeispiel "Überarbeitung des Warenkorbs 2000" auf Seite 54.
[9] Siehe dazu Kapitel 10.
[10] Zu den Details dieser Probleme und dem Umgang damit siehe Tödter (2005).

3.2.5 Elastizitäten

Die in Kapitel 7 diskutierte lineare Regression stellt einen funktionalen Zusammenhang zwischen mehreren Variablen her. Auch dies stellt eine Form der Informationsverdichtung dar. In diesem Abschnitt wird dargestellt, dass es unter Umständen informativer ist, einen linearen Zusammenhang zwischen logarithmierten Größen herzustellen statt zwischen den Ursprungswerten. Konkret geht es dabei um die Beantwortung von Fragen zu relativen Veränderungen, also zum Beispiel: Um wie viel Prozent wächst der private Verbrauch, wenn das verfügbare Einkommen um 1% wächst? Bezeichnen C den privaten Verbrauch und Y^v das verfügbare Einkommen, dann erhält man ausgehend von dem angenommenen Zusammenhang linearen Zusammenhang zwischen den logarithmierten Größen (ln steht hier für den natürlichen Logarithmus)

$$\ln(C) = a + b\ln(Y^v)$$

durch Bildung des totalen Differentials folgendes Ergebnis

$$\frac{d\ln(C)}{dC} \cdot dC = b \cdot \frac{d\ln(Y^v)}{dY^v} \cdot dY^v$$

$$\Rightarrow \frac{1}{C} \cdot dC = b \cdot \frac{1}{Y^v} \cdot dY^v$$

$$\Rightarrow b = \frac{dC}{dY^v} \cdot \frac{Y^v}{C} \,,$$

wobei

$$b = \frac{d\ln(C)}{d\ln(Y^v)}$$

die gesuchte Größe ist, die als Elastizität des privaten Verbrauchs in Bezug auf das verfügbare Einkommen bezeichnet wird. Mit den Daten aus Abbildung 3.2 ergibt sich der ökonometrisch geschätzte Zusammenhang (zur Methode vgl. Kapitel 7)

$$\ln(C) = -0,13 + 1,00\ln(Y^v) \,,$$

d.h. eine Erhöhung des verfügbaren Einkommens um 1% hat eine Erhöhung des privaten Verbrauchs um ebenfalls 1% zur Folge.

Besteht zwischen den Variablen kein Zusammenhang in Logarithmen, sondern gilt $\ln(y) = a + b \cdot x$, so wird b als Semielastizität von y in Bezug auf x bezeichnet. Es gilt dann

$$b = \frac{dy}{dx} \cdot \frac{1}{y} \,.$$

Ein typisches Beispiel für Variablen, die häufig in nicht logarithmierter Form in eine derartige Gleichung eingehen, stellen Zinssätze dar. Ändert sich der Zinssatz x beispielsweise um einen Prozentpunkt, steigt y um b Prozent.

3.2.6 Inter- und Extrapolation

Inter- und Extrapolation sind streng genommen keine Verfahren der Informationsverdichtung. Vielmehr wird versucht, fehlende Beobachtungen durch "geschätzte"
Werte zu ersetzen. Im Falle der Interpolation liegen beispielsweise Beobachtungen
für x_{t-1} und x_{t+1} vor, gesucht ist ein interpolierter Wert für x_t. Unterstellt man, dass
die Reihe auf diese kurze Frist am besten durch eine lineare Funktion darstellbar
ist, so ergibt sich die lineare Interpolation $x_t = (x_{t-1} + x_{t+1})/2$. Geht man hingegen von einem exponentiellen Wachstum aus, so ist die exponentielle Interpolation durch $x_t = \sqrt{x_{t-1} \cdot x_{t+1}}$ angemessener. Durch Logarithmieren erhält man daraus
$\ln(x_t) = (\ln(x_{t-1}) + \ln(x_{t+1}))/2$, d.h. die exponentielle Interpolation entspricht der
linearen Interpolation in Logarithmen. Schaubild 3.3 stellt beide Konzepte grafisch
dar.

Abb. 3.3. Lineare und exponentielle Interpolation

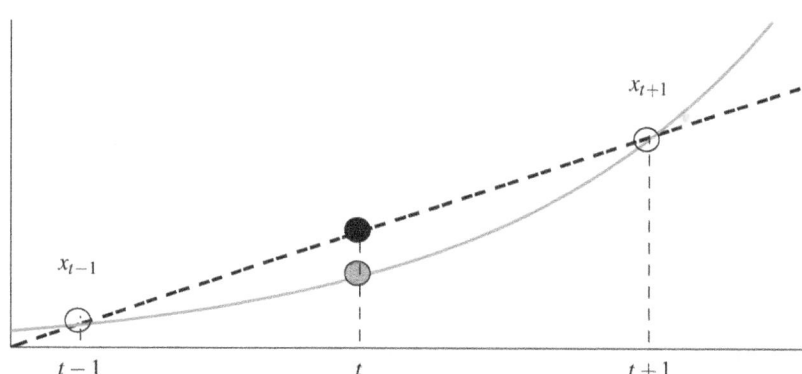

Gegeben seien die beiden markierten Beobachtungen in $t-1$ und $t+1$. Die gestrichelte schwarze Linie stellt eine lineare Interpolationsgerade durch diese beiden
Punkte dar, während die durchgezogene graue Linie einer Exponentialfunktion entspricht. Abhängig vom unterstellten funktionalen Zusammenhang erhält man für den
Zeitpunkt t die beiden eingezeichneten unterschiedlichen Interpolationswerte.

Extrapolation liegt dann vor, wenn aus Beobachtungen für x_{t-1} und x_t auf x_{t+1}
oder x_{t-2} geschlossen werden soll. Im ersten Fall erhält man die lineare Extrapolation
durch die Annahme dass $x_{t+1} - x_t = x_t - x_{t-1}$ ist, woraus $x_{t+1} = 2x_t - x_{t-1}$ folgt.
Unterstellt man wieder exponentielles Wachstum, d.h. $x_t = c \cdot e^{\alpha t}$, so ergibt sich die
exponentielle Extrapolation zu $x_{t+1} = x_t \cdot e^{\alpha}$. Dabei ist $\alpha = \ln(x_{t+1}) - \ln(x_t)$ die
zugrunde gelegte stetige Wachstumsrate, die aus den Beobachtungen x_{t-1} und x_t mit
$\alpha = \ln(x_t) - \ln(x_{t-1})$ approximiert werden kann.[11]

Das Problem der vorgestellten Inter- und Extrapolationsmethoden besteht darin, dass für die betrachteten Größen sehr einfache Entwicklungen über die Zeit hin

---

[11] Vgl. auch Frerichs und Kübler (1980, S. 38ff) zu Trendextrapolationsverfahren.

angenommen werden. Treffen diese nicht zu, so kommt es zu Abweichungen zwischen inter- und extrapolierten Werten und der tatsächlichen Entwicklung, die mit der Größe der zu überbrückenden Zeiträume tendenziell größer werden. Die Fallbeispiele "Mark Twain und der Mississippi" (S. 45) und "Sprint mit Lichtgeschwindigkeit" (S. 46) verdeutlichen dieses Problem anhand pointierter Beispiele.

Fallbeispiel: Mark Twain und der Mississippi

"Im Zeitraum von 160 Jahren hat sich der Unterlauf des Mississippi um 242 Meilen verkürzt. Das ergibt einen Durchschnitt von gut eineindrittel Meile im Jahr. Deshalb kann jeder Mensch, der nicht gerade blind oder schwachsinnig ist, erkennen, dass der Unterlauf des Mississippi [...] in 742 Jahren nur noch eindreiviertel Meilen lang sein wird. [...] Die Wissenschaft hat doch etwas Faszinierendes. Man erhält eine solche Menge von Mutmaßungen aus einer so geringen Anlage von Fakten."

Quelle: Twain (2001, S. 132).

Ferner muss darauf geachtet werden, dass nicht in einem späteren Schritt der Analyse derart aufbereitete Daten dazu herangezogen werden, ein bestimmtes Verhalten der Zeitreihe zu belegen. So könnte beispielsweise anhand von zwei Beobachtungen durch exponentielle Inter- oder Extrapolation eine Zeitreihe mit zehn Beobachtungen erzeugt werden, aus der man dann ableitet, dass die Variable sich exakt durch ein exponentielles Wachstumsmodell beschreiben lässt.

3.3 Einige statistische Kenngrößen

Sowohl für Zeitreihen- als auch für Querschnittsdaten wird häufig angenommen, dass die zur Verfügung stehende Stichprobe X_t aus einer größeren Grundgesamtheit stammt, die wiederum einer gewissen Verteilung $F(X)$ mit Dichte $f(X)$ folgt.[12] Statistische Maßzahlen wie die in diesem Abschnitt aufgeführten enthalten Informationen über diese Verteilung.

Ist zusätzliches Wissen über die Form der Verteilungsfunktion vorhanden, kann zum Beispiel aufgrund von a priori Annahmen von einer Normalverteilung ausgegangen werden, so ist die Verteilung unter Umständen durch einige der folgenden Maßzahlen bereits vollständig charakterisiert. Über diese statistische Interpretation der Maßzahlen als Schätzwerte für bestimmte Kenngrößen der Verteilung einer Grundgesamtheit hinaus erlauben die Maßzahlen zumindest teilweise auch eine direkte ökonomische Interpretation.

Die meisten der im Folgenden angesprochenen Maßzahlen erfordern intervallskalierte Daten. Nur Median und Quantile können auch für lediglich ordinal skalierte

---

[12] Zu den Begriffen Verteilungs- und Dichtefunktion vgl. auch Fahrmeir *et al.* (2009, Kapitel 6) und Schira (2016, Kapitel 9).

Daten sinnvoll genutzt werden. Eine detailliertere Darstellung dieser und weiterer statistischer Maßzahlen kann in jedem einführenden Lehrbuch zur Statistik gefunden werden. Der Literaturüberblick am Schluss dieses Kapitels nennt einige Beispiele.

Fallbeispiel: Sprint mit Lichtgeschwindigkeit

Tatem *et al.* (2004) untersuchen die Siegeszeiten für den olympischen 100-Meter Sprint. Im Schaubild sind die entsprechenden Werte für Frauen (grau, steilere Linie) und Männer (schwarz) eingetragen. Aus der linearen Extrapolation (gestrichelte Linien) schließen die Autoren, dass – sollten sich die Trends so fortsetzen – um das Jahr 2156 herum der schnellste Mensch auf Erden eine Frau sein wird.

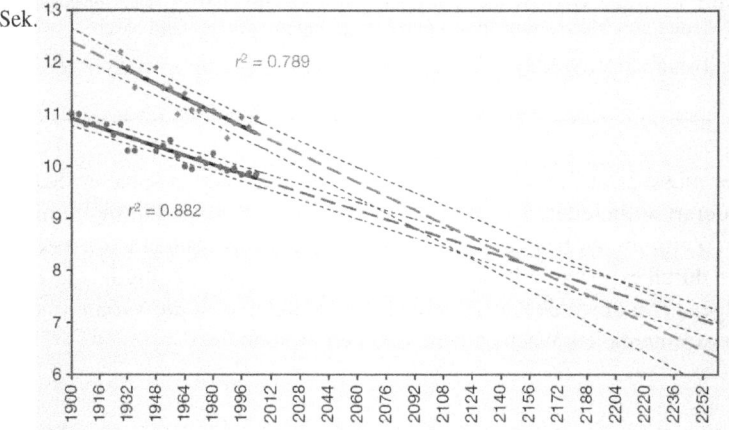

Quelle: Tatem *et al.* (2004, S. 525).

Es gibt sicher einige gute Gründe, die für oder gegen diese Erwartung sprechen mögen. Auf einige Aspekte gehen die Autoren auch selbst ein. Die Fragwürdigkeit der Extrapolation linearer Trends über derart lange Zeiträume hinweg wird jedoch offenkundig, wenn man das Experiment noch ein Stück weiterführt. Der Trend der Siegeszeiten bei den Frauen betrug -1,5 Sekunden für die betrachteten 72 Jahre. Daraus lässt sich direkt berechnen, dass – sollte der Trend Bestand haben – die Lichtgeschwindigkeit in ungefähr 500 Jahren erreicht sein dürfte!

Quelle: Tatem *et al.* (2004).

Mittelwert

Für Beobachtungen X_t, $t = 1, \ldots T$, ist das arithmetische Mittel durch

$$\overline{X} = \frac{1}{T}\left(X_1 + \ldots + X_T\right) = \frac{1}{T}\sum_{t=1}^{T} X_t$$

definiert. Der Mittelwert $\overline{X}$ gibt an, welche Ausprägung X_t im Mittel über die Zeit beziehungsweise die beobachteten Individuen annimmt. Ergeben sich die Werte für X_t aus der Logarithmierung einer Ursprungsreihe Y_t, so entspricht dem arithmetischen Mittel für X_t das geometrische Mittel

$$\overline{Y}^g = \sqrt[T]{Y_1 \cdot \ldots \cdot Y_T} = \left(\prod_{t=1}^{T} Y_t \right)^{1/T}$$

für Y_t.

Modalwert oder Modus

Als Modalwert oder Modus wird die Ausprägung der Variable, die am häufigsten angenommen wird, bezeichnet. Diese Maßzahl ist somit nur für Variablen mit abzählbar vielen Ausprägungen oder gruppierte Daten sinnvoll einsetzbar.

Median

Im Unterschied zum Mittelwert gibt der Median der Beobachtungen X_t die mittlere Ausprägung an. Seien dazu die Beobachtungen der Größe nach geordnet, d.h.

$$X_1 \leq X_2 \leq \ldots \leq X_{\frac{T+1}{2}} \leq \ldots X_T \; ,$$

wobei der Einfachheit halber unterstellt wurde, dass T ungerade ist, dann ist der Median durch

$$X_{med} = X_{\frac{T+1}{2}}$$

definiert. Falls die Anzahl der Beobachtungen gerade ist, wird der Median üblicherweise als arithmetisches Mittel der beiden mittleren Werte berechnet. Deutliche Unterschiede zwischen Mittelwert und Median ergeben sich, wenn die Verteilung der Werte nicht symmetrisch ist oder einzelne extreme Beobachtungen enthalten sind. Im Gegensatz zum Mittelwert ist der Median eine robuste Statistik in dem Sinne, dass einige wenige extreme Werte den Median nicht verändern können.

Quantile

Eine Verallgemeinerung des Medians stellen Quantile oder Perzentile dar. Grundlage sind wieder die der Größe nach geordneten Ausprägungen von X. Während der Median als 50%-Quantil den Wert angibt, über und unter dem jeweils die Hälfte der Beobachtungen liegen, gibt ein 10%-Quantil den Wert an, unter den noch 10% der Beobachtungen fallen. Umgekehrt gibt ein 90%-Quantil den Wert an, der nur von 10% der Beobachtungen überschritten wird.

Ein typisches Anwendungsbeispiel für Quantile stellt die Analyse von Einkommensdaten dar. Wenn X_i das Haushaltseinkommen von Haushalt i in einem gegebenen Jahr angibt, so liefert das 10%-Quantil oder unterste Dezil das Einkommen, welches die 10% der Haushalte mit den geringsten Einkommen gerade unterschreiten. Aus der Angabe verschiedener Quantile ergibt sich ein detailliertes Bild der gesamten Einkommensverteilung.

Eine Anwendung besteht im Vergleich von Einkommensverteilungen im Zeitablauf. Gernandt und Pfeiffer (2007) untersuchen beispielsweise die Entwicklung der Löhne zwischen 1994 und 2005. In diesem Zeitraum sind die Durchschnittslöhne in Westdeutschland um ungefähr 7%, in Ostdeutschland um 18% gestiegen. Gleichzeitig stieg das Verhältnis zwischen dem 90%- und dem 10%-Quantil in Westdeutschland von 2,5 auf 3,1 und in Ostdeutschland von 2,4 auf 3,2. Während also im Jahr 1994 ein Lohn am oberen Ende der Verteilung (90%) ungefähr um den Faktor 2,5 höher war als ein niedriger Lohn (10%), stieg dieses Verhältnis in nur zehn Jahren auf das mehr als dreifache an, was auf eine zunehmende Ungleichheit der Einkommensverteilung hinweist.[13]

Varianz

Auf die Streuung der Beobachtungen zielt die Varianz

$$\sigma_X^2 = \frac{1}{T-1} \sum_{t=1}^{T} (X_t - \overline{X})^2 \, ,$$

beziehungsweise die Standardabweichung

$$\sigma_X = \sqrt{\sigma_X^2}$$

ab. Eine hohe Standardabweichung bringt zum Ausdruck, dass die Beobachtungen stark um den Mittelwert streuen. Wenn die Beobachtungen aus einer Normalverteilung stammen, gilt beispielsweise, dass das Intervall $[\overline{X} - \sigma_X, \overline{X} + \sigma_X]$, d.h. Mittelwert minus eine Standardabweichung bis Mittelwert plus eine Standardabweichung, etwas weniger als 70% der Beobachtungen umfassen sollte. Das Intervall $[\overline{X} - 2\sigma_X, \overline{X} + 2\sigma_X]$ sollte bereits über 95% der Beobachtungen abdecken.

Schiefe und Kurtosis

Schiefe und Kurtosis sind Maßzahlen der Momente[14] dritter und vierter Ordnung einer Verteilung. Sie können benutzt werden, um Abweichungen von bestimmten Verteilungsannahmen zu überprüfen. Insbesondere weist ein von null verschiedener Wert der Schiefe auf eine asymmetrische Verteilung hin, während die Kurtosis darüber Auskunft gibt, wie häufig extreme Werte im Verhältnis zu Werten nahe beim Mittelwert auftreten.[15]

---

[13] Ein ähnlicher Trend findet sich auch in Sachverständigenrat zur Begutachtung der gesamtwirtschaftlichen Entwicklung (2004, S. 570). Antonczyk *et al.* (2009) beschreiben mögliche Ursachen dieses Trends.

[14] Als *n*-tes Moment einer Verteilung bezeichnet man den Erwartungswert $E(X^n)$.

[15] In Abschnitt 8.4 wird mit dem dort eingeführten Jarque-Bera Test auf Basis dieser Maßzahlen überprüft, ob vorliegende Messwerte als zufällige Realisierungen einer Normalverteilung aufgefasst werden können.

Kovarianz und Korrelation

Im bivariaten Fall, d.h. wenn Paare von Beobachtungen $\{X_t, Y_t\}$ betrachtet werden, kann der Zusammenhang zwischen den beiden Variablen X und Y durch ihre Kovarianz

$$Cov(X,Y) = \frac{1}{T-1} \sum_{t=1}^{T} (X_t - \overline{X})(Y_t - \overline{Y})$$

oder – nach Normierung durch das Produkt der Standardabweichungen – durch ihre Korrelation

$$\rho = r_{X,Y} = \frac{\sum (X_t - \overline{X})(Y_t - \overline{Y})}{\sqrt{\sum (X_t - \overline{X})^2 \sum (Y_t - \overline{Y})^2}}$$

ausgedrückt werden. Dabei wird gemessen, wie stark die beiden Variablen jeweils in dieselbe Richtung von ihren Mittelwerten abweichen. Aufgrund der Definition gilt stets $-1 \leq r_{X,Y} \leq +1$. Ist die Korrelation nahe 1, so bedeutet dies, dass die Variablen einen ähnlichen Verlauf haben, während eine Korrelation nahe -1 einen inversen Zusammenhang nahe legt. Abbildung 3.4 zeigt Streudiagramme für einige bivariate Datensätze.

Abb. 3.4. Korrelationen bivariater Daten

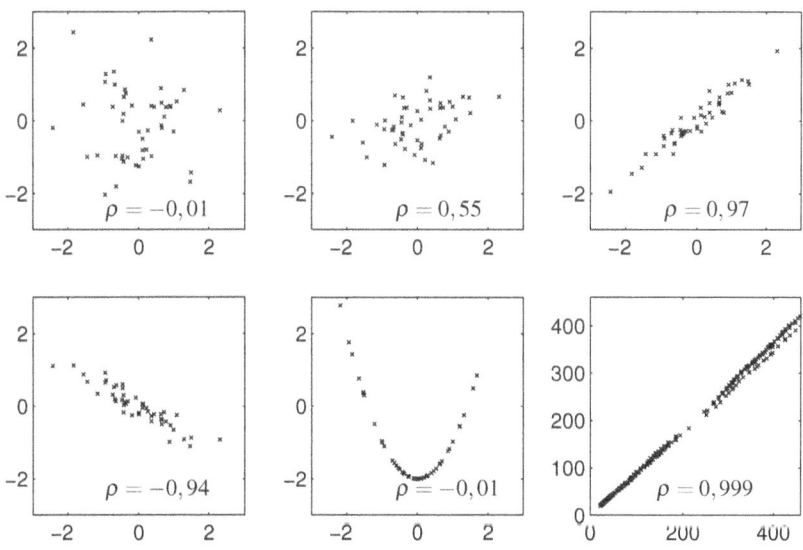

Quelle: Deutsches Institut für Wirtschaftsforschung VGR; Deutsche Bundesbank Zeitreihen-Datenbank; eigene Berechnungen.

Im ersten Streudiagramm sind zwei voneinander unabhängige Zufallsvariablen gegeneinander abgetragen. Entsprechend ist kein systematischer Zusammenhang zu erkennen. Die berechnete Korrelation in diesem Fall beträgt $-0,01$. Das zweite Streudiagramm zeigt bereits eine gewisse lineare Korrelation. In diesem Fall wurde die y-Variable als lineare Funktion der x-Variable zuzüglich unabhängiger Zufallsgrößen erzeugt. Der Korrelationskoeffizient beträgt in diesem Fall $0,55$. Ausgeprägter ist die Korrelation mit $0,97$ im letzten Streudiagramm der oberen Reihe in Abbildung 3.4, für das Zufallsgrößen mit geringerer Varianz eingesetzt wurden. In der unteren Reihe steht zunächst ein Beispiel für eine negative Korrelation ($-0,94$), da die y-Variable hier eine negative lineare Funktion der x-Variablen (wieder zuzüglich eines Zufallsterms) darstellt. Im nächsten Streudiagramm ist ein nichtlinearer (quadratischer) Zusammenhang zwischen x- und y-Variable deutlich zu erkennen. Die Korrelation misst jedoch lediglich das Ausmaß eines linearen Zusammenhangs, woraus der geringe Wert des Korrelationskoeffizienten von nur $-0,01$ resultiert. Im letzten Streudiagramm schließlich sind die Daten für den privaten Verbrauch und das verfügbare Einkommen dargestellt, deren Zeitreihen bereits in Abbildung 3.2 gezeigt wurden. Beide Reihen weisen offenbar einen sehr starken Gleichlauf aus, was durch einen Korrelationskoeffizienten von $0,999$ ausgedrückt wird.

3.4 Preis- und Mengenindizes

Ein häufig auftretendes Problem in der empirischen Wirtschaftsforschung besteht darin, dass für eine theoretische Größe kein direkt beobachtbares Äquivalent zur Verfügung steht. Vielmehr wird die Größe in der Realität durch ein ganzes Bündel von Variablen abgebildet. Die Aufgabe von Indizes besteht nun darin, diese Vielzahl von Variablen in geeigneter Weise zu einem Indikator zusammenzufassen. In der Wirtschaftsstatistik werden dabei drei Arten von Indizes unterschieden: Preis-, Mengen- und Wert- oder Umsatzindizes.

Am häufigsten wird man mit Preisindizes, beispielsweise in Form des monatlich veröffentlichten Verbraucherpreisindex (VPI), konfrontiert sein. Dieser "Preis der privaten Lebenshaltung" kann nicht direkt beobachtet oder gemessen werden. Was beobachtet werden kann, sind lediglich die Entwicklung der Preise einer Vielzahl von Gütern und Dienstleistungen und deren Anteile am Konsum, die zusammen das theoretische Konzept der privaten Lebenshaltung abbilden sollen.

Im Folgenden bezeichne $p_i(t)$ den Preis, der für Gut i in Periode t erhoben wurde. Die Idee, das Preisniveau durch das einfache arithmetische Mittel all dieser Preise abzubilden, würde dazu führen, dass alle Güter gleich behandelt würden. Der Preis für Champagner hätte dann denselben Einfluss auf den Preisindex wie der Preis von Mineralwasser oder Brot. Sinnvollerweise sollte jedoch den letztgenannten Gütern ein höheres Gewicht zukommen, da sie in erheblich größerem Umfang konsumiert werden. Deswegen werden bei der Berechnung von Indizes den Gütern unterschiedliche Gewichte zugeordnet. Das für einen konkreten Preisindex betrachtete Bündel von Gütern mit den zugeordneten Gewichten wird als Warenkorb bezeichnet.

Eine Indexzahl (ein Preisindex) ist dann das gewichtete arithmetische Mittel der sich daraus im Bezug auf eine Basisperiode 0 ergebenden Maßzahlen

$$I_{0|t} = \sum_{i=1}^{n} w_i(t) \frac{p_i(t)}{p_i(0)} \, ,$$

wobei $w_i(t)$ für das Gewicht von Produkt i in Periode t steht. Häufig wird statt $I_{0|t}$ auch der mit 100 multiplizierte Wert ausgewiesen. Auf die Festsetzung von $w_i(t)$ wird gleich noch näher einzugehen sein. Vorher sei noch darauf hingewiesen, dass anstelle des gewichteten arithmetischen Mittels auch Indexzahlen in Form gewichteter geometrischer Mittel berechnet werden können.[16] Diese Vorgehensweise wird beispielsweise im Rahmen der Harmonisierten Verbraucherpreisindizes (HVPI) für die Mitgliedstaaten der Europäischen Union explizit zugelassen.[17]

Das bereits angeführte Beispiel der Kosten der privaten Lebenshaltung (VPI) ist insofern ein vergleichsweise einfaches Beispiel, als hier die Gewichtung $w_i(t)$ über längere Zeit (5 Jahre) konstant und vom Statistischen Bundesamt fest vorgegeben ist. Lediglich wenn der zugrunde liegende "Warenkorb", d.h. die ausgewählten Güter und deren Mengen, im Abstand von einigen Jahren an die sich verändernden Verbrauchsgewohnheiten angepasst wird, ändern sich auch die Gewichte. Zuletzt war dies für das Jahr 2010 der Fall (Egner, 2013) (siehe für die vorangegangene Umstellung auch das Fallbeispiel "Überarbeitung des Warenkorbs 2010" auf Seite 54).

Ziel des Preisindex für die private Lebenshaltung ist es, ein umfassendes Bild der Preisentwicklung zu geben, von der die privaten Haushalte betroffen sind. Dazu ist es jedoch nicht nötig, alle von privaten Haushalten konsumierten Güter und Dienstleistungen in die Berechnung des Preisindex einzubeziehen. Vielmehr reicht es aus, einen möglichst repräsentativen Ausschnitt dieser Verbrauchsgewohnheiten stellvertretend abzubilden. Dazu werden von rund 600 Preiserhebern des Statistischen Bundesamtes derzeit jeden Monat die Preise von über 700 genau definierten Waren und Dienstleistungen in 188 Berichtsgemeinden beobachtet, wobei darauf geachtet wird, dass auch jeden Monat die gleichen Produkte in denselben Geschäften erfasst werden.[18] Dabei wird in jüngerer Zeit besonderes Augenmerk darauf gelegt, dass die einzelnen Geschäftstypen je nach Gütergruppe mit repräsentativen Gewichten einbezogen werden (Elbel und Egner (2008*b*, S. 346f) und Sandhop (2012)). Dazu kommen zentral erhobene Preise für Güter und Dienstleistungen mit bundesweit einheitlichen Preisen, z.B. Bücher und Zeitschriften oder Telekommunikationsdienstleistungen. Mit Hilfe der aus der Einkommens- und Verbrauchsstichprobe sowie der laufenden Wirtschaftsrechnungen ermittelten Verbrauchsgewohnheiten werden Gewichte für die einzelnen Gütergruppen bestimmt. Damit werden schließlich die Preisindizes der Kosten der privaten Lebenshaltung ermittelt.[19]

---

[16] Die Formel lautet $I_{0|t}^{*} = \prod_{i=1}^{n} \left(\frac{p_i(t)}{p_i(0)} \right)^{w_i(t)}$.

[17] Vgl. Deutsche Bundesbank (1998, S. 66). Zu Unterschieden zwischen dem nationalen Verbrauchpreisindex und dem HVPI für Deutschland siehe Elbel und Egner (2008*a*).

[18] Für eine detailliertere Darstellung sei auf Statistisches Bundesamt (2005) verwiesen.

[19] Vgl. hierzu auch Elbel (1995), Egner (2003), Elbel und Egner (2008*b*) und Egner (2013).

Preisindizes nach Laspeyres und Paasche

Im Prinzip analog sieht die Berechnung von Preisindizes aus,[20] die nicht nur die Preisentwicklung für einen gewissen Ausschnitt der Waren und Dienstleistungen abbilden sollen, sondern als Gesamtpreisindikator fungieren wie etwa der Deflator des Inlandsprodukts. Hier hängen die Gewichte allerdings von den Mengen der jeweiligen Güter ab. Grundsätzlich ergeben sich dabei zwei Möglichkeiten:[21]

1. Die Gewichte $w_i^{La}(t)$ werden durch den Anteil des Umsatzes von Gut i am gesamten Umsatz in der Basisperiode definiert. Der resultierende Wert $P_{0|t}^{La}$ wird als Preisindex nach Laspeyres bezeichnet und ist gegeben durch

$$P_{0|t}^{La} = \frac{\sum_{i=1}^{n} p_i(t)q_i(\mathbf{0})}{\sum_{i=1}^{n} p_i(0)q_i(\mathbf{0})} \tag{3.1}$$

$$= \sum_{i=1}^{n} \frac{p_i(0)q_i(\mathbf{0})}{\sum_{i=1}^{n} p_i(0)q_i(\mathbf{0})} \cdot \frac{p_i(t)}{p_i(0)},$$

wobei $q_i(t)$ die umgesetzte Menge von Gut i in Periode t bezeichnet.

2. Die Gewichte $w_i^{Pa}(t)$ werden durch den Anteil des Umsatzes von Gut i in Periode t definiert. Der aus diesem Ansatz resultierende Indexwert $P_{0|t}^{Pa}$ heißt Preisindex nach Paasche und ist durch

$$P_{0|t}^{Pa} = \frac{\sum_{i=1}^{n} p_i(t)q_i(\mathbf{t})}{\sum_{i=1}^{n} p_i(0)q_i(\mathbf{t})} \tag{3.2}$$

$$= \sum_{i=1}^{n} \frac{p_i(0)q_i(\mathbf{t})}{\sum_{i=1}^{n} p_i(0)q_i(\mathbf{t})} \cdot \frac{p_i(t)}{p_i(0)},$$

gegeben.

Ausgewiesen werden häufig die mit 100 multiplizierten Werte dieser Indizes.

Der Laspeyresche Preisindex hat einen Kostenvorteil bei der Erhebung, da Mengen nur für die Basisperiode erhoben werden müssen. Dadurch ist er auch schneller verfügbar. Da die Gewichte über die Zeit fix sind, können alle Beobachtungen direkt miteinander verglichen werden, während beim Preisindex nach Paasche ein direkter Vergleich nur mit der Basisperiode möglich ist.

Konstruktionsbedingt reagiert ein Laspyrescher Preisindex P^{La} nicht unmittelbar auf Substitutionsprozesse aufgrund geänderter Preise. Während Konsumenten relativ teurer werdende Güter weniger und relativ günstiger werdende Güter entsprechend mehr nachfragen, bleiben die Gewichte konstant, so dass die Preisentwicklung tendenziell überschätzt wird.[22] In Abbildung 3.5 wird dies durch einen Vergleich der

---

[20] Für Mengenindizes, etwa den Index der Produktion im verarbeitenden Gewerbe, gelten die folgenden Ausführungen analog.

[21] Diese unterschiedlichen Vorgehensweisen sind prinzipiell bei jedem gewichteten Index möglich.

[22] Szenzenstein (1995) stellt dar, wie im Statistischen Bundesamt bei der Erstellung von Preisindizes versucht wird, mit diesem und ähnlich gelagerten Problemen umzugehen, um eine systematische Über- oder Unterschätzung der Preisentwicklung möglichst zu vermeiden.

mit den Gewichten für 2010 berechneten Verbraucherpreise mit den auf Basis der Gewichte von 1995 berechneten Verbraucherpreisen veranschaulicht. Dabei wurden lediglich die Gewichte auf der obersten Gliederungsebene (12 Gütergruppen) berücksichtigt (Egner, 2013, S. 343). Ein Vektor derartiger Gewichte wird auch als Wägungsschema bezeichnet. Der obere Teil der Abbildung zeigt die Veränderung der Preisindizes gegenüber dem jeweiligen Vorjahresmonat, d.h. die Jahresinflationsraten, einmal für den Preisindex mit dem Wägungsschema von 2010 als grau gestrichelte Linie und einmal für den Preisindex für das Wägungsschema von 1995 als schwarze Linie.

Abb. 3.5. Entwicklung der Lebenshaltungskosten für unterschiedliche Wägungsschemata

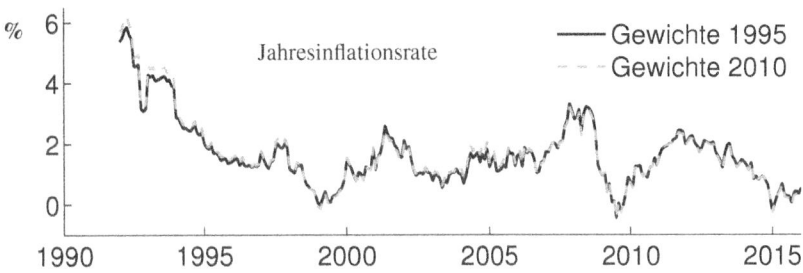

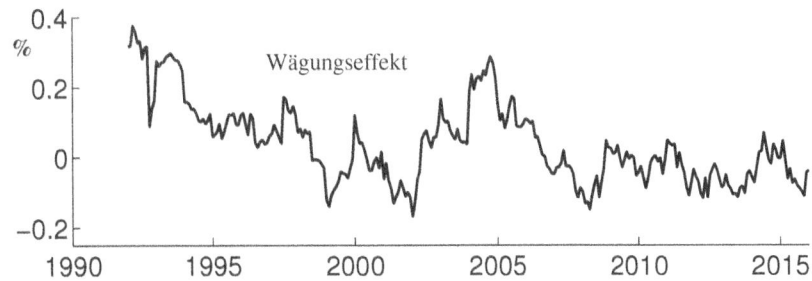

Quelle: Elbel (1995, S. 802) und Egner (2013, S. 343); eigene Berechnungen.

Der untere Teil der Abbildung 3.5 zeigt die Differenz der beiden Jahresinflationsraten. Es ist erkennbar, dass sich die allein aus den unterschiedlichen Wägungsschemata auf der obersten Gliederungsebene ergebenden Differenzen in einer überschaubaren Größenordnung bewegen. Allerdings wird auch deutlich, dass ohne die Umstellung der Preisauftrieb für die letzten Jahre häufiger zu hoch eingeschätzt worden wäre.

Die Veränderung der Gewichte macht allerdings nur einen Teil der so genannten Revisionsdifferenz beim Übergang von einem Warenkorb zu einem anderen aus.

Dazu kommt der Austausch von Gütern, neue Erhebungsmethoden (z.B. für die Einbeziehung von Saisonartikeln in der letzten Umstellung für das Jahr 2010), und die Einführung einer expliziten Gewichtung für einzelne Geschäftstypen und deren Anpassung insbesondere im Hinblick auf den Internethandel mit einem Anstieg des Gewichtes von 5,1% im Wägungsschema von 2005 auf 8,7% im Wägungsschema von 2010 (Egner, 2013, S. 335). Egner (2013, S. 36) schätzt den gesamten Revisionseffekt für die Jahre 2011 und 2012 auf von ungefähr -0,25% auf um die 0% ansteigend, wobei der wesentliche Anteil der Revisionen auf das geänderte Wägungsschema zurückzuführen ist.

Fallbeispiel: Überarbeitung des Warenkorbs 2010

Die jüngste Umstellung der Preisindizes für die Lebenshaltung fand 2013 statt. Als Basisjahr für die zugrunde gelegten Verbrauchsgewohnheiten gilt seither das Jahr 2010.

Im Unterschied zu früheren Umstellungen wurden 2013 (für das Basisjahr 2010) und zuvor 2008 (für das Basisjahr 2005) keine grundlegende Aktualisierung des Warenkorbs vorgenommen. Stattdessen erfolgt eine laufende Aktualisierung. Beispielsweise wurden im Jahr 2007 Studiengebühren als neue Erhebungsposition aufgenommen, und seit 2010 werden Kleinanbieter von Ferienwohnungen stärker berücksichtigt.

In der Überarbeitung für das Basisjahr 2000 wurde die letzte grundlegende Aktualisierung des Warenkorbs vorgenommen. Insbesondere wurden Positionen ausgesondert, die an Bedeutung für den privaten Verbraucher verloren haben, und neue Positionen aufgenommen. Komplett gestrichen wurden beispielsweise Kaffeefilter, Diaprojektor und die elektrische/elektronische Schreibmaschine. Ersetzt wurden beispielsweise Disketten durch CD-Rohlinge, Farbband durch Farbpatrone für Tintenstrahldrucker und PVC-Bodenbelag durch Laminat-Fertigboden-Paneele. Neu hinzugekommen sind vor allem so genannte Convenience-Produkte (z.B. Brötchen zum Fertigbacken, Pizza zum Mitnehmen), Produkte der modernen Informations- und Kommunikationstechnologie (z.B. Digitalkamera und DSL-Anschluss), Dienstleistungen im Bereich der sozialen Sicherung (z.B. ambulante Pflege, Kinderkrippe) und Dienstleistungen für private Haushalte (z.B. Pizzaservice, Fahrradreparatur).

Die Gewichte für die einzelnen Bestandteile des Warenkorbs wurden jedoch auch in der aktuellen Umstellung angepasst. Ein deutlicher Rückgang von ungefähr 0,6 Prozentpunkten ergab sich für den Bereich der Haushaltsausstattung (Möbel, Geräte und deren Instandhaltung), während der Bereich "Nachrichtenübermittlung" trotz deutlich gesunkener Preise einen nahezu unveränderten Anteil am Warenkorb ausmacht. Dies spiegelt die gewachsene Bedeutung von Internetzugang und Mobiltelefonie in den Verbrauchsgewohnheiten wider.

Quelle: Egner (2003), Elbel und Egner (2008b) und Egner (2013).

Ein weiteres grundsätzliches Problem der beiden vorgestellten Methoden zur Berechnung von Preisindizes stellt das Auftreten neuer Güter oder das Verschwinden von Gütern, aber auch die Veränderung der Qualität der Güter dar. In diesem Fall sind Preisangaben für identische Güter zu anderen Zeitpunkten nicht verfügbar. Stattdessen werden dann vergleichbare Güter ausgewählt, wobei jedoch gerade die Entwicklung der Qualität nur unvollkommen berücksichtigt werden kann. In diesem Fall beinhalten die ausgewiesenen Preissteigerungen also neben dem eigentlichen Preis- auch einen Qualitätseffekt.[23]

Fallbeispiel: Der "Teuro" und die wahrgenommene Inflation

Nach der Einführung des Euro als Bargeld im Januar 2002 schien sich eine große Lücke aufzutun zwischen der durch die amtliche Statistik gemessenen und der "gefühlten" Inflation. Während der Verbraucherpreisindex des Statistischen Bundes- amtes nur einen moderaten Anstieg verzeichnete, waren weite Teile der Öffentlichkeit felsenfest davon überzeugt, dass es zu einem massiven Preisanstieg gekommen war, im Extremfall zu einer Umstellung "eins zu eins".

In einem experimentellen Ansatz zur Berechnung eines Index der wahrgenommenen Inflation wird diese Diskrepanz auf drei Ursachen zurückgeführt. Erstens bewerten die Verbraucher steigende und fallende Preise asymmetrisch, d.h. steigende Preise werden stärker als Verluste empfunden als entsprechend fallende Preise als Gewinn. Zweitens werden die Gewichte für den Preisindex nicht anhand der Ausgabenan- teile, sondern basierend auf Kaufhäufigkeiten bestimmt, d.h. Produkte, die häufig gekauft werden, z.B. das Brötchen beim Bäcker, erhalten ein höheres Gewicht als selten gekaufte Produkte, z.B. der PC oder die Wohnungsmiete. Drittens spielt bei der asymmetrischen Bewertung von Preisbewegungen auch die Referenzperiode eine Rolle. Das Schaubild zeigt den Vergleich der Entwicklung des offiziellen Verbrau- cherpreisindex (durchgezogene Linie) und des Index der wahrgenommenen Inflation (gestrichelt).

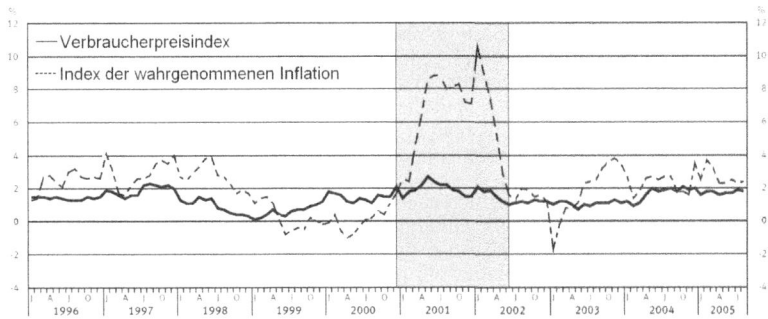

Quelle: Brachinger (2005, S. 1007).

Mit diesem Ansatz gelingt es zumindest qualitativ, das deutliche Auseinanderklaf- fen von amtlicher Inflationsmessung und gefühlter Teuerung um den Zeitpunkt der Einführung des Euro herum zu erfassen.

Quelle: Bechtold *et al.* (2005) und Brachinger (2005).

---

[23] Zu dieser Problematik siehe auch Deutsche Bundesbank (1998, S. 58f), die Beiträge in Herrmann (1999), von Auer (2007) mit einer Anwendung für Laserdrucker und das Fall- beispiel "Digitalkameras und hedonische Preisindizes I" auf Seite 56. Zum Einsatz hedoni- scher Methoden in der amtlichen Statistik siehe Linz (2002) und Statistisches Bundesamt (2013).

Analog zu den Preisindizes lassen sich auch Indizes für die Entwicklung von Mengen $Q_{0|t}^{Pa}$ und $Q_{0|t}^{La}$ definieren. Auf Basis von Preis- und Mengenindizes lassen sich schließlich Wert- oder Umsatzindizes berechnen, mit denen ausgedrückt werden soll, wie sich der Wert oder Umsatz der betrachteten Güter(gruppe) zwischen Basis- und Berichtsperiode verändert hat. Der Wertindex $W_{0|t}$ lässt sich aus den Preis- und Mengenindizes berechnen. Es gilt

$$W_{0|t} = P_{0|t}^{La} Q_{0|t}^{Pa} = P_{0|t}^{Pa} Q_{0|t}^{La} = \frac{\sum_{i=1}^{n} p_i(t) q_i(\mathbf{t})}{\sum_{i=1}^{n} p_i(0) q_i(\mathbf{0})} \; .$$

Fallbeispiel: Digitalkameras und hedonische Preisindizes I

Wie haben sich die Preise für Digitalkameras seit 1999 verändert? Wie hoch ist der Preis einer Kamera mit einem Bildsensor mit 12 Megapixeln in Preisen von 2000? Dies sind Fragen, die mit den konventionellen Ansätzen zur Berechnung von Preisindizes kaum beantwortet werden können. Am Beispiel der Preise für Digitalkameras werden zwei zentrale Probleme deutlich. Erstens entstehen und verschwinden hier Güter in einer Geschwindigkeit, die weit größer ist, als es die Anpassung der Indizes im Abstand von fünf Jahren erlaubt. Außerdem ändert sich die Qualität der Güter, beispielsweise die Auflösung des Bildsensors, ständig.

Eine Möglichkeit, mit diesen Problemen umzugehen, stellen so genannte hedonische Preisindizes dar. Dabei wird nicht die Preisentwicklung für ein konkretes Gut betrachtet, sondern die ökonometrisch geschätzte Preisentwicklung für ein Bündel von Charakteristika, die den Nutzen des Gutes ausmachen. So wird beispielsweise die Preisentwicklung von Digitalkameras in Abhängigkeit von Auflösung des Bildsensors, Größe der Speicherkarte und optischem Zoomfaktor usw. erklärt. Auf Basis von Schätzungen dieser Effekte (siehe hierzu Fallbeispiel "Digitalkameras und hedonische Preisindizes II" auf Seite 168) kann dann eine qualitätsbereinigte Preisentwicklung berechnet werden.

Die aus derartigen Ansätzen resultierenden hedonischen Preisindizes werden in einigen Ländern für unterschiedliche Gütergruppen bereits eingesetzt. In Deutschland finden Sie Anwendung beispielsweise für Desktop-PC, Notebooks, Drucker, Gebrauchtwagen und Wohnimmobilien. Je nach Gewicht der berücksichtigten Gütergruppen für den gesamten Preisindex können sich daraus mehr oder weniger große Unterschiede zum konventionellen Index ergeben, die besonders dann relevant sind, wenn der Verbraucherpreisindex die Grundlage für konkrete Zahlungen darstellt, beispielsweise für Transferzahlungen wie in den USA oder für die Anpassung indizierter Mieten. Im deutschen Verbraucherpreisindex beträgt das Gewicht der Güter, für die hedonische Methoden eingesetzt werden, derzeit 0,89%.

Quelle: Winker und Rippin (2005), Linz und Dexheimer (2005) und Statistisches Bundesamt (2013).

Umbasierung und Verkettung

Die für die Berechnung der Indizes benutzten Basisjahre werden in regelmäßigem Abstand geändert. In der offiziellen Statistik erfolgt diese Umstellung etwa alle fünf

Jahre. Dies führt dazu, dass man häufig Zeitreihen von Indizes für Teilperioden mit unterschiedlichen Basisjahren zur Verfügung hat. Um diese dennoch vergleichen oder gemeinsam für die weitere Analyse nutzen zu können, kann die Umbasierung oder Verkettung von Indizes eingesetzt werden.

Die Umbasierung erfolgt durch die Berechnung von $I_{r|j} = \frac{I_{k|j}}{I_{k|r}}$, d.h. um den Indexstand für Periode j für das neue Basisjahr r zu berechnen, wird der Wert für das alte Basisjahr k durch den Indexstand dieses Indexes in der neuen Basisperiode r geteilt. Voraussetzung für diese Umbasierung ist natürlich, dass alter und neuer Index zumindest für eine Periode gemeinsam vorliegen. Werden die Indizes ursprünglich auf 100 in der Basisperiode normiert, wie dies üblich ist, muss nach der Umbasierung erneut mit 100 multipliziert werden. Das in Tabelle 3.3 dargestellte Beispiel für den Verbraucherpreisindex in Deutschland demonstriert das Vorgehen.

Tabelle 3.3. Verkettung von Indizes

Jahr	VPI$_{2005}$	VPI$_{2010}$	VPI$_{2005;2010}$	Verkettung 2010 vorwärts	rückwärts
2005	100,0	92,5	100,0	100,0	92,4
2006	101,6		101,5	101,6	93,9
2007	103,9		103,9	103,9	96,0
2008	106,6		106,6	106,6	98,5
2009	107,0		106,9	107,0	98,9
2010	108,2	100,0	108,1	108,2	100,0
2011		102,1	110,4	110,5	102,1
2012		104,1	112,5	112,6	104,1
2013	·	105,7	114,3	114,4	105,7
2014	·	106,6	115,2	115,3	106,6
2015	·	106,9	115,6	115,7	106,9

Die zweite Spalte enthält den Index für das Basisjahr 2005 (mit dem Warenkorb von 2005). In der dritten Spalte wird der Index für Basisjahr und Warenkorb 2010 ausgewiesen. Die Umbasierung dieser Zahlen auf das Bezugsjahr 2005 erfolgt, indem der jeweilige Indexstand durch den Indexstand im neuen Referenzjahr 2005, also 92,5 geteilt wird und, da es sich um einen Index mit Grundwert 100 handelt, anschließend mit 100 multipliziert wird. Das Ergebnis ist in der vierten Spalte ausgewiesen. Wichtig ist hierbei der Hinweis, dass VPI$_{2005;2010}$ zwar relativ zum Basisjahr 2005 ausgewiesen wird; aber nach wie vor der Warenkorb und damit die Indexgewichte von 2010 zugrunde liegen. Daraus resultieren die Unterschiede, die sich zwischen der zweiten und vierten Spalte beobachten lassen.

Von Verkettung spricht man, wenn zwei Indexreihen (mit unterschiedlicher Basisperiode) aneinander gehängt werden. Im Beispiel könnte ein Kettenindex daraus resultieren, dass man für die Periode 2005 bis 2009 den Index mit Warenkorb 2005 und ab 2010 den Index mit Warenkorb 2010 benutzen möchte.

Allgemein kann die Verkettung auf zwei Arten erfolgen. Erstens kann das Referenzjahr der ersten Reihe $I_{0|t}^{alt}$ beibehalten werden. In diesem Fall müssen die Beobachtungen der zweiten Reihe $I_{\tau|t}^{neu}$ ab dem Jahr $\tau + 1$ mit dem Wert der ersten Reihe in der Umstellungsperiode τ ($I_{0|\tau}^{alt}$) multipliziert werden. Wenn die Indizes mit Basiswert 100 definiert sind, muss anschließend noch durch 100 geteilt werden. Es gilt also

$$I_{0|t}^{k} = \begin{cases} I_{0|t} & \text{für } t \leq \tau \\ I_{0|\tau}^{alt} \cdot I_{\tau|t}^{neu} & \text{für } t > \tau. \end{cases} \tag{3.3}$$

Das Ergebnis für das Beispiel mit einer Verkettung in 2010 ist in der fünften Spalte ("vorwärts") dargestellt. Alternativ kann "rückwärts" verkettet werden. Dazu müssen die Werte des ersten Index für die Perioden vor der Umstellungsperiode τ durch den Wert in der Umstellungsperiode (2010) geteilt – und gegebenenfalls mit 100 multipliziert – werden. Das Ergebnis ist in der letzten Spalte für das Beispiel ausgewiesen.

Dieses Vorgehen kann auch wiederholt benutzt werden, so dass mehrere Indexreihen aneinander gehängt werden können. Im Extremfall erfolgt in jedem Jahr eine neue Basierung. In diesem Fall spricht man auch von Kettenindizes, wie sie neuerdings vom Statistischen Bundesamt zur Berechnung von realen Aggregaten der Volkswirtschaftlichen Gesamtrechnung eingesetzt werden (Tödter, 2005).

Für Maßzahlen gilt außerdem die Transitivität oder Verkettungsregel, d.h. $X_{k|j} = X_{k|r} X_{r|j}$. Für Indizes gilt dies nur approximativ. Als Beispiel dafür und für die große Bedeutung der Wahl der Gewichte für die Indizes wird folgendes Beispiel mit zwei Gütern betrachtet, wobei $q_1(t)$ und $q_2(t)$ die jeweiligen Mengen und $p_1(t)$ und $p_2(t)$ die zugehörigen Preise bezeichnen.

Periode	Gut 1		Gut 2	
t	$q_1(t)$	$p_1(t)$	$q_2(t)$	$p_2(t)$
1	2	5	4	5
2	1	10	4	5
3	1	10	5	4

Die Berechnung der Preisindizes nach Laspeyres oder Paasche gemäß Gleichungen (3.1) und (3.2) ergibt die folgenden Ergebnisse:

Preisindex	nach Laspeyres	nach Paasche
$P_{1|2}$	$\frac{40}{30} \approx 1,33$	$\frac{30}{25} = 1,20$
$P_{2|3}$	$\frac{26}{30} \approx 0,87$	$\frac{30}{35} \approx 0,86$
$P_{1|3}$	$\frac{36}{30} = 1,20$	$\frac{30}{30} = 1,00$

Zunächst fallen die Unterschiede der ermittelten Preisindizes für die Teilperioden und den gesamten Zeitraum auf. Der Preisanstieg von der ersten zur zweiten Periode wird vom Index nach Paasche deutlich geringer ausgewiesen, da hier der durch den Preisanstieg induzierte Rückgang in der Nachfrage nach Gut 1 bereits berücksichtigt wird. Aus demselben Grund unterzeichnet der Preisindex nach Laspeyres den Rückgang im Preisniveau von Periode zwei zu Periode drei. Die gesamten Ausgaben für beide Güter betragen in Periode eins ebenso wie in Periode drei 30 Geldeinheiten. Dies wird im Index nach Paasche durch ein unverändertes Preisniveau ($P_{1|3}^{Pa} = 1$) ausgewiesen, während der Index nach Laspeyres für die gesamte Zeitspanne einen deutlichen Anstieg des Preisniveaus um 20% ausweist.

Das Beispiel zeigt außerdem, dass die Verkettungsregel für Preisindizes nicht exakt gilt. So ist

$$P_{1|3}^{La} = 1,20 \neq 1,16 \approx 1,33 \cdot 0,87 = P_{1|2}^{La} P_{2|3}^{La}$$

und

$$P_{1|3}^{Pa} = 1,00 \neq 1,20 \cdot 0,86 = P_{1|2}^{Pa} P_{2|3}^{Pa}$$

Kaufkraftparitäten

Eine wichtige Anwendung von Preisindizes besteht in der Berechnung so genannter Kaufkraftparitäten. Seien p und p^A Preisindizes für das Inland und das Ausland, dann ist die Kaufkraftparität KKP definiert als das Verhältnis inländischer Preise zu ausländischen, d.h. $KKP = \frac{p}{p^A}$. Bei der Berechnung und Interpretation von Kaufkraftparitäten ist wesentlich, welcher Warenkorb jeweils zugrunde gelegt wird (Strack *et al.*, 1997). Vom Statistischen Bundesamt werden beispielsweise regelmäßig Verbrauchergeldparitäten erhoben und in Fachserie 17, Reihe 10 publiziert. Diese Verbrauchergeldparitäten basieren auf einem repräsentativen Warenkorb mit rund 200 ausgewählten Waren und Dienstleistungen der privaten Lebenshaltung ohne Wohnungsmiete (Grundmiete). Als Wechselkurse werden die von der Deutschen Bundesbank berechneten Devisenmittelwerte verwendet.

Fallbeispiel: Nach Venezuela für einen Big Mac

Der Big Mac Index treibt die Idee der Verbrauchergeldparitäten auf die Spitze. Er wird regelmäßig von der Zeitschrift "The Economist" publiziert. Dabei werden lediglich die Preise für ein einziges Produkt, den Big Mac, erhoben und in einer gemeinsamen Währung, dem US-$, ausgewiesen.

Während die Schweiz in diesem Index mit 6,44$ an der Spitze liegt, ist der Preis in Venezuela mit umgerechnet 0,66$ konkurrenzlos günstig. Diese Zahlen werden jedoch nicht allein als Information über Kaufkraftunterschiede aufgefasst, sondern als Indikator für die Unter- beziehungsweise Überbewertung der Währungen interpretiert. Denn nach der Kaufkraftparitätentheorie der Wechselkurse sollten diese sich langfristig so einstellen, dass es keine Kaufkraftunterschiede mehr gibt. Die Motivation für diese Theorie stammt aus einem Arbitrageargument: Wenn der Big Mac in Venezuela billiger zu haben ist als in den USA, sollten die Verbraucher ihn dort kaufen, was nach und nach zur Anpassung der Preise und/oder Wechselkurse führen müsste. Aber wer fährt schon nach Venezuela für einen Big Mac? Dennoch scheint der Big Mac Indikator in der Vergangenheit einen gewissen Prognosegehalt für Wechselkursänderungen gehabt zu haben.

Quelle: The Economist, 9.1.2016.

Die Erhebung der Preise für den Warenkorb beschränkt sich in der Regel auf die jeweilige Hauptstadt. Relevant sind die so berechneten Kaufkraftparitäten daher vor allem für Deutsche, die beispielsweise aus beruflichen Gründen längere Zeit im Ausland leben. Als Indikator für die Kaufkraft von Touristen kommen eher so genannte "Reisegeldparitäten" in Betracht, die Gewichte unterstellen, wie sie eher im Reiseverkehr typisch sind.[24] Siehe hierzu auch das Fallbeispiel "Nach Venezuela für einen Big Mac" auf Seite 59. Außerdem ist dann eine Erhebung der Preise in den Touristenregionen sinnvoller. Derartige Reisegeldparitäten wurden gelegentlich ebenfalls vom Statistischen Bundesamt veröffentlicht. Eine ganz spezielle Verbrauchergeldparität wurde vom Europäischen Verbraucherzentrum im Jahr 2004 erhoben – die IKEA-Kaufkraftparität, der ein Warenkorb mit 10 Produkten zugrunde liegt, für die in 17 europäischen Ländern die Preise erhoben wurden.

Ausgehend von Kaufkraftparitäten kann der Kaufkraftgewinn respektive -verlust mit der Formel

$$\left(\frac{KKP}{WK} - 1\right) \cdot 100$$

berechnet werden, wobei WK den Wechselkurs in € je ausländischer Währungseinheit bezeichnet.

Abbildung 3.6 zeigt die Kaufkraftgewinne und -verluste in einigen Ländern gegenüber der durchschnittlichen Kaufkraft in den Ländern der Europäischen Union auf Basis des Preisniveaus des Endverbrauchs der privaten Haushalte, wobei bei der Auswahl der in der Darstellung aufgenommenen Länder weniger auf Repräsentativität als auf eine möglichst große Bandbreite Wert gelegt wurde.

Abb. 3.6. Kaufkraftgewinne und -verluste 2014

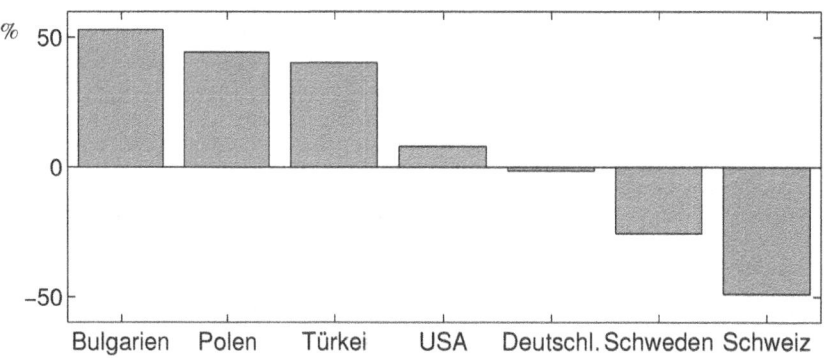

Quelle: Eurostat (Code: `tec00120`); eigene Berechnungen.

---

[24] Einen Vergleich der Gewichte für Verbrauchergeld- und Reisegeldparitäten liefert Ronning (2011, S. 10).

Die Zahlen weisen deutliche Kaufkraftgewinne in Bulgarien, Polen und der Türkei aus, während sich zu den US nur geringe Kaufkraftgewinne ergeben. Im Vergleich zum Durchschnitt der Europäischen Union sind die Preise für den Endverbrauch geringfügig höher, was zu dem ausgewiesenen Kaufkraftverlust führt. Deutliche Kaufkraftverluste ergeben sich demnach beispielsweise in Schweden (mit gut 25%) und der Schweiz (mit über 48%).

3.5 Saldierung von Tendenzindikatoren

Eine spezielle Aufbereitung erfordern die qualitativen Daten aus Umfragen wie dem ifo Konjunkturtest oder dem ZEW Finanzmarkttest. Viele der darin erfassten Tendenzindikatoren werden nur in drei Stufen qualitativ abgefragt. So wird im ifo Konjunkturtest beispielsweise nach den Geschäftslageerwartungen für die nächsten sechs Monate gefragt. Als mögliche Antwortkategorien werden angeboten: "eher günstiger", "etwa gleich bleibend" und "eher ungünstiger" (vgl. Abbildung 2.3 auf S. 25). Diese Angaben mögen für die einzelne befragte Firma durchaus valide sein, erlauben aber nicht ohne weitere Überlegungen den Ausweis einer aggregierten – idealerweise metrisch skalierten – Zahl. Lediglich der Anteil der Firmen, die eine Verbesserung ihrer Situation, eine gleich bleibende Tendenz oder eine Verschlechterung erwarten, lässt sich problemlos im Aggregat ausweisen.

Wie gelangt man nun von diesen Anteilswerten zu einem aggregierten Geschäftslageindex, wie er in den Veröffentlichungen der Institute ausgewiesen wird? Die Antwort ist, was das methodische Vorgehen anbelangt, denkbar einfach. Ausgewiesen wird der Saldo der Anteile von Firmen, die eine Verbesserung beziehungsweise Verschlechterung erwarten (jeweils in Prozent). Erwarten also beispielsweise 50% eine Verbesserung der Situation und nur 20% eine Verschlechterung, ergibt sich ein Saldo von +30%. Somit kann dieser Saldo Werte zwischen -100 und +100 annehmen. Der Anteil der Firmen, die angeben keine Veränderung zu erwarten, bleibt unberücksichtigt.

Weniger offensichtlich ist, warum diese Salden eine valide Information über die durchschnittliche Geschäftslageerwartung aller Firmen, und zwar in einem metrischen Sinne, darstellen sollen. Zur Begründung dieser Konstruktion bedarf es zweier zusätzlicher Annahmen. Als Erstes wird unterstellt, dass es eine unbeobachtbare Größe g_i der tatsächlichen Geschäftslageerwartung für Firma i gibt, die metrisch skaliert ist. Man könnte sich darunter etwa das erwartete Umsatzwachstum vorstellen. Ferner wird angenommen, dass die Firmen immer dann eine positive Antwort geben, wenn der Wert für g_i eine bestimmte Schwelle t_o überschreitet, und eine negative Antwort, wenn eine Schwelle t_u unterschritten wird. Wird nur eine schwach positive oder negative Tendenz erwartet, liegt g_i also zwischen t_u und t_o, gibt die Firma eine etwa gleich bleibende Erwartung an. Zweitens wird angenommen, dass die Werte von g_i auf einem bestimmten Intervall $[g_u, g_o]$ über alle Firmen hinweg gleichverteilt sind und dass oberer und unterer Schwellenwert symmetrisch um Null herum liegen.[25] Abbildung 3.7 veranschaulicht diese Annahmen.

Abb. 3.7. Salden von Tendenzindikatoren I

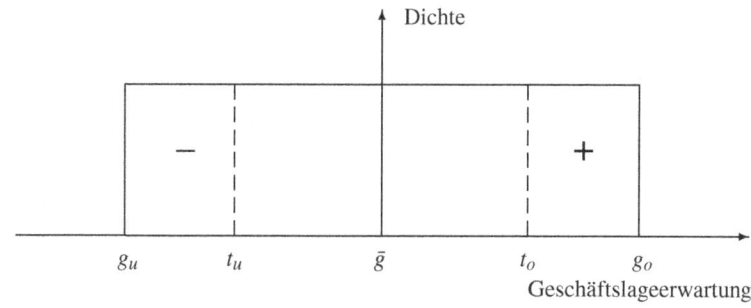

Der Anteil der Unternehmen, die eine negative Geschäftslageerwartung angeben A^- (in der Abbildung durch das Feld mit dem Minuszeichen dargestellt), ist demnach durch

$$A^- = \frac{t_u - g_u}{g_o - g_u} \tag{3.4}$$

gegeben. Ebenso entspricht der Anteil der Unternehmen mit positiven Erwartungen A^+ (in der Abbildung das mit dem Pluszeichen markierte Feld) gerade

$$A^+ = \frac{g_o - t_o}{g_o - g_u}. \tag{3.5}$$

Der Mittelwert $\bar{g}$ der Variable Geschäftslageerwartung ist aufgrund der unterstellten Gleichverteilung gleich $1/2 \cdot (g_o + g_u)$. Mit der zusätzlichen Annahme symmetrischer Schwellen, d.h. $t_u = -t_o$ erhält man damit für den Saldo aus positiven und negativen Erwartungen:

$$A^+ - A^- = \frac{g_o - t_o}{g_o - g_u} - \frac{t_u - g_u}{g_o - g_u} = \frac{g_o - t_o - t_u + g_u}{g_o - g_u} = \frac{g_o + g_u}{g_o - g_u} = \bar{g}\frac{2}{g_o - g_u}. \tag{3.6}$$

Der Saldo ist also direkt proportional zum Mittelwert der unbeobachteten Größe g als Maß der Geschäftslageerwartungen. In Abbildung 3.8 wird dieser Zusammenhang noch einmal veranschaulicht für eine Situation mit einem positiven Mittelwert der Geschäftslageerwartungen, d.h. $\bar{g} > 0$. Offenkundig fällt in diesem Fall auch der Saldo der Geschäftslageewartungen positiv aus, wie aufgrund des Resultates (3.6) zu erwarten war.

---

[25] Beide Annahmen sind nicht unbedingt realistisch und können in einem etwas komplexeren Ansatz aufgeweicht werden, der allerdings häufig nur zu geringfügigen Änderungen der ausgewiesenen Werte führt. Vgl. hierzu Löffler (1999) und die dort zitierte Literatur.

Abb. 3.8. Salden von Tendenzindikatoren II

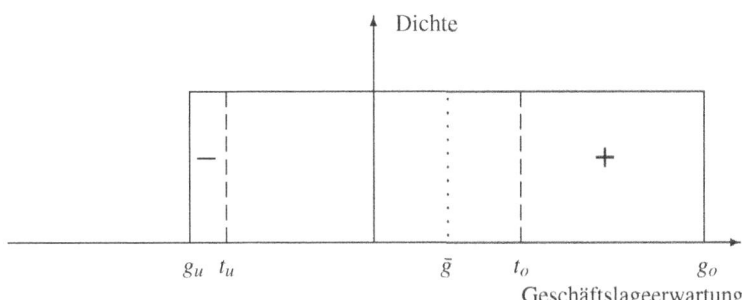

Abbildung 3.9 zeigt als Beispiel den Verlauf der ZEW Konjunkturerwartungen. Diese basieren auf den Antworten von mehr als 300 Analysten und institutionellen Anlegern auf Fragen zu ihren mittelfristigen Erwartungen bezüglich Konjunktur- und Kapitalmarktentwicklung. Der ausgewiesene Indikator "Konjunkturerwartungen" gibt den Saldo der positiven und negativen Einschätzungen im Hinblick auf die zukünftige Wirtschaftsentwicklung auf Sicht von sechs Monaten in Deutschland wieder.[26]

Abb. 3.9. ZEW Konjunkturerwartungen

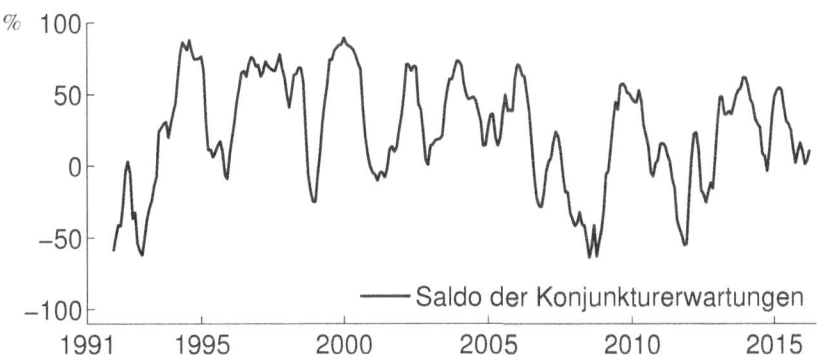

Quelle: ZEW: `ftp.zew.de/pub/zew-docs/div/konjunktur.xls`; eigene Darstellung.

---

[26] Information zum Prognosegehalt dieses Indikators finden sich in Hüfner und Schröder (2002) und Kholodilin und Siliverstovs (2006).

3.6 Aggregation von Zeitreihen

Wie bereits bei der Beschreibung von Preisindizes angesprochen, ergibt sich in der angewandten Wirtschaftsforschung durchaus auch das Problem, dass zu viele Variablen den Blick auf die wesentlichen Zusammenhänge und Entwicklungen verstellen können. Im Fall der Preise bestand ein Ansatz zur Lösung dieses Problems in der Zusammenfassung aller Preise zu einem Index. Gerade am Beispiel der Preise kann jedoch gezeigt werden, dass eine derart starke Aggregation die Behandlung einiger Fragestellungen ausschließt. Eine solche Fragestellung ist etwa die nach dem Zusammenhang der Preisentwicklung zwischen den Sektoren, gegebenenfalls unter Einbeziehung der Preisentwicklung im Ausland beziehungsweise im Handel mit dem Ausland. Für eine derartige Untersuchung würden seitens des Statistischen Bundesamtes in der feinsten Gliederungstiefe mehrere hundert Preisindizes für einzelne Sektoren zur Verfügung stehen. Es ist offensichtlich, dass selbst wenn geeignete Verfahren die Bestimmung von Parametern für den Zusammenhang zwischen den einzelnen Reihen erlauben würden, mit dem Ergebnis von mehreren zehntausend Parametern wenig anzufangen wäre.

Unter anderem aus diesem Grund, aber auch weil die im Vergleich zur Anzahl der Reihen geringe Anzahl von Beobachtungen die Schätzung aller Parameter als aussichtslos erscheinen lässt, ist es in der empirischen Wirtschaftsforschung üblich, anstelle des disaggregierten Modells ein stärker aggregiertes zu betrachten, das jedoch immer noch ein Abbilden der interessierenden Zusammenhänge erlaubt. In Abbildung 3.10 wird dieses Vorgehen schematisch dargestellt.

Abb. 3.10. Kommutatives Diagramm für das Aggregationsproblem

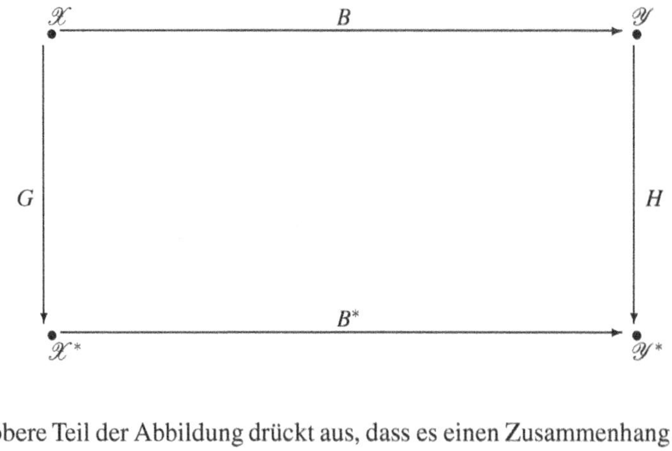

Der obere Teil der Abbildung drückt aus, dass es einen Zusammenhang zwischen den Variablen $\mathscr{X}$ und $\mathscr{Y}$ auf disaggregiertem Niveau gibt, der durch die Funktion oder die Parametermatrix B dargestellt wird. Ist eine Auswertung auf diesem Niveau unmöglich oder unter dem Gesichtspunkt der Interpretierbarkeit der Ergebnisse wenig sinnvoll, wird stattdessen ein stärker aggregiertes Modell betrachtet. Dazu werden die Variablen aus $\mathscr{X}$ zu einer geringeren Anzahl von Variablen in $\mathscr{X}^*$ zusammengefasst. Dieser Prozess wird durch die Funktion G beschrieben. Analog werden die Bestandteile von $\mathscr{Y}$ mit Hilfe von H zu einer geringeren Anzahl von Variablen $\mathscr{Y}^*$ aggregiert.

Die Zusammenfassung kann im Fall von Preisen dadurch erfolgen, dass einzelne Indizes zu einem neuen Index zusammengefasst werden. Sind die betrachteten Variablen Volumengrößen, ist auch eine Zusammenfassung durch Addition möglich. Analog zur disaggregierten Ebene ergibt sich auch für das aggregierte Modell ein Zusammenhang zwischen $\mathscr{X}^*$ und $\mathscr{Y}^*$, der durch B^* dargestellt wird. Das Problem der Aggregation von Zeitreihen besteht nun darin, die Gruppierungen G und H so zu wählen, dass B^* möglichst viel Information über das "eigentliche" Modell B enthält.[27]

3.7 Ausreißer und Messfehler

In der praktischen Arbeit mit empirischen Wirtschaftsdaten kann man häufig beobachten, dass einzelne Werte einer Zeitreihe oder in einem Querschnitt deutlich vom übrigen Verlauf der Reihe oder den übrigen Beobachtungen abweichen. Allerdings ist es in der Regel schwierig festzustellen, ob es sich wirklich um eine abnormale Beobachtung handelt oder lediglich um eine besonders starke Ausprägung. In der Statistik werden derartige "Ausreißer" in einem eigenen Spezialgebiet behandelt, in dem Methoden entwickelt werden, um echte Ausreißer von extremen normalen Beobachtungen zu unterscheiden (Heij *et al.*, 2004, S. 378ff).

Ist einmal festgestellt worden, dass eine Beobachtung nicht in den normalen Verlauf der Reihe beziehungsweise das normale Muster eines Querschnitts passt, gibt es vier mögliche Ursachen. Erstens kann es sich um einen simplen Fehler bei der Eingabe oder Übertragung der Daten handeln.[28] Zweitens, es handelt sich bei dem Ausreißer um den Effekt eines singulären Ereignisses. In aggregierten Produktionsdaten findet man derartige Ausreißer beispielsweise für den strengen Winter 1964 oder den Streik um die 35-Stunden-Woche 1984. Bei Betrachtung einzelner Sektoren würden etwa für den Flugverkehr in Deutschland die Beobachtungen für September 2001 und April 2010 sicher als Ausreißer eingestuft werden. Drittens kann die Ursache für aus dem Rahmen fallende Beobachtungen in der fehlerhaften Datenerhebung oder Datenaufbereitung liegen, beispielsweise wenn Reihen irrtümlich bis 1998 in DM und ab 1999 in Euro ausgewiesen werden. Viertens können Änderungen in der Definition oder Abgrenzung der Daten Ursache für derartige Ausreißer sein.

---

[27] Eine formale Darstellung des Aggregationsproblems im Kontext der Regressionsanalyse, Hinweise auf die relevante Literatur und ein Lösungsansatz für ein konkretes Problem finden sich in Chipman und Winker (2005).

[28] Vgl. Fallbeispiel "Energieimporte in der EU" auf Seite 66.

Fallbeispiel: Energieimporte in der EU

Die Abbildung zeigt den Anteil an Energie, den einige Länder der EU 1995 importieren mussten. Während die Grafik durch die Breite der Balken nahe legt, dass Portugal und Luxemburg zu den Ländern mit den höchsten Importanteilen gehören, weisen die Zahlen in den Balken auf das Gegenteil hin. Luxemburg importierte demnach nur 9% seiner Energie und würde dabei nur noch durch Frankreich mit 4% und den Nettoenergieexporteur Großbritannien unterboten.

Zum Glück enthielt die Veröffentlichung in einem kleinen Begleittext noch eine Zahl für Luxemburg. Dort war von 99% die Rede, was der Balkenbreite eher zu entsprechen scheint. Offensichtlich ist für einige Länder eine Ziffer ersatzlos weggefallen. Was aber nun, wenn man mit diesen falschen Zahlen weiterarbeiten würde? Man könnte zum Beispiel zu der Schlussfolgerung gelangen, dass Länder ohne nennenswerte eigene Energiereserven (Österreich, Portugal und Luxemburg) im Mittel einen ähnlich geringen Energieimportanteil aufweisen wie Länder mit einer beträchtlichen Eigenversorgung. Doch hinter diesem Ergebnis stünde nichts außer falschen Zahlen.

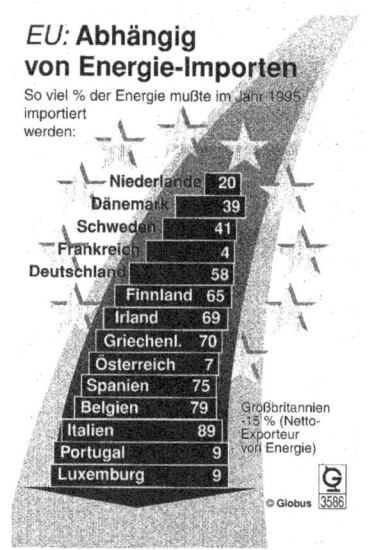

EU: **Abhängig von Energie-Importen**

So viel % der Energie mußte im Jahr 1995 importiert werden:

Niederlande	20
Dänemark	39
Schweden	41
Frankreich	4
Deutschland	58
Finnland	65
Irland	69
Griechenl.	70
Österreich	7
Spanien	75
Belgien	79
Italien	89
Portugal	9
Luxemburg	9

Großbritannien -15 % (Netto-Exporteur von Energie)

© Globus 3586

<u>Quelle:</u> Stromthemen 11/96, S. 8. Korrektur in Stromthemen 12/96, S. 8.

Da einige ökonometrische Verfahren sehr sensitiv auf Ausreißer oder Messfehler in den Variablen reagieren,[29] müssen die Daten vor dem Einsatz derartiger Verfahren auf eventuell vorliegende Ausreißer oder Messfehler untersucht werden. Erfolgt dies nicht mit statistischen Verfahren, auf die hier nicht weiter eingegangen wird,[30] so ist bei Zeitreihen zumindest eine grafische Analyse und bei Querschnittsdaten die Plausibilitätsprüfung wichtiger Maßzahlen, z.B. von Mittelwerten durchzuführen. Werden dabei überraschende Werte oder von den Erwartungen deutlich abweichende Muster gefunden,[31] so ist zunächst zu überprüfen, ob es bekannte singuläre Ereignisse gibt, die für diese Ausreißer verantwortlich sein könnten. Andernfalls ist von einem nicht bekannten singulären Ereignis oder einem Messfehler auszugehen. Der-

---

[29] So auch einige der bereits besprochenen statistischen Maßzahlen, etwa der Mittelwert, aber auch die in Kapitel 10 dargestellten Trend- und Saisonbereinigungsverfahren. Vgl. z.B. Thury und Wüger (1992).

[30] Vgl. beispielsweise Heij *et al.* (2004, S. 378ff).

[31] Für ein derartiges Beispiel siehe Fallbeispiel "Heimatüberweisungen ausländischer Beschäftigter I" auf Seite 67.

artige Beobachtungen können, wenn eine Erforschung der Ursachen nicht möglich ist, entweder vom weiteren Vorgehen ausgeschlossen werden oder aber es können so genannte robuste Verfahren eingesetzt werden.[32]

Fallbeispiel: Heimatüberweisungen ausländischer Beschäftigter I

Die Abbildung zeigt die Heimatüberweisungen spanischer Arbeitnehmer in Mio. DM, wie sie in die Zahlungsbilanzstatistik der Deutschen Bundesbank Eingang in den Posten "private Übertragungen an das Ausland" finden.

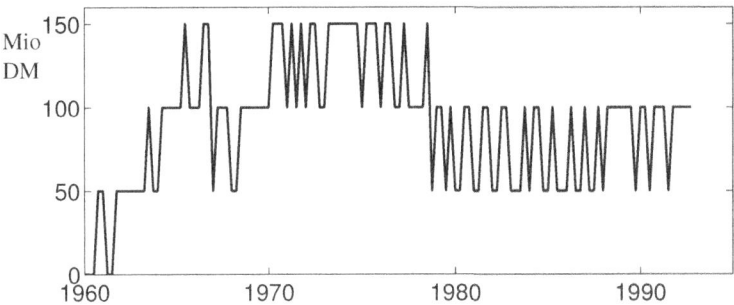

Auf den ersten Blick fällt auf, dass die Reihe nur die Werte 0, 50, 100 und 150 Mio. DM annimmt. Nun ist es wenig wahrscheinlich, dass sich die Spanier in Deutschland in ihrer Rücküberweisungsentscheidung derart genau abstimmen. Die Ursache für diese etwas eigenartige Reihe liegt vielmehr in der Schwierigkeit begründet, exakte Zahlen für das Überweisungsverhalten zu erheben (vgl. dazu auch Anhang 1 in Schiopu und Siegfried (2006)). Stattdessen war die Bundesbank auf Daten zu Überweisungen von mehr als 5 000 DM nach dem Außenwirtschaftsgesetz und Ergebnisse von Umfragen angewiesen. Da die daraus resultierenden Hochrechnungen mit großen Unsicherheiten behaftet sind, zog es die Bundesbank vor, nur auf 50 Millionen DM gerundete Werte auszuweisen. Die Rundung wird dabei teilweise noch durch ein Verfahren korrigiert, mit dem eine über das Gesamtjahr möglichst gute Approximation erreicht werden soll.

Quelle: Deutsche Bundesbank: Zahlungsbilanzstatistik.

3.8 Literaturauswahl

Zu den in diesem Kapitel beschriebenen Verfahren der Datenaufbereitung gibt es eine kaum übersehbare Menge an Literatur, auch solcher einführenden Charakters. Die

---

[32] Als einfaches Beispiel für eine robuste statistische Maßzahl wurde auf S. 47 bereits der Median erwähnt. Auf einige weitere Methoden wird in Abschnitt 8.8 kurz hingewiesen.

folgende Aufzählung einzelner Werke zu den in diesem Kapitel beschriebenen Themenkreisen beschränkt sich daher weitgehend auf einige Lehrbücher, ohne jedoch den Anspruch erheben zu können, dieses Segment umfassend abzubilden.

Eine weit über die hier dargestellten Aspekte hinausgehende Beschreibung von Verfahren zur deskriptiven und explorativen Datenanalyse findet sich in Heiler und Michels (1994). Grundlagen der deskriptiven Statistik, die unter anderem die in 3.3 behandelten statistischen Maßzahlen beinhalten, sind in den folgenden Lehrbüchern dargestellt: Fahrmeir *et al.* (2009), insbesondere Kapitel 2 und 3, Schira (2016), insbesondere Kapitel 2 und 3, und Lehn und Wegmann (2006), insbesondere 1.3 und 1.4 zu statistischen Maßzahlen.

Eine Beschreibung der Konstruktion von Preisindizes, ihres Einsatzes in der Statistik und der damit verbundenen Probleme finden sich bei Frenkel und John (2011), S. 102ff, Ronning (2011), Stobbe (1994), Kapitel 4, S. 161ff, und mit vielen methodischen Details in von der Lippe (2007) sowie in Zöfel (2003), Kapitel 12, S. 233ff.

Eine zusammenfassende Darstellung einiger in diesem Kapitel behandelter möglicher Probleme bei der Datenaufbereitung findet sich in Hujer und Cremer (1978), Kapitel III, 2, Moosmüller (2004), Abschnitt 1.3, und relativ knapp auch in Hübler (2005), Abschnitt 1.4.

4

Wirtschaftsindikatoren

Die längste Tradition für den Einsatz von Wirtschaftsindikatoren besteht sicherlich in der Konjunkturanalyse. Obwohl der Einsatz von Indikatoren in der empirischen Wirtschaftsforschung mittlerweile weit über diesen klassischen Bereich hinaus geht, ist deswegen auch häufig pars pro toto von Konjunkturindikatoren die Rede. Wie weit auf diesem Gebiet der Untersuchungsgegenstand mit den Instrumenten zu seiner Messung identifiziert wird, mag folgende Beschreibung aus Oppenländer (1996a, S. 4), verdeutlichen: "Das *Phänomen Konjunktur* ergibt sich aus der Beobachtung wichtiger Indikatoren, die den Wirtschaftsablauf beschreiben." Etwas allgemeiner kann man die Aufgabe von Wirtschaftsindikatoren darin sehen, quantitative Aussagen über bestimmte wirtschaftliche Größen oder Konzepte zu ermöglichen, die selbst entweder gar nicht mess- beziehungsweise erfassbar sind oder nur mit großem Aufwand oder erheblicher zeitlicher Verzögerung.

4.1 Einteilung von Konjunkturindikatoren

Insbesondere das Argument der verzögerten Bereitstellung wichtiger wirtschaftlicher Größen und ihr vorläufiger Ersatz durch Indikatoren deutet bereits auf deren Bedeutung im Bereich der Prognose, insbesondere der Konjunkturprognose hin. Konjunkturindikatoren dienen dabei dem Zweck, anhand einer oder weniger Variablen möglichst genaue Aussagen über den aktuellen Zustand der Konjunktur und ihre mögliche Entwicklung hinsichtlich Auf- und Abschwung machen zu können. Von besonderem Interesse ist dabei die frühzeitige Identifikation von Wendepunkten (Nierhaus und Abberger, 2014). Für diese Aufgaben ist der zeitliche Zusammenhang zwischen den Indikatoren und der zu beschreibenden Referenzgröße von zentraler Bedeutung. Dabei kann man drei Arten von Indikatoren unterscheiden:

– führende Indikatoren
– gleichlaufende Indikatoren
– nachlaufende Indikatoren

In Abbildung 4.1 wird dieser zeitliche Zusammenhang schematisch dargestellt. Legt man als Referenzgröße (graue Linie) ein Maß der gesamtwirtschaftlichen Aktivität wie das Bruttoinlandsprodukt oder die industrielle Nettoproduktion zu Grunde, so können etwa Auftragseingänge, Lagerveränderungen oder Geschäftslageerwartungen als führende Indikatoren dienen. Diese werden auch als Frühindikatoren bezeichnet, da aus ihrer Veränderung frühzeitig Prognosen über die zukünftige konjunkturelle Entwicklung abgeleitet werden können.[1]

Abb. 4.1. Schematische Darstellung von Konjunkturindikatoren

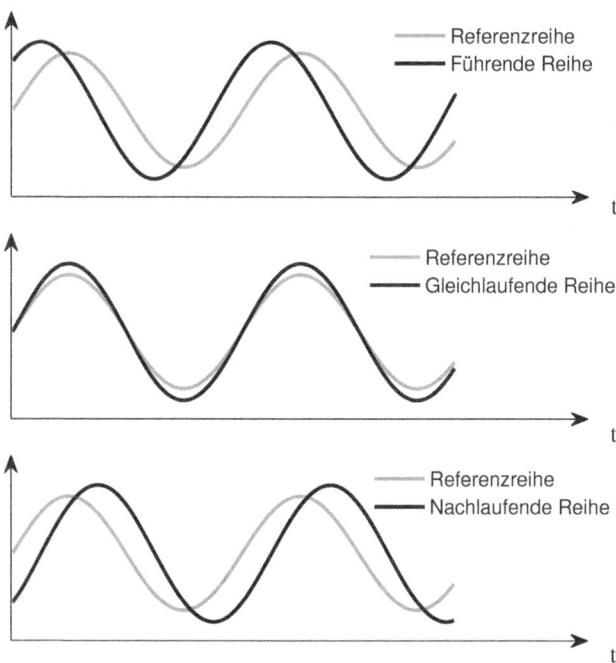

Gleichlaufende Indikatoren zeigen die aktuelle Konjunkturlage an. Sie sind besonders dann hilfreich, wenn die eigentliche Referenzgröße nur mit größerer zeitlicher Verzögerung exakt erfasst werden kann, erst mit Verzögerung publiziert wird oder auch nach der ersten Veröffentlichung Revisionen unterzogen wird, wie dies beispielsweise für das Bruttoinlandsprodukt der Fall ist.[2]

Nachlaufende Indikatoren sind zwar für die Konjunkturprognose ex ante ohne Belang, dienen jedoch dazu, ex post Prognosen zu überprüfen und den internationalen Vergleich von Konjunkturverläufen zu unterstützen (Oppenländer, 1996b, S. 26).

---

[1] Beispiele für die praktische Umsetzung finden sich unter anderem bei Hüfner und Schröder (2002), Hinze (2003) und Kholodilin und Siliverstovs (2006).

[2] Ein derartiges Beispiel stellt der Economic Sentiment Indicator (ESI) der Europäischen Kommission dar (Europäische Zentralbank, 2006, S. 48ff).

Neben diesen nach ihrer zeitlichen Struktur gegliederten Indikatoren führt Oppenländer (1996*b*) noch den Typus des Spannungsindikators auf, der mögliche Rationierungszustände auf nicht geräumten Märkten abbilden soll.[3]

Eine weitere Kategorisierung von Indikatoren kann danach erfolgen, ob sie quantitativen oder qualitativen Charakter haben. Während quantitative Indikatoren, die auf intervallskalierten Daten beruhen, schon lange im Gebrauch sind, erlangten qualitative Indikatoren in den letzten Jahren zunehmende Bedeutung. Diese qualitativen Indikatoren beruhen auf nominal- oder ordinalskalierten Daten, die durch Umfragen unter Unternehmen, Managern, Verbrauchern etc. erhoben werden. Der Vorteil dieser "Stimmungsindikatoren" besteht darin, dass die Umfragen explizit die Erwartungen von Unternehmern über die zukünftige Entwicklung, z.B. ihrer Geschäftslage oder Preisentwicklung erfassen, wie dies beispielsweise in den vom ifo Institut oder dem ZEW durchgeführten Umfragen der Fall ist. Dadurch erweisen sich einige dieser qualitativen Indikatoren als geeignete führende Indikatoren für die Prognose von Wendepunkten.[4]

Tabelle 4.1 zeigt einige gebräuchliche quantitative und qualitative Konjunkturindikatoren und ihre zeitliche Ordnung.[5]

Schließlich kann man neben einzelnen Indikatorreihen auch ganze Bündel von Indikatoren betrachten und daraus einen Gesamtindikator konstruieren.[6] In diesen geht das Verhalten der einzelnen Indikatoren in einer gewichteten Form ein. Das Verhalten des Gesamtindikators hängt damit auch wesentlich von der gewählten Gewichtung ab. Für diese können häufig keine theoretischen oder statistischen Grundlagen gefunden werden, so dass subjektive Aspekte mit einfließen. Ferner kann die Qualität des Gesamtindikators über die Zeit variieren, wenn die Gewichte sich ändern. Trotz dieser Probleme werden auch Gesamtindikatoren in der Praxis eingesetzt, beispielsweise von der Europäischen Kommission und der OECD. Auch der Sachverständigenrat zur Begutachtung der gesamtwirtschaftlichen Lage hat von 1970 bis 1973 mit solchen Gesamtindikatoren experimentiert, deren Verwendung dann jedoch wegen unbefriedigender Ergebnisse wieder aufgegeben.[7] Eine Anwendung für Deutschland findet sich in Bahr (2000).

---

[3] Dieses Konzept geht bereits auf Hayek und Morgenstern vom Österreichischen Institut für Konjunkturforschung zurück (Tichy, 1994, S. 8). Zu dieser Kategorie werden etwa der Index des Auftragsbestandes gezählt, aber auch Preise, die auf einen Nachfrageüberhang reagieren.

[4] Vgl. Hüfner und Schröder (2002) und Sachverständigenrat zur Begutachtung der gesamtwirtschaftlichen Entwicklung (2005, S. 494ff).

[5] Eine aktuelle und umfangreiche Übersicht über international eingesetzte Konjunkturindikatoren stellen Kater *et al.* (2008) zur Verfügung.

[6] Vgl. auch Abschnitt 4.4.

[7] Vgl. Sachverständigenrat zur Begutachtung der gesamtwirtschaftlichen Entwicklung (1970, S. 51f und S. 134f).

Tabelle 4.1. Konjunkturindikatoren

Geschäfts- aktivität	Konjunkturindikatoren	
	quantitative	qualitative
	vorlaufende Indikatoren	
Stimmung (Erwartungen)	Index Aktienkurse	Geschäftserwartungen (-6) Produktion (-3) Export (-3) Preise (-3) Beschäftigung (-3) Konsumerwartungen
Nachfrage	Index Auftragseingang (Inland, Ausland) Index der Baugenehmigungen	Veränderung Auftragseingang
	Spannungsindikatoren	
Pufferzone Nachfrage/Produktion	Index Auftragsbestand Index Preise	Veränderung Auftragsbestand Urteil Auftragsbestand Veränderung Fertigwarenlager Urteil Fertigwarenlager Veränderung Preise
	gleichlaufende Indikatoren	
Produktion, Umsatz	Index Nettoproduktion Einzelhandelsumsatz Außenhandelsumsatz	Veränderung Kapazitätsauslast. Urteil Kapazitätsauslastung Veränderung Produktion
	nachlaufende Indikatoren	
Beschäftigung, Unternehmens- zusammenbrüche	Zahl der Beschäftigten Zahl der Arbeitslosen Zahl der offenen Stellen Zahl der Kurzarbeiter Zahl der Konkurse	Veränderung der Beschäftigtenzahl

Anmerkung: Die Angaben in Klammern beziehen sich auf den Vorlauf (-) in Monaten.

Quelle: Oppenländer (1996*b*, S. 27).

4.2 Geschichte des Einsatzes von Konjunkturindikatoren

Vor einem kurzen Abriss der Geschichte und Funktion von Konjunkturindikatoren muss zunächst einmal der Begriff der *Konjunktur* beziehungsweise des *Konjunkturzyklus* in diesem Kontext geklärt werden. Einer Beschreibung von Burns und Mitchell (1946, S. 3) folgend können Konjunkturzyklen als Schwankungen der gesamtwirtschaftlichen Aktivität einer Volkswirtschaft bezeichnet werden. Ein Zyklus besteht demnach in einer gleichzeitigen Phase der Expansion vieler wirtschaftlicher Aktivitäten, die in eine Rezessionsphase mündet, welche sich wiederum in vielen Variablen niederschlägt. An diese Rezession schließt sich dann der nächste zyklische Aufschwung an. Dieses zyklische Muster ist zwar wiederkehrend mit einer Dauer von etwa zwei bis zehn Jahren, weist jedoch keine feste Periode auf, wie dies das noch häufig zitierte Wellen-Schema nach Schumpeter nahe legt. In diesem werden Zyklen unterschiedlicher Länge nach ihrem angenommenen ökonomischen Hintergrund unterschieden:

1. Kitchin-Wellen: 2–4 Jahre, Lagerhaltungszyklus
2. Juglar-Zyklen: ca. 8 Jahre, Maschineninvestitionszyklus
3. Kondratieff-Schwankungen: 50–60 Jahre, Bau- oder Bevölkerungszyklus

Insbesondere den ersten Arbeiten über Konjunkturindikatoren wurde der Vorwurf gemacht, dass hierbei "measurement without theory" betrieben würde. Zwar lag auch das Ziel früher Konjunkturindikatoren beziehungsweise Indikatorsysteme in ihrer Prognosetauglichkeit, dennoch wurde zumeist auch versucht, sie aus den jeweils aktuellen Konjunkturtheorien abzuleiten.[8]

Einen frühen Versuch, ein Indikatorsystem zu entwickeln, stellt das so genannte Harvard-Barometer dar (Persons, 1919). Dieses System bestand zunächst aus 20 Zeitreihen. Laufend publiziert wurde in den Jahren 1919 bis 1922 eine auf 13 Zeitreihen in drei Gruppen für den Effekten-, Waren- und Geldmarkt reduzierte Variante (Tichy, 1994, S. 7f). Die rein empirisch festgestellten Zyklen deuteten darauf hin, dass die Effektenpreise den Güterpreisen und diese wiederum den Zinssätzen stets vorauseilten, was eine Bezeichnung der drei Indikatorgruppen als vorlaufende, gleichlaufende beziehungsweise nachlaufende Indikatoren nahe legt. Im Analysezeitraum 1903–1914 schien dieses System ein geeignetes Instrument zur Konjunkturbeurteilung und -prognose zu sein. Allerdings erwies es sich als ungeeignet, um die Krise 1929 frühzeitig zu erkennen.

Veranlasst durch dieses Scheitern wurde vom National Bureau of Economic Research (NBER) ein groß angelegtes Forschungsprogramm aufgelegt, in dem zum einen ein Katalog von Kriterien für geeignete Indikatoren entwickelt wurde und zum anderen mehrere hundert Reihen für die USA auf diese Kriterien hin überprüft wurden.

Als wesentliche Kriterien wurden dabei herausgearbeitet, dass die Reihe über einen möglichst langen Zeitraum kontinuierlich und ohne Strukturbrüche vorliegen soll, dass der zeitliche Vorlauf vor der Referenzreihe konstant zu sein hat, dass

---

[8] Vgl. etwa Klein (1996) zu den Konjunkturindikatoren des NBER.

zufällige Überlagerungen im Zyklus der Reihe nicht vorkommen und dass die Aus-schläge der Reihe erkennbar groß und proportional zur anstehenden Veränderung der Konjunktur sind. Ein weiteres wesentliches Merkmal besteht im Vertrauen dar-auf, dass sich der Gleichlauf der Reihe mit der Konjunktur in der Vergangenheit auch in Zukunft fortsetzt.

Abbildung 4.2 zeigt eine zusammenfassende Übersicht über die vom NBER be-trachteten Reihen. Für die ungefähr 600 bis 700 betrachteten Reihen[9] wurden jeweils obere und untere Wendepunkte bestimmt. Im oberen Teil der Grafik sind als weiße Säulen der Anteil der Reihen abgetragen, die im betrachteten Quartal einen oberen Wendepunkt erreichten, während die nach unten zeigenden schwarzen Balken den Anteil der Reihen ausweisen, die einen unteren Wendepunkt erreichen.

Selbst in den Quartalen, in denen die meisten Reihen einen oberen respektive un-teren Wendepunkt erreichen, übersteigt dieser Anteil kaum einmal die 15%-Marke, d.h. es kann nicht davon ausgegangen werden, dass sich alle ökonomischen Reihen etwa gleich verhalten und damit gleich gut als Konjunkturindikatoren eignen. Den-noch gibt die Linie im unteren Teil der Abbildung, die den Saldo aus den beiden Anteilen ausweist, ein klares Bild der gesamtwirtschaftlichen Situation in den USA. Eine Rezession wird durch den Zeitraum zwischen maximalen Ausschlägen nach oben und nach unten charakterisiert, d.h. zu Beginn einer Rezession ist der Über-schuss der Anzahl der Reihen, die einen oberen Wendepunkt erreicht haben, über diejenigen, die einen unteren Wendepunkt durchlaufen, maximal. Die so definier-ten Zyklen werden als "cycle as a consensus" bezeichnet und liegen bis heute dem Konjunkturkonzept des NBER zugrunde. Allerdings konzentriert sich das NBER in jüngerer Zeit vor allem auf längerfristige negative Entwicklungen der Größen reales Bruttoinlandsprodukt, reales Einkommen, Beschäftigung, Industrieproduktion und Großhandelsumsätze. Die aktuellste Übersicht über konjunkturelle Wendepunkte in den USA auf Basis dieses Konzeptes findet sich auf den Webseiten des NBER.[10]

In den europäischen Ländern begann die systematische Konjunkturforschung später als in den Vereinigten Staaten. Aufgrund des erheblichen Aufwandes, der mit der Erhebung, Aufbereitung und Auswertung von ökonomischen Daten ohne Computerunterstützung verbunden war, blieb die empirische Wirtschaftsforschung in Deutschland zunächst auf einige wenige Institute konzentriert. Im Jahr 1914 erfolgte die Gründung des Instituts für Seeverkehr und Weltwirtschaft in Kiel, dessen Schwerpunkt auf der Datensammlung, Dokumentation und Strukturanalyse lag, während das 1924 gegründete Institut für Konjunkturforschung in Berlin sich auch mit neuen Methoden und der Analyse und Prognose des Konjunkturverlaufs beschäftigte. Dabei diente das Konzept des Harvard-Barometers als Vorbild.

Nach dem zweiten Weltkrieg erfolgte die Neugründung der Institute, wobei das Kieler Institut für Weltwirtschaft (IfW) einen Schwerpunkt auf die Analyse inter-nationaler Zusammenhänge legte. Auch das Hamburgische Welt-Wirtschafts-Archiv (HWWA), das aus der bereits 1908 gegründeten Zentralstelle des Kolonialinstituts

---

[9] Die Anzahl der in die Grafik einbezogenen Reihen schwankt über die Zeit etwas aufgrund unterschiedlicher Verfügbarkeiten der einzelnen Reihen.

[10] http://www.nber.org/cycles/cyclesmain.html.

Abb. 4.2. NBER Konjunkturindikatoren 1919–39

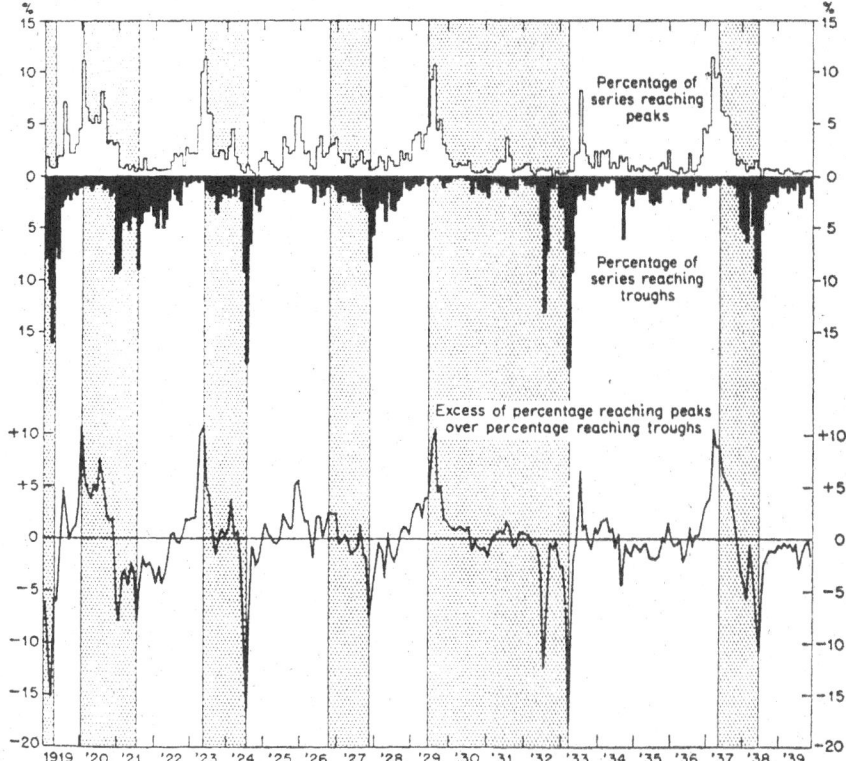

Quelle: Burns (1961, S. 15).

in Hamburg hervorging, konzentrierte sich auf die internationale Verflechtung der deutschen Volkswirtschaft. In seiner heutigen Form als Servicezentrum für die Wirtschaftswissenschaft (HWWI) stellt es eine der größten Bibliotheken im wirtschafts- und sozialwissenschaftlichen Bereich in Europa zur Verfügung und erbringt darüber hinaus Informations-, Beratungs- und Serviceleistungen auf der Basis eigener Forschung. Aus dem Berliner Institut ging das Deutsche Institut für Wirtschaftsforschung (DIW) in Berlin und aus einer Zweigstelle in Essen das Rheinisch-Westfälische Wirtschaftsforschungsinstitut (RWI) hervor. Das Institut für Wirtschaftsforschung in München, kurz ifo, schließlich entstand 1949 aus der Fusion zweier Vorgängereinrichtungen. Ziel dieses Instituts war es zunächst vor allem, verlässliche Daten über die konjunkturelle Entwicklung auch auf sektoral disaggregiertem

Niveau zur Verfügung zu stellen. Dazu wurden die bereits angesprochenen Umfragen des ifo Instituts eingeführt. Der Konjunkturtest wird bereits seit Herbst 1949 regelmäßig erhoben.

Für die weitere Entwicklung der Konjunkturforschung war die Entwicklung einer konzeptionell und statistisch tragfähigen Volkswirtschaftlichen Gesamtrechnung wesentlich. Auf dieser Basis wurde in Europa die konjunkturelle Entwicklung zunehmend mittels der Zahlen für das Bruttoinlandsproduktes beschrieben. Damit lässt sich eine Referenzreihe für Konjunkturanalyse und -prognose leicht und eindeutig definieren (Tichy, 1994, S. 20ff). Da diese Reihe jedoch neben einem Zeittrend auch ausgeprägte saisonale Muster aufweist, ist für die Konjunkturanalyse eine Bereinigung um diese Effekte notwendig.[11] Außerdem erfolgt die Veröffentlichung von Daten für das Bruttoinlandsprodukt mit erheblicher Verzögerung und unter dem Vorbehalt wiederholter Revisionen.[12] Deshalb werden häufig auch gleichlaufende Indikatoren wie der Kapazitätsauslastungsgrad (Abberger und Nierhaus, 2008) oder der Index der industriellen Nettoproduktion als Referenzreihe betrachtet.

Erst seit Anfang der Neunziger Jahre des vergangenen Jahrhunderts wird auch am Zentrum für Europäische Wirtschaftsforschung in Mannheim (ZEW) und am Institut für Wirtschaftsforschung Halle (IWH) empirische Wirtschaftsforschung betrieben. Beide Institute waren wie die oben bereits genannten zeitweise an der gemeinsamen Konjunkturanalyse im Auftrag der Bundesregierung beteiligt.

4.3 Stabilitätsgesetz und Indikatoren

Zusammenfassend können aus wissenschaftlicher Sicht folgende Anforderungen an einen oder mehrere Konjunkturindikatoren gestellt werden:

Plausibilität ist gegeben, wenn ein theoretischer Zusammenhang zwischen dem Indikator und der Stellung im Konjunkturzyklus hergeleitet werden kann. Dies ist in der Regel für Einzelindikatoren problematisch, da das komplexe Phänomen Konjunktur eben gerade nicht an einer einzigen Variablen festgemacht werden kann. Theoretische Plausibilität ist somit eher durch Gesamtindikatoren oder Indikatorenbündel zu erreichen.

Statistisch – datentechnische Anforderungen an einen Indikator bestehen darin, dass die Zeitreihe keine oder zumindest nur interpretierbare Strukturbrüche aufweist und dass sie verlässlich erhoben wird.

Konformität mit vergangenen Konjunkturzyklen in temporaler und qualitativer Hinsicht liegt vor, wenn die Entwicklung des Indikators bisher – eventuell mit einem fixen Vor- oder Nachlauf – der konjunkturellen Entwicklung entsprach.

Datenaktualität ist insbesondere für Prognosezwecke von zentraler Bedeutung; denn auch ein guter Konjunkturindikator mit stabilem Vorlauf ist für Prognosen nicht hilfreich, wenn er erst Monate oder gar Jahre später zur Verfügung steht, d.h. wenn der Konjunkturumschwung längst stattgefunden hat.

---

[11] Vgl. dazu Abschnitt 10.

[12] Das Fallbeispiel "Die griechische Tragödie" auf Seite 14 stellt einen Extremfall vor.

Eine erste Liste der für die Wirtschaftspolitik relevanten Indikatoren lässt sich aus dem Gesetz zur Förderung der Stabilität und des Wachstums der Wirtschaft (StWG) ableiten. Darin werden vier primäre Ziele wirtschaftspolitischen Handelns aufgeführt.

1. Stabilität des Preisniveaus
2. Hoher Beschäftigungsstand
3. Außenwirtschaftliches Gleichgewicht
4. Stetiges und angemessenes Wirtschaftswachstum

Als weniger explizit definiertes Ziel werden diesem Zielkatalog gelegentlich auch noch Verteilungsgesichtspunkte hinzugefügt. Diese beziehen sich dabei sowohl auf die funktionale als auch auf die individuelle Einkommensverteilung. Um diese Ziele für die Wirtschaftspolitik und die Prognose zu operationalisieren, sind Indikatoren notwendig. Auf einige dieser Indikatoren für die genannten Ziele wird in den folgenden Unterabschnitten kurz eingegangen.

4.3.1 Indikatoren für das Preisniveau

Für die Messung der Preisniveaustabilität werden nahezu ausschließlich Preisindizes benutzt, wie sie bereits in 3.4 eingeführt wurden. Allerdings können verschiedene Ausgestaltungen gewählt werden, einmal hinsichtlich der Art des Index, und zum anderen durch die Auswahl des "Warenkorbs", auf dem die Indexberechnung basiert. Wesentliche Konzepte stellen in der Praxis der Preisindex des Bruttoinlandsproduktes als umfassender Preisindikator und der Preisindex für den privaten Verbrauch dar. Gelegentlich wird auch die so genannte Kerninflation ausgewiesen, die berechnet wird als Inflation der Verbraucherpreise ohne Energie und saisonabhängige Nahrungsmittel (Europäische Zentralbank, 2000). Noch stärker an den Endverbrauchern orientiert sind die Preisindizes der privaten Lebenshaltung, die vom Statistischen Bundesamt auf Grundlage von Warenkörben berechnet werden.

Die Sicherung der Preisniveaustabilität stellte neben der ausreichenden Versorgung der Wirtschaft mit Geld und der Sicherung und Überwachung des Finanzsystems das primäre Ziel der Tätigkeit der Deutschen Bundesbank dar. Die Deutsche Bundesbank betrachtete eine Inflationsrate von ca. 2% als tolerabel, womit eine Quantifizierung des Ziels der Preisniveaustabilität gegeben war. Mit der Einführung des Euro ging die Verantwortung für die Preisstabilität auf die Europäische Zentralbank über, die eine Inflationsrate von unter 2% aber nahe an 2% als Ziel angibt. Importierte Inflation und die Notwendigkeit der Anpassung von Relativpreisen auch bei eventuellen Nominallohnrigiditäten lassen eine Zielgröße von 0% nicht nur als unrealistisch, sondern auch als ökonomisch ungeeignet erscheinen. Ein anderer Zielwert ergibt sich aus den Vorgaben des Maastrichter Vertrages zur Europäischen Währungsunion, in dem die Preisstabilität relativ zu den drei preisstabilsten Ländern in der EU definiert wird.

4.3.2 Indikatoren für den Beschäftigungsstand

Im Zentrum des wirtschaftspolitischen Interesses am Arbeitsmarkt steht neben der Entwicklung der Beschäftigung die Höhe der Arbeitslosigkeit, die üblicherweise durch die Arbeitslosenquote u gemessen wird, die als

$$u = \frac{\text{registrierte Arbeitslose}}{\text{Erwerbspersonen}}$$

definiert ist. Die Bestimmung der Arbeitslosenquote ist jedoch mit einigen Unwägbarkeiten belastet.[13] Zunächst ist auf die problematische Definition von Zähler und Nenner einzugehen. Der Zähler umfasst mit den registrierten Arbeitslosen alle bei einer Arbeitsagentur als arbeitssuchend gemeldeten Personen. Es wird jedoch durchaus auch Arbeitssuchende geben, die sich nicht bei der Arbeitsagentur melden, da sie keine Ansprüche auf Lohnersatzleistungen besitzen und keinen Vermittlungserfolg über die Arbeitsagentur erwarten. Umgekehrt ist nicht auszuschließen, dass einige der registrierten Arbeitslosen nur wegen der Lohnersatzleistungen registriert sind, aber gegenwärtig dem Arbeitsmarkt nicht zur Verfügung stehen. Für den Nenner finden sich im Zeitverlauf verschiedene Abgrenzungen. So werden einmal nur die abhängigen Erwerbspersonen, d.h. ohne Selbständige berücksichtigt,[14] und ein anderes Mal werden Beamte und Soldaten hinzugerechnet. Als Ergebnis wird derselbe Zustand des Arbeitsmarktes durch deutlich differierende Arbeitslosenquoten ausgewiesen. Um zumindest internationale Vergleiche zu erleichtern, werden von der OECD so genannte standardisierte Arbeitslosenquoten berechnet, für die versucht wird, über Länder hinweg möglichst einheitliche Konzepte für Zähler und Nenner anzuwenden.

Neben diesen Problemen der Definition der Arbeitslosenquote stellt sich die Frage nach dem Aussagegehalt für das Ziel eines hohen Beschäftigungsstandes. Dazu ist es notwendig, die Höhe der nicht vermeidbaren oder friktionellen Arbeitslosigkeit zu kennen, da für eine Arbeitslosigkeit in dieser Höhe nur ein geringerer wirtschaftspolitischer Handlungsbedarf gesehen wird.[15] Ferner sind wie bereits erwähnt auch Aussagen über die nicht registrierten Arbeitslosen, die so genannte "Stille Reserve" notwendig.[16] Im Konzept der Internationalen Arbeitsorganisation ILO wird bereits bei einer sehr geringen Stundenzahl von Beschäftigung ausgegangen, d.h. keine Arbeitslosigkeit mehr angenommen. Wenn dieser Ansatz bei der Messung der Arbeitslosigkeit zugrunde gelegt wird, sind auch Maße für die Unterbeschäftigung im Hinblick auf die tatsächlich geleistete Arbeitszeit von Interesse. Ein Ansatz hierfür wird von Rengers (2006) vorgestellt. Demnach ergab sich für Deutschland im Jahr

---

[13] Vgl. hierzu auch Franz (2013, S. 352ff) und das Fallbeispiel "Wer ist arbeitslos?" auf Seite 16.

[14] Vgl. Sachverständigenrat zur Begutachtung der gesamtwirtschaftlichen Entwicklung (1996).

[15] Zur friktionellen Arbeitslosigkeit gehört insbesondere die Sucharbeitslosigkeit, d.h. die Zeit, die benötigt wird, den optimalen neuen Arbeitsplatz zu finden.

[16] Eine Schätzung der Stillen Reserve für West- und Ostdeutschland liefern Fuchs und Weber (2005a) und Fuchs und Weber (2005b).

2005 eine durchschnittliche Unterbeschäftigungsquote von 12,1%, d.h. 12,1% der Erwerbstätigen waren weniger Stunden beschäftigt als von ihnen gewünscht wurde.

Schließlich stehen den Arbeitslosen auch offene Stellen gegenüber, die in Bezug auf die Arbeitslosenquote als vorlaufender Indikator aufgefasst werden können. Die Zahl der gemeldeten offenen Stellen ist allerdings eine mindestens ebenso unvollkommene Zahl wie die der registrierten Arbeitslosen, da sie nur die bei den Arbeitsagenturen gemeldeten freien Stellen umfasst.[17] Es werden jedoch deutlich mehr freie Stellen an den Arbeitsagenturen vorbei vermittelt. Das Verhältnis der über die Arbeitsagenturen vermittelten Stellen zu allen neu besetzten Stellen wird als Einschaltungsgrad bezeichnet.[18] Im Rahmen der IAB-Stellenerhebung wird seit einigen Jahren systematisch die Anzahl der offenen Stellen erfasst, wobei unter anderem auch Betriebsbefragungen eingesetzt werden. Eine genaue Darstellung der aktuell benutzten Methoden findet sich in Brenzel *et al.* (2016). Abbildung 4.3 zeigt für die Jahre 2005 bis 2015 die den Arbeitsagenturen gemeldeten offenen Stellen (gestrichelt) und die auf Basis der IAB-Stellenerhebung geschätzte Zahl tatsächlich offener Stellen (durchgezogene Linie).[19] Für den Zeitraum bis zum 3. Quartal 2010 handelt es sich dabei jeweils um Stellen auf dem ersten und zweiten Arbeitsmarkt, während die jüngeren Zahlen nur den ersten Arbeitsmarkt adressieren.

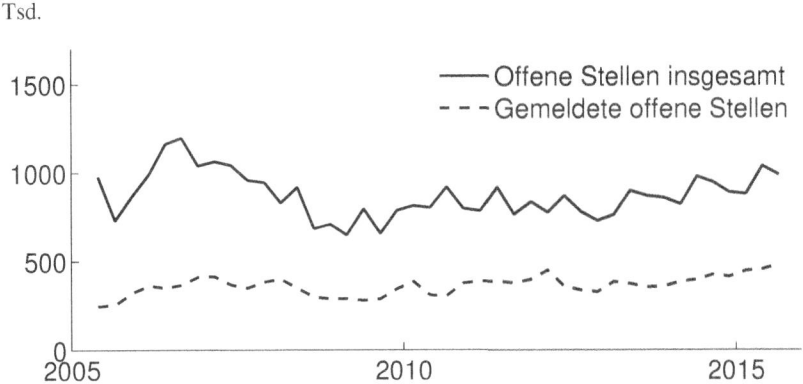

Abb. 4.3. Gemeldete und tatsächliche offene Stellen

Quelle: IAB-Stellenerhebung (http://www.iab.de/3125/section.aspx).

---

[17] Nicht in dieser Zahl enthalten sind auch offene Stellen, die zwar der Arbeitsagentur gemeldet, für die aber bereits eine bestimmte Person vorgesehen ist, und Stellen mit einer erwarteten Beschäftigungsdauer von nicht mehr als sieben Tagen.

[18] In Franz und Smolny (1994) werden für den Einschaltungsgrad für das Jahr 1989 Schätzwerte von etwas mehr als 40% angegeben, im Zeitraum 1992–2004 lagen sie eher darunter (Kettner und Spitznagel, 2005).

[19] Entsprechende Zahlen für Westdeutschland von 1960 bis 1989 finden sich in Franz und Smolny (1994).

Die Abbildung verdeutlicht , dass es sich beim Einschaltungsgrad nicht um eine konstante Größe handelt. Vielmehr wird diese unter anderem vom Konjunkturverlauf, aber auch von den Vermittlungsbemühungen der Arbeitsagenturen abhängen.

Aus der Zahl der Arbeitslosen und der Zahl der offenen Stellen lässt sich die durchschnittliche Zahl der Bewerber auf eine offene Stelle oder der

$$\text{Anspannungsindex} = \frac{\text{Zahl der Arbeitslosen}}{\text{Zahl der offenen Stellen}}$$

berechnen. Allerdings beinhaltet diese Zahl keine Information über die tatsächliche Kompatibilität von Arbeitslosen und offenen Stellen etwa hinsichtlich Qualifikation oder regionaler Verteilung.

Schließlich hat die Arbeitslosigkeit neben ihrer absoluten oder relativen Höhe auch einen Verteilungsaspekt, d.h. wie häufig und für wie lange einzelne Personen oder Bevölkerungsgruppen davon betroffen sind. Für Maßnahmen zur Integration von Arbeitslosen in den Arbeitsmarkt ist es z.B. wichtig zu wissen, wie lange die Arbeitslosigkeit andauert. Indikatoren wie die

$$\text{Mittlere Dauer} = \frac{\text{Zahl der Arbeitslosen}}{\text{Abgänge aus der Arbeitslosigkeit pro Monat}}$$

oder deren Kehrwert, die als Wahrscheinlichkeit der Wiederbeschäftigung pro Monat interpretiert werden kann, gewähren zwar einen Einblick in die Dynamik des Geschehens auf dem Arbeitsmarkt, erlauben jedoch keine expliziten Verteilungsaussagen. Dafür wird beispielsweise die Zahl der Langzeitarbeitslosen, die länger als ein Jahr arbeitslos sind, oder deren Anteil an den Arbeitslosen benutzt. Ein hoher Anteil an Langzeitarbeitslosen deutet daraufhin, dass sich die Last der Arbeitslosigkeit auf eine geringere Anzahl von Personen konzentriert. Gleichzeitig führt der mit langer Arbeitslosigkeit einhergehende Verlust an Humankapital möglicherweise zu einer Verringerung der Beschäftigungschancen und damit zu einer Verfestigung der Arbeitslosigkeit in der Gruppe der Langzeitarbeitslosen.

4.3.3 Indikatoren für das außenwirtschaftliche Gleichgewicht

Die Indikatoren für das außenwirtschaftliche Gleichgewicht lassen sich in zwei Gruppen teilen. Zunächst sind Wertgrößen zu nennen, die aus der Zahlungsbilanz und ihren Teilbilanzen resultieren. Abbildung 4.4 zeigt schematisch die wichtigsten Komponenten der Zahlungsbilanz. Daneben wird das außenwirtschaftliche Gleichgewicht auch durch Preise, insbesondere Wechselkurse und die relativen Export- und Importpreise definiert.

Besonderes Augenmerk richten die Deutsche Bundesbank und andere wirtschaftspolitische Instanzen auf den Leistungsbilanzsaldo.[20] In der Leistungsbilanz

---

[20] Eine detaillierte Untergliederung der außenwirtschaftlichen Strom- und teilweise auch Bestandsgrößen findet sich in den Statistischen Beiheften zum Monatsbericht 3 der Deutschen Bundesbank "Zahlungsbilanzstatistik".

Abb. 4.4. Schematische Darstellung der Zahlungsbilanz

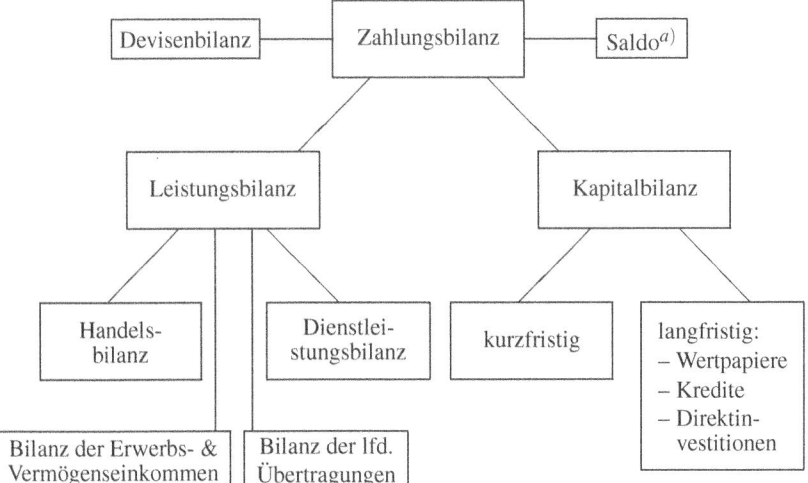

a) Saldo der statistisch nicht aufgliederbaren Transaktionen

werden die Salden der Güterverkehrsbilanz, die wiederum die Handels- und Dienstleistungsbilanz umfasst, der laufenden Übertragungen[21] und der Erwerbs- und Vermögenseinkommen ausgewiesen.[22] Ein Leistungsbilanzüberschuss bedeutet somit, dass der Wert der exportierten Güter- und Dienstleistungen und der empfangenen laufenden Übertragungen und Erwerbs- und Vermögenseinkommen den Wert der Importe und der ans Ausland geleisteten laufenden Übertragungen beziehungsweise Erwerbs- und Vermögenseinkommen übersteigt. Mit einem solchen Leistungsbilanzüberschuss geht in der Regel ein Nettoexport von Kapital einher, da die Forderungen gegenüber dem Rest der Welt ansteigen (Krämer, 2000).

Während der Leistungsbilanzsaldo seit 1982 bis zur deutschen Wiedervereinigung fast immer positiv war (im Jahr 1989 betrug er über 106 Mrd. DM), ergab sich nach der Wiedervereinigung bis zur Jahresmitte 2001 zunächst ein negativer Leistungsbilanzsaldo. Diese Beobachtung lässt sich unter anderem auf die durch die Wiedervereinigung stark gestiegene Nachfrage nach importierten Gütern zurückführen.

---

[21] Diese Komponente ist für Deutschland von relativ untergeordneter Bedeutung. In manchen Ländern nehmen jedoch die laufenden Übertragungen, vor allem von im Ausland tätigen Familienmitgliedern, eine relevante Größenordnung an. Für 2008 weisen Ratha *et al.* (2009) für Tadschikistan eine Größenordnung von fast 50% des BIP, für Moldawien von gut 31% aus.

[22] Ein Beispiel für Probleme mit der Datenbasis der Zahlungsbilanzstatistik wurde bereits im Fallbeispiel "Heimatüberweisungen ausländischer Beschäftigter I" auf Seite 67 beschrieben.

Obwohl die Handelsbilanz auch nach der Wiedervereinigung stets positive Salden aufwies, fielen diese doch deutlich geringer aus als in früheren Perioden und reichten nicht mehr aus, die negativen Salden der Dienstleistungsbilanz und der laufenden Übertragungen zu kompensieren. Ab der zweiten Jahreshälfte 2001 bis 2010 lässt sich jedoch wieder ein positiver Leistungsbilanzsaldo mit bis 2007 stark steigender Tendenz beobachten. Erst im Zuge der Finanzmarktkrise kam es von 2008 bis 2010 zu einem leichten Rückgang, während nach einem weiteren Anstieg in 2015 mit über 256 Mrd. € ein neuer Höchststand erreicht wurde, was ungefähr 9% des nominalen Bruttoinlandsproduktes entspricht.

Als Indikator für die Leistungsfähigkeit einer Volkswirtschaft sind derartige Leistungsbilanzüberschüsse jedoch ähnlich problematisch wie die im Folgenden betrachteten Direktinvestitionen. Wie aus der schematischen Darstellung der Zahlungsbilanz deutlich wird, steht einem Leistungsbilanzüberschuss in der Regel spiegelbildlich ein Nettokapitalexport in vergleichbarer Höhe gegenüber, sei es in Form von Finanzkapital oder als Direktinvestition (Frenkel und Tudyka, 2012). Ein derartiger Kapitalexport wiederum wird häufig als Indiz für eine unterdurchschnittliche Renditeerwartung im Inland betrachtet (Deutsche Bundesbank, 2006a, S. 24f).

Einer Komponente der Zahlungsbilanz wurde in jüngerer Zeit besonderes Augenmerk zuteil, da davon ausgegangen wird, dass das Ausmaß ausländischer Direktinvestitionen in Deutschland einen Gradmesser für die Attraktivität des "Standortes" darstellt.[23] Ferner werden von ausländischen Direktinvestitionen Arbeitsmarkteffekte erwartet. Nun darf über den Informationsgehalt der Direktinvestitionen für die "Standortqualität" sicher ebenso gestritten werden wie über die Frage, ob ausländische Direktinvestitionen andere Arbeitsmarktwirkungen haben als inländische Investitionen oder ausländische Kapitalanlagen im Inland.[24] Auf jeden Fall sollte jedoch der Indikator richtig interpretiert werden. Die ausländischen Direktinvestitionen in Deutschland im Sinne der Zahlungsbilanzstatistik der Deutschen Bundesbank werden nämlich durch die Vorgaben der Meldepflicht abgegrenzt. Als Direktinvestitionen gelten Finanzbeziehungen zu in- und ausländischen Unternehmen, an denen der Investor 10% oder mehr (bis Ende 1989 25% oder mehr, von 1990 bis Ende 1998 mehr als 20%) der Anteile oder Stimmrechte unmittelbar hält, wobei eine Meldepflicht erst ab einer gewissen absoluten Größenordnung der Beteiligung gegeben ist, die sich im Zeitablauf ebenfalls verändert hat. Es werden also weder ausländische Investitionen von kleinem Umfang erfasst noch möglicherweise sehr große, die aber zu einem Anteil an einem Unternehmen von weniger als 10% führen. Ferner gibt dieser Indikator keine Auskunft darüber, ob die Direktinvestition tatsächlich eine neue Betriebsstätte schafft oder lediglich eine Kapitalbeteiligung an einem bereits vorhan-

---

[23] Vgl. Fallbeispiel "Direktinvestitionen und der Standort Deutschland" auf Seite 83.

[24] Aufschlussreich ist etwa der Artikel von Henning Klodt im Handelsblatt vom 2.2.1998, S. 41, unter dem Titel "Wenn Rover die BMW AG übernommen hätte …" und dem Untertitel "Direktinvestitionen sind als Standortindikator ungeeignet." Auch der Informationsdienst des Instituts der deutschen Wirtschaft kommt am 15.6.2006 zu einer vorsichtigeren Einschätzung: "Direktinvestitionen: Statistisches Sammelsurium".

denen Unternehmen darstellt.[25] Diese Zahlen sind also mit besonderer Vorsicht zu interpretieren.

Fallbeispiel: Direktinvestitionen und der Standort Deutschland

"Deutschland im Abseits" titelt der Informationsdienst des Instituts der deutschen Wirtschaft im August 1996, um anschließend die im internationalen Vergleich schlechte deutsche Direktinvestitionsbilanz als ein "besonders ernstzunehmendes Warnsignal" zu bezeichnen. Von "schlappen 15,5 Milliarden Dollar" ist die Rede, die von 1990 bis 1995 nach Deutschland flossen. Im Vergleich zu manch anderen Ländern ist dies in der Tat wenig, im Vergleich zu Japan jedoch ein Vielfaches. Unklar bleibt der Aussagegehalt der Daten. Einige Beispiele mögen dies verdeutlichen.

Lassen sich Ausländer als Kleingewerbetreibende, etwa im Bereich Handel und Gastronomie in Deutschland nieder, stellt dies in der Regel keine Direktinvestition dar, da die Beträge unter dem Grenzwert der Meldepflicht bleiben. Ebenso wenig ist auch die Neugründung einer Halbleiterfabrik durch eine ausländische Mutterfirma in Deutschland eine Direktinvestition, wenn sie über den deutschen Kapital- beziehungsweise Kreditmarkt finanziert wird. Stockt hingegen ein ausländischer Anleger seinen Anteil am Eigenkapital einer Firma von 9,5% auf 10,5% auf, wird dies in der Zahlungsbilanzstatistik der Deutschen Bundesbank als Direktinvestition ausgewiesen. Schaffen also ausländische Direktinvestitionen, so wie sie in der Statistik gemessen werden, Arbeitsplätze?

Neben der Frage einer sinnvollen Abgrenzung des Begriffs der Direktinvestition scheint auch ihre Messung mit erheblichen Unzulänglichkeiten behaftet. Grundsätzlich kann die Messung von der Seite der Geber- oder der Empfängerländer aus erfolgen. Da zumindest für industrialisierte Länder meistens beide Werte vorliegen, ist auch ein Vergleich möglich, der für Deutschland Überraschendes zu Tage bringt. So steht den vom Ausland gemeldeten Direktinvestitionen in Deutschland in Höhe von 72 Mrd. US-Dollar im Zeitraum 1984 bis 1993 lediglich ein von der deutschen Statistik erfasster Zustrom von 22 Mrd. US-Dollar gegenüber. Die restlichen 50 Mrd. US-Dollar sind statistische Erfassungs- und/oder Abgrenzungsfehler.

Quelle: Sachverständigenrat zur Begutachtung der gesamtwirtschaftlichen Entwicklung (1996, S. 68ff); iwd Nr. 31 vom 1.8.1996, S. 3.

Für die preisliche Entwicklung der außenwirtschaftlichen Komponente finden Preisindizes für Export- und Importgüter Verwendung, wobei bei den Importpreisindizes die Preisindizes für importierte Rohstoffe besonders hervorzuheben sind, da sie einerseits besonders starken Schwankungen ausgesetzt sind und sie andererseits häufig einen erheblichen Einfluss auf die inländische Preisentwicklung gehabt haben. Abbildung 4.5 zeigt die Entwicklung der Import- (schwarz) und Exportpreisindizes (grau) sowie den vom HWWI veröffentlichten Rohstoffpreisindex für Energierohstoffe (gestrichelt).

---

[25] Einige der größten ausländischen Direktinvestitionen in Deutschland, die Übernahme von Mannesmann (D2) durch Vodafone im Jahr 2000 und der HypoVereinsBank durch Unicredito im Jahr 2005, fielen in die zweite Kategorie. Siehe dazu auch Deutsche Bundesbank (2006*b*, S. 33).

Abb. 4.5. Preise im Außenhandel (2010 = 100)

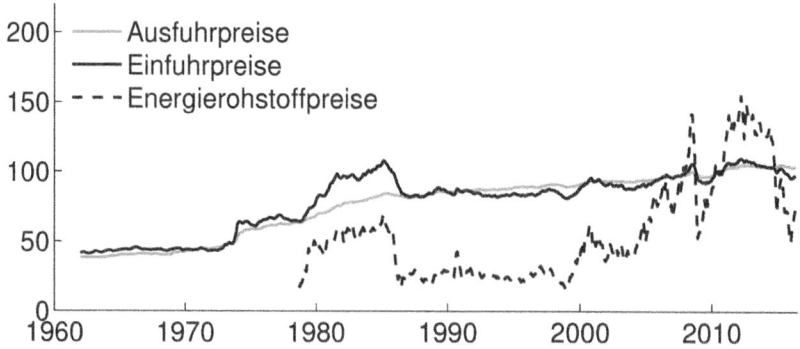

Quelle: Deutsche Bundesbank; Zeitreihendatenbank: `BBDP1.M.DE.N.APA1.G.GP09`
`SA000000.I10.A, BBDP1.M.DE.N.APE1.G.GP09SA000000.I10.A,`
`BBDG1.M.HWWI.N.EURO.ENERGY00.INDBEU.HE.A.`

Im Zusammenhang mit der Entwicklung von Export- und Importpreisen ist auch das Konzept der Terms of Trade zu sehen.[26] Ausgangspunkt dieses Konzeptes ist in der ursprünglichen "Command-Basis" Version die Vorstellung, dass ein Land bei einer Verbesserung seiner Terms of Trade ceteris paribus für seine Exporte eine größere Menge Importgüter erhält. Die Terms of Trade (ToT) nach diesem Konzept lassen sich demnach durch

$$\text{ToT} = \frac{\text{Ausfuhrpreisindex}}{\text{Einfuhrpreisindex}} \cdot 100$$

berechnen. Abbildung 4.6 zeigt den Verlauf der so berechneten Terms of Trade.

Schließlich hängen Export- und Importpreise auch von den Wechselkursen ab. Der Zusammenhang zwischen inländischem und ausländischem Preisniveau einerseits und den Wechselkursen andererseits wurde bereits im Zusammenhang mit den Kaufkraftparitäten in Abschnitt 3.4 diskutiert. Daneben wird der Wechselkurs teilweise auch als eigenständiges Ziel im Rahmen des außenwirtschaftlichen Gleichgewichts betrachtet. Mit dem Ziel, einen möglichst aggregierten Indikator für die Wechselkursentwicklung zur Verfügung zu stellen, wird von der Deutschen Bundesbank daher der so genannte effektive Wechselkurs des Euro ausgewiesen. Dieser basiert auf einem mit den Handelsanteilen gewichteten Durchschnitt der Euro-Wechselkurse – beziehungsweise vor 1999 der Wechselkurse der Euro-Vorgängerwährungen – gegenüber 42 beziehungsweise 23 wichtigen Handelspartnern.

Während sich für die Inflationsrate explizite Zielgrößen aus den Veröffentlichungen der Deutschen Bundesbank bis 1998 und der Europäischen Zentralbank ab 1999 herleiten lassen und für die Arbeitsmarktlage zumindest klar ist, dass eine höhere

---

[26] Vgl. z.B. Frenkel und John (2011, S. 272ff).

Abb. 4.6. Terms of Trade (2010 = 100)

Quelle: Deutsche Bundesbank; Zeitreihendatenbank: `BBDP1.M.DE.N.APA1.G.GP09`
    `SA000000.I10.A`, `BBDP1.M.DE.N.APE1.G.GP09SA000000.I10.A`;
    eigene Berechnungen.

Beschäftigung angestrebt werden soll, ist es für das Ziel des außenwirtschaftlichen
Gleichgewichts wesentlich schwieriger, klare Zielgrößen vorzugeben. Dies gilt unter anderem deshalb, weil es zu Zielkonflikten kommen kann. So ist ein hoher Außenwert des Euro zwar ein Indikator für die Stabilität der Währung und führt zu
Kaufkraftgewinnen der Verbraucher beim Einkauf oder Urlaub in einigen Ländern.
Andererseits bewirkt ein hoher Außenwert des Euro jedoch, dass Importe relativ billiger und Exporte relativ teurer werden, was im Ergebnis den Außenbeitrag negativ
beeinflussen kann.

4.3.4 Wachstumsindikatoren

Um das Wachstum einer Volkswirtschaft abzubilden, liegt es nahe, das Bruttoinlandsprodukt beziehungsweise dessen Veränderung als Indikator heranzuziehen.[27]
Für die unmittelbare Interpretation ist dazu jedoch vorab eine Trend- und Saisonbereinigung vorzunehmen.[28] Dem Vorteil, die wirtschaftliche Tätigkeit sehr umfassend
abzubilden, steht jedoch eine Reihe von Nachteilen beim Einsatz als Wachstumsindikator gegenüber. Dazu zu zählen ist insbesondere die Tatsache, dass Werte für das
Bruttoinlandsprodukt nur vierteljährlich veröffentlicht werden.[29] Vorläufige Ergeb-

---

[27] Allerdings werden damit Komponenten wie die Haushaltsproduktion und Aspekte wie Ver-
    teilung, Lebensqualität oder Umwelteffekte nicht abgebildet, was zur Forderung führte, er-
    weiterte Konzepte zur Messung von Wachstum und Wohlstand zu verwenden (Braakmann,
    2010).

[28] Vgl. Abschnitt 10.

[29] Auf die Schwierigkeit, das ausgewiesene Bruttoinlandsprodukt als Maß der gesamtwirt-
    schaftlichen Produktion zu verwenden, wurde bereits in Kapitel 2 am Beispiel von unent-
    geltlicher Hausarbeit und Schattenwirtschaft eingegangen.

nisse sind frühestens nach einigen Monaten verfügbar, endgültige Werte häufig erst nach Jahren, was die Nutzbarkeit am aktuellen Rand stark einschränkt.

Eine deutlich höhere konjunkturelle Variabilität als das BIP weisen einzelne Komponenten auf. Insbesondere die Ausrüstungsinvestitionen und die Lagerhaltung weisen starke zyklische Schwankungen auf. Obwohl für die vom Statistischen Bundesamt im Rahmen der VGR erhobenen Daten über Lagerbestände dieselben Einschränkungen wie für das BIP insgesamt gelten, kann die kurzfristige Veränderung von Lagerbeständen recht gut aus Umfragedaten approximiert werden. So beinhaltet etwa der ifo Konjunkturtest auch Fragen zur Beurteilung der gegenwärtigen Lagerbestände. Führt ein unerwarteter Nachfragerückgang zu einem unfreiwilligen Aufbau der Lagerbestände von Fertigprodukten, werden diese von den Unternehmen als "zu hoch" bewertet werden. Die in den folgenden Perioden angestrebte Räumung der Läger geht zu Lasten der Produktion und verstärkt so den konjunkturellen Abschwung. Umgekehrt werden bereits in der Frühphase eines Aufschwungs die Läger von Vorprodukten und Fertigwaren wieder erhöht, um Produktions- und Lieferengpässe auszuschließen.

Der Produktionsindex für das produzierende Gewerbe stellt einen weiteren Wachstumsindikator dar. Im Gegensatz zur VGR wird er monatlich erhoben und mit geringer Verzögerung publiziert. Wie für das BIP ist auch für den Produktionsindex eine Trend- und Saisonbereinigung durchzuführen, um die konjunkturelle Komponente zu identifizieren. Ferner ergibt sich ein mögliches Interpretationsproblem aus der Tatsache, dass dieser Indikator nur die wirtschaftliche Tätigkeit im Bereich des produzierenden Gewerbes abbildet. Obwohl der Beitrag dieses Bereichs zum BIP tendenziell abnimmt, resultieren Wendepunkte der konjunkturellen Entwicklung nach wie vor aus Umschwüngen in diesem Bereich (Lindlbauer, 1996, S. 72f).

Die zuletzt geäußerte Einschränkung trifft auch auf den Kapazitätsausnutzungsgrad zu, der vom ifo Institut jeweils zum Quartalsende im Rahmen des ifo Konjunkturtests für das verarbeitende Gewerbe und das Baugewerbe erhoben wird. Der aus den Einzelmeldungen als gewichtetes Mittel gebildete aggregierte Ausnutzungsgrad vergleicht die realisierte Produktionshöhe mit der mit den vorhandenen Kapazitäten normalerweise erreichbaren. Abbildung 4.7 zeigt im oberen Teil die Entwicklung dieses Indikators für das verarbeitende Gewerbe in Westdeutschland.

Im unteren Teil sind trend- und saisonbereinigte Werte des Produktionsindex dargestellt.[30] Offenbar weisen beide Reihen sehr ähnliche zyklische Schwankungen auf, können also relativ zu einander als gleichlaufende Indikatoren aufgefasst werden.[31]

Prognosewerte für die Wachstumsrate finden sich unter anderem im Jahreswirtschaftsbericht der Bundesregierung und im Gutachten des Sachverständigenrates (siehe Tabelle 13.1 auf Seite 295). Diese Zielgrößen orientieren sich in der Re-

---

[30] Für diese Reihe wurde der Mittelwert auf Null skaliert, so dass sich positive und negative Abweichungen ergeben können.

[31] Beim Vergleich von trend- und saisonbereinigten vierteljährlichen Größen stellt Lindlbauer (1996, S. 73ff) einen Vorlauf der Kapazitätsauslastung von einem Quartal gegenüber dem Bruttoinlandsprodukt und der Nettoproduktion im Produzierenden Gewerbe fest. Wendepunkte der konjunkturellen Entwicklung werden abgesehen von dieser zeitlichen Verschiebung auch dort von allen drei Indikatoren identifiziert.

Abb. 4.7. Kapazitätsausnutzungsgrad und Produktionsindex

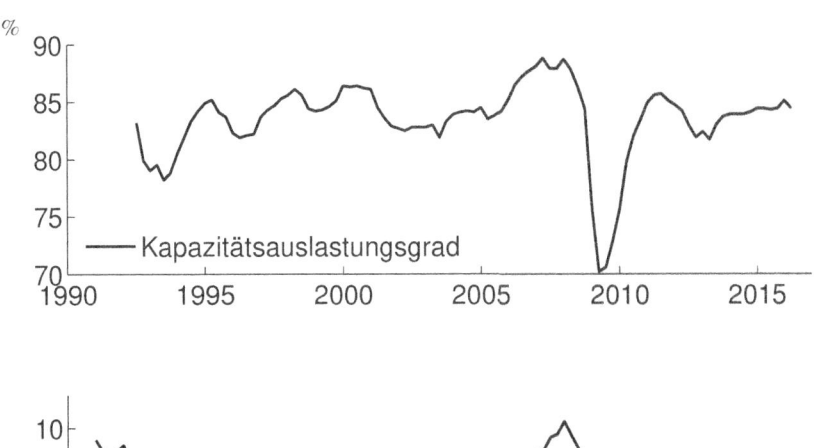

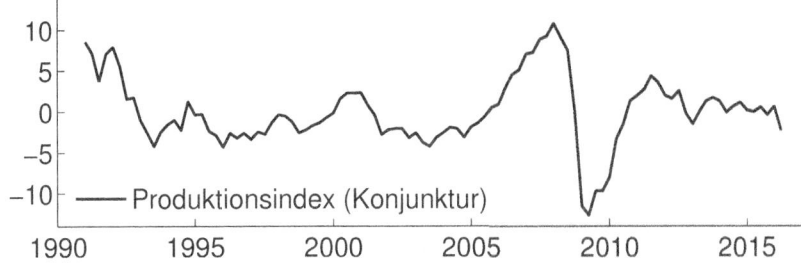

Quelle: ifo   Konjunkturtest;   Deutsche   Bundesbank;   Zeitreihen-Datenbank:
       BBDE1.M.DE.W.BAA1.A2P000000.G.C.I10.A;   eigene   Berechnun-
       gen.

gel an den durch die Kapazitäten vorgegebenen Möglichkeiten, da ein zu schnelles
Wachstum zu Anspannungen auf einzelnen Marktsegmenten führen kann, die nicht
wünschenswert erscheinen.[32]

4.3.5 Verteilungsindikatoren

Neben der Höhe der gesamtwirtschaftlichen Wertschöpfung wird in jüngerer Zeit
auch wieder vermehrt die Verteilung der zugehörigen Einkommen, aber auch die
der Vermögen diskutiert. Diese Verteilungen können empirisch unter unterschiedlichen Gesichtspunkten betrachtet werden, wobei jeweils unterschiedliche Indikatoren
zum Einsatz kommen. Eine Perspektive ist die der so genannten funktionalen Einkommensverteilung. Dabei steht im Fokus, wie groß der Anteil der Einkommen aus
unselbständiger oder selbständiger Arbeit, aus Unternehmertätigkeit und Vermögen
insgesamt ausfällt. Es werden also nicht die Werte für einzelne Personen sondern für

---

[32] Zum Konzept des Produktionspotenzials vgl. Abschnitt 4.4.2.

Arten von Einkommen betrachtet. Der zweite Ansatz hebt hingegen auf die Verteilung auf Individuen ab, d.h. es wird versucht, den Anteil am Einkommen, der auf einzelne Personen oder Haushalte entfällt, in Form einer personellen Einkommensverteilung aufzuschlüsseln.

Ein klassisches Maß für die funktionale Einkommensverteilung stellt die Lohnquote dar, die durch den Quotienten von Arbeitnehmerentgelt (inklusive der Arbeitgeberbeiträge zu den Sozialversicherungssystemen) L und Volkseinkommen Y definiert ist. Dieser Quotient L/Y misst die tatsächliche Lohnquote. Diese ist von unter 60% zu Beginn der fünfziger Jahre auf fast 77% Anfang der achtziger Jahre gestiegen. Zuletzt betrug sie im Durchschnitt des Jahres 2015 gut 68%. Diese Entwicklung gibt die tatsächliche Entwicklung des Anteils der Arbeitseinkommen jedoch nur verzerrt wieder, da im betrachteten Zeitraum die Anzahl der Selbständigen stark abgenommen hat. Selbst wenn das Durchschnittseinkommen der abhängig Beschäftigten gleich geblieben wäre, hätte die Zunahme ihres Anteils unter den Erwerbstätigen schon einen Anstieg der Lohnquote zur Folge. Um die daraus möglicherweise resultierende Fehlinterpretation der Lohnquote als Verteilungsmaß zu vermeiden, kann eine um den Effekt der Veränderung der Zusammensetzung der Erwerbstätigen bereinigte Lohnquote berechnet werden:

$$\left(\frac{L}{Y} \right)_{t,ber.} = \left(\frac{L}{Y} \right)_t \cdot \frac{\left(\frac{A}{E} \right)_{91}}{\left(\frac{A}{E} \right)_t},$$

wobei A für die Anzahl der abhängig Beschäftigten und E für die Anzahl der Erwerbstätigen steht. Die tatsächliche Lohnquote wird also mit der Veränderung der Anteile von A in Bezug auf ein Basisjahr, z.B. 1991, bereinigt. Das Niveau einer so bestimmten bereinigten Lohnquote hängt nun jedoch von dem willkürlich gewählten Basisjahr ab. Als Alternative schlägt daher der Sachverständigenrat zur Begutachtung der gesamtwirtschaftlichen Entwicklung (1996) die Berechnung einer Arbeitseinkommensquote vor. Dabei werden für die Selbständigen kalkulatorische Einkommen bestimmt, die im Mittel denen der abhängig Erwerbstätigen entsprechen. Die Arbeitseinkommensquote lässt sich als

$$AEQ_t = \frac{\left(\frac{L}{A} \right)_t}{\left(\frac{Y}{E} \right)_t} \cdot 100$$

schreiben. Sie kann somit als das Verhältnis aus Lohneinkommen je beschäftigtem Arbeitnehmer zum Volkseinkommen je Erwerbstätigen interpretiert werden. Die Arbeitseinkommensquote steht in einer festen Relation zur für ein bestimmtes Basisjahr berechneten bereinigten Lohnquote. Für das Basisjahr 1991 beträgt der Faktor 0,9053 ($= (A/E)_{91}$), mit dem die Arbeitseinkommensquote zu multiplizieren wäre, um zur bereinigten Lohnquote zu gelangen (Sachverständigenrat zur Begutachtung der gesamtwirtschaftlichen Entwicklung, 2005, S. 7* des Datenanhangs).

Abbildung 4.8 zeigt den Verlauf der Arbeitseinkommensquote ab 1970, wobei für die Zeit vor 1990 nur Daten für Westdeutschland zugrunde gelegt wurden. Während die siebziger Jahre im Mittel von einem Anstieg der Quote gekennzeichnet waren,

Abb. 4.8. Arbeitseinkommensquote

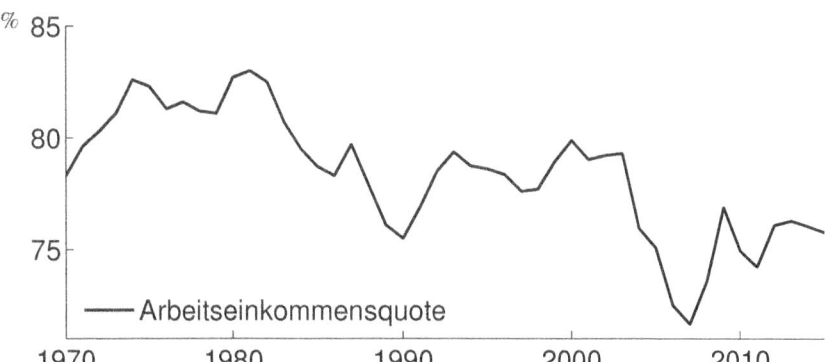

Quelle: Statistisches Bundesamt; Volkswirtschaftliche Gesamtrechnung; eigene Berechnungen; bis 1990 nur für Westdeutschland.

zeigt sich in den achtziger Jahren ein ausgeprägter negativer Trend, der durch den Wiedervereinigungsboom nach 1991 nur vorübergehend unterbrochen wurde. Erst im Zuge der Finanzmarktkrise scheint eine gewisse Stabilisierung eingetreten zu sein.

Die Lohnquote als funktionaler Verteilungsindikator für sich allein ist ungeeignet, um Aussagen über die personelle Einkommensverteilung zu treffen, da Haushalte ja zumindest teilweise neben dem Lohneinkommen über weitere Einkommensquellen verfügen. Daher werden auch Indikatoren der personellen Einkommensverteilung benötigt. Abbildung 4.9 zeigt die Einkommensverteilung der Privathaushalte in Deutschland für das Jahr 2013 auf Basis des GSOEP. Die schraffierten Flächen weisen den Anteil der Haushalte mit monatlichem Nettoeinkommen in den angegebenen Bandbreiten aus.[33] Dabei ergibt sich, dass die am stärksten besetzten Gruppen die der Haushalte mit um die 1000 bis 3000 € Nettoeinkommen sind.

Eine Möglichkeit, eine zusammenfassende Aussage zur Verteilung der Einkommen abzuleiten, stellt das Konzept der Lorenzkurve dar. In einer Lorenzkurve wird der Anteil an den Einkommensbeziehern gegen den Anteil am Einkommen abgetragen.

Dazu wird wie folgt vorgegangen: Zunächst werden die Einkommen E_i aller N betrachteten Einkommensbezieher in aufsteigender Reihenfolge geordnet:

$$E_1 \leq E_2 \leq \ldots \leq E_i \leq \ldots E_N$$

Für ein beliebiges $i \in [1, N]$ ist der Anteil der Einkommensbezieher, die ein Einkommen kleiner oder gleich E_i haben somit durch i/N gegeben. Der Anteil am Ge-

---

[33] Ein Anteil von 0,23% der Haushalte mit monatlichen Nettoeinkommen über 12 000 € wurde in der Darstellung nicht berücksichtigt.

Abb. 4.9. Histogramm der monatlichen Haushaltseinkommen 2013

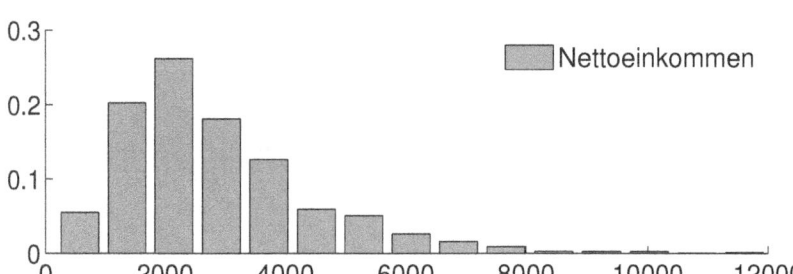

Quelle: GSOEP; eigene Berechnungen.

samteinkommen dieser Einkommensbezieher ist durch

$$EA_i = \frac{\sum_{j=1}^{i} E_j}{\sum_{j=1}^{N} E_j}$$

gegeben. Es gilt also stets

$$EA_i \leq \frac{i}{N}. \tag{4.1}$$

Üblicherweise wird die Lorenzkurve in einem Schaubild abgetragen, dessen Abszisse (x-Achse) den Anteil der Einkommensbezieher und dessen Ordinate (y-Achse) den Anteil am Einkommen ausweisen. Die Lorenzkurve liegt dann gemäß Gleichung (4.1) stets unterhalb der Winkelhalbierenden.

Abbildung 4.10 zeigt eine Lorenzkurve für die Verteilungen der Nettoeinkommen sowie der Zins- und Dividendeneinkommen über die Privathaushalte im Jahr 2013. Die durchgezogene Linie weist die Verteilung der Nettoeinkommen aus, während die gestrichelte Linie die Verteilung der Zins- und Dividendeneinkommen ausweist.[34]

Je näher die Lorenzkurve bei der Winkelhalbierenden (im Schaubild grau eingezeichnet) liegt, desto gleichmäßiger sind die Einkommen über die Einkommensbezieher aufgeteilt, während umgekehrt eine sehr stark nach unten ausgebauchte Lorenzkurve auf starke Ungleichheit der Einkommensverteilung hindeutet. Für das Beispiel wird deutlich, dass die Verteilung der Nettoeinkommen deutlich gleichmäßiger

---

[34] Eine sehr detaillierte Analyse der Verteilung von Einkommen und Einkommenssteuer in Deutschland liefert der Sachverständigenrat zur Begutachtung der gesamtwirtschaftlichen Entwicklung (2003, S. 456ff). Unter anderem werden auch Lorenzkurven für unterschiedliche Einkommensarten ausgewiesen. Eine Analyse auf Basis des GSOEP 2007 liefert der Sachverständigenrat zur Begutachtung der gesamtwirtschaftlichen Entwicklung (2009, S. 309ff).

Abb. 4.10. Lorenzkurve der Einkommensverteilung 2013

Anteil am Netto- /Zins- und Dividendeneinkommen

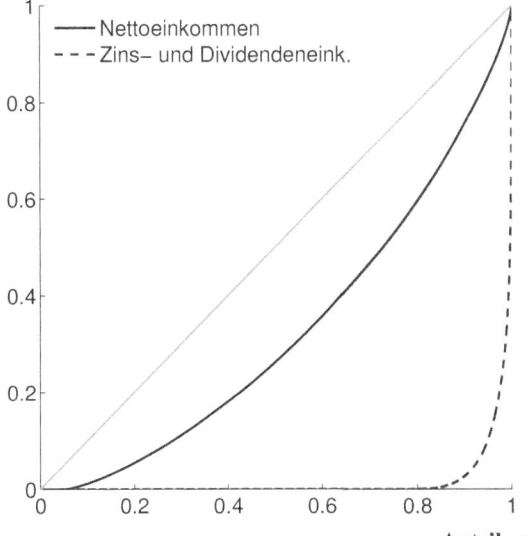

Anteil an Haushalten

Quelle: GSOEP; eigene Berechnungen.

ist als die der Zins- und Dividendeneinkommen. Dies entspricht den a priori Erwartungen, da sich Zins- und Dividendeneinkommen vor allem auf wenige Haushalte mit hohen Einkommen konzentrieren.

Als quantitatives Maß der Ungleichheit auf Basis der Lorenzkurve wird die Fläche zwischen der Diagonalen und der Lorenzkurve benutzt. Der so genannte Gini-Koeffizient G ist durch

$$G = \frac{\text{Fläche zwischen Winkelhalbierender und Lorenzkurve}}{\text{Fläche unter der Diagonalen}}$$

definiert. Es gilt $0 \leq G \leq 1$. Je kleiner G ist, desto näher liegt die Lorenzkurve bei der Winkelhalbierenden, d.h. desto kleiner ist die ausgewiesene Ungleichheit. Im Beispiel aus Abbildung 4.10 ergibt sich für die Nettoeinkommen ein Gini-Koeffizient von 0,35, während er für die Zins- und Dividendeneinkommen 0,97 beträgt.[35]

Für den Gini-Koeffizienten gilt $0 \leq G \leq (N-1)/N$. Um die Abhängigkeit der Obergrenze von N zu vermeiden, wird gelegentlich auch mit dem modifizierten oder normierten Gini-Koeffizienten G^* gearbeitet, der durch $G^* = N/(N-1)G$ definiert ist. Der Gini-Koeffizient ermöglicht es, die Lorenzkurven unterschiedlicher Jahre oder verschiedener Länder miteinander zu vergleichen. Allerdings sind Fälle

---

[35] Die hier berechneten Werte basieren auf nicht repräsentativen Stichproben, können also nicht unmittelbar auf die gesamte Bevölkerung übertragen werden.

denkbar, in denen die Veränderungen der Lorenzkurve so ausfallen, dass der Gini-Koeffizient davon unberührt bleibt.

Im Human Development Report des United Nations Development Programme (2015, S. 216) werden für eine Vielzahl von Ländern Gini-Koeffizienten der Einkommensverteilung zusammengestellt, die sich überwiegend auf in den letzten Jahren durchgeführte Berechnungen stützen. Obwohl der vom United Nations Development Programme angenommene Wert von 0,5 als Grenze für Länder mit sehr ungleicher Einkommensverteilung eher willkürlich gesetzt ist, zeigen die ausgewiesenen Werte (siehe Abbildung 4.11) eher einen inversen Zusammenhang zwischen Entwicklungsstand und Gini-Koeffizienten. Der Wert für Deutschland beträgt dabei 0,31. Im Report wird außerdem darauf hingewiesen, dass es in den letzten Jahren überwiegend zu einem Anstieg der durch den Gini-Koeffizienten gemessenen Einkommensungleichheit gekommen ist.[36]

Bei der Lorenzkurve und dem darauf basierenden Gini-Koeffizienten handelt es sich um ein Maß der relativen Konzentration, d.h. es wird damit die Verteilung der Merkmalssumme auf alle Merkmalsträger analysiert. Im Unterschied dazu werden Maße der absoluten Konzentration eingesetzt, um die Verteilung der Merkmalssumme auf die Merkmalsträger mit den jeweils größten Ausprägungen zu beschreiben. Die einfachste Form eines derartigen Maßes der absoluten Konzentration ist der Anteil der r Merkmalsträger mit den größten Ausprägungen an der gesamten Merkmalssumme. Derartige Maße werden beispielsweise zur Quantifizierung von möglicher Marktmacht oder Oligopolbildung eingesetzt. Will man etwa die Konzentration der Umsätze in einem Markt messen, kann dies über die Konzentrationsrate C_r erfolgen. Für $r > 0$ gibt C_r dabei den Anteil der Summe der Umsätze der r umsatzstärksten Firmen am gesamten Umsatz auf dem betrachteten Markt an.

Ein weiteres Maß der absoluten Konzentration stellt der Herfindahl-Index dar. Der Herfindahl-Index für die Verteilung einer Variablen X_i über N Merkmalsträger ist durch

$$H = \sum_{i=1}^{N} \left(\frac{X_i}{\sum_{j=1}^{N} X_j} \right)^2$$

definiert. Es gilt daher

$$\frac{1}{N} \leq H \leq 1.$$

Ist die Variable gleichverteilt, folgt $H = 1/N$, während $H = 1$ die maximale Konzentration der Variable auf einen einzigen Merkmalsträger ausdrückt.[37] Aus dieser

---

[36] Zu ähnlichen Ergebnissen für Deutschland kommt auch der Sachverständigenrat zur Begutachtung der gesamtwirtschaftlichen Entwicklung (2004, S. 569), während Felbermayr *et al.* (2016) für die Bruttolohnungleichheit seit 2004 eher eine Seitwärtsbewegung feststellen und sogar einen fallenden Trend, wenn statt nur den Erwerbstätigen die Gesamtbevölkerung im erwerbsfähigen Alter betrachtete wird.

[37] Der Herfindahl-Index wird wie die Konzentrationsraten zur Messung von Marktmacht eingesetzt, dient aber beispielsweise auch der Quantifizierung der Diversifikation von Geschäftsfeldern eines Unternehmens (Bausch und Pils, 2009).

Abb. 4.11. Gini-Koeffizienten weltweit

GINI	
0,9	
0,8	
Afrika südlich der Sahara 0,72 ➤ 0,7	
Welt 0,67 ➤	
0,6	
Lateinamerika und Karibik 0,57 ➤	
Ostasien und Pazifik 0,52 ➤ 0,5	
Europa und Zentralasien 0,43 ➤ 0,4	
OECD Länder mit hohem Einkommen 0,37 ➤	
Südasien 0,33 ➤ 0,3	
0,2	
0,1	

Ungleichheit innerhalb der Staaten	
Südafrika	0,65
Brasilien	0,53
USA	0,41
Russische Föderation	0,40
China	0,37
Indien	0,34
Schweiz	0,32
Niger	0,31
Deutschland	0,31
Österreich	0,30
Schweden	0,26
Slowenien	0,25

Quelle: Für die Regionen: United Nations Development Programme (2005, S. 55), für die
einzelnen Länder: United Nations Development Programme (2015, S. 216ff).

Abschätzung wird deutlich, dass H von der Anzahl der in die Betrachtung einbezogenen Merkmalsträger abhängt, was wenig wünschenswert erscheint.

4.3.6 Weitere gesamtwirtschaftliche Indikatoren

In der wirtschaftspolitischen Diskussion der vergangenen Jahre spielt neben den bereits im Stabilitätsgesetz vorgegebenen Richtgrößen der Anteil des Staates an der wirtschaftlichen Aktivität eine besondere Rolle. Insbesondere geht es dabei um die Frage, wie groß der Anteil der Transaktionen ist, die über staatliche Institutionen, d.h. Bund, Länder, Gemeinden und die Sozialversicherungsträger, abgewickelt werden. Außerdem wurde zuletzt im Zusammenhang mit den Konvergenzkriterien der Europäischen Währungsunion die Höhe und Entwicklung der Staatsverschuldung kritisch diskutiert.[38] Wie für die anderen angesprochenen Zielgrößen haben Indikatoren für die staatliche Aktivität nicht die Aufgabe, Aussagen darüber zu erlauben, ob die Höhe der staatlichen Aktivität richtig, wünschenswert, zu hoch oder zu niedrig ist.[39] Vielmehr geht es darum, verlässliche Indikatoren als Instrument für Wirtschaftspolitik und Wirtschaftswissenschaft zur Verfügung zu stellen.

Eine häufig zitierte Größe ist dabei die so genannte Staatsquote,[40] die als Quotient der Ausgaben der Gebietskörperschaften und der Sozialversicherung zum Bruttoinlandsprodukt zu Marktpreisen definiert ist.[41] Allerdings beinhalten die so definierten Ausgaben des Staates auch die Sozialleistungen und Subventionen, die nicht als Komponente des Bruttoinlandsproduktes auftauchen. Es handelt sich also um eine "unechte" Quote. Eine echte Quote erhält man, indem der Anteil der Transformationsausgaben des Staates, d.h. Staatsverbrauch und Bruttoinvestitionen des Staates, am Bruttoinlandsprodukt berechnet wird.

Die Eingriffe des Staates bei der Einkommenserzielung und -verwendung sollen durch die Steuerquote und die Abgabenquote beschrieben werden. Als Steuerquote wird der Quotient aus Steuereinnahmen der Gebietskörperschaften zum Bruttoinlandsprodukt bezeichnet. Addiert man zur Zählergröße noch die Beiträge zur Sozialversicherung, so erhält man die gesamtwirtschaftliche Abgabenquote. Abbildung 4.12 zeigt die Staatsquote (gestrichelt), Abgabenquote (schwarz) und Steuerquote (grau) für den Zeitraum 1991–2016. Die Werte für das Jahr 2016 stellen Schätzungen des Sachverständigenrates dar.

Neben den Einnahmen und Ausgaben des Staates ist auch die daraus resultierende Verschuldung von Interesse.[42] Dabei ist der Schuldenstand als Bestandsgröße von der Nettokreditaufnahme als Maß der laufenden Neuverschuldung zu unterscheiden. Beide Größen werden üblicherweise als Quoten relativ zum Bruttoinlandsprodukt ausgewiesen. Aus der Verschuldung resultieren Zinsverpflichtungen. Um deren Ausmaß in Relation zur Zahlungsfähigkeit der Gebietskörperschaften auszudrücken, wird die Zins-Steuer-Quote benutzt, d.h. das Verhältnis von Zinsausgaben zu Steuereinnahmen in einem Jahr. Diese Relation überschritt Mitte der Neunziger Jahre des vergangenen Jahrhunderts die 15%-Marke, betrug im Jahr 2005 noch gut 13% und sinkt gemäß der Prognose des Sachverständigenrates im Jahr 2016 auf gut 6% (Sachverständigenrat zur Begutachtung der gesamtwirtschaftlichen Entwicklung, 2015, S. 111). Eine zentrale Rolle für den Rückgang der Quote in den letzten

---

[38] Zur Diskussion um die Staats- und Abgabenquote siehe auch Institut der deutschen Wirtschaft (2006*b*).

[39] Dazu müsste insbesondere auch die Ausgabenseite analysiert werden, d.h. wofür das Geld ausgegeben wird.

[40] Zur Aussagefähigkeit staatswirtschaftlicher Quoten vgl. Naggies (1996).

[41] Der Sachverständigenrat zur Begutachtung der gesamtwirtschaftlichen Entwicklung (1996), Tabelle 38* im Anhang, hat die Ausgaben abweichend davon auf das Produktionspotenzial bezogen.

[42] Vgl. hierzu auch das Fallbeispiel "Die griechische Tragödie" auf Seite 14.

Abb. 4.12. Staats-, Abgaben- und Steuerquote

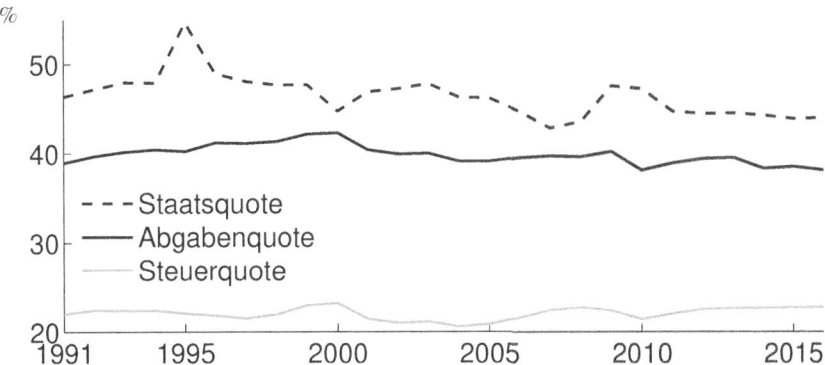

Quelle: Sachverständigenrat zur Begutachtung der gesamtwirtschaftlichen Entwicklung
(2005, S. 241), Sachverständigenrat zur Begutachtung der gesamtwirtschaftlichen
Entwicklung (2009, S. 69 und 178) und Sachverständigenrat zur Begutachtung der
gesamtwirtschaftlichen Entwicklung (2015, S. 111 und 349).

Jahren spielen die nach der Finanzmarktkrise deutlich gesunkenen Zinsen auf deutsche Staatsanleihen.

Ein anderer gesamtwirtschaftlicher Indikator, der gleichfalls in der aktuellen Diskussion an Bedeutung gewonnen hat, sich aber nicht eindeutig einer der klassischen Zielgrößen der Wirtschaftspolitik zuordnen lässt, ist die Anzahl oder Quote der Insolvenzen. In einer dynamischen Wirtschaft, die von strukturellen Veränderungen geprägt ist, werden ständig neue Firmen geschaffen und alte vom Markt verschwinden. Von daher erscheint die Anzahl der Insolvenzen zunächst als wenig relevant. Steigt jedoch die Insolvenzhäufigkeit plötzlich stark an, wie dies von 1999 bis 2003 und 2009 der Fall war, ist dies ein Indikator für eine größere Unsicherheit, die auf dem Arbeitsmarkt ebenso wie bei der Kreditvergabeentscheidung von Banken eine Rolle spielt. Abbildung 4.13 zeigt die Entwicklung der Zahl der Insolvenzen pro Jahr seit 1950. Eine detaillierte Analyse der Zahlen findet sich bei Angele (2007).

4.4 Komplexe Indikatoren

Unter komplexen Indikatoren sollen im Folgenden Indikatoren verstanden werden, die entweder als zusammengesetzte Indikatoren ein gewichtetes Mittel einer Vielzahl von Einzelindikatoren darstellen oder durch aufwendigere Berechnungsverfahren aus einzelnen Reihen gebildet wurden.

Zur ersten Gruppe gehören insbesondere Gesamtindikatoren, die aus Umfragedaten erzeugt werden, aber auch das aktuelle Konzept des NBER, auf dessen Geschichte bereits in Abschnitt 4.2 eingegangen wurde. Eher der zweiten Gruppe zuzuordnen

Abb. 4.13. Insolvenzen

Quelle: Statistisches Bundesamt.

ist das Konzept der gesamtwirtschaftlichen Kapazitätsauslastung, das unter anderem vom Sachverständigenrat und der Deutschen Bundesbank als Konjunkturindikator verwendet wird.

4.4.1 Gesamtindikatoren aus Umfragedaten

Bevor auf einige Beispiele von Gesamtindikatoren eingegangen wird, die auf subjektiven Indikatoren aus Umfragen beruhen, sei zunächst ein generelles Problem von zusammengesetzten Indikatoren zumindest erwähnt. Der Verlauf und damit die Prognosegüte derartiger Indikatoren hängt neben der Auswahl der einbezogenen Reihen auch von den gewählten Gewichten im Gesamtindikator ab. Es gilt somit ähnlich wie für Preis- und Produktionsindizes, dass von Zeit zu Zeit eine Revision notwendig werden kann, um einer sich ändernden Bedeutung der einzelnen Reihen für den zusammengesetzten Indikator gerecht zu werden.[43]

ifo Geschäftsklima wird vom ifo Institut aus Ergebnissen des Konjunkturtests berechnet. Dazu werden die Salden aus positiven und negativen Angaben hinsichtlich der aktuellen Geschäftslage (*GL*) und deren erwarteten Änderung (*GE*) berechnet.[44] Da beide Salden zwischen -100% und +100% schwanken können, wird der Gesamtindikator *KL* mit um 200 Einheiten verschobenen Werten berechnet und zwar zu (Brand *et al.*, 1996)

$$KL = \sqrt{(GL + 200) \cdot (GE + 200)} - 200.$$

---

[43] Vgl. Green und Beckmann (1993) für die Beschreibung einer derartigen Überarbeitung der zusammengesetzten Indikatoren des Bureau of Economic Analysis (BEA) in Washington.

[44] Zur inhaltlichen Interpretation derartiger Salden siehe auch Abschnitt 3.5.

Im Geschäftsklimaindikator werden also Einschätzungen der gegenwärtigen Lage mit Erwartungen für die Zukunft kombiniert. Dies ist notwendig, da etwa die Aussage, dass in Zukunft mit einer gleich bleibenden Lage zu rechnen ist, in einer Rezessionsphase eine vollkommen andere Bedeutung hat als im Boom. Die Gleichgewichtung beider Komponenten ist jedoch nicht theoretisch zu begründen. In der Tat verwendet das ifo Institut für eigene Analysen teilweise auch abweichende Gewichte, die ökonometrisch ermittelt wurden.[45]

Indikatoren der Europäischen Kommission umfassen neben einem Indikator der wirtschaftlichen Einschätzung, der als Konjunkturfrühindikator, d.h. vorlaufender Indikator verwendet wird, Indikatoren für das Vertrauen der Industrie, der Bauwirtschaft und der Verbraucher (Europäische Kommission, 1996). Alle Indikatoren basieren auf Umfragedaten, die im Auftrag der Europäischen Kommission mittlerweile in allen 28 Mitgliedsländern durch nationale Forschungsinstitute durchgeführt werden,[46] wobei es gelegentlich Wechsel bei den beauftragten Instituten gibt, die zu Strukturbrüchen in den Daten führen können. In Deutschland werden die Umfragen bei Unternehmen vom ifo Institut und bei privaten Haushalten von der Gesellschaft für Konsumforschung (GfK) durchgeführt.[47] Die Vertrauensindikatoren werden jeweils als arithmetisches Mittel der Salden von drei bis fünf Fragen berechnet. Für das Vertrauen der Industrie sind dies beispielsweise die Fragen nach den Produktionsaussichten ("Zunahme, keine Veränderung, Abnahme"), den Auftragsbeständen ("verhältnismäßig groß, ausreichend, zu klein") und die Läger ("verhältnismäßig groß, ausreichend, zu klein"). Für die Lagervariable wird das Vorzeichen umgekehrt, da Wachstumsimpulse eher von zu geringen Fertigwarenlagern erwartet werden können. Der Gesamtindikator der wirtschaftlichen Einschätzung (European Sentiment Index, ESI) wird nunmehr als gewichtetes Mittel der standardisierten Indikatoren für Industrie, Dienstleistungen, Konsumenten, Bauwirtschaft und Handel gebildet.[48] Gesamteuropäische Indikatoren werden als arithmetische Mittel aus den Werten für die einzelnen Länder bestimmt. Die Gewichte werden dazu ab und an der Entwicklung des BIP in den einzelnen Ländern angepasst. Abbildung 4.14 zeigt die Entwicklung des Gesamtindikators für Deutschland (gestrichelt) und für die Europäische Gemeinschaft beziehungsweise Union (durchgezogen). Beide Reihen zeigen über die Zeit eine sehr ähnliche Entwicklung. Allerdings lässt sich für die Zeit unmittelbar nach der Wiedervereinigung Deutschlands beobachten, dass der Indikator für Deutschland dem Rückgang des Europäischen Indikators nur mit einer durch den Wiedervereinigungsboom bedingten Verzögerung folgt. Während der Indikator für Deutschland im Zeitraum von ungefähr 2002–2006 unter dem für die Europäische Union lag, stürzt er im Zuge der Finanz-

---

[45] Vgl. auch hierzu Brand *et al.* (1996, S. 84f).

[46] Zuletzt wurden im Juli 2013 die Daten für Kroatien ergänzt.

[47] Zur Erhebung und Interpretation von Konsumklimadaten vgl. Caspers (1996).

[48] Eine detaillierte Darstellung des Vorgehens findet sich im User Guide der Europäischen Kommission unter `http://ec.europa.eu/economy_finance/db_indicators/surveys/documents/userguide_en.pdf`.

marktkrise 2009 nicht ganz so tief ab und weist anschließend auf eine schnellere Erholung hin.

Abb. 4.14. Gesamtindikator der Europäischen Kommission (ESI)

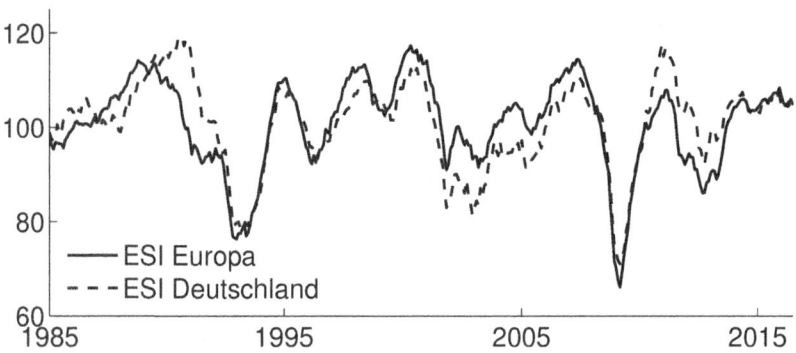

Quelle: European Commission; Business and Consumer Survey
(`http://ec.europa.eu/economy_finance/db_indicators`
`/surveys/index_en.htm`).

OECD-Frühindikatoren werden zur Prognose der konjunkturellen Entwicklung, insbesondere der Wendepunkte, benutzt, wobei der Index der gesamtwirtschaftlichen Produktion jeweils die Referenzreihe darstellt. Die einbezogenen Einzelindikatoren unterscheiden sich von Land zu Land, umfassen aber meistens Ergebnisse von Unternehmensbefragungen zur aktuellen Lage und Erwartungen für Preise, Umsätze, Lager und Aufträge. Dazu kommen monetäre Größen und Indikatoren der Aktivitäten im Außenhandel. Alle Indikatoren werden zu einem Gesamt-Frühindikator zusammengefasst (Köhler, 1996, S. 97ff).

4.4.2 Das gesamtwirtschaftliche Produktionspotenzial

Bereits im Zusammenhang mit den Wachstumsindikatoren wurde angesprochen, dass Produktionsfaktoren nicht immer voll ausgelastet sind. Besonders deutlich wird dies für den Kapitalstock, wenn man den in Abbildung 4.7 gezeigten Kapazitätsausnutzungsgrad des ifo Instituts direkt interpretiert. Geht man von einem Nettoanlagevermögen bei den Ausrüstungen von 1 215 Mrd. € zu Wiederbeschaffungspreisen im Jahr 2014 aus, bedeutet ein mittlerer Kapazitätsauslastungsgrad von 83,95%, dass rechnerisch nur Ausrüstungen im Wert von 1 050 Mrd. € tatsächlich benutzt werden. Es liegt auf der Hand, dass bei einer stärkeren Auslastung der vorhandenen Kapazitäten – eventuell unter Einsatz zusätzlicher Arbeitskräfte – ein deutlich höheres Produktionsvolumen möglich wäre – das gesamtwirtschaftliche Produktionspotenzial. Um dieses zu bestimmen, reicht jedoch der eben beschriebene einfache Ansatz

nicht aus, unter anderem weil sich der Kapazitätsauslastungsgrad nur auf das verarbeitende Gewerbe bezieht. Dazu kommt, dass der Einfluss der tatsächlichen Auslastung anderer Faktoren, insbesondere der des Faktors Arbeit auch berücksichtigt
werden muss.

Historisch lässt sich die Idee des Produktionspotenzials auf die so genannte
Okunsche Regel zurückführen, die im Gegensatz zum eben vorgestellten Ansatz vom
Faktor Arbeit ausgeht.[49] Obwohl gelegentlich auch von "Okuns Gesetz" die Rede
ist,[50] handelt es sich dabei tatsächlich um eine empirische Faustregel.[51] Mit ver-
schiedenen methodischen Ansätzen findet Okun (1962) für die USA in den 1950er
Jahren den folgenden Zusammenhang zwischen Y^{pot}, der Produktionsmenge, die mit
einer normalen Auslastung des Faktors Arbeit zu erzielen wäre, Y der tatsächlichen
Produktionsmenge und der Arbeitslosenquote U (in Prozentpunkten):

$$\ln Y^{pot} = \ln Y \left[1 + 0,032(U - 4) \right].$$

Liegt die Arbeitslosenquote bei 4%, entspricht demnach die tatsächliche Produktionsmenge dem Potenzial. Bei einer Arbeitslosenquote von 5%, liegt das Produktionspotenzial um 3,2% höher als die tatsächliche Produktionsmenge.

Die Idee des Produktionspotenzials ist jedoch nicht allein für solche einfachen
empirischen Beobachtungen relevant, sondern kann als Basis für die Analyse der
aktuellen Konjunktur, für geldpolitische Entscheidungen (Sachverständigenrat zur
Begutachtung der gesamtwirtschaftlichen Entwicklung, 2003, S. 412ff) oder die Bewertung des Schuldenstandes (Henzel und Thürwächter, 2015) verwendet werden.
So kann eine Verringerung der Differenz zwischen Y^{pot} und Y, die auch als Output-
Lücke bezeichnet wird, auf eine zunehmende Anspannung der Wirtschaft hindeuten, die sich als "konjunkturelle Überhitzung" beispielsweise in einem deutlichen
Preisauftrieb niederschlagen kann. Für die Geldpolitik hingegen spielt das Produktionspotenzial die Rolle des realen Ankers. Die Geldmenge muss hinreichend schnell
wachsen, um das mit der Ausdehnung des Produktionspotenzials ansteigende mögliche Transaktionsvolumen abwickeln zu können. Schließlich wird das Produktions-
potenzialkonzept in der Finanzpolitik benutzt, um strukturelle Budgetdefizite von
konjunkturellen abzugrenzen.[52]

Es stellt sich die offensichtliche Frage, wie dieses Produktionspotenzial, das
zunächst lediglich ein theoretisches Konzept darstellt, empirisch abgebildet werden
kann. Eine Möglichkeit besteht darin, die subjektiven Aussagen der Firmen zu verwenden, wie dies im Kapazitätsausnutzungsgrad des ifo Instituts passiert. Das Problem hierbei ist, dass nicht klar ist, welcher Auslastungsgrad dem Produktionspotenzial entspricht. Liegt dieses bei 100%, d.h. ist es möglich, dass alle Firmen ihre Kapazitäten gleichzeitig voll auslasten? Oder wäre dies bereits ein Zustand der

---

[49] Vgl. Okun (1962) und Tichy (1994, S. 26f).

[50] Beispielsweise im Lehrbuch von Blanchard und Illing (2009, S. 284ff), das auch Schätzwerte für Deutschland angibt.

[51] Okun (1962) schreibt dazu selbst: "The quantification of potential output – and the accom-
panying measure of the 'gap' between actual and potential – is at best an uncertain estimate
and not a firm, precise measure."

[52] Eine Anwendung findet sich in Büttner *et al.* (2006).

Überauslastung? Und wie sind die Angaben einzelner Firmen im Konjunkturtest zu verstehen, die Auslastungsgrade von bis zu 200% angeben?

Andere Ansätze gehen daher von gesamtwirtschaftlichen Größen aus. Einfache Konzepte beruhen z.B. darauf, den gleitenden Durchschnitt des realen Bruttoinlandsproduktes als Approximation des Produktionspotenzials zu verwenden, oder es wird ein linearer Trend zwischen dem Bruttoinlandsprodukt an zwei aufeinander folgenden konjunkturellen Höhepunkten berechnet.[53] In den letzten Jahren wird zu diesem Zweck auch zunehmend die glatte Komponente, die sich aus dem Hodrick-Prescott-Filter (HP-Filter) ergibt,[54] benutzt (Sachverständigenrat zur Begutachtung der gesamtwirtschaftlichen Entwicklung, 2003, S. 413).

Der Sachverständigenrat zur Begutachtung der gesamtwirtschaftlichen Entwicklung beschritt einen anderen Weg, um das Produktionspotenzial quantitativ zu bestimmen.[55] Dabei wurde zunächst primär auf den Produktionsfaktor Kapital abgehoben. Die so genannte Kapitalkoeffizientenmethode stellt also ebenfalls einen Ein-Faktoren-Ansatz dar. Das Produktionspotenzial der Unternehmen (P^{pot}) wurde dabei als Produkt aus dem im Jahresdurchschnitt verfügbaren Bruttoanlagevermögen (K) und der potenziellen Kapitalproduktivität (k^{pot}) definiert:

$$P_t^{pot} = k_t^{pot} K_t .$$

Die empirische Modellierung von k_t^{pot} erfolgte als exponentieller Trend über die Zeit (t), d.h. in logarithmischer Schreibweise

$$\ln k_t = \beta_1 + \beta_2 \cdot t .$$

Um unterschiedliche Trends in der technologischen Entwicklung zu erfassen, wurde dieses Verfahren auf verschiedene Teilperioden angewandt (Sachverständigenrat zur Begutachtung der gesamtwirtschaftlichen Entwicklung, 2003, S. 418). Die Koeffizienten β wurden durch eine Regression ermittelt, die unter der Nebenbedingung durchgeführt wird, dass sich die Trendgeraden exakt an den Grenzen der Stützbereiche schneiden.[56] Die potenzielle Kapitalproduktivität wurde schließlich ermittelt, indem die geschätzte Trendkurve für den gesamten Zeitraum parallel nach oben verschoben wurde bis sie gerade noch einen Wert der tatsächlichen Kapitalproduktivität berührt. Mit der so ermittelten potenziellen Kapitalproduktivität kann das Produktionspotenzial Y^{pot} berechnet werden, indem zu $P_t^{pot} = k_t^{pot} K_t$ noch die als voll ausgelastet unterstellten Komponenten des Inlandsproduktes addiert werden.

In der derzeit benutzten Methode zur Bestimmung des Produktionspotenzials werden neben der Auslastung des Faktors Kapital auch die des Faktors Arbeit sowie die trendmäßige Entwicklung der totalen Faktorproduktivität ("technischer

---

[53] Ein ähnliches Vorgehen wählte bereits Okun (1962). Siehe auch Deutsche Bundesbank (1995, S. 42f).

[54] Zum Hodrick-Prescott-Filter siehe Abschnitt 10.3.2.

[55] Vgl. Sachverständigenrat zur Begutachtung der gesamtwirtschaftlichen Entwicklung (1996), Anhang V.

[56] Genau genommen handelt es sich um eine lineare Spline-Funktion (Schlittgen und Streitberg, 2001, S. 28ff).

Fortschritt") berücksichtigt (Sachverständigenrat zur Begutachtung der gesamtwirtschaftlichen Entwicklung, 2007, S. 439ff). Außerdem erfolgt die Kalibrierung so, dass die relative Output-Lücke, d.h. die relative Differenz zwischen Produktionspotenzial und tatsächlicher Produktion im Durchschnitt des betrachteten Zeitraums den Wert Null annimmt.

Abbildung 4.15 zeigt das Bruttoinlandsprodukt zusammen mit dem nach der aktuellen Methode des Sachverständigenrates berechneten Produktionspotenzial, wobei die Werte ab Mitte 2015 Prognosen darstellen.

Abb. 4.15. Bruttoinlandsprodukt und Produktionspotenzial (preisbereinigt)

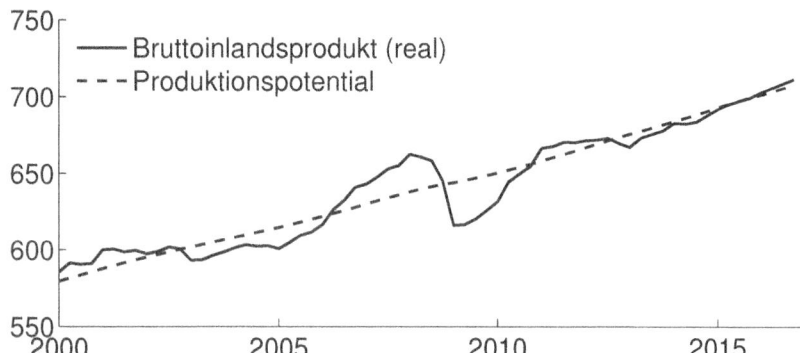

Quelle: Sachverständigenrat zur Begutachtung der gesamtwirtschaftlichen Entwicklung (2015, S. 90).

Der gesamtwirtschaftliche Auslastungsgrad λ_t wird durch das Verhältnis von tatsächlicher Produktion zu potentieller Produktion definiert, d.h. $\lambda_t = Y_t / Y_t^{pot}$. Die für 2015 nach der Methode des Sachverständigenrats geschätzte Output-Lücke, d.h. die relative Abweichung von der durchschnittlichen Auslastung betrug nur noch -0,1%.[57]

Ähnlich wie im aktuellen Konzept des Sachverständigenrates setzt sich das reale Produktionspotenzial in der Definition der Deutschen Bundesbank aus den Produktionsmöglichkeiten des Sektors Unternehmen ohne Wohnungswirtschaft und den tatsächlichen Wertschöpfungsbeiträgen von Staat und Wohnungsvermietung zusammen.[58] In einer Variante des Ansatzes wird ein expliziter funktionaler Zusammenhang für die Produktionsfunktion des Unternehmenssektors eingesetzt. In dieser Cobb-Douglas-Produktionsfunktion ergibt sich das Produktionsvolumen P_t in

---

[57] Zur Messung von Produktionspotenzial und Produktionslücke siehe auch Europäische Zentralbank (2001).

[58] Vgl. Deutsche Bundesbank (1995, S. 55f) und Sachverständigenrat zur Begutachtung der gesamtwirtschaftlichen Entwicklung (2003, S. 416).

Abhängigkeit vom eingesetzten Arbeitsvolumen L_t und dem genutzten Sachkapital K_t durch

$$P_t = L_t^\alpha K_t^{1-\alpha} A_t ,$$

wobei α für die Produktionselastizität des Faktors Arbeit und L_t für den Stand des technischen Fortschritts steht. Da letzterer nicht beobachtet werden kann, wird er im Modell durch einen deterministischen exponentiellen Trend approximiert.

Durch Logarithmieren und Differenzenbildung wird die Gleichung in eine Form für die Wachstumsraten der beteiligten Größen umformuliert. Die Schätzung für das tatsächliche Produktionsvolumen P_t liefert Schätzwerte für die Parameter α und die Trendkomponente. In einem zweiten Schritt werden nun die tatsächlichen Werte der Faktoreinsätze durch deren längerfristige trendmäßige Entwicklung ersetzt, die z.B. mit Hilfe des HP-Filters bestimmt werden. Damit erhält man einen Schätzwert für das potentielle Produktionsvolumen. Dabei erfolgt die Normierung des Niveaus so, dass im Durchschnitt über den analysierten Zeitraum eine Outputlücke von null entsteht. Eine Auslastung von 100% ist somit in diesem Ansatz als Normalauslastung zu betrachten.

4.5 Literaturauswahl

Eine umfassende Darstellung von Konjunkturindikatoren findet sich bei Oppenländer (1996c). Als weitere Literatur zu einzelnen Gebieten kann auf Hujer und Cremer (1978), Kapitel V und VI, Tichy (1994), Kapitel 2 zum Phänomen Konjunktur und Kapitel 5 zur Theorie der Konjunkturschwankungen, Frenkel und John (2011) zu Verteilungsindikatoren Abschnitt 6.5, zur Zahlungsbilanz Abschnitt 13.2 und zu Terms of Trade 13.6, Nissen (2004), Kapitel 14, zu gesamtwirtschaftlichen Indikatoren, sowie Champernowne und Cowell (1998) und Ronning (2011), Kapitel 5, zu Verteilungsindikatoren zurückgegriffen werden.

Eine aktuelle Übersicht über in der Praxis eingesetzte Wirtschaftsindikatoren liefert Kater *et al.* (2008). Darin werden jeweils auch die Bedeutung der Indizes für die Finanzmärkte, der Vor-, Gleich- oder Nachlauf relativ zur Konjunktur und die Termine der Veröffentlichung ausgewiesen.

5

Input-Output-Analyse

Entwickelte Volkswirtschaften sind in der Produktion von Waren und Dienstleistungen hochgradig arbeitsteilig organisiert. Die Herstellung nahezu jeden Gutes, egal ob für den finalen Verbrauch oder für die weitere Verwendung in anderen Unternehmen, setzt neben dem Einsatz der Produktionsfaktoren des eigenen Betriebs Vorleistungen in Form von Zwischenprodukten oder Dienstleistungen anderer Betriebe voraus. Die zwei zentralen Aufgaben der Input-Output-Analyse bestehen darin, eine transparente Darstellungsform für diese Verflechtungen zwischen Unternehmen zu finden und ein Instrumentarium zur Verfügung zu stellen, mit dem Rückwirkungen von Veränderungen in einem Betrieb auf andere Bereiche der Volkswirtschaft der empirischen Analyse zugänglich werden.

Grundsätzlich können und werden derartige Überlegungen auf unterschiedlichen Aggregationsebenen angestellt. Neben einzelnen Betrieben können auch mehr oder weniger groß definierte Sektoren betrachtet werden. Für die Anwendung auf sektoraler Ebene ist es notwendig, die einzelnen Betriebe in geeigneter Form zu Sektoren zusammenzufassen. Die Aufgabe der transparenten Darstellung der Verflechtungen zwischen diesen Sektoren aufgrund der Vorleistungsstruktur erfolgt in Input-Output-Tabellen. Sollen auf Basis dieser Strukturen Aussagen über mögliche Rückwirkungen einzelner Maßnahmen oder Veränderungen getroffen werden, so ist dies eine Aufgabe für die Input-Output-Analyse.

Die Anwendungen von Input-Output-Tabellen und der Input-Output-Analyse sind entsprechend der langjährigen Tradition dieser Methodik und der zunehmend leichter zugänglichen Daten und Rechenkapazitäten vielfältig. Die im Folgenden genannten Beispiele wurden unter dem Aspekt ausgewählt, einen möglichst großen Ausschnitt der gesamten Bandbreite abzubilden, beanspruchen jedoch in keiner Weise repräsentativ zu sein.

Loschky und Ritter (2007, S. 483ff) untersuchen den Anteil der Wertschöpfung in Deutschland an den deutschen Exporten. Um den direkten und indirekten Einsatz inländischer Vorleistungen für die Exporte zu erfassen, verwenden die Autoren eine nach 71 Produktionsbereichen untergliederte Input-Output-Tabelle. Als Ergebnis erhalten sie, dass der Anteil des Auslands an der Wertschöpfungskette der deutschen Exporte seit 1995 kontinuierlich zugenommen hat. Betrug er im Jahr 1995 noch knapp über 30%, waren es 2006 bereits fast 45%. Die inländische Aufteilung der Wertschöpfungsanteile wird in Deutsche Bundesbank (2014a) betrachtet. Dabei zeigt sich, dass zwar Produkte des verarbeitenden Gewerbes weiterhin einen Großteil der Exporte ausmachen, in diesen aber in erheblichem Umfang auch Dienstleistungen enthalten sind, so dass auch deren Kostenstruktur relevant für die internationale Wettbewerbsfähigkeit ist.

Mit den Beschäftigungswirkungen des Ausbaus der erneuerbaren Energien in Deutschland beschäftigt sich ein vom Bundesministerium für Umwelt, Naturschutz und Reaktorsicherheit gefördertes Forschungsvorhaben. Dabei werden so genannte Bruttobeschäftigungseffekte geschätzt. Diese ergeben sich aus der Summe der Beschäftigten, die direkt mit der Herstellung und dem Betrieb entsprechender Anlagen befasst sind, und der dadurch induzierten Beschäftigung in vorgelagerten Produktionsstufen, die mit Hilfe der Input-Output-Analyse abgeschätzt werden. Für das Jahr 2014 kommen O'Sullivan et al. (2015) zu einer geschätzten Zahl von 355 400 Personen. Zu einer früheren Diskussion um die Auswirkungen von Steuern auf fossile Brennstoffe siehe auch das Fallbeispiel "Die Preiseffekte einer ökologischen Steuerreform" auf S. 105.

Ebenfalls mittels der Input-Output-Analyse vergleichen Brautzsch et al. (2015) Subventionen für den privaten Verbrauch (Umweltprämie) und solche für Forschung und Entwicklung als Politikmaßnahme während der Finanzmarktkrise. Sie kommen zu dem Schluss, dass mit denselben Ausgaben bei einem Fokus auf Forschung und Entwicklung ein deutlich größerer Effekt erzielbar gewesen wäre.[1]

Regional stärker disaggregiert, nämlich auf Bundeslandebene, untersuchen Ostwald et al. (2015) die Relevanz des Gesundheitssektors für das Bundesland Mecklenburg-Vorpommern. Und schließlich kommt die Input-Output-Analyse bei Sonnenburg et al. (2016) zu Einsatz, um zu einer ersten Abschätzung der Effekte der hohen Zuwanderung im Jahr 2015 zu gelangen.

5.1 Geschichte der Input-Output-Analyse

Die moderne Input-Output-Analyse ist eng mit dem Namen Wassily Leontief verknüpft, der seit den dreißiger Jahren des 20. Jahrhunderts wesentlich zu ihrer Fortentwicklung und Anwendung auf relevante Fragestellungen beitrug (Leontief, 1966). Insbesondere wurden erstmals detaillierte Input-Output-Tabellen für die Vereinigten Staaten erstellt und analysiert, was neben einem enormen Aufwand bei der Datenerfassung auch einen großen rechentechnischen Aufwand bedeutete.

Der Ansatz der Input-Output-Analyse ist jedoch deutlich älter als die Arbeiten von Leontief. Er findet seine Wurzeln in der Entstehungsgeschichte der Volkswirtschaftlichen Gesamtrechnung.[2]

---

[1] Vgl. auch das von Bleses (2007, S. 96) aufgeführte Beispiel zur wachsenden Bedeutung der Informations- und Kommunikationstechnologien.

[2] Auf den engen Zusammenhang zwischen Input-Output-Tabellen und Volkswirtschaftlicher Gesamtrechnung wird in Abschnitt 5.2 noch einzugehen sein.

Fallbeispiel: Die Preiseffekte einer ökologischen Steuerreform

---

Im Jahr 1994 führte das Deutsche Institut für Wirtschaftsforschung im Auftrag von Greenpeace eine Aufsehen erregende Untersuchung durch. Ziel der Studie war es, quantifizierte Aussagen über die Auswirkungen einer ökologischen Steuerreform im nationalen Alleingang zu erhalten. Die ökologische Steuerreform wurde dabei durch die Einführung und schrittweise Erhöhung von Energiesteuern modelliert.

Die erste Stufe der Analyse bestand darin, die Überwälzung von erhöhten Energiepreisen auf die Endpreise der einzelnen Sektoren abzubilden. Dabei muss berücksichtigt werden, dass in den Preis eines Produktes nicht nur der Preis der Energie eingeht, die bei seiner Herstellung verwendet wurde, sondern indirekt auch der Preis der bereits in der Produktion der Vorleistungen eingesetzten Energie. Der direkte Energieeinsatz zur Herstellung einer Getränkedose aus Aluminium ist beispielsweise sehr gering. Trotzdem würden die Kosten für eine solche Dose unter einer Energiesteuer erheblich steigen, weil die Produktion des Vorproduktes Aluminium sehr energieintensiv ist.

Zur Abschätzung der gesamten Preiseffekte wird in dem Gutachten davon ausgegangen, dass die Lieferverflechtungen zwischen den Sektoren unverändert wie im Jahr 1988 bleiben, für das bei Erstellung des Gutachtens die aktuellste Input-Output-Tabelle für Westdeutschland vorlag. Unter dieser Annahme können mit Hilfe der Input-Output-Analyse die gesamten direkten und indirekten Preiseffekte für einzelne Sektoren berechnet werden, wenn zusätzlich der direkte Energieeinsatz für die einzelnen Sektoren bekannt ist. Eine solche Rechnung ergab unter den größeren Sektoren die deutlichsten Preiseffekte für die Herstellung von Eisen und Stahl und für die chemische Industrie.

Für die Abschätzung der gesamtwirtschaftlichen Wirkungen kamen schließlich Prognose- und Simulationsmethoden zur Anwendung, wie sie teilweise Gegenstand von Kapitel 13 dieses Buches sind. Als zentrales Ergebnis sei hier nur festgehalten, dass neben einer Abschwächung des Wachstums des Bruttoinlandsproduktes positive Arbeitsmarktwirkungen gefunden wurden.

Quelle: Greenpeace (1994); Hettich *et al.* (1997) für eine kritische Würdigung.

Als eines der ersten Beispiele einer sektoralen Kreislaufrechnung, die als Urform einer Gesamtrechnung betrachtet werden könnte, wird häufig das "Tableau économique" von François Quesnay zitiert.[3] Darin wird von drei Sektoren ausgegangen: der produktiven Klasse, zu der die Bauern und Bodenpächter gehören, die Klasse der Bodeneigentümer und die sterile Klasse, zu der die restlichen Berufe, insbesondere Händler und Handwerker gehören. Die Zahlungsströme zwischen diesen drei Sektoren werden im Tableau économique abgebildet, wobei sowohl die Entstehungs- als auch die Verwendungsseite berücksichtigt wird. So benötigt etwa die Klasse der Bauern Vorleistungen des eigenen Sektors in Form von Saatgut und Futtermitteln und von der sterilen Klasse in Form von Handelswaren, während der produzierte Überschuss in Form von Pacht an die Grundeigentümer abgeführt werden muss. Auf der Verwendungsseite taucht wieder der Eigenverbrauch an Saat- und Futtermitteln, aber auch die Lieferung von landwirtschaftlichen Produkten an

---

[3] Vgl. Frenkel und John (2011, S. 17ff). Zur Geschichte der Input-Output-Analyse siehe auch Nissen (2004, Kapitel 16-18).

die Klasse der Grundbesitzer und die sterile Klasse auf. In Matrizenform lässt sich das Modell wie in Tabelle 5.1 darstellen, wobei die Einheit Milliarden französischer Pfund (Livres) ist (Fleissner *et al.*, 1993, S. 23).

Tabelle 5.1. Tableau économique nach Quesnay

an von	produktive Klasse	Klasse der Grund- besitzer	sterile Klasse	Σ
produktive Klasse	2	2	1	5
Klasse der Grundbesitzer	1	0	1	2
sterile Klasse	2	0	0	2
Σ	5	2	2	9

Die Gleichheit von Zeilen- (Vorleistungen) und Spaltensummen (Verkäufe) verdeutlicht den Kreislaufcharakter der Darstellung. Obwohl damit eine der zentralen Eigenschaften der modernen Volkswirtschaftlichen Gesamtrechnung bereits erfasst ist, fehlt bei Quesnay die explizite Darstellung weiterer wichtiger Aspekte. Insbesondere erfolgt keine Aufteilung und Zuordnung der primären Vorleistungen und der letzten Verwendung der Güter und Dienstleistungen. Um diese Komponenten erweitert wird der Kreislaufgedanke in den Arbeiten von Karl Marx wieder aufgegriffen. Die Aufteilung der Produzenten in solche, die ausschließlich Produktionsmittel herstellen, und diejenigen, die Konsumgüter produzieren, kann als sektorale Disaggregation betrachtet werden. Als primäre Vorleistungen werden Kapitaleinsatz und "Mehrwert", als Verwendungskomponenten Konsum und Investitionen betrachtet. Dieses Reproduktionsschema lässt sich auch in Form einer Input-Output-Tabelle darstellen (Fleissner *et al.*, 1993, S. 24). Deshalb wird Marx häufig auch als einer der Begründer der Input-Output-Konzeption gesehen.

Ein bereits wesentlich stärker disaggregiertes Modell, in dem neben Mengen auch Preise berücksichtigt wurden, stellte Leon Walras in seiner Arbeit "Eléments d'économie politique pure" (1874) vor. Die praktische Anwendung dieses Modells für wirtschaftspolitische Fragestellungen musste jedoch aus zwei Gründen scheitern beziehungsweise einem späteren Zeitpunkt vorbehalten bleiben. Erstens lagen Ende des 19. Jahrhunderts noch für kein Land hinreichend umfangreiche und genaue Daten vor, um eine stark disaggregierte Betrachtung mit konkreten Zahlen zu versehen. Und zweitens fehlten auch die mathematischen Methoden beziehungsweise die Rechenkapazität, um mit den resultierenden großen Gleichungssystemen umgehen zu können.

Der erste Versuch, eine Tabelle ähnlich dem Tableau économique mit statistischen Daten zu füllen, erfolgte nach Fleissner *et al.* (1993) unter P. I. Popow mit der Volkswirtschaftsbilanz der UdSSR für das Jahr 1923/24. Dabei wurde nicht nur die

Produktion, sondern auch die Verteilung zahlenmäßig zu erfassen versucht. Dieser erste Ansatz wurde in den Folgejahren ständig verfeinert, da die Ergebnisse auch der Planung der Produktion zugrunde lagen.

Erste mit konkreten Werten gefüllte Input-Output-Tabellen für die Vereinigten Staaten wurden in den Arbeiten von Wassily Leontief veröffentlicht. Eine rasante Entwicklung setzte jedoch erst in den Jahren nach dem Zweiten Weltkrieg ein, als für immer mehr Länder die für die Erstellung von Input-Output-Tabellen notwendigen Daten verfügbar wurden und zugleich die Entwicklung der Computertechnik auch das Lösen großer Gleichungssysteme ermöglichte. Die Fortentwicklung umfasste die Methoden (dynamische und nichtlineare Modelle) ebenso wie die Anwendungsgebiete (Umweltökonomie). Schließlich führte die größere Verfügbarkeit dazu, dass Input-Output-Analysen immer öfter ergänzend in klassischen Anwendungen zum Einsatz kamen. So werden in internationaler Kooperation auf Input-Output-Ansätzen basierende Makromodelle eingesetzt, um Zusammenhänge über den internationalen Handel auch auf sektoraler Ebene darstellen zu können.

Abschließend sei noch kurz auf die Geschichte der Input-Output-Analyse in Deutschland eingegangen.[4] Trotz ihrer engen Verwandtschaft zum Regelwerk der Volkswirtschaftlichen Gesamtrechnung wurde der Input-Output-Analyse in der Bundesrepublik Deutschland zunächst mit ideologisch begründeter Skepsis begegnet. So verzichtete beispielsweise Ludwig Erhard, erster Wirtschaftsminister der Bundesrepublik Deutschland, auf eine institutionalisierte Input-Output-Rechnung, da er in dieser ein planwirtschaftliches Instrument vermutete. Erst Ende der 1960er Jahre etablierten sich Input-Output-Tabellen als Instrument zur Abschätzung der zu erwartenden Auswirkungen wirtschaftspolitischer Maßnahmen. In den 1970er Jahren wurden Input-Output-Tabellen beispielsweise benutzt, um die Auswirkungen der Ölpreisschocks auf das gesamtwirtschaftliche Preisniveau abzuschätzen. Mit der stärker angebotsorientierten Wirtschaftspolitik der 1980er und 1990er Jahre verlor die Input-Output-Analyse etwas an Bedeutung als Grundlage für wirtschaftspolitische Entscheidungen. Allerdings wurde sie verstärkt eingesetzt, um sektorspezifische Auswirkungen von Politikmaßnahmen wie der Ökosteuer (Bach *et al.*, 2002) oder der Einführung des Emissionsrechtehandels zu quantifizieren und gewann dadurch in jüngerer Zeit wieder an Bedeutung, wie auch die eingangs dieses Kapitels kurz angerissenen Beispiele zeigen.

5.2 Die Input-Output-Tabelle

5.2.1 Herleitung von Input-Output-Tabellen

Das Ziel der Input-Output-Analyse besteht – wie bereits skizziert – darin, die interindustriellen Verflechtungen darzustellen und zu analysieren. Aufgabe der Input-Output-Tabelle ist dabei zunächst die Darstellung. Sie soll die Vorleistungsverflech-

---

[4] Der hier wiedergegebene Text entspricht einer Kurzfassung des entsprechenden Abschnitts bei Stahmer *et al.* (2000).

tungen zwischen den Sektoren, den Einsatz der primären Inputs und die Verwendungsseite auf sektoraler Ebene abbilden. Dabei wird insbesondere der Zusammenhang zwischen Bruttoproduktionswert (Output) und Einsatz von Produktionsfaktoren (Input) hergestellt.

Eine Input-Output-Tabelle basiert auf den Produktionskonten der Unternehmen
in den betrachteten Sektoren. Ein derartiges Konto umfasst auf seiner Entstehungsseite alle Wertgrößen, die in die Produktion der laufenden Periode eingehen. Dazu zählen insbesondere die Käufe der Vorleistungen von anderen Unternehmen, aus
dem Ausland (M) und vom Staat, die Nutzung dauerhafter Produktionsmittel, die
über die Abschreibungen (D) gemessen wird, und die Faktoreinkommen, welche
Löhne (L), Gewinne, Zinsen und Pachten (G) umfassen. Bei einer Betrachtung einschließlich der steuerlichen Belastung sind zusätzlich noch die nicht abzugsfähige
Umsatzsteuer (T^{nU}) und Produktionssteuern abzüglich Subventionen ($T^p - Z$) zu
berücksichtigen. Auf der Verwendungsseite wird die Aufteilung der Produktion auf
einzelne Nachfrager dargestellt. Dazu gehören die Verkäufe an andere Unternehmen,
der private Konsum (C^{pr}), Investitionen in Form von Investitionsgütern (I^A) und Vor-
ratsveränderungen (I^V), die Staatsnachfrage (C^{st}) und die Nachfrage des Auslands
(X). Abbildung 5.1 zeigt exemplarisch ein derartiges Produktionskonto.

Abb. 5.1. Produktionskonto einer Unternehmung

Entstehungsseite	Verwendungsseite
Von anderen Unternehmen empfangene Vorleistungen	An andere Unternehmen gelieferte Vorleistungen
nicht abzugsfähige Umsatzsteuer T^{nU}	Konsumgüter für private Haushalte C^{pr}
Abschreibung D	Konsumgüter für den Staat C^{St}
indirekte Steuern abzüglich Subventionen $T^p - Z$	Investitionsgüter I^A
Löhne L	Vorratsveränderungen I^V
Gewinne, Zinsen und Pachten G	Güter für das Ausland X
Vorleistungen aus dem Ausland M	

Bei der Aggregation der Produktionskonten aller Unternehmen eines Sektors zu
einem sektoralen Produktionskonto und schließlich zum gesamtwirtschaftlichen Produktionskonto der Unternehmen werden im Zuge der Konsolidierung in der Volkswirtschaftlichen Gesamtrechnung die Vorleistungen innerhalb des Sektors heraus gerechnet. Da diese Vorleistungen jedoch gerade im Zentrum des Interesses der Input-
Output-Analyse stehen, werden sie in den meisten Input-Output-Tabellen auch in-

trasektoral ausgewiesen. Eine Input-Output-Tabelle entsteht durch die Verknüpfung der Entstehungs- und Verwendungsseiten mehrerer Sektoren.

Um diesen Zusammenhang zu veranschaulichen,[5] weist Abbildung 5.2 im oberen Teil zunächst stark vereinfachte sektorale Produktionskonten aus,[6] in denen die intrasektoralen Vorleistungen V_{ii} nicht heraus gerechnet sind. V_{ij} bezeichnet dabei die Vorleistungen, die Sektor i von Sektor j empfängt.

Ausgehend von diesen sektoralen Produktionskonten können nunmehr die Entstehungs- und Verwendungsseiten getrennt werden. Dies wird im unteren Teil der Abbildung 5.2 dargestellt. Die nebeneinander gestellten Entstehungsseiten der sektoralen Produktionskonten geben eine zusammenfassende Übersicht über die gesamten in der Produktion eingesetzten Mittel ("Aufkommen Güter für Sektor i"), während die im rechten Teil der Abbildung zusammengestellten Verwendungsseiten eine Übersicht über die Zuordnung der produzierten Güter und Dienstleistungen zu einzelnen Verbrauchern geben ("Verbrauch von Gütern aus Sektor i").

Indem die zusammengefassten Tabellen der Entstehungsseite und der Verwendungsseite so zur Deckung gebracht werden, dass die Vorleistungen der Verwendungsseite denen der Entstehungsseite zugeordnet werden, erhält man schließlich eine Input-Output-Tabelle wie in Abbildung 5.3 gezeigt. Gemäß der beschriebenen Herleitung beschreibt jede einzelne Zeile im oberen Teil des Schemas die Aufteilung der Produktion eines Sektors auf die verschiedenen Verwendungskomponenten einschließlich der Vorleistungen für den eigenen Sektor und für die anderen betrachteten Sektoren. Insgesamt wird in den ersten Zeilen die gesamte Verwendungsseite der betrachteten Volkswirtschaft beschrieben. Es handelt sich somit um die Output-Struktur. Dieser Teil kann noch weiter untergliedert werden: in den Teil, der die Vorleistungen enthält und der als Vorleistungsmatrix bezeichnet wird, und den Teil, der die Aufteilung nach der letzten Verwendung, d.h. in Konsum, Investitionen und Exporte beschreibt und als Endnachfragematrix bezeichnet wird. Die Summe jeder Zeile in diesem oberen Teil der Tabelle entspricht dem Produktionswert des jeweiligen Sektors.

Die Input-Struktur wird durch die Spalten im linken Teil der Tabelle beschrieben, die den Entstehungsseiten der sektoralen Produktionskonten entsprechen. Dieser Teil kann weiter untergliedert werden. Im oberen Teil werden die intermediären Inputs, d.h. die Vorleistungen des eigenen Sektors und anderer Sektoren erfasst. Dieser Teil wurde bereits als Vorleistungsmatrix definiert. Im unteren Teil werden alle anderen Inputs in der Primäraufwandsmatrix zusammengefasst. Diese sonstigen Inputs werden auch als primäre Inputs bezeichnet. Zu ihnen gehören neben den von den Produktionsfaktoren erbrachten Leistungen auch Produktionssteuern abzüglich Subventionen, Abschreibungen und Vorleistungen aus dem Ausland. Die Spaltensummen beschreiben den gesamten Aufwand für die Produktion im jeweiligen Sektor.

---

[5] Für die folgende Herleitung vergleiche auch Frenkel und John (2011, Kapitel 10).

[6] Dazu wurden die Verbrauchskomponenten Konsum der privaten Haushalte und des Staates zu Konsum C, Anlage- und Lagerinvestitionen zu Investitionen I und Löhne, Gewinne und andere Faktoreinkommen zu $L + G$ zusammengefasst. Auf den Ausweis der nicht abzugsfähigen Umsatzsteuer wird verzichtet.

Abb. 5.2. Herleitung einer Input-Output-Tabelle I

Sektor 1		Sektor 2		Sektor 3	
V_{11}	V_{11}	V_{21}	V_{12}	V_{31}	V_{13}
V_{12}	V_{21}	V_{22}	V_{22}	V_{32}	V_{23}
V_{13}	V_{31}	V_{23}	V_{32}	V_{33}	V_{33}
D_1	C_1	D_2	C_2	D_3	C_3
$T_1^p - Z_1$	I_1	$T_2^p - Z_2$	I_2	$T_3^p - Z_3$	I_3
$L_1 + G_1$	X_1	$L_2 + G_2$	X_2	$L_3 + G_3$	X_3
M_1		M_2		M_3	
Aufk. Güter Sek. 1	Verbr. Güter Sek. 1	Aufk. Güter Sek. 2	Verbr. Güter Sek. 2	Aufk. Güter Sek. 3	Verbr. Güter Sek. 3

Entstehung			**Verwendung**		
S1	S2	S3	S1	S2	S3
V_{11}	V_{21}	V_{31}	V_{11}	V_{12}	V_{13}
V_{12}	V_{22}	V_{32}	V_{21}	V_{22}	V_{23}
V_{13}	V_{23}	V_{33}	V_{31}	V_{32}	V_{33}
D_1	D_2	D_3	C_1	C_2	C_3
$T_1^p - Z_1$	$T_2^p - Z_2$	$T_3^p - Z_3$	I_1	I_2	I_3
$L_1 + G_1$	$L_2 + G_2$	$L_3 + G_3$	X_1	X_2	X_3
M_1	M_2	M_3			
Aufk. Güter Sek. 1	Aufk. Güter Sek. 2	Aufk. Güter Sek. 3	Verbr. Güter Sek. 1	Verbr. Güter Sek. 2	Verbr. Güter Sek. 3

Abb. 5.3. Herleitung einer Input-Output-Tabelle II

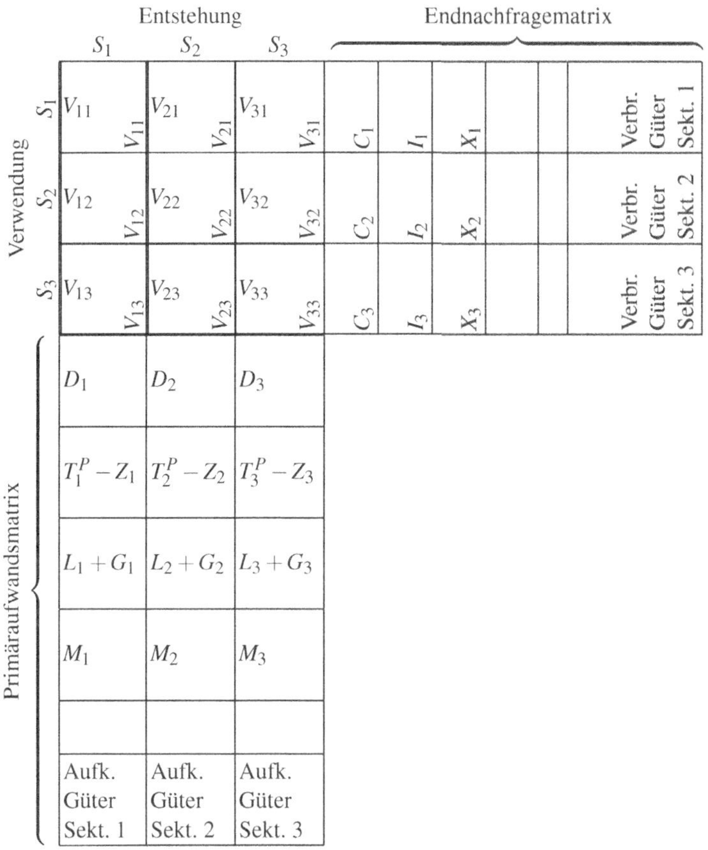

	Entstehung			Endnachfragematrix					
	S_1	S_2	S_3						
S_1	V_{11} V_{11}	V_{21} V_{21}	V_{31} V_{31}	C_1	I_1	X_1			Verbr. Güter Sekt. 1
S_2	V_{12} V_{12}	V_{22} V_{22}	V_{32} V_{32}	C_2	I_2	X_2			Verbr. Güter Sekt. 2
S_3	V_{13} V_{13}	V_{23} V_{23}	V_{33} V_{33}	C_3	I_3	X_3			Verbr. Güter Sekt. 3
	D_1	D_2	D_3						
	$T_1^P - Z_1$	$T_2^P - Z_2$	$T_3^P - Z_3$						
	$L_1 + G_1$	$L_2 + G_2$	$L_3 + G_3$						
	M_1	M_2	M_3						
	Aufk. Güter Sekt. 1	Aufk. Güter Sekt. 2	Aufk. Güter Sekt. 3						

(Verwendung — Zeilen S_1, S_2, S_3; Primäraufwandsmatrix — untere Zeilen)

Aufgrund der Bilanzidentität für die einzelnen Produktionskonten, die Ausgangspunkt der Herleitung der Input-Output-Tabelle waren, müssen diese Spaltensummen den korrespondierenden Zeilensummen entsprechen. Ferner ist festzuhalten, dass die Vorleistungsmatrix aufgrund ihrer Konstruktion notwendigerweise die hier ausgewiesene quadratische Gestalt hat.

Tabelle 5.2 auf Seite 112 zeigt die Input-Output-Tabelle für Deutschland 2012 zu Herstellungspreisen für die inländische Produktion und Einfuhr in Milliarden Euro aufgegliedert nach 12 Sektoren. Die Vorleistungsmatrix umfasst dabei den Block der ersten zwölf Zeilen und Spalten oben links, die weiteren Spalten informieren über die letzte Verwendung der erzeugten Güter, während die Zeilen 14–26 die Primäraufwandsmatrix umfassen.

Tabelle 5.2. Input-Output-Tabelle 2012 zu Herstellungspreisen
(Deutschland)
– Inländische Produktion und Importe –
Mrd. EUR

						Input der Produktions		
Verwendung	Erzg.d. Land- und Forstwirtschaft, Fischerei	Berg- bau- erz., Steine und Erden,	Nahr- ungs- u. Futter- mittel, Getr.u. Tabak- erzgn.	Chem. u. pharma- zeut. Erzgn.	DV- geräte, elektr. u.opt. Erzgn. elek. Ausrüst., Maschin.	Fahr- zeuge	Sonst. Erzg.d. Verarb. Gewerb.	Dienstg. d.Energ.- vers.,d. Wasser- vers.,d. Entsorg. usw.
Aufkommen	1	2	3	4	5	6	7	8
Gütergruppen (Zeile 1 bis Zeile 12):								
1 Erzeugn. d. Land- u. Forst- wirtschaft, Fischerei	13,1	0,0	39,1	0,0	-	3,0	-	-
2 Bergbauerzeugnisse, Steine und Erden.......................	0,0	2,6	1,4	6,1	2,2	2,0	70,2	16,3
3 Nahrungs- und Futtermittel, Getränke und Tabakerzeugn.	3,5	0,0	35,9	2,4	-	-	0,0	0,0
4 Chemische und pharmazeutische Erz.	2,8	0,4	1,2	97,0	2,8	2,9	30,8	0,3
5 DV-geräte, elektr. und opt. Erz., elektr. Ausrüstungen, Maschinen	1,0	0,3	0,7	0,5	95,0	19,4	12,4	3,8
6 Fahrzeuge	0,2	0,0	0,0	0,0	6,3	130,4	2,8	0,1
7 Sonst. Erz. des verarb. Gewerbes	2,5	2,9	8,7	18,5	54,1	56,4	239,5	7,0
8 Dienstleistg. der Energievers., der Wasservers., der Entsorgung usw.	2,1	1,2	5,0	5,6	2,9	2,0	29,4	34,6
9 Bauarbeiten	0,8	0,4	0,9	0,9	1,2	0,7	3,3	5,2
10 Handels- und Verkehrsleistg., Dienstleistg. d. Gastgewerbes	5,3	1,2	25,5	8,8	29,7	31,7	45,1	8,1
11 Informations-, Kommunikations-, Finanz-, Vers.-, Unternehm.dienstg., Dienstleistg. des Grundstücks- und Wohnungswes.	7,6	1,8	19,2	15,9	36,0	24,8	49,4	19,6
12 Öff. u. sonst. Dienstleistg.	0,5	0,4	2,1	1,6	2,6	2,0	4,5	10,5
13 Vorleist. d. Produktionsbereiche (Sp. 1-12) bzw. letzte Verwendung von Gütern (Sp. 14-22)	39,4	11,2	139,9	157,3	232,7	490,4	105,4	155,0
14 Gütersteuern abzüglich Gütersubv. ...	1,4	0,3	1,5	1,1	1,8	1,1	2,0	2,3
15 Vorleist. d. Produktionsbereiche (Sp. 1-12) bzw. letzte Verwendung von Gütern (Sp. 14-22) zu Anschaffungspreisen	40,8	11,5	141,4	158,5	234,6	273,4	492,4	107,8
16 Arbeitnehmerentgelt im Inland	6,4	5,7	27,6	19,6	86,5	38,4	123,0	23,3
17 darunter: Bruttolöhne und -gehälter	5,4	4,2	23,2	15,6	72,3	31,3	102,9	18,8
18 Sonstige Produktionsabgaben abzüglich sonstige Subventionen	-5,7	-1,4	0,1	0,2	0,4	0,3	0,4	1,4
19 Abschreibungen	9,2	2,1	5,5	13,4	25,7	26,2	22,9	23,8
20 Nettobetriebsüberschuss	8,7	1,9	2,3	14,4	27,8	16,6	30,5	22,5
21 Bruttowertschöpfung	18,6	8,2	35,5	47,7	140,4	81,6	176,8	71,0
22 Produktionswert	59,4	19,7	176,8	206,2	375,0	355,0	669,2	178,7
23 darunter: Firmeninterne Lieferungen und Leistungen	9,0	7,7	5,2	50,8	0,4	27,0	64,4	3,8
24 Importe gleichartiger Güter (cif)	30,2	106,6	49,7	113,0	206,7	107,9	261,9	12,1
25 ... aus der Europ. Union	17,3	22,0	35,9	74,5	94,0	80,2	158,0	9,7
26 Gesamtes Aufkommen an Gütern	89,5	126,3	226,5	319,2	581,7	462,8	931,1	190,9

1) Die Abgrenzung der Produktionsbereiche entspricht derjenigen der Gütergruppen.

bereiche¹					Letzte Verwendung von Gütern						Gesamte Verwendung von Gütern	Lfd Nr.
Bauarbeiten	Handels- und Verkehrsleistg., Dienstleistg. d. Gastgew.	Inform.-, Kommun.,- Finanz-, Vers., Untern.- DL, DL d. Grund.- u. Wohnwes.	Öff. u. sonst. Dienstleistg. einschl. Waren an priv. Haushalt.	zusammen	Konsumausgaben privater Haushalt. im Inland	Konsumausgaben des Staates	Anlageinvestitionen	Vorratsveränderungen u. Nettozugang Werts.	Exporte	zusammen		
9	10	11	12	13	14	16	17+18	19	20	22	23	
-	0,6	0,3	1,1	57,4	18,4	-	0,3	4,1	9,4	32,2	89,5	1
1,8	1,1	0,3	1,0	105,1	3,9	0,1	0,2	8,6	8,4	21,2	126,3	2
-	10,9	0,1	9,8	62,7	107,8	0,4	-	3,7	52,0	163,8	226,5	3
2,9	1,0	1,8	7,8	151,7	21,4	17,4	-	-18,9	147,5	167,5	319,2	4
14,6	3,5	6,6	3,7	161,5	27,7	0,4	86,8	-0,5	305,7	420,1	581,7	5
0,0	5,4	0,8	2,7	148,7	57,6	0,1	46,3	-16,7	226,9	314,2	462,8	6
51,8	36,9	17,5	12,1	508,0	119,9	0,7	53,7	2,6	246,2	423,1	931,1	7
1,1	15,3	8,5	12,7	120,3	58,7	0,9	-	-4,1	15,1	70,6	190,9	8
18,0	8,1	40,0	13,1	92,6	5,2	0,9	174,4	1,4	0,4	181,4	274,0	9
21,3	194,3	24,3	34,1	429,4	309,9	11,3	20,3	-5,3	111,2	447,5	876,9	10
38,5	121,9	421,7	71,9	828,3	410,0	5,3	126,1	-0,1	117,1	660,1	1488,3	11
4,9	7,3	24,9	44,5	105,8	147,5	479,7	2,7	0,0	2,1	673,8	779,6	12
155,0	406,3	547,1	214,5	2771,5	1287,8	516,5	511,0	-25,3	1242,0	3575,5	6347,0	13
1,9	11,0	16,8	24,2	65,4	163,2	6,3	44,9	-	-0,0	214,3	279,7	14
156,9	417,3	562,8	238,7	2836,9	1451,0	522,7	555,9	-25,3	1242,1	3789,8	6626,7	15
73,3	269,7	321,6	393,9	1389,2								16
61,0	225,7	258,5	312,1	1131,0								17
0,1	0,6	4,5	-5,0	-4,2								18
5,4	49,9	222,8	85,2	492,2								19
38,1	96,3	273,1	65,8	598,0								20
116,9	416,6	822,1	539,9	2475,1								21
273,8	833,8	1385,9	778,6	5312,1								22
-	-	-	-	168,2								23
0,2	43,1	102,1	1,1	1034,9								24
0,2	21,7	60,2	0,2	574,0								25
274,0	876,9	1488,3	779,6	6347,0								26

Quelle: Statistisches Bundesamt (2016).

An diesen konkreten Zahlen lässt sich der empirische Gehalt einer Input-Output-Tabelle erläutern. Die erste Zeile enthält Informationen zur Produktion im Sektor Land- und Forstwirtschaft, inklusive Fischerei. In den Spalten der Vorleistungsmatrix (1–12) werden die Produktionswerte ausgewiesen, die als Vorleistung in die Produktion des eigenen (Spalte 1) beziehungsweise der anderen Sektoren eingehen.

Der größte Wert findet sich dabei erwartungsgemäß bei der Herstellung von Nahrungsmitteln, Getränken und Tabakwaren in Spalte 3. Ein weiterer gewichtiger Posten ist die direkte Lieferung an die privaten Verbraucher im Inland (Spalte 14), die mit knapp 18,4 Mrd. € gut 20% des gesamten Produktionsvolumens dieses Sektors in Höhe von 89,5 Mrd. € (Spalte 23) ausmacht.

Auf Basis der Einträge in der Spalte 1 lassen sich die Beiträge zur Entstehung des Produktionsvolumens im ersten Sektor abschätzen. In Zeile 1 werden die Vorleistungen aus dem eigenen Sektor ausgewiesen, zu denen beispielsweise Saatgut, organische Düngemittel und Futtermittel gehören, die intrasektoral gehandelt werden. Ihr Anteil an den gesamten Vorleistungen aus den Produktionssektoren (Zeile 13) beträgt gut 33%. Auffallend ist auch der große Wert der Lieferungen von chemischen und pharmazeutischen Erzeugnissen (Zeile 4), der beispielsweise chemische Pflanzenschutzmittel und tiermedizinische Arzneimittel umfasst. Der neben dem eigenen Sektor größte Wert der Vorleistungen entfällt auf den Sektor Informations-, Kommunikations-, Finanz-, Versicherungs-, Unternehmensdienstleistungen sowie Dienstleistungen des Grundstücks- und Wohnungswesens (Zeile 11). Schließlich fällt ein bemerkenswert hoher Anteil von Einfuhren gleichartiger Güter in Zeile 24 auf. Hierunter fallen beispielsweise importierte Futtermittel. Allerdings entspricht die ausgewiesene Zahl konzeptionell nicht exakt dem theoretischen Modell der oben hergeleiteten Input-Output-Tabelle, da hier nicht nur Vorleistungen, sondern auch importierte Fertigprodukte erfasst werden.

Um die einzelnen Zahlen leichter interpretieren zu können, ist es hilfreich, sie nicht als absolute Größe auszuweisen, sondern jeweils auf die gesamte Produktionsleistung beziehungsweise die gesamten Inputs eines Sektors zu beziehen. Dazu bezeichnet man die Einträge der Input-Output-Tabelle mit X_{ij},[7] wobei i der Zeilen- und j der Spaltenindex ist. Die Output-Koeffizienten b_{ij} geben den Anteil der Produktion von Sektor i wieder, der als Vorleistung an Sektor j beziehungsweise die Endverbrauchskomponente mit Index j geliefert wird. Sie sind durch

$$b_{ij} = \frac{X_{ij}}{\sum_{k=1}^{n} X_{ik}}$$

gegeben. Analog erhält man die Input-Koeffizienten

$$a_{ij} = \frac{X_{ij}}{\sum_{k=1}^{n} X_{kj}},$$

die den Anteil einzelner Vorleistungen j an der Kostenstruktur eines Sektors i ausweisen.

---

[7] Für die intersektoralen Vorleistungen gilt $X_{ij} = V_{ji}$, d.h. X_{ij} beschreibt die Lieferungen von Sektor i an Sektor j, die definitorisch den Vorleistungen entsprechen, die Sektor j von Sektor i erhält, also V_{ji}.

Eine weitere Möglichkeit, den Informationsgehalt einer Input-Output-Tabelle leichter zugänglich zu machen, besteht darin, die Zeilen zu ordnen. Dazu können beispielsweise die Sektoren nach abnehmendem Anteil der Produktion, der an andere Sektoren geht, sortiert werden. Eine Alternative dazu stellt die so genannte Triangulation der Vorleistungsmatrix dar. Dazu werden die Zeilen und Spalten so getauscht, dass die resultierende Vorleistungsmatrix möglichst nahe an einer Dreiecksmatrix ist. In einer derart angeordneten Matrix fällt es ebenfalls leichter zu beschreiben, wie sich Veränderungen der Endnachfrage nach den Gütern eines Sektors über die Vorleistungsmatrix auf die anderen Sektoren übertragen.

5.2.2 Konzeptionelle Aspekte und Probleme

Die in Tabelle 5.2 dargestellte Input-Output-Tabelle ist nur eine von vielen möglichen Formen. Eine Untergliederung ist in verschiedener Hinsicht möglich (Holub und Schnabl, 1994, S. 9ff). Im Folgenden seien nur einige der Wichtigsten genannt. Eine erste Klassifikation bezieht sich auf die räumliche Dimension der Tabelle. Dabei kann in betriebliche, regionale, nationale und internationale Tabellen gegliedert werden. In den regionalen und internationalen Tabellen wird neben der Darstellung der intersektoralen Vorleistungsbeziehungen auch großer Wert auf den Ausweis der räumlichen Zusammenhänge gelegt, d.h. eine derartige Tabelle soll Informationen darüber enthalten, aus welchen Regionen beziehungsweise Ländern die Vorleistungen für bestimmte Sektoren überwiegend kommen und wohin deren Produktion geliefert wird (Loschky und Ritter, 2007). Die Darstellung wird sich im Folgenden jedoch auf nationale Tabellen für eine Volkswirtschaft konzentrieren, in denen das Hauptaugenmerk auf der intersektoralen Verflechtung liegt.

Eine weitere formale Einteilung kann nach der Größe der Input-Output-Tabellen erfolgen. So werden vom Statistischen Bundesamt neben der kleinen Tabelle mit zwölf Produktionssektoren die Ergebnisse im Rahmen des ESVG ("Europäisches System Volkswirtschaftlicher Gesamtrechnungen auf nationaler und regionaler Ebene in der Europäischen Union") auch in einer Gliederung nach 72 Produktionsbereichen veröffentlicht. Da die sektorale Unterteilung der Bundesstatistik noch wesentlich feiner ist, wären auch große Tabellen mit einigen hundert Sektoren denkbar. Die Veröffentlichung derartiger Ergebnisse ist derzeit jedoch aufgrund des immensen Aufwands, der für die Erstellung notwendig wäre, nicht vorgesehen. Der große Aufwand ist auch der wesentliche Grund dafür, dass die Input-Output-Tabellen für Deutschland nur im zweijährigen Rhythmus und mit einer gewissen Verzögerung publiziert werden. Eine detaillierte Beschreibung des Erhebungsprozesses findet sich in den jeweiligen Veröffentlichungen der Fachserie 18, Reihe 2, Input-Output-Tabellen, des Statistischen Bundesamtes.[8]

Für die Erstellung und Interpretation von Input-Output-Tabellen ist jedoch nicht nur die Anzahl der berücksichtigten Sektoren von Bedeutung, sondern auch deren

---

[8] Kuhn (2010) stellt eine aktuelle Übersicht über das Angebot des Statistischen Bundesamtes und zur Nutzung von Input-Output-Tabellen zur Verfügung.

Abgrenzung. Zunächst muss für kleine und mittelgroße Tabellen eine sinnvolle Zusammenfassung feiner unterteilter Sektoren gefunden werden. Diese Aggregation erfolgt meist auf Grundlage eines gebräuchlichen Klassifikationsschemas. In der Vergangenheit wurde versucht, derartige Schemata möglichst stark international zu vereinheitlichen, um auch internationale Vergleiche zu ermöglichen. Damit ist jedoch nicht gewährleistet, dass die gewählte Aggregation für jede Fragestellung auch eine sinnvolle oder gar die optimale darstellt. Neben dieser Frage der Abgrenzung von Sektoren stellt sich das Problem der Zuordnung einzelner Produzenten zu einem Sektor. Hier lassen sich zwei grundsätzliche Ansätze unterscheiden (Bleses, 2007, S. 88).

Der erste Weg besteht darin, einzelne produktionstechnische Einheiten, d.h. Betriebe oder Betriebsteile, nach größtmöglicher Homogenität der von ihnen erzeugten Produkte zusammenzufassen. Dieses Vorgehen wird als funktionelle Sektorengliederung bezeichnet. Die sich daraus ergebende Input-Output-Tabelle wird auch als Produktionsverflechtungstabelle bezeichnet.

Alternativ kann die Gliederung nach dem institutionellen Prinzip erfolgen. Hierbei werden Betriebe oder fachliche Unternehmensteile als institutionelle Einheiten betrachtet und zusammen einem Wirtschaftszweig zugeordnet. Als Ergebnis erhält man die so genannte Marktverflechtungstabelle. Die Zusammenfassung kann dabei nach ähnlichen Gütern, aber auch nach ähnlichen Produktionsverfahren erfolgen. In der Regel wird eine derartige institutionelle Einheit mehr als nur ein Gut produzieren beziehungsweise verschiedene Produktionsverfahren anwenden, so dass die Zuordnung zu einem Sektor nach dem Schwerpunkt der wirtschaftlichen Aktivität des Betriebs erfolgen muss.

Der Unterschied zwischen den beiden Konzepten sei kurz an einem hypothetischen Beispiel erläutert. Ein landwirtschaftlicher Betrieb übernimmt auch die Weiterverarbeitung seiner Produkte zu Nahrungsmitteln. Bei der funktionellen Sektorengliederung würden nun die agrartechnischen Vorgänge dem Sektor "Erzeugnisse der Land- und Forstwirtschaft, Fischerei" zugeordnet, während die Weiterverarbeitung den "Nahrungs- und Futtermitteln, Getränken und Tabakerzeugnissen" zuzuordnen wäre. Im Fall der institutionellen Gliederung hingegen fällt der landwirtschaftliche Betrieb nach seinem Schwerpunkt z.B. in den erstgenannten Sektor. Was aber nun, wenn sich der Schwerpunkt im Lauf der Zeit ändert und aus dem landwirtschaftlichen Betrieb mit Weiterverarbeitung ein Nahrungsmittelhersteller mit angeschlossener Landwirtschaft wird? Das Beispiel veranschaulicht eines der konzeptionellen Probleme von institutionell gegliederten Input-Output-Tabellen. Deswegen wurde in den vergangenen Jahren auch in den deutschen Input-Output-Tabellen sukzessive auf homogene Produktionseinheiten in fachlich örtlichen Einheiten übergegangen, d.h. die Unternehmensteile an einem Ort wurden gegebenenfalls noch weiter untergliedert. Es liegt auf der Hand, dass damit ein erhöhter Erhebungsaufwand verbunden ist.

Auch bei der Bewertung der Güterströme in einer Input-Output-Tabelle lassen sich unterschiedliche Konzepte finden (Bleses, 2007, S. 88). Zunächst ist festzuhalten, dass Input-Output-Tabellen in der Regel nominal sind, d.h. in laufenden Preisen ausgewiesen werden. Die Bewertung erfolgt dabei jedoch nicht zu Marktpreisen, weil zum Beispiel unterschiedliche Absatzwege, die in der Input-Output-Tabelle abgebildet werden, zu unterschiedlichen Preisen für dieselbe Gütergruppe führen könnten. Deshalb werden als Preiskonzepte Anschaffungspreise, Ab-Werk-Preise und Herstellungspreise benutzt. Der Ab-Werk-Preis ergibt sich aus dem Anschaffungspreis durch Abzug des Werts der Handels- und Transportleistungen sowie der nicht abzugsfähigen Umsatzsteuer. Werden außerdem die Produktionssteuern abgezogen und die Subventionen addiert, erhält man die Bewertung zu Herstellungspreisen, wie sie den Zahlen in Tabelle 5.2 zugrunde liegt.

Neben diesen konzeptionellen Fragen ergeben sich bei der Erstellung von Input-Output-Tabellen auch eine Reihe empirisch-statistischer Probleme. Zunächst sind für jede erfasste Berichtseinheit sektoral disaggregierte Kosten- und Absatzstatistiken notwendig, die für die Belange der Volkswirtschaftlichen Gesamtrechnung nicht erforderlich sind. Dazu kommen die bereits geschilderten Probleme bei der Aufstellung. Um dennoch konsistente Tabellen zu erhalten, verwendet das Statistische Bundesamt zusätzliche Informationen aus der Volkswirtschaftlichen Gesamtrechnung. So muss die in den Input-Output-Tabellen ausgewiesene Bruttowertschöpfung nach entsprechender Erweiterung um die nicht abzugsfähige Umsatzsteuer und Einfuhrabgaben in der Summe dem Bruttoinlandsprodukt entsprechen. Die Summe des privaten Verbrauchs über die einzelnen Sektoren muss dem Aggregat privater Verbrauch in der Gesamtrechnung entsprechen. Neben diesen Kontrollmöglichkeiten beinhaltet die doppelte Erfassung von Kosten- und Absatzstatistiken ebenfalls zusätzliche Informationen, die zur Korrektur der Rohdaten genutzt werden können.

5.3 Die Input-Output-Analyse

Die Input-Output-Tabelle stellt für sich genommen bereits ein wichtiges empirisches Instrument dar, um intra- und intersektorale Verflechtungen beschreiben zu können. Insbesondere können Aussagen über die mögliche Übertragung von Effekten in einer Nachfragekomponente oder bei einem primären Input abgeleitet werden. Dabei dienen die Input- und Output-Koeffizienten beziehungsweise eine entsprechend angeordnete Vorleistungsmatrix dazu, die für derartige Beziehungen relevanten Abhängigkeiten zwischen den Sektoren zu erfassen. Allerdings beschreibt zum Beispiel ein Input-Koeffizient nur einen Teil der Effekte, etwa einer Erhöhung der Endnachfrage nach den Produkten in einem Sektor. Steigt beispielsweise die Endnachfrage nach Nahrungsmitteln, so beschreibt der Input-Koeffizient für Produkte der Land- und Forstwirtschaft nur deren unmittelbaren Beitrag für den Sektor Nahrungsmittel, Getränke und Tabakwaren. Die Input-Output-Tabelle zeigt jedoch, dass diese induzierte Erhöhung der Produktion in der Landwirtschaft wiederum höhere Vorleistungen aus dem Sektor Nahrungsmittel und weiteren Sektoren bedingt.

Die analytische Auswertung von Input-Output-Tabellen über eine rein deskriptive und partielle Betrachtung hinaus ist das Ziel der eigentlichen Input-Output-Analyse. Insbesondere wird es mit den im Folgenden beschriebenen Verfahren möglich sein, den gesamten Effekt der Erhöhung der Endnachfrage nach Gütern eines Sektors auf die anderen Sektoren sowie auf die Nachfrage nach primären Inputs darzustellen. Da die Input-Output-Tabelle eine rein deskriptive ex-post Darstellung liefert, sind für die Beschreibung der ökonomischen Zusammenhänge und für Prognoserechnungen jedoch weitere Annahmen notwendig.

Den möglicherweise gebräuchlichsten Typus der Input-Output-Analyse stellt das statische, offene Input-Output-Modell oder Leontief-Modell dar. Der Begriff statisch grenzt diese Betrachtung gegenüber dynamischen Modellen dadurch ab, dass die Entwicklung im Zeitablauf nicht Gegenstand der Analyse ist. Vielmehr werden intertemporale Aspekte, z.B. die Entwicklung des Kapitalstocks aufgrund der Investitionstätigkeit der Unternehmen, vernachlässigt oder als exogen gegeben angenommen. Außerdem werden neben der reinen Vorleistungsverflechtung auch die Komponenten der Endnachfrage sowie die primären Inputs einbezogen. Deshalb wird von einem offenen Modell gesprochen.

Mit den bereits eingeführten Bezeichnungen für die von Sektor i an Sektor j geleisteten Vorleistungen X_{ij} sowie Y_i für die Endnachfragekomponente i und X_i für den gesamten Output von Sektor i, lässt sich eine Input-Output-Tabelle auch in Gleichungsform durch

$$
\begin{array}{ccccc}
X_{11} + \cdots + X_{1n} & + & Y_1 & = & X_1 \\
\vdots & & \vdots & & \vdots \\
X_{n1} + \cdots + X_{nn} & + & Y_n & = & X_n \\
\underbrace{\hphantom{X_{n1} + \cdots + X_{nn}}} & & \underbrace{\hphantom{Y_n}} & & \underbrace{\hphantom{X_n}}
\end{array}
$$

$$
\begin{array}{ccc}
\text{Intra-/Intersektorale} & \text{End-} & \text{Gesamtoutput} = \\
\text{Vorleistungsverflechtung} & \text{nachfrage} & \text{Bruttoproduktionswert}
\end{array}
$$

darstellen. Jede Zeile beschreibt dabei die Verwendung der Produktion in einem Sektor. Für eine weitergehende Analyse ist es notwendig, Annahmen über den Zusammenhang von Produktion und Nachfrage nach den für die Produktion benötigten Inputs zu treffen. Diese Annahmen werden in Form einer Inputfunktion dargestellt. Im Leontief-Modell wird eine linear homogene Inputfunktion unterstellt, d.h.

$$X_{ij} = a_{ij} \cdot X_j \text{ für } i, j = 1, \ldots, n,$$

wobei X_{ij} wieder den Verbrauch von Vorleistungen aus Sektor i bei der Produktion in Sektor j für den Bruttoproduktionswert X_j darstellt. Es wird also angenommen, dass sich der Einsatz von Vorleistungen aus anderen Sektoren direkt proportional zur Outputmenge des betrachteten Sektors verhält. Mit dieser Annahme über die Technologie kann die Input-Output-Tabelle in Gleichungsform als

$$
\begin{array}{cccccc}
a_{11}X_1 & + & \ldots & + & a_{1n}X_n + Y_1 & = X_1 \\
\vdots & & \vdots & & \vdots \quad \vdots & \\
a_{n1}X_1 & + & \ldots & + & a_{nn}X_n + Y_n & = X_n
\end{array}
\tag{5.1}
$$

geschrieben werden. Fasst man nun noch die Bruttoproduktionswerte der einzelnen Sektoren $X_1, \ldots, X_n$ zum Vektor der Bruttoproduktionswerte $\mathbf{X}$ zusammen und bildet analog den Vektor der Endnachfrage nach Gütern der einzelnen Sektoren $\mathbf{Y}$, d.h.

$$\mathbf{X} = \begin{pmatrix} X_1 \\ \vdots \\ X_n \end{pmatrix} \quad \text{und} \quad \mathbf{Y} = \begin{pmatrix} Y_1 \\ \vdots \\ Y_n \end{pmatrix},$$

so lässt sich Gleichung (5.1) in Matrixform als

$$\mathbf{AX} + \mathbf{Y} = \mathbf{X} \quad \text{bzw.} \quad \mathbf{X} - \mathbf{AX} = \mathbf{Y} \tag{5.2}$$

schreiben, wobei

$$\mathbf{A} = \begin{pmatrix} a_{11} & a_{12} & \dots & a_{1n} \\ a_{21} & a_{22} & \dots & a_{2n} \\ \vdots & \vdots & \ddots & \vdots \\ a_{n1} & a_{n2} & \dots & a_{nn} \end{pmatrix} \tag{5.3}$$

für die Matrix der technischen Input-Koeffizienten steht. Mit der n-dimensionalen Einheitsmatrix

$$\mathbf{I} = \begin{pmatrix} 1 & 0 & \dots & 0 \\ 0 & 1 & \dots & 0 \\ \vdots & \vdots & \ddots & \vdots \\ 0 & 0 & \dots & 1 \end{pmatrix}$$

lassen sich die Bruttoproduktionswerte der einzelnen Sektoren $\mathbf{X}$ aus Gleichung (5.2) als Funktion der Endnachfragekomponenten $\mathbf{Y}$ bestimmen. Zunächst erhält man durch Ausklammern von $\mathbf{X}$:

$$\mathbf{X} - \mathbf{AX} = (\mathbf{I} - \mathbf{A})\mathbf{X} = \mathbf{Y}. \tag{5.4}$$

Multiplikation mit $(\mathbf{I} - \mathbf{A})^{-1}$ auf beiden Seiten liefert schließlich

$$\mathbf{X} = (\mathbf{I} - \mathbf{A})^{-1}\mathbf{Y}. \tag{5.5}$$

Da diese analytische Darstellung eng mit den Arbeiten von Leontief verknüpft ist, der bereits in den dreißiger Jahren empirische Werte für die Matrix $(\mathbf{I} - \mathbf{A})^{-1}$ für die USA präsentierte (Leontief, 1966), wird diese Matrix häufig auch als Leontief-Inverse bezeichnet.[9]

Im Unterschied zu den bereits besprochenen Input-Koeffizienten drücken die Koeffizienten der Leontief-Inversen aus, um wie viel die Produktion in jedem Sektor steigen muss, damit die Erhöhung der Endnachfrage nach den Gütern eines bestimmten Sektors um eine Einheit befriedigt werden kann.

Das Vorgehen und die Interpretation der statischen, offenen Input-Output-Analyse anhand der Leontief-Inversen soll mit einer vereinfachten, hypothetischen Input-Output-Tabelle veranschaulicht werden, die lediglich drei Produktionssektoren umfasst. Die Endnachfrage untergliedere sich in Konsum C_i und Investitionen I_i der

---

[9] In den Veröffentlichungen des Statistischen Bundesamtes, Fachserie 18, Reihe 2, finden sich ebenfalls die so genannten inversen Input-Koeffizienten, die den Einträgen der Leontief-Inversen entsprechen.

Güter aus Sektor i. Auf die Darstellung des Staatsverbrauchs und der Ausfuhren wird also verzichtet. Als primäre Inputs werden Abschreibungen D_j, Einkommen aus unselbständiger Arbeit L_j und Einkommen aus Unternehmertätigkeit und Vermögen G_j betrachtet, d.h. Importe fallen ebenso aus der Betrachtung heraus wie Produktions- und Umsatzsteuer.

Tabelle 5.3. Hypothetische Input-Output-Tabelle

j \ i	1	2	3	C_i	I_i	X_i
1	379	330	113	98	6	926
2	66	440	220	490	602	1818
3	137	319	825	1407	47	2735
D_j	69	65	230			
L_j	204	536	876			
G_j	71	128	471			
X_j	926	1818	2735			

Aus den absoluten Werten der Vorleistungsmatrix lassen sich nun gemäß der oben eingeführten Definitionen die Input-Koeffizienten a_{ij} berechnen. Man erhält die folgende Matrix der (gerundeten) Input-Koeffizienten

$$\mathbf{A} = \begin{pmatrix} 0.41 & 0.18 & 0.04 \\ 0.07 & 0.24 & 0.08 \\ 0.15 & 0.18 & 0.30 \end{pmatrix}$$

und die zugehörige Leontief-Inverse

$$(\mathbf{I} - \mathbf{A})^{-1} = \begin{pmatrix} 1.79 & 0.46 & 0.15 \\ 0.21 & 1.41 & 0.17 \\ 0.44 & 0.46 & 1.51 \end{pmatrix}.$$

Anhand dieses einfachen Modells können nun einige typische Fragestellungen der Input-Output-Analyse diskutiert werden. Als erstes soll untersucht werden, um wie viel die Produktion in den einzelnen Sektoren steigen muss, um eine Erhöhung der Endnachfrage, d.h. nach Konsum- und Investitionsgütern, um $\Delta Y = (10, 50, 100)'$ Mrd. € befriedigen zu können. Aufgrund der getroffenen Annahmen über die Produktionstechnologie kann diese Frage nun direkt mit Hilfe der berechneten Leontief-Inversen beantwortet werden, denn es gilt

$$\Delta \mathbf{X} = (\mathbf{I} - \mathbf{A})^{-1} \Delta \mathbf{Y} = \begin{pmatrix} 1.79 & 0.46 & 0.15 \\ 0.21 & 1.41 & 0.17 \\ 0.44 & 0.46 & 1.51 \end{pmatrix} \begin{pmatrix} 10 \\ 50 \\ 100 \end{pmatrix} = \begin{pmatrix} 55.9 \\ 89.6 \\ 178.4 \end{pmatrix}.$$

Während die Produktion in den Sektoren 2 und 3 nur jeweils um knapp das Doppelte der Endnachfrage steigen muss, ergibt sich für den Grundstoffsektor 1 ein deutlich stärkerer Effekt. Dies liegt daran, dass aus diesem Sektor besonders viele Vorleistungen für die anderen Sektoren zu erbringen sind, die gemäß der Annahmen aufgrund der gestiegenen Endnachfrage stärker expandieren.

Trifft man ähnliche Annahmen wie für die Inputfunktion, dass nämlich die Aufwendungen für Abschreibungen und die beiden Einkommensarten proportional zum Bruttoproduktionswert jedes Sektors sind, kann man mit den obigen Angaben auch bestimmen, wie hoch der Anstieg dieser Aufwendungen für primäre Inputs sein würde, wenn die gestiegene Endnachfrage befriedigt würde.

Am Beispiel wurde gezeigt, wie aus der rein deskriptiven Input-Output-Tabelle ein analytisches Instrument wird, indem einige zusätzliche Annahmen an die zugrunde liegende Produktionstechnologie getroffen wurden. Insbesondere kann die Input-Output-Systematik so auch zu Prognosezwecken benutzt werden, wie das Beispiel ebenfalls verdeutlicht hat. Allerdings hängt die Gültigkeit der Analysen und Prognosen mittels der Input-Output-Analyse davon ab, inwieweit die getroffenen Annahmen realistisch sind. Die der vorgestellten Form der Input-Output-Analyse zugrunde liegende Annahme einer limitationalen Produktionstechnologie schließt beispielsweise eine Substitution zwischen Vorleistungen von Gütern aus verschiedenen Sektoren in der Produktion aus. Damit werden Auswirkungen von technischem Fortschritt ebenso ausgeschlossen wie simple Anpassungen an geänderte Preisrelationen. Ferner wird von möglichen Externalitäten abgesehen, die sich aus der Produktion in einem Sektor für andere Sektoren ergeben könnten. Zumindest für längerfristige Betrachtungen ist diese Annahme damit nicht unproblematisch.

Ein Teil dieser Einschränkungen kann aufgehoben werden, indem von einer statischen zu einer eingeschränkt dynamischen Analyse übergegangen wird, in der die Input-Koeffizienten nicht mehr als fixe technische Parameter betrachtet werden. Vielmehr werden diese so modelliert, dass sie sich etwa als Reaktion auf geänderte Preise oder aufgrund des technischen Fortschritts im Zeitablauf ändern können.

In einer solchen eingeschränkt dynamischen Betrachtung kann beispielsweise untersucht werden, welche Auswirkungen eine Veränderung der Input-Koeffizienten auf den Zusammenhang zwischen Gesamtproduktion und Endverbrauchskomponenten hat. Dazu wird der Fall betrachtet, in dem sich die Input-Koeffizienten der Matrix $\mathbf{A}$ um die Werte $\Delta\mathbf{A}$ ändern. Mit $\mathbf{A}^{neu} = \mathbf{A} + \Delta\mathbf{A}$ wird die neue Input-Koeffizienten-Matrix bezeichnet. Im Allgemeinen wird sich die Produktion der einzelnen Sektoren ebenfalls ändern müssen, um eine gleich bleibende Endnachfrage $\mathbf{Y}$ zu befriedigen. Sei also $\mathbf{X}^{neu} = \mathbf{X} + \Delta\mathbf{X}$ der neue Vektor der Produktionswerte. Dann lässt sich folgende Sensitivitätsbetrachtung anstellen. Es soll wieder

$$\mathbf{A}^{neu}\mathbf{X}^{neu} + \mathbf{Y} = \mathbf{X}^{neu}$$

gelten. Mit den Definitionen für $\mathbf{A}^{neu}$ und $\mathbf{X}^{neu}$ entspricht dies der Forderung

$$(\mathbf{A} + \Delta\mathbf{A})(\mathbf{X} + \Delta\mathbf{X}) + \mathbf{Y} = \mathbf{X} + \Delta\mathbf{X}$$
$$\Leftrightarrow \mathbf{A}\mathbf{X} + \Delta\mathbf{A}\mathbf{X} + \mathbf{A}\Delta\mathbf{X} + \Delta\mathbf{A}\Delta\mathbf{X} + \mathbf{Y} = \mathbf{X} + \Delta\mathbf{X}.$$

Da in der Ausgangssituation $\mathbf{A}\mathbf{X} + \mathbf{Y} = \mathbf{X}$ galt, lässt sich dieser Ausdruck vereinfachen zu:

$$\mathbf{X} + \Delta \mathbf{AX} + \mathbf{A}\Delta \mathbf{X} + \Delta \mathbf{A}\Delta \mathbf{X} = \mathbf{X} + \Delta \mathbf{X}$$
$$\Leftrightarrow \Delta \mathbf{AX} + \mathbf{A}\Delta \mathbf{X} + \Delta \mathbf{A}\Delta \mathbf{X} = \Delta \mathbf{X}$$
$$\Leftrightarrow \Delta \mathbf{AX} = \Delta \mathbf{X} - \mathbf{A}\Delta \mathbf{X} - \Delta \mathbf{A}\Delta \mathbf{X}.$$

Unter Verwendung der Einheitsmatrix $\mathbf{I}$ erhält man

$$(\mathbf{I} - \mathbf{A} - \Delta \mathbf{A})\Delta \mathbf{X} = \Delta \mathbf{AX},$$

woraus schließlich mit

$$\Delta \mathbf{X} = (\mathbf{I} - \mathbf{A} - \Delta \mathbf{A})^{-1}\Delta \mathbf{AX}$$

die gesuchte Antwort folgt.

Eine andere Erweiterung der Input-Output-Analyse besteht darin, die Endnachfrage zu endogenisieren, um damit zu einem geschlossenen Modell zu gelangen. Das Vorgehen wird am Beispiel des Konsums dargestellt. Für die gesamte betrachtete Volkswirtschaft gelten die Identitäten für Produktion und Verbrauch der Güter von Sektor i

$$\sum_{j=1}^{n} X_{ij} + C_i + I_i + RY_i = X_i \quad \text{für } i = 1, \dots, n, \tag{5.6}$$

wobei RY_i für sonstige Endnachfragekomponenten außer Konsum (C) und Investitionen (I), d.h. insbesondere den Staatsverbrauch und – im Falle einer offenen Volkswirtschaft – die Exporte steht. Für die Konsumnachfrage nach Gütern des Sektors i wird nun ein klassischer vom Einkommen abhängiger Ansatz gewählt, d.h.

$$C_i = C_i^a + c_i V,$$

wobei C_i^a den vom Einkommen unabhängigen Konsum und c_i die marginale Konsumquote für Güter aus Sektor i bezeichnet. V ist dabei das Volkseinkommen, das sich aus der Summe der Nettowertschöpfungen beziehungsweise Faktoreinkommen der einzelnen Sektoren (V_j) ergibt. Für die Faktoreinkommen wird weiterhin angenommen, dass sie sich proportional zum Produktionswert der Sektoren verhalten, d.h. $V_j = L_j + G_j = w_j X_j$ für $j = 1, \dots, n$, wobei w_j den Anteil der Faktoreinkommen am Produktionswert des Sektors w_j angibt. Durch Einsetzen erhält man aus den Identitäten (5.6)

$$\sum_{j=1}^{n} X_{ij} + C_i^a + c_i \sum_{j=1}^{n} w_j X_j + I_i + RY_i = X_i \quad \text{für } i = 1, \dots, n$$

oder

$$\mathbf{X} = (\mathbf{I} - \mathbf{Z})^{-1}(\mathbf{C}^a + \mathbf{In} + \mathbf{RY}),$$

wobei

$$\mathbf{Z} = \begin{pmatrix} a_{11} + c_1 w_1 & \dots & a_{1n} + c_1 w_n \\ \vdots & & \vdots \\ a_{n1} + c_n w_1 & \dots & a_{nn} + c_n w_n \end{pmatrix}$$

ist und $(\mathbf{C}^a + \mathbf{In} + \mathbf{RY})$ die autonomen Nachfragekomponenten umfasst. Insbesondere bezeichnet $\mathbf{In} = (I_1, \ldots, I_n)'$ den Vektor der Nachfrage nach Investitionsgütern. Mit einem Modell, in dem Teile der Endnachfrage endogenisiert sind, können die Wirkungen von Veränderungen autonomer Komponenten untersucht werden. So ist es beispielsweise möglich, abzuschätzen, welche Sektoren am stärksten von einer Erhöhung der staatlichen Nachfrage nach den Gütern einzelner Sektoren profitieren würden. Aufgrund der Vorleistungsverflechtung und der indirekten Effekte über den endogenen Konsum müssen dies nicht unbedingt dieselben Sektoren sein, die unmittelbar von der gestiegenen Nachfrage profitieren. Eine andere Fragestellung, die mit diesem Instrumentarium angegangen werden kann, ist die nach den sektoralen Effekten einer Veränderung der Exportnachfrage, wie sie beispielsweise aus einer Änderung des Wechselkurses resultieren könnte.

Andere Erweiterungen der Input-Output-Analyse betreffen die Endogenisierung der Faktornachfrage. Das Statistische Bundesamt veröffentlicht insbesondere Daten zur Beschäftigung und zum Energieeinsatz der einzelnen Sektoren.

Werden neben dem privaten Verbrauch auch die Investitionen als endogene Größen in der Endnachfrage betrachtet, ist der Schritt zur vollen dynamischen Input-Output-Analyse beinahe geschafft. Denn wenn Firmen endogen über Investitionen entscheiden, tun sie dies im Hinblick auf die zukünftige Verwendung der Investitionsgüter in der Produktion, d.h. Investitionen heute verändern den Kapitalstock für die zukünftige Produktion und haben damit Einfluss auf die Input-Koeffizienten. Für die empirische Abbildung derartiger Entwicklungen der Koeffizienten im Zeitablauf kommen eine Vielzahl unterschiedlicher Ansätze in Betracht. Zunächst kann angenommen werden, dass sich die Input-Koeffizienten eines Sektors alle gleichmäßig ändern, im einfach-proportionalen Modell wird deswegen

$$a_{ij}^{t+1} = r_i^{t+1} a_{ij}^t \ \text{für} \ i, j = 1, \ldots, n$$

angenommen, wobei r_i^{t+1} den Trendfaktor für Sektor i in Periode $t+1$ bezeichnet. Möglicherweise erfolgt die Anpassung für die Vorleistungen aus einigen Sektoren jedoch schneller als für andere, so dass ein doppelt-proportionales Modell der Form

$$a_{ij}^{t+1} = r_i^{t+1} s_j^{t+1} a_{ij}^t \ \text{für} \ i, j = 1, \ldots, n$$

eher angemessen erscheint, wobei s_j^{t+1} einen zusätzlichen Trendfaktor für Vorleistungen aus dem Sektor j bezeichnet. Die zeitliche Entwicklung der Trendterme r_i^t beziehungsweise s_j^t kann nun wiederum auf unterschiedliche Arten abgebildet werden, die von ad hoc Annahmen über einfache Trendpolynome bis hin zu ökonometrischen Modellen, z.B. in Abhängigkeit von der Kapital- oder Innovationsintensität der einzelnen Sektoren reichen.

Die Weiterentwicklung des statischen offenen Input-Output-Modells hin zu makroökonomisch geschlossenen dynamischen Modellen mit ökonometrisch geschätzten Parametern in den Verhaltensgleichungen geht auf den Leontief-Schüler Clopper Almon zurück. In dem von ihm begründeten internationalen Verbund INFORUM (`http://www.inforum.umd.edu/`) ist eine größere Anzahl nationaler Modelle dieses Typs zu einem globalen System vernetzt (Almon, 1991).

Für Deutschland wird im Rahmen dieses Systems das nach 31 Sektoren gegliederte Modell INFORGE (INterindustry FORecasting GErmany) der Gesellschaft für Wirtschaftliche Strukturforschung (GWS), Osnabrück eingesetzt,[10] welches durch eine vollständig endogenisierte Endnachfrage (Privater Konsum, Staatskonsum, Ausrüstungsinvestitionen, Bauinvestitionen und Exporte) gekennzeichnet ist. Auch die Faktornachfrage (Vorleistungsnachfrage, Arbeitsnachfrage und Investitionen) wird im Modellzusammenhang vollständig bestimmt: Die Inputkoeffizienten sind variabel, die Bruttoinvestitionen und Abschreibungen der Wirtschaftszweige schreiben die sektoralen Kapitalstöcke fort und die Bruttoinvestitionen bestimmen gleichzeitig gegliedert nach Gütergruppen die Investitionsgüternachfrage. Die Gewinne der Wirtschaftszweige ergeben sich residual. Das vollständig endogenisierte Kontensystem der Volkswirtschaftlichen Gesamtrechnung beschreibt die Einkommensumverteilung durch die Sozialversicherung und Besteuerung und erlaubt die Berechnung verfügbarer Einkommen sowie der Finanzierungssalden von Staat, Haushalten und Unternehmen. Die Güterpreise hängen von den Stückkosten ab, wobei der Übergang von den Herstellpreisen zu den Anschaffungspreisen explizit modelliert ist. Auch die Faktorpreise sind im Modellzusammenhang erklärt. Das umweltökonomische Modell PANTA RHEI enthält INFORGE und zusätzlich ein Energiemodul, ein Verkehrsmodul, ein Wohnungsmodul, ein Modul zur Bestimmung des Rohstoffeinsatzes und ein Modul zur Landnutzung. Beide Modelle werden als Prognose- und Simulationsmodelle in der Politikberatung eingesetzt.[11]

5.4 Literaturauswahl

Einführende Darstellungen des Konzepts der Input-Output-Tabellen und der Grundlagen der Input-Output-Analyse sind in vielen Lehrbüchern zur Volkswirtschaftlichen Gesamtrechnung enthalten, z.B. in Frenkel und John (2011), Kapitel 10, Hujer und Cremer (1978, S. 146–182), Nissen (2004), Kapitel 11, und Stobbe (1994, S. 362–371). Auch die vom Statistischen Bundesamt selbst publizierte einführende Darstellung in Kuhn (2010) liefert einen anwendungsorientierten Einstieg in Aufbau und Anwendung der Input-Output-Tabellen.

Gezielt auf die Input-Output-Analyse als Instrument der empirischen Wirtschaftsforschung geht Ronning (2011), Kapitel 6, ein.

Eine vertiefende Auseinandersetzung mit der Input-Output-Analyse, die über die in diesem Kapitel vorgestellten einfachen Ansätze hinausgeht, findet sich in spezialisierten Lehrbüchern. So liefert Fleissner *et al.* (1993) eine umfassende einführende Darstellung in die Input-Output-Analyse, wobei die Beispiele der österreichischen VGR entnommen werden. Die Monografie von Holub und Schnabl (1994) zur Input-Output-Analyse hat einen Fokus auf die benutzten mathematischen Methoden. Eine Auseinandersetzung mit Weiterentwicklungen, u.a. bezüglich zeitvariabler

---

[10] Informationen zum aktuellen Stand der Modellentwicklung sowie zu weiteren internationalen Kooperationen finden sich unter http://www.gws-os.com/de.

[11] Vgl. z.B. Lutz *et al.* (2002) und Bach *et al.* (2002).

Input- und Output-Koeffizienten und Ansätzen zur Dynamisierung der Input-Output-Analyse findet sich schließlich bei ten Raa (2005).

Die Veröffentlichung amtlicher Input-Output-Tabellen für die Bundesrepublik Deutschland erfolgt im mehrjährigen Rhythmus, zuletzt 2014 für das Jahr 2012 im Rahmen der Fachseries 18, Reihe 2, des Statistischen Bundesamts.

Teil III

Ökonometrische Grundlagen

6
Das ökonometrische Modell

Das Ziel der ökonometrischen Analyse – oder kurz der Ökonometrie – besteht darin, den theoretischen Ansatz der Wirtschaftstheorie, soweit er quantifizierbare Elemente enthält, mit dem empirischen Ansatz, d.h. der Beobachtung realer Fakten, zu verbinden. Diese Verbindung ist essentiell für die Diagnose und Prognose der wirtschaftlichen Lage als Teil wirtschaftspolitischer Aufgaben, aber ebenso für die Weiterentwicklung der ökonomischen Theorie.

Ein ökonometrisches Modell wird definiert als ein mathematisch, quantitativer Zusammenhang zwischen ökonomischen Größen, zwischen denen ein theoretisch begründeter Wirkungszusammenhang besteht. Teilweise werden jedoch auch Größen ohne direkte theoretische Begründung in die Betrachtung einbezogen. Sie sollen dann dazu dienen, nicht unmittelbar beobachtbare Größen zu approximieren oder deren potentiellen Einfluss zu kontrollieren. Ein ökonometrisches Modell kann also als mathematisch formalisierte Theorie aufgefasst werden, deren Parameter quantifiziert beziehungsweise quantifizierbar sind.

Das allgemeine Vorgehen bei der Aufstellung, Quantifizierung und Auswertung eines ökonometrischen Modells kann anhand der folgenden Schritte beschrieben werden:

1. Spezifikation des Modells
2. Schätzung der Parameter
3. Überprüfung der Schätzung
4. Bewertung und Interpretation der Ergebnisse

In den folgenden Abschnitten dieses Kapitels wird jeweils kurz auf die einzelnen Aspekte eingegangen. Sie werden in den folgenden Kapiteln wieder aufgegriffen, methodisch vertieft und an Beispielen erläutert. Die Aufgabe der Darstellung in diesem Kapitel besteht lediglich darin, einen ersten Überblick über die zentralen Aspekte zu verschaffen.

6.1 Spezifikation eines ökonometrischen Modells

Der erste Schritt der Modellspezifikation besteht darin, aus dem theoretischen Modell alle relevanten Variablen zu identifizieren. Diese müssen dann in die abhängigen, d.h. im Rahmen des Modells zu erklärenden, Variablen $Y = (Y_1, \ldots, Y_m)$ und die unabhängigen, d.h. die erklärenden, Variablen $X = (X_1, \ldots, X_n)$ unterteilt werden. Eine recht allgemeine formale Darstellung, die für die meisten ökonomischen Modelle hinreichend ist, wird durch

$$Y = F(X)$$

gegeben, wobei F zunächst eine beliebige – im Falle mehrerer zu erklärender Variablen vektorwertige – Funktion sein kann. Um von diesem Ausgangspunkt zu einem ökonometrischen Modell zu gelangen, muss die funktionale Form von F spezifiziert werden. Gegebenenfalls sind außerdem a priori Annahmen über die Größenordnung beziehungsweise das Vorzeichen der in der Theorie beschriebenen Zusammenhänge zu berücksichtigen.

Bevor auf unterschiedliche funktionale Formen eingegangen wird, soll der Ansatz am Beispiel der Modellierung einer gesamtwirtschaftlichen Konsumfunktion erläutert werden. Verschiedene ökonomische Theorien zum Konsumverhalten weisen auf die Abhängigkeit vom verfügbaren Einkommen hin. Dies kann auf Grundlage der Beobachtung empirischer Zusammenhänge geschehen, etwa in Form der keynesianischen Konsumhypothese, oder das Ergebnis eines komplexeren intertemporalen Ansatzes sein. Die einzige abhängige Variable einer einfachen Spezifikation der Konsumfunktion stellt der private Verbrauch oder Konsum C dar. Was relevante erklärende Variablen betrifft, so wird aus der Theorie zunächst ein Einfluss des verfügbaren Einkommens der Haushalte (Y^v) erwartet.[1] In dynamischen Ansätzen wird auch ein möglicher Einfluss des erwarteten zukünftigen Einkommens $E(Y^v)$ begründet. Außerdem folgt aus intertemporalen Theorien auch eine erwartete Abhängigkeit des Konsums vom Zinssatz r und vom Vermögen V der Haushalte. Ein anderes theoretisches Argument verweist auf Trägheiten in der Anpassung der Konsumausgaben an die Einkommensentwicklung, was im einfachsten Fall im ökonometrischen Modell durch eine Abhängigkeit vom Konsum der Vorperiode C_{t-1} abgebildet werden kann. Schließlich kann die aggregierte Konsumfunktion auch von der Verteilung des verfügbaren Einkommens über die Haushalte hinweg abhängen, da Haushalte mit geringerem Einkommen tendenziell einen größeren Teil davon konsumieren (müssen).

Mit dieser Aufzählung von ökonomischen Größen, für die in der einen oder anderen Theorie ein Einfluss auf das Konsumverhalten hergeleitet wird, kann natürlich nicht der Anspruch erhoben werden, alle relevanten Einflüsse identifiziert zu haben. Andererseits ist zu klären, ob wirklich alle genannten Größen einen wesentlichen Erklärungsbeitrag leisten. Es stellt sich somit die Frage nach der Auswahl der "wich-

---

[1] Für dieses einführende Beispiel wird davon abstrahiert, dass es natürlich auch einen umgekehrten Wirkungszusammenhang gibt, da der Konsum als eine wesentliche Komponente des Bruttoinlandsproduktes einen bedeutenden Einfluss auf das verfügbare Einkommen aufweist.

tigsten" erklärenden Variablen. Diese Auswahl kann anhand von drei Kriterien erfolgen. Zunächst kann sie inhaltlich begründet sein. Will man beispielsweise den Einfluss von Zinssätzen auf das Konsumverhalten untersuchen, ist eine Spezifikation, in welcher der Zinssatz nicht auftaucht, als ungeeignet zu betrachten. Der Einbezug der Zinsen in das ökonometrische Modell schließt dabei allerdings nicht aus, dass als Ergebnis der Analyse festgestellt wird, dass vom Zinssatz eben kein relevanter Einfluss auf den Konsum ausgeht. Ein zweites Auswahlkriterium besteht darin, überflüssige Variablen zu eliminieren. Wenn beispielsweise bereits alle Komponenten eines umfassenderen Aggregates in der Liste der erklärenden Größen enthalten sind, kann auf die Einbeziehung des Aggregates selbst verzichtet werden. Enthält das Modell etwa bereits das verfügbare Einkommen aus unselbständiger Arbeit einerseits und aus selbständiger Arbeit sowie Kapitaleinkommen andererseits, ist es überflüssig, auch noch die Summe dieser Komponenten als weiteren erklärenden Faktor zu berücksichtigen.[2] Schließlich kann die Auswahl auch nach statistischen Kriterien erfolgen, auf die in den nächsten Kapiteln näher eingegangen wird.

Auf jeden Fall führt die Vernachlässigung von Einflussfaktoren, die entweder in keiner der betrachteten Theorien auftauchen oder die als unwesentlich betrachtet werden, dazu, dass die abhängigen Variablen nicht allein durch die berücksichtigten erklärenden Variablen determiniert werden. Um den Einfluss der vernachlässigten und unbekannten Faktoren abzubilden, wird das Modell um eine zufällige Komponente ε erweitert. Diese – auch als Störgröße, Fehler oder Fehlerterm bezeichnete – Komponente ist naturgemäß nicht notwendig für definitorische Zusammenhänge, die exakt gelten, etwa die Darstellung des Bruttoinlandsproduktes von der Verwendungsseite her.

In einer sehr einfachen Spezifikation der Konsumfunktion wird der Konsum in Periode t (C_t) nur durch das verfügbare Einkommen derselben Periode (Y_t^v) erklärt. Als ökonometrisches Modell ergibt sich somit

$$C_t = f(Y_t^v, \varepsilon_t) \,,$$

wobei die zufällige Komponente ε_t in diesem Fall eine skalare Größe ist. Solange keine Aussagen über die Entwicklung der zufälligen Größe getroffen werden, ist ein derartiges Modell für nahezu jede funktionale Form f erfüllbar, indem einfach die ε_t passend gewählt werden. Um eine derartige Tautologie des ökonometrischen Modells zu vermeiden, ist es also notwendig, weitere Aussagen über die unbekannte Größe ε_t zu treffen. Wie bereits erwähnt, kann ε_t nicht direkt beobachtet werden. Allerdings folgt aus der Annahme, dass alle wichtigen erklärenden Variablen explizit in das Modell einbezogen wurden, dass ε_t keinen systematischen Einfluss aufweisen sollte, also im Erwartungswert gleich null sein sollte. Außerdem wird unterstellt, dass ε_t die Realisierung eines Zufallsprozesses ist, der sich aus der Summe der Effekte der nicht berücksichtigten Faktoren ergibt. In der Regel wird es viele derartige Faktoren geben. Wenn diese nicht alle immer in dieselbe Richtung wirken, lässt sich auf ihren gemeinsamen Einfluss, d.h. die Summe der einzelnen Effekte, die in ε_t

---

[2] In der Tat würde in diesem Fall das Problem der Multikollinearität resultieren, auf das in Abschnitt 8.1 eingegangen wird.

zusammengefasst werden, der zentrale Grenzwertsatz anwenden. Unter recht allgemeinen Bedingungen kann diesem zufolge für die Zufallsvariable ε_t, die sich als Summe vieler Zufallsvariablen ergibt, eine Normalverteilung als gute Approximation angenommen werden.[3]

Der funktionale Zusammenhang f wird in der überwiegenden Zahl der empirischen Untersuchungen als linear beziehungsweise loglinear, d.h. linear in den Logarithmen der beteiligten Größen, angenommen. Die Vorteile dieser Vorgehensweise liegen in der geringeren mathematischen Komplexität, was sowohl für die Ableitung theoretischer Ergebnisse als auch für die numerische Berechnung und für die leichtere Interpretation der Parameter von Bedeutung sein kann. Motiviert werden kann diese Wahl auch dadurch, dass viele nichtlineare Zusammenhänge zumindest für kleine Veränderungen der erklärenden Größe relativ gut durch eine lineare Funktion approximiert werden können.[4] Mit der zunehmenden Verfügbarkeit von Rechnerkapazitäten stieg in den vergangenen Jahren jedoch auch die Zahl von Studien, die explizit nichtlineare Ansätze verwenden. Hierzu gehören auch die nicht parametrischen Verfahren, auf die in Abschnitt 8.8.2 kurz eingegangen wird.

Eine weitere Einteilung möglicher Spezifikationen kann unter dem Aspekt des zeitlichen Zusammenhangs zwischen den beteiligten Variablen erfolgen. So können deterministische Trends, autoregressive Komponenten, d.h. verzögerte Werte der zu erklärenden Variablen, oder verzögerte (lags) beziehungsweise führende (leads) Werte von erklärenden Variablen einbezogen sein. Auch derartige dynamische Modelle lassen sich unmittelbar aus theoretischen Ergebnissen herleiten, wie dies bereits im Zusammenhang mit der Modellierung einer Konsumfunktion angedeutet wurde. Wenn die Anpassungen der zu erklärenden Variablen an Veränderungen der erklärenden Variablen mit Kosten verbunden sind, die überproportional zum Ausmaß der Anpassung ansteigen, werden die Anpassungen in einer unsicheren Umwelt nur schrittweise vollzogen, woraus sich eine Abhängigkeit von vergangenen Werten ergeben kann.[5]

Im Beispiel der Konsumfunktion erhält man schließlich, wenn man von dynamischen Einflussfaktoren absieht, die ökonometrische Spezifikation

$$C_t = \beta_1 + \beta_2 Y_t^v + \varepsilon_t \, ,$$

wobei aus der Theorie für den Koeffizienten β_2, der als marginale Konsumneigung interpretiert werden kann, ein positiver Wert zwischen null und eins erwartet wird.

Ist die Spezifikation des ökonometrischen Modells fehlerhaft, weil beispielsweise wesentliche Variablen vernachlässigt wurden, eine falsche funktionale Form angenommen wurde oder ein ungeeigneter Fehlerprozess unterstellt wurde, so wirkt sich

---

[3] Für eine Darstellung des zentralen Grenzwertsatzes siehe z.B. Fahrmeir *et al.* (2009, S. 315ff).

[4] Die mathematische Methode der Taylorreihenentwicklung erlaubt allgemein beliebig gute Approximationen durch Polynome, wenn der Zusammenhang hinreichend stetig ist. Daraus ergibt sich auch eine einfache Klasse nichtlinearer Modelle, indem Polynome in den erklärenden Variablen modelliert werden.

[5] Vgl. hierzu auch Abschnitt 11.2.

dies auf alle folgenden Phasen der Analyse aus. Unter Umständen können die Ergebnisse dadurch nicht nur quantitativ, sondern auch qualitativ beeinflusst werden. Für
die Überprüfung der Schätzung steht eine Vielzahl von Verfahren bereit, mit deren
Hilfe einige potentielle Fehlerquellen der Spezifikation identifiziert werden können.
Allerdings verringert dies die Bedeutung einer a priori möglichst gut gewählten Spezifikation des ökonometrischen Modells nicht.

6.2 Schätzung

Für die Schätzung, d.h. die Quantifizierung der Parameter des Modells, müssen
zunächst zu den Variablen passende Daten vorhanden sein. Diese müssen den An-
sprüchen genügen, die in Kapitel 2 formuliert wurden. Außerdem ist zu überprüfen,
ob eine eventuell bereits durchgeführte Aufbereitung der Daten die Ergebnisse beeinflussen könnte.[6] Die Schätzverfahren, die in den nächsten Kapiteln diskutiert werden, verlangen zum großen Teil metrische, d.h. intervallskalierte, Daten. Außerdem
ist eine hinreichende Anzahl von Beobachtungen notwendig, um hinreichend genaue
Schätzer zu erhalten, auf deren Basis statistisch abgesicherte Aussagen möglich sind.
Ist das Modell dynamisch spezifiziert, müssen Zeitreihen oder Paneldaten vorliegen.

Mit Hilfe der im Folgenden diskutierten Schätzverfahren werden dann den Parametern des Modells numerische Werte zugewiesen; aus dem ökonometrischen Modell wird dadurch die ökonometrische Struktur.

Da das Modell eine zufällige Komponente ε_t einschließt, müssen auch die
geschätzten Parameter als Realisierungen eines Zufallsprozesses aufgefasst werden.
Würden sich die zufälligen Realisierungen ε_t ändern, erfordert die Lösung des Systems offenbar andere Parameter. Die geschätzten Modellparameter sind somit stochastische Parameter, deren Verteilung von der Verteilung der Fehler ε_t abhängt.

Damit können einige Begriffe definiert werden, mit denen die Qualität der
Schätzung von Parametern beschrieben wird. In der Folge wird $\hat{\beta}$ stets einen Schätzer
für den Parameter β eines Modells bezeichnen, der eine Funktion der vorliegenden
Daten ist. Wenn der Erwartungswert der Zufallsgröße $\hat{\beta}$ dem tatsächlichen Wert β
entspricht, d.h.

$$\mathrm{E}(\hat{\beta}) = \beta \,,$$

dann heißt der Schätzer erwartungstreu oder unverzerrt. Es ist damit zwar nicht ge-
sichert, dass der konkrete Schätzer auf Basis der vorliegenden Daten genau dem
tatsächlichen Wert von β entspricht; jedoch wäre dies im Erwartungswert der Fall,
wenn man beliebig viele Datensätze zur Verfügung hätte.

Wenn die Wahrscheinlichkeit, dass der Schätzer vom echten Wert relevant abweicht, mit der Anzahl der verfügbaren Beobachtungen (T) immer kleiner wird,
wenn also der Schätzer in Wahrscheinlichkeit gegen den tatsächlichen Wert konvergiert, dann wird er als konsistent bezeichnet:

$$\operatorname*{plim}_{T \to \infty} \hat{\beta} = \beta \,.$$

---

[6] Vgl. hierzu beispielsweise die Ausführungen zur Saisonbereinigung in Abschnitt 10.6.

Vereinfacht ausgedrückt garantiert diese Eigenschaft, dass unvermeidbare Schätzfehler umso kleiner werden, je mehr Beobachtungen für die Schätzung zur Verfügung stehen.

Weist der Schätzer schließlich unter allen möglichen erwartungstreuen Schätzern die geringste Streuung auf, die in diesem Fall durch die mittlere quadratische Abweichung gemessen wird, so wird er effizient genannt. In diesem Fall gilt also für alle anderen Schätzer $\hat{\beta}'$

$$E(\hat{\beta} - \beta)^2 \leq E(\hat{\beta}' - \beta)^2.$$

Die Gewichtung, mit der unterschiedliche Eigenschaften eines Schätzers in seine Bewertung eingehen, hängt von der jeweiligen Fragestellung ab. So ist für Prognosezwecke, für die nur eine begrenzte, häufig relativ kleine Datenmenge zur Verfügung steht, die Effizienz eines Schätzers möglicherweise wichtiger als seine Konsistenz, während asymptotische Betrachtungen gerade die Konsistenz als zentrales Argument beinhalten.

6.3 Überprüfung der Schätzung

Alle Schätzverfahren beruhen auf Annahmen hinsichtlich des funktionalen Zusammenhangs und der Verteilung der zufälligen Komponente beziehungsweise hinsichtlich des Fehlerprozesses. Wünschenswerte Eigenschaften der Schätzer sind nur dann gegeben, wenn diese Annahmen auch erfüllt sind. Deshalb besteht ein wesentlicher Teil der Überprüfung einer Schätzung darin, zu untersuchen, ob beziehungsweise inwieweit diese Annahmen tatsächlich erfüllt sind. Wenn die ökonometrische Struktur bekannt ist, können die Realisierungen des Fehlerprozesses $\hat{\varepsilon}_t$ berechnet werden. Die Prüfung der Modellannahmen erfolgt dann anhand dieser geschätzten Realisierungen, indem getestet wird, ob sie mit hinreichend großer Wahrscheinlichkeit aus dem für die unbeobachtbaren Fehlerterme ε_t angenommenen Prozess herrühren könnten. Wird beispielsweise für die Fehlerterme eine Normalverteilung unterstellt, so kann dies anhand der empirischen Verteilung für die Residuen $\hat{\varepsilon}_t$ getestet werden.

Ein weiterer Bestandteil der Überprüfung der Schätzung basiert auf dem Vergleich der geschätzten Parameter mit a priori Annahmen. Dies erfolgt einmal qualitativ, d.h. hinsichtlich des Vorzeichens, und hinsichtlich der erwarteten Größenordnung. Da die geschätzten Parameter, wie oben ausgeführt, selbst als stochastische Größen aufgefasst werden müssen, kann das Instrumentarium der schließenden Statistik eingesetzt werden. Wird beispielsweise für einen Parameter die Nullhypothese betrachtet, dass sein Wert gleich null ist, kann die Wahrscheinlichkeit dafür bestimmt werden, dennoch den beobachteten oder einen noch größeren Wert rein zufällig zu erhalten. Ist diese Wahrscheinlichkeit groß, spricht wenig gegen die Aufrechterhaltung der Nullhypothese. Ist die Wahrscheinlichkeit hingegen klein,[7] so wird man die Nullhypothese verwerfen, da sie nicht im Einklang mit den empirischen Resultaten steht.

---

[7] Als "kleine" Wahrscheinlichkeit wird in diesem Zusammenhang in der Ökonometrie in der Regel ein Wert von 1%, 5% oder 10% – das so genannte Signifikanzniveau – betrachtet.

Der dritte Teil der Überprüfung der Schätzung besteht schließlich in der Betrachtung der ökonomischen Plausibilität der Ergebnisse. Dazu gehört einmal der bereits aufgeführte Vergleich der Parameterwerte mit a priori Annahmen. In komplexeren Modellen, die z.B. mehrere Gleichungen umfassen, können jedoch auch weitergehende Betrachtungen angestellt werden. So kann der Wert einer erklärenden Variablen geändert werden, um zu analysieren, inwiefern die daraus resultierenden Veränderungen der erklärten Variablen theoriekonform sind. Daraus ergibt sich letztlich auch die bereits eingangs in Kapitel 1 angesprochene Rückkopplung zwischen empirischen Ergebnissen und Theoriebildung.

6.4 Bewertung der Ergebnisse

Die Bewertung der Schätzung eines ökonometrischen Modells stützt sich einerseits auf die eben angesprochenen Qualitäten des Schätzers an sich. Darüber hinaus sind jedoch für die Anwendung derartiger Ergebnisse für die Diagnose oder Prognose wirtschaftlicher Sachverhalte noch weitere Aspekte relevant.

Die Schätzung eines Modells kann zwar unter formalen Aspekten, d.h. hinsichtlich der funktionalen Spezifikation, des gewählten Schätzers und der statistischen Tests, einwandfreie Ergebnisse liefern, aber dennoch für die praktische Anwendung unbrauchbar sein, weil es – überspitzt formuliert – nichts erklärt. Dies ist ein Resultat, das darauf hindeutet, dass für den Zusammenhang wichtige Variablen nicht berücksichtigt wurden. Dann wird die Entwicklung der erklärten Variablen im Wesentlichen durch den Fehlerprozess determiniert. Um solche Fälle zu identifizieren, bedient man sich so genannter Gütemaße für die Schätzung, von denen das Bestimmtheitsmaß R^2 das bekannteste sein dürfte. Darauf und auf andere Gütemaße wird in den nächsten Kapiteln noch eingegangen werden.

Für eine andere Anwendung der Modelle, die Prognose, ist hingegen der Erklärungsgehalt des Modells für die vorliegenden Beobachtungen weniger wichtig. Vielmehr geht es darum, dass mit dem Modell möglichst zuverlässige Prognosen für die zukünftige Entwicklung abgegeben werden können. Dies kann naturgemäß ex ante nicht beurteilt werden, doch können ex post, d.h. wenn auch die zukünftigen Beobachtungen bekannt sind, Maße für die Prognosegüte eines Modells berechnet werden. Aus einer hohen Prognosequalität in der Vergangenheit wird dann auf eine auch in Zukunft hohe Prognosequalität geschlossen oder sich zumindest eine solche erhofft. Siehe hierzu die Ausführungen in Kapitel 13.

Das lineare Regressionsmodell

7.1 Einige Beispiele

Beispiele für die Anwendung von Schätzverfahren zur Ermittlung von Parametern eines Modells wurden bereits in den vorangegangenen Kapiteln gezeigt, ohne dass ein expliziter Hinweis darauf erfolgte. In diesem Abschnitt soll anhand derartiger Beispiele das Prinzip des Kleinste-Quadrate-Schätzers eingeführt und erläutert werden.

Das erste Beispiel liefert die Inter- beziehungsweise Extrapolation, auf die bereits in Abschnitt 3.2 eingegangen wurde. Dabei geht es darum, zu den über die Zeit vorliegenden Beobachtungen für eine Variable, im folgenden Beispiel etwa das reale BIP Y_t, eine Trendfunktion zu bestimmen, die diese Werte möglichst gut abbildet. Im einfachsten Fall einer linearen Trendfunktion ist der funktionale Zusammenhang durch $T_t = \beta_1 + \beta_2 t$ gegeben. Die Frage ist nun, wie die Größen β_1, der Achsenabschnitt des Trends, und β_2, die Steigung der Trendfunktion, festzulegen sind, damit T_t die betrachtete Zeitreihe Y_t "möglichst gut" approximiert. Abbildung 7.1 veranschaulicht diese Problemstellung.

Die durch Kreuze markierten Punkte in Abbildung 7.1 stellen die quartalsweise vorliegenden Beobachtungen für das reale Bruttoinlandsprodukt (Kettenindex mit Basisjahr 2010 = 100) dar, während die graue Linie einen linearen Trend angibt. Die gepunkteten Linien weisen für einige Beobachtungen den Abstand zwischen tatsächlichem BIP und dem Wert der Trendfunktion zum jeweiligen Zeitpunkt aus. Um die Zielsetzung einer "möglichst guten" Approximation zu konkretisieren, werden diese Abweichungen genauer betrachtet. Für eine gute Approximation sollten sie möglichst klein sein, wobei noch zu definieren sein wird, was "möglichst klein" für einen ganzen Vektor derartiger Abweichungen bedeuten soll. In der Begriffswelt stochastischer Modelle, in die im vorangegangenen Kapitel bereits eingeführt wurde, werden diese Abweichungen als Realisierungen $\hat{\varepsilon}_t$ des Fehlerprozesses ε_t aufgefasst. Diese konkreten Realisierungen $\hat{\varepsilon}_t$ werden auch Residuen genannt.

Ein weiteres Beispiel knüpft an der bereits wiederholt angesprochenen Konsumfunktion $C_t = \beta_1 + \beta_2 Y_t^v$ an. Nimmt man in einem einfachen makroökonomischen Modell keynesianischen Typus an, dass die Investitionen exogen von der Größe I_t^a

Abb. 7.1. Reales Bruttoinlandsprodukt (2010 = 100) und linearer Trend

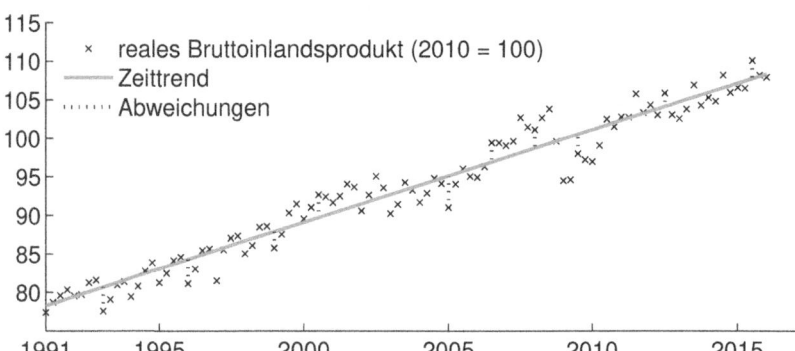

Quelle: Deutsche Bundesbank; Zeitreihendatenbank: `BBNZ1.Q.DE.N.H.0000.A`; eigene Berechnungen.

sind, und abstrahiert man von staatlicher Tätigkeit und außenwirtschaftlichen Beziehungen, so ergibt sich aus diesem Modell ein Gleichgewichtseinkommen in Höhe
von

$$Y_t^* = \frac{1}{1-\beta_2}(\beta_1 + I_t^a).$$

Damit ist klar, dass für wirtschaftspolitische Betrachtungen auf Grundlage dieses
Modells die Größenordnungen von β_1, das in der keynesianischen Modellwelt als
autonomer Konsum bezeichnet wird, und insbesondere von β_2, der marginalen Konsumneigung, von zentraler Bedeutung sind. Eine Schätzung der Konsumfunktion,
wie sie in Kapitel 6 bereits angedeutet wurde, liefert jedoch nicht allein numerische
Werte für diese Parameter, sondern erlaubt im Zuge der Überprüfung der Schätzung
und der Bewertung der Ergebnisse auch einen Test des zugrunde liegenden theoretischen Modells.

Um nur einige weitere Beispiele zu benennen, für die sich der Einsatz eines
linearen Regressionsmodells anbietet, seien die Abhängigkeit der Exportnachfrage
von den Wechselkursen, die Zinsreagibilität von Investitionen oder – auf einzelwirt-
schaftlicher Ebene – die Wirkung von Werbeausgaben auf den Absatz eines Produktes aufgeführt.

7.2 Das Kleinste-Quadrate-Prinzip

Die Schätzung der Parameter eines ökonometrischen Modells erfolgt mit dem Ziel,
ein "möglichst gutes Ergebnis" zu erzielen. Nun wird es immer vom einzelnen Beobachter beziehungsweise vom Zweck der Schätzung eines ökonometrischen Modells abhängen, was man unter einem "möglichst guten Ergebnis" versteht. Für die

oben aufgeführten Beispiele, insbesondere die grafisch dargestellte Schätzung eines linearen Trends für das reale Bruttoinlandsprodukt, kann dieser Wunsch dadurch konkretisiert werden, dass man eine "möglichst gute" Anpassung der Daten durch das geschätzte Modell fordert. Der Fehler der Anpassung wird dabei durch die Abstände zwischen den vom Modell erklärten und den tatsächlich realisierten Größen beschrieben. In der Notation aus Kapitel 6 sind dies gerade die Realisierungen $\hat{\varepsilon}_t$ der Störgröße ε_t :

$$Y_t = \underbrace{\beta_1 + \beta_2 \cdot X_t}_{} + \underbrace{\varepsilon_t}_{}$$

$$\begin{matrix} \text{Modell} & & \text{Störung} \\ \text{"erklärt"} & & \text{"nicht erklärt"} \end{matrix}$$

Fallbeispiel: Die Nachfrage nach PKW in den USA

Im Dezember 1938 fand eine der ersten Tagungen der noch jungen Econometric Society in Detroit statt. Im selben Jahr erschien in der Zeitschrift der Society "Econometrica" ein aus dem niederländischen übersetzter Beitrag von de Wolff (1938), in dem die Faktoren untersucht werden, welche die Nachfrage nach PKW in den USA in den Jahren 1921 bis 1934 beeinflussten. Die Nachfrage wird dabei zerlegt in die Ersatznachfrage für ausgediente Fahrzeuge, die trendmäßige zusätzliche Nachfrage und die kurzfristige Abweichung von diesem Trend. Für diese letzte Komponente wird ein lineares Regressionsmodell geschätzt. Die geschätzte Beziehung lautet (de Wolff, 1938, S. 123)

$$A = -0,65K + 0,20N + 3,36 \,,$$

wobei A die Abweichung der zusätzlichen Nachfrage vom Trend in Millionen Fahrzeugen, K den durchschnittlichen Preis von Neuwagen in hundert Dollar und N die Gewinne der Kapitalgesellschaften in Milliarden Dollar bezeichnen. Eine Erhöhung der Preise um im Schnitt 100 Dollar wird demnach die Nachfrage um 0,65 Millionen Fahrzeuge senken, während eine Erhöhung der Gewinne um eine Milliarde Dollar die Nachfrage um 0,2 Millionen steigen lassen wird. Sind die durchschnittlichen Preise und die Gewinne der Kapitalgesellschaften bekannt, kann die zyklische Komponente der Nachfrage nach PKW berechnet werden. Auf diese Weise erhält de Wolff für 1935 einen Wert von 0,85 Millionen Fahrzeugen oder einschließlich der anderen Komponenten 2,88 Millionen PKW, was der tatsächlichen Zahl von 3,04 Millionen sehr nahe kam.

Dennoch kann das Modell nicht als Prognosemodell dienen, da die Werte für K und N kaum vor denen für A verfügbar sein dürften, wie der Autor ausführt. Eine solche Analyse kann aber einen ersten Schritt hin zu komplexeren und durch Einbeziehung von Frühindikatoren auch prognosefähigen Modellen darstellen. Auf einige Schwierigkeiten, die der empirische Wirtschaftsforscher dabei zu überwinden hat, wird in den folgenden Kapiteln noch einzugehen sein.

Quelle: de Wolff (1938).

Die Operationalisierung von "möglichst gut" kann auf unterschiedliche Weise erfolgen. Nicht sinnvoll wäre es dabei, allein die Summe der Abweichungen zu minimieren, da sich hierbei positive und negative Fehler gerade aufheben würden. Stattdessen könnte man beispielsweise die maximale absolute Abweichung ($\max_{t \in \{1,\dots,T\}} |\hat{\varepsilon}_t|$) oder die Summe der absoluten Abweichungen ($\sum_{t=1}^{T} |\hat{\varepsilon}_t|$) minimieren.[1] Im ersten Fall würde nur eine einzige Abweichung, nämlich die größte, die Ergebnisse treiben, im zweiten Fall würden alle Abweichungen unabhängig von ihrer relativen Größe gleichermaßen wirken. Einen Mittelweg zwischen diesen beiden Extremen stellt das Kleinste-Quadrate-Prinzip dar, das auch als Kleinste-Quadrate-Methode (auf Englisch "ordinary least squares" oder kurz "OLS") bezeichnet wird. Dabei werden die Schätzer so bestimmt, dass die Summe der quadratischen Abweichungen (auf Englisch "residual sum of squares"), d.h.

$$\text{RSS} = \sum_{t=1}^{T} \hat{\varepsilon}_t^2 \,, \tag{7.1}$$

minimiert wird. Damit erhalten große Abweichungen durch das Quadrieren eine relativ höhere Gewichtung als kleine Abweichungen. Diese Methode hat eine Reihe von Vorzügen. Unter anderem können die zugehörigen Schätzer in der Regel einfach berechnet werden. Letzteres ist zwar, wie bereits erwähnt, angesichts der heute verfügbaren Computerressourcen nur noch von untergeordneter Bedeutung für die numerische Berechnung. Allerdings erleichtert die für diesen Fall mögliche algebraische Bestimmung der geschätzten Parameter die Interpretation der Ergebnisse deutlich, weshalb das Kleinste-Quadrate-Prinzip nach wie vor das zentrale Arbeitsinstrument der angewandten Ökonometrie darstellt und deshalb auch im Mittelpunkt der weiteren Ausführungen stehen wird.

Formal lässt sich die Bestimmung der Regressionsparameter β_i als Optimierungsproblem auffassen. Gegeben seien Beobachtungen für die abhängige Variable Y_t und die erklärende(n) Variable(n) X_t. Dabei kann t ein Zeitindex sein, aber auch unterschiedliche Erhebungseinheiten wie Länder oder Personen bezeichnen. Ziel ist es nun, diejenigen Schätzwerte $\hat{\beta}_i$ für die Parameter β_i zu finden, für welche die Summe der Fehlerquadrate

$$\sum_{t=1}^{T} \hat{\varepsilon}_t^2 = \sum_{t=1}^{T} (Y_t - \hat{\beta}_1 - \hat{\beta}_2 X_t)^2$$

minimal wird.[2]

Zum besseren intuitiven Verständnis der Bedeutung der Regressionsparameter in der Kleinste-Quadrate-Schätzung seien zunächst einige Spezialfälle betrachtet. Im ersten Fall wird lediglich der Parameter β_1 ohne andere erklärende Variablen bestimmt, d.h. gesucht ist der Kleinste-Quadrate- oder KQ-Schätzer von β_1 im Modell

$$Y_t = \beta_1 + \varepsilon_t \,.$$

---

[1] Vgl. Abschnitt 8.8.

[2] Zur Erinnerung: Die Residuen $\hat{\varepsilon}_t$ ergeben sich als Differenz aus tatsächlichen Werten der abhängigen Größe Y_t und den vom geschätzten Modell "erklärten" Werten $\hat{Y}_t = \hat{\beta}_1 + \hat{\beta}_2 X_t$.

Die Minimierungsaufgabe lautet somit

$$\min_{\hat{\beta}_1} \sum_{t=1}^{T} (Y_t - \hat{\beta}_1)^2 \, .$$

Die Lösung erhält man mit den Standardverfahren der Analysis. Eine notwendige Bedingung für das Vorliegen eines Minimums für $\hat{\beta}_1$ ist demnach, dass die erste Ableitung der Zielfunktion gleich null ist.[3] Diese Bedingung führt zur Normalgleichung

$$\frac{d\left(\sum_{t=1}^{T}(Y_t - \hat{\beta}_1)^2\right)}{d\hat{\beta}_1} \stackrel{!}{=} 0$$

$$\Longleftrightarrow \quad -2\sum_{t=1}^{T}(Y_t - \hat{\beta}_1) = 0$$

$$\Longleftrightarrow \quad -2\sum_{t=1}^{T}Y_t + 2T\hat{\beta}_1 = 0$$

$$\Longleftrightarrow \quad \hat{\beta}_1 = \frac{1}{T}\sum_{t=1}^{T}Y_t \, .$$

Als Resultat ergibt sich in diesem einfachen Regressionsmodell, dass der geschätzte Parameter $\hat{\beta}_1$, der auch als Absolutglied bezeichnet wird, in Abwesenheit weiterer erklärender Variablen gerade dem Mittelwert der abhängigen Variablen entspricht.

Im zweiten Beispiel wird wieder die Konsumfunktion keynesianischer Prägung aufgegriffen. Dabei wird unterstellt, dass der private Verbrauch C vom verfügbaren Einkommen Y^v abhängt. Außerdem wird ein autonomer, also ein vom Einkommen unabhängiger Konsum angenommen. Das ökonomische Modell lautet somit

$$C = \beta_1 + \beta_2 Y^v \, ,$$

wobei das Absolutglied β_1 nunmehr für den autonomen Konsum steht. Abbildung 7.2 zeigt die Zeitreihen für den privaten Verbrauch (schwarze Linie) und das verfügbare Einkommen (graue Linie) in der Bundesrepublik Deutschland von 1960 bis zum ersten Quartal 2016 in laufenden Preisen.

Bereits im vorangegangenen Kapitel wurden einige weitere Größen diskutiert, die möglicherweise einen Einfluss auf das Konsumverhalten haben könnten. Da diese nicht in das gewählte ökonomische Modell eingehen, müssen sie wie andere unbekannte oder unvorhersehbare Effekte im ökonometrischen Modell durch den Fehlerterm ε_t abgebildet werden. Es ergibt sich somit das ökonometrische Modell

$$C_t = \beta_1 + \beta_2 Y_t^v + \varepsilon_t \, ,$$

sofern für die vernachlässigten Komponenten ein unsystematischer Einfluss angenommen werden kann. Insbesondere müssen die ε_t als Zufallszahlen mit Erwartungswert null interpretierbar sein, d.h. es soll gelten $E(\varepsilon) = 0$. Durch Minimierung der

---

[3] Dass diese Bedingung auch hinreichend für das Vorliegen eines Minimums der Summe der quadrierten Fehler ist, kann aus dem positiven Vorzeichen der zweiten Ableitung, die in diesem Fall den konstanten Wert $2T$ aufweist, geschlossen werden.

Abb. 7.2. Privater Verbrauch und Verfügbares Einkommen (in lfd. Preisen)

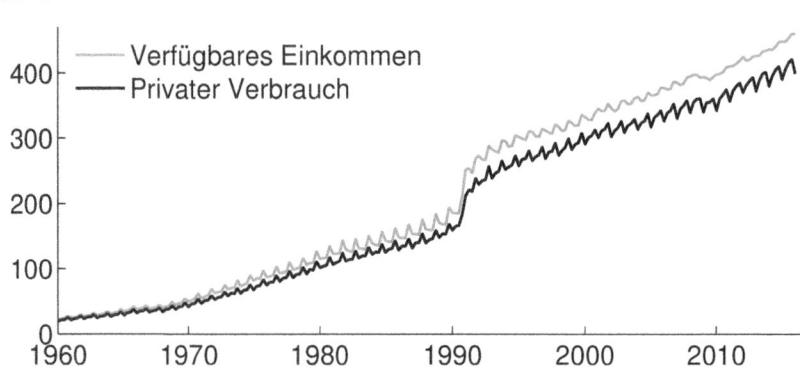

<u>Quelle:</u> Deutsches Institut für Wirtschaftsforschung VGR; Deutsche Bundesbank Zeitreihendatenbank; eigene Berechnungen.

Summe der quadrierten Fehler erhält man wieder Schätzwerte $\hat{\beta}_1$ und $\hat{\beta}_2$ für die unbekannten Parameter des Modells. Die zu minimierende quadratische Zielfunktion ist in diesem Fall durch

$$q(\hat{\beta}_1, \hat{\beta}_2) = \sum_{t=1}^{T} (C_t - \hat{\beta}_1 - \hat{\beta}_2 Y_t^v)^2$$

gegeben. Eine notwendige Bedingung für ein Minimum ist wiederum, dass die ersten partiellen Ableitungen der Zielfunktion nach den beiden Parametern gleich null sind,[4] d.h. die Normalgleichungen

$$\frac{\partial \left(\sum_{t=1}^{T} (C_t - \hat{\beta}_1 - \hat{\beta}_2 Y_t^v)^2 \right)}{\partial \hat{\beta}_1} \overset{!}{=} 0$$

$$\frac{\partial \left(\sum_{t=1}^{T} (C_t - \hat{\beta}_1 - \hat{\beta}_2 Y_t^v)^2 \right)}{\partial \hat{\beta}_2} \overset{!}{=} 0$$

müssen erfüllt sein. Die Berechnung der partiellen Ableitungen führt mit der Bezeichnung $\hat{\varepsilon}_t = C_t - \hat{\beta}_1 - \hat{\beta}_2 Y_t^v$ für die geschätzten Residuen auf die äquivalenten Bedingungen

---

[4] Diese Bedingung ist auch in diesem Fall hinreichend, wie die Analyse der Matrix der zweiten Ableitungen ergibt. Siehe beispielsweise Wewel (2014, S. 108).

$$-2\sum_{t=1}^{T}(C_t - \hat{\beta}_1 - \hat{\beta}_2 Y_t^v) = -2\sum_{t=1}^{T}\hat{\varepsilon}_t \overset{!}{=} 0 \tag{7.2}$$

$$-2\sum_{t=1}^{T}(C_t - \hat{\beta}_1 - \hat{\beta}_2 Y_t^v)Y_t^v = -2\sum_{t=1}^{T}\hat{\varepsilon}_t Y_t^v \overset{!}{=} 0. \tag{7.3}$$

Auflösen nach $\hat{\beta}_1$ und $\hat{\beta}_2$ ergibt die Kleinste-Quadrate-Schätzer[5]

$$\hat{\beta}_2 = \frac{Cov(C_t, Y_t^v)}{Var(Y_t^v)} \tag{7.4}$$

$$\hat{\beta}_1 = \overline{C} - \hat{\beta}_2 \overline{Y^v}, \tag{7.5}$$

wobei $\overline{C}$ und $\overline{Y^v}$ jeweils das arithmetische Mittel der Variablen bezeichnen. Aus der Bedingung (7.2) folgt direkt, dass für den Mittelwert der mit der KQ-Methode geschätzten Residuen gilt: $\overline{\hat{\varepsilon}_t} = 0$. Dies entspricht offenkundig der theoretischen Anforderung $E(\varepsilon) = 0$. Der KQ-Schätzer $\hat{\beta}_2$ für den Effekt der erklärenden Größe auf die abhängige Variable wird zentral durch die Kovarianz beider Größen determiniert, die lediglich noch durch die Varianz der erklärenden Größe geteilt wird. D.h., immer wenn beide Variablen positiv korreliert sind, wird auch der Schätzer $\hat{\beta}_2$ positiv sein. Im Fall einer negativen Korrelation ergibt sich entsprechend ein negativer Schätzer $\hat{\beta}_2$. Schließlich lässt sich Gleichung 7.5 dahingehend interpretieren, dass $\hat{\beta}_1$ den Mittelwert der abhängigen Größe C_t misst, bereinigt um den mittleren Einfluss der erklärenden Größe Y_t^v.

Die Berechnung der KQ-Schätzer erfolgt in der Praxis mit Hilfe geeigneter Ökonometrie- oder Statistiksoftware. Abbildung 7.3 zeigt das Ergebnis einer Schätzung mit EViews 9 für die bereits abgebildeten Daten, wobei KONSUM den privaten Verbrauch und YVERF das verfügbare Einkommen bezeichnen.

Abb. 7.3. Schätzergebnis für Konsumgleichung (EViews 9)

```
Dependent Variable: KONSUM         Method: Least Squares
Sample: 1960Q1 2016Q1        Included observations: 225
=====================================================
Variable  Coefficient   Std. Error   t-Statistic    Prob.
=====================================================
C          -1.528218     0.667462    -2.289596     0.0230
YVERF       0.903111     0.002628    343.6505      0.0000
=====================================================
R-squared              0.998115   Mean dependent var 188.4903
Adjusted R-squared 0.998107   S.D. dependent var 128.8808
F-statistic            118095.7   Prob(F-statistic)  0.000000
=====================================================
```

---

[5] Für die Details der Ableitung siehe beispielsweise Wewel (2014, S. 108).

Die Schätzwerte $\hat{\beta}_1$ und $\hat{\beta}_2$ für die Koeffizienten β_1 und β_2 finden sich in der Spalte `Coefficient`, wobei `C` das Absolutglied bezeichnet. Man kann sich `C` auch als Variable vorstellen, die zu allen Beobachtungszeitpunkten den Wert eins annimmt. Als Ergebnis erhält man somit einen negativen autonomen Konsum[6] $\hat{\beta}_1$ in Höhe von ungefähr -1,53 Mrd. € und eine marginale Konsumneigung $\hat{\beta}_2$ von ungefähr 0,90. Ökonometriesoftware wie EViews 9 liefert üblicherweise noch eine Reihe weiterer Angaben, die in Abbildung 7.3 nur teilweise dargestellt sind. Unmittelbar nachvollziehbar ist die Angabe des Mittelwertes der zu erklärenden Variable (`Mean dependent var`) und ihrer Standardabweichung (`S.D. dependent var`). Auf weitere ausgewiesene Angaben wird in den folgenden Abschnitten näher eingegangen werden.

Zunächst soll lediglich die Aufteilung in einen erklärten und einen unerklärten Teil des Modells betrachtet werden, um eine erste Aussage über die "Güte" der Schätzung zu erhalten. Mit Hilfe der ermittelten Werte für die Koeffizienten kann der erklärte Teil des Modells durch

$$\hat{C}_t = \hat{\beta}_1 + \hat{\beta}_2 Y_t^v$$
$$= -1,53 + 0,90 \cdot Y_t^v$$

berechnet werden. Die verbleibenden Fehler oder Residuen

$$\hat{\varepsilon}_t = C_t - \hat{C}_t$$

stellen somit die nicht erklärten Anteile dar.

Abbildung 7.4 zeigt im oberen Teil die tatsächlichen Werte des privaten Verbrauchs als gestrichelte Linie und die durch das Regressionsmodell erklärte Höhe $\hat{C}_t$ als graue Linie. Beide Linien fallen nahezu übereinander, d.h. das Modell scheint auf den ersten Blick geeignet, die Entwicklung des privaten Verbrauchs über die Zeit als Funktion des verfügbaren Einkommens abzubilden.

Im unteren Teil der Abbildung werden die Residuen der Schätzung, d.h. die Differenz zwischen tatsächlichen und vom Modell erklärten Werten abgetragen. Hier zeigt sich, dass die "Fehler" der Regressionsbeziehung in ihrer absoluten Höhe von bis zu 15 Mrd. € nicht vernachlässigbar sind. Aspekte einer weitergehenden Analyse dieser Residuen werden in Kapitel 8 angesprochen.

Diese Beispiele dienten der Veranschaulichung des Prinzips der Kleinste-Quadrate-Schätzung. Nun soll die Darstellung des allgemeinen Falls diesen Abschnitt schließen. Der allgemeine Fall ist dadurch charakterisiert, dass mehr als eine erklärende Variable in das ökonometrische Modell eingehen kann, d.h. es werden Zusammenhänge der Form

$$Y_t = \beta_1 + \beta_2 X_{2,t} + \beta_3 X_{3,t} + \ldots + \beta_k X_{k,t} + \varepsilon_t \text{ für } t = 1,\ldots,T \tag{7.6}$$

---

[6] Streng genommen ist dieser Wert so zu interpretieren, dass der gesamte private Verbrauch in Deutschland negativ wird, wenn das verfügbare Einkommen auf null sinkt. Da eine solche Situation jedoch deutlich außerhalb des Rahmens der bisherigen Beobachtungen liegt, gelten ähnliche Vorbehalte wie im Fall der Extrapolation gegen eine derartige Aussage. Siehe Abschnitt 3.2.6 auf S. 44.

Abb. 7.4. Erklärte und unerklärte Anteile von C_t

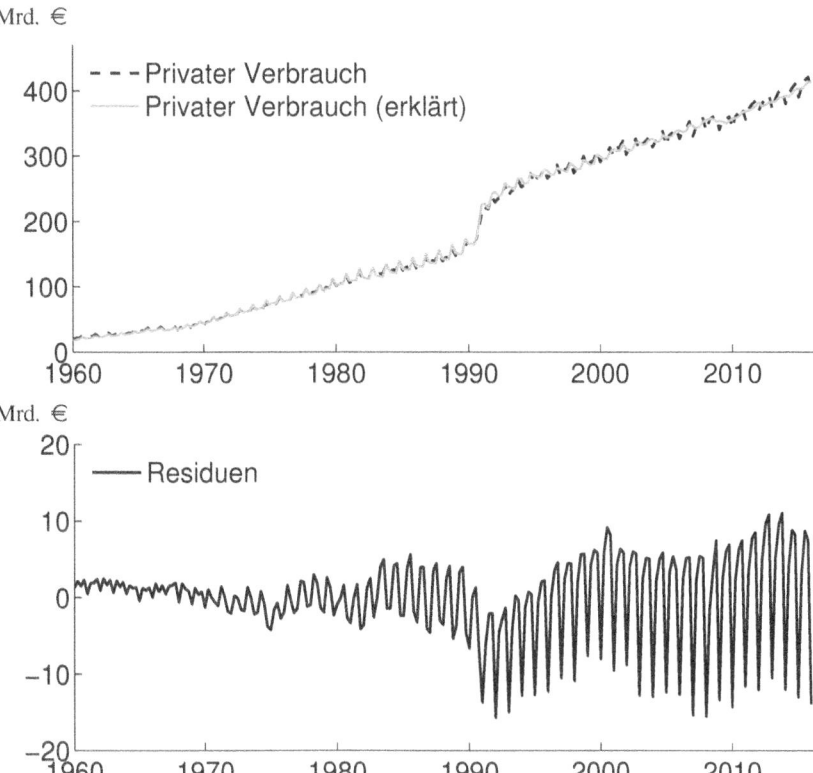

Quelle: Deutsches Institut für Wirtschaftsforschung VGR; Deutsche Bundesbank Zeitreihendatenbank; eigene Berechnungen.

betrachtet. Die Darstellung kann vereinfacht werden, wenn die Beobachtungen der
zu erklärenden Variable Y_t zum Spaltenvektor $\mathbf{Y} = (Y_1, \ldots, Y_T)'$, die Beobachtungen
der erklärenden Variablen zur Matrix

$$
\mathbf{X} = \begin{pmatrix} 1 & X_{2,1} & \cdots & X_{k,1} \\ \vdots & \vdots & & \vdots \\ 1 & X_{2,T} & \cdots & X_{k,T} \end{pmatrix}
$$

und die Störterme ε_t ebenfalls zu einem Spaltenvektor $\boldsymbol{\varepsilon} = (\varepsilon_1, \ldots, \varepsilon_T)'$ zusammengefasst werden.[7] Die erste Spalte der Matrix $\mathbf{X}$ enthält nur die Werte eins als Eintrag.
Damit wird das Absolutglied der Regressionsgleichung abgebildet. Die Formulierung des Modells in Matrixschreibweise lautet somit

---

[7] Vgl. z.B. Heij *et al.* (2004, S. 120f).

$$\mathbf{Y} = \mathbf{X}\boldsymbol{\beta} + \boldsymbol{\varepsilon} \, ,$$

wobei $\boldsymbol{\beta} = (\beta_1, \beta_2, \ldots, \beta_k)'$ der Spaltenvektor der zu schätzenden Koeffizienten ist. Für die folgenden Ableitungen sind einige Anforderungen an das Modell zu stellen. Erfüllt sein müssen insbesondere die folgenden Annahmen:

1. Gleichung (7.6) stellt die Spezifikation des ökonometrischen Modells dar. Insbesondere sind alle relevanten Variablen in $\mathbf{X}$ enthalten.
2. Die Elemente der Matrix $\mathbf{X}$ sind exogen vorgegeben[8] und weisen eine endliche Varianz auf. Außerdem muss der Rang von $\mathbf{X}$ gleich der Anzahl der erklärenden Variablen k sein. Ist diese Bedingung nicht erfüllt, spricht man von vollständiger Multikollinearität der erklärenden Variablen, auf die in Abschnitt 8.1 näher eingegangen wird. Damit die Bedingung überhaupt erfüllt sein kann, muss $k \leq T$ gelten.
3. Die Störterme $\boldsymbol{\varepsilon}$ sind zufällig verteilt mit Erwartungswert $E(\boldsymbol{\varepsilon}) = \mathbf{0}$ und Varianz-Kovarianz-Matrix $E(\boldsymbol{\varepsilon}\boldsymbol{\varepsilon}') = \sigma^2 \mathbf{I}_T$, wobei $\mathbf{I}_T$ eine Einheitsmatrix der Größe $T \times T$ ist. Dies bedeutet insbesondere, dass die Varianz der Störterme unabhängig von der Zeit beziehungsweise unabhängig von der Beobachtung t ist. Da $\mathbf{X}$ als exogen vorgegeben angenommen wurde, folgt außerdem, dass $\boldsymbol{\varepsilon}$ und $\mathbf{X}$ nicht korreliert sind.[9] Für die Inferenzaussagen in Abschnitt 7.3 ist zusätzlich zu fordern, dass die Zufallsgrößen $\boldsymbol{\varepsilon}$ normalverteilt sind.

Die Bedeutung einiger dieser Annahmen und die Konsequenzen für die Schätzung, wenn sie verletzt sind, wird Gegenstand des folgenden Kapitels 8 sein.

Das Ziel der Kleinste-Quadrate-Schätzung besteht darin, einen Koeffizientenvektor $\hat{\boldsymbol{\beta}}$ so zu bestimmen, dass die Summe der Fehlerquadrate

$$\text{RSS} = \sum_{t=1}^{T} \hat{\varepsilon}_t^2 = \hat{\boldsymbol{\varepsilon}}'\hat{\boldsymbol{\varepsilon}} \tag{7.7}$$

minimal wird. Dabei ist

$$\hat{\boldsymbol{\varepsilon}} = \mathbf{Y} - \hat{\mathbf{Y}} = \mathbf{Y} - \mathbf{X}\hat{\boldsymbol{\beta}} \, .$$

Gleichung (7.7) kann damit wie folgt umgeformt werden:

$$\begin{aligned}
\hat{\boldsymbol{\varepsilon}}'\hat{\boldsymbol{\varepsilon}} &= (\mathbf{Y} - \mathbf{X}\hat{\boldsymbol{\beta}})'(\mathbf{Y} - \mathbf{X}\hat{\boldsymbol{\beta}}) \\
&= \mathbf{Y}'\mathbf{Y} - \hat{\boldsymbol{\beta}}'\mathbf{X}'\mathbf{Y} - \mathbf{Y}'\mathbf{X}\hat{\boldsymbol{\beta}} + \hat{\boldsymbol{\beta}}'\mathbf{X}'\mathbf{X}\hat{\boldsymbol{\beta}} \\
&= \mathbf{Y}'\mathbf{Y} - 2\hat{\boldsymbol{\beta}}'\mathbf{X}'\mathbf{Y} + \hat{\boldsymbol{\beta}}'\mathbf{X}'\mathbf{X}\hat{\boldsymbol{\beta}} \, .
\end{aligned}$$

Unter Anwendung der Regeln für die Ableitung von Skalarprodukten und quadratischen Formen (Schmidt und Trenkler, 2006, Kapitel 11) erhält man die Bedingungen erster Ordnung für das Minimierungsproblem, d.h. die Normalgleichungen

---

[8] Diese Annahme ist für die vorgestellte Konsumfunktion im strengen Sinn nicht erfüllt.

[9] Diese schwächere Anforderung ist für viele Resultate ausreichend, d.h. die Exogenität im strengen Sinne ist nicht unbedingt erforderlich.

$$\frac{\partial \mathtt{RSS}}{\partial \hat{\boldsymbol{\beta}}} = -2\mathbf{X}'\mathbf{Y} + 2\mathbf{X}'\mathbf{X}\hat{\boldsymbol{\beta}} = \mathbf{0}\,,$$

woraus durch Auflösen nach $\hat{\boldsymbol{\beta}}$ der Kleinste-Quadrate-Schätzer

$$\hat{\boldsymbol{\beta}} = (\mathbf{X}'\mathbf{X})^{-1}\mathbf{X}'\mathbf{Y}$$

resultiert. Die Matrix $(\mathbf{X}'\mathbf{X})$ ist symmetrisch vom Format $k \times k$ und ihre Invertierbarkeit folgt aus der Annahme, dass keine perfekte Multikollinearität vorliegt, also $\mathbf{X}$ den Rang k aufweist.

Es kann gezeigt werden, dass $\hat{\boldsymbol{\beta}}$ ein unverzerrter Schätzer für den tatsächlichen Parametervektor $\boldsymbol{\beta}$ ist, indem das ökonometrische Modell $\mathbf{Y} = \mathbf{X}\boldsymbol{\beta} + \boldsymbol{\varepsilon}$ als Ausgangspunkt der Schätzung wie folgt benutzt wird:

$$\begin{aligned}
\hat{\boldsymbol{\beta}} &= (\mathbf{X}'\mathbf{X})^{-1}\mathbf{X}'\mathbf{Y} = (\mathbf{X}'\mathbf{X})^{-1}\mathbf{X}'(\mathbf{X}\boldsymbol{\beta} + \boldsymbol{\varepsilon}) \\
&= (\mathbf{X}'\mathbf{X})^{-1}(\mathbf{X}'\mathbf{X})\boldsymbol{\beta} + (\mathbf{X}'\mathbf{X})^{-1}\mathbf{X}'\boldsymbol{\varepsilon} \\
&= \boldsymbol{\beta} + (\mathbf{X}'\mathbf{X})^{-1}\mathbf{X}'\boldsymbol{\varepsilon} = \boldsymbol{\beta} + \mathbf{A}\boldsymbol{\varepsilon}\,,
\end{aligned} \tag{7.8}$$

wobei $\mathbf{A} = (\mathbf{X}'\mathbf{X})^{-1}\mathbf{X}'$ als Funktion von $\mathbf{X}$ ebenfalls exogen ist. Damit ergibt sich für den Erwartungswert des Schätzers $\hat{\boldsymbol{\beta}}$

$$\mathrm{E}(\hat{\boldsymbol{\beta}}) = \boldsymbol{\beta} + \mathrm{E}(\mathbf{A}\boldsymbol{\varepsilon}) = \boldsymbol{\beta} + \mathbf{A}\,\mathrm{E}(\boldsymbol{\varepsilon}) = \boldsymbol{\beta}\,,$$

da $\mathrm{E}(\boldsymbol{\varepsilon})$ gemäß der Annahmen gleich null ist.

7.3 Inferenz für Kleinste-Quadrate-Schätzer

Zur Veranschaulichung der Aussagen über Zufallsprozesse und ihre Verteilung, die den folgenden Ausführungen zugrunde liegen, betrachten wir zunächst noch einmal das Konsummodell aus dem vorangegangenen Abschnitt. Wird das Absolutglied in dieser Gleichung weggelassen, d.h. betrachtet man das ökonometrische Modell

$$C_t = \beta_1 Y_t^v + \varepsilon_t\,,$$

dann bildet der Parameter β_1 die durchschnittliche Konsumquote über die gesamte betrachtete Zeitperiode hinweg ab. Die durchschnittliche Konsumquote kann jedoch für jede Periode $t = 1, \ldots, T$ direkt durch C_t / Y_t^v berechnet werden. Abbildung 7.5 zeigt im oberen Teil den Verlauf der so berechneten Konsumquote für jeden Zeitpunkt t, wobei für C_t und Y_t^v jeweils durch gleitende Durchschnitte saisonbereinigte Werte eingesetzt wurden, um die jahreszeitlichen Schwankungen der Konsumquote auszublenden. Die Glättung der Daten erfolgt dabei lediglich zur Verbesserung der Anschaulichkeit, ist jedoch für die eigentliche Regressionsanalyse nicht zu empfehlen.[10]

---

[10] Auf die Methoden der Saisonbereinigung und möglichen Auswirkungen auf die Regressionsanalyse wird in Kapitel 10 näher eingegangen.

Abb. 7.5. Durchschnittliche Konsumquoten

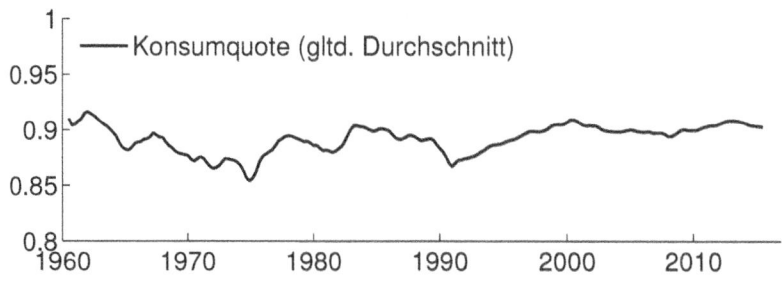

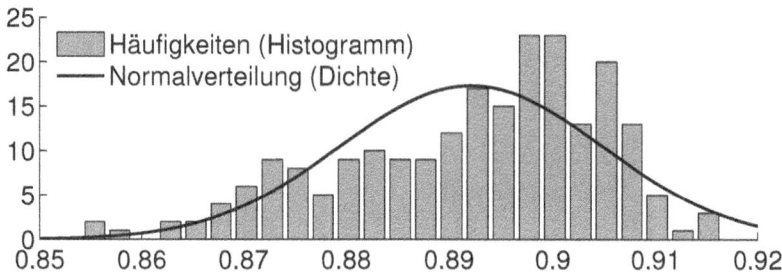

Quelle: Deutsches Institut für Wirtschaftsforschung VGR; Deutsche Bundesbank Zeitreihendatenbank; eigene Berechnungen.

Im unteren Teil der Abbildung sind die Beobachtungen in Form eines Histogramms der empirischen Häufigkeiten zusammengefasst. Außerdem wird die Dichtefunktion einer Normalverteilung mit passenden Werten für die Parameter μ und σ
als durchgezogene Linie ausgewiesen.

Offenbar konzentrieren sich die durchschnittlichen Konsumquoten im Bereich
um 0,90, während es mit abnehmender Häufigkeit auch Werte unter 0,87 beziehungsweise über 0,91 gibt. Der mit Hilfe der Kleinste-Quadrate-Methode bestimmte
Schätzwert $\hat{\beta}_1$ beträgt 0,898.[11] Er bestätigt damit den bereits optisch gewonnenen
Eindruck über den mittleren Effekt des Einkommens auf den Konsum. Allerdings ist
in diesem Punktschätzer die Information über die Streuung der Konsumquoten, die
im unteren Teil der Abbildung zu erkennen ist, nicht enthalten. Die Analyse dieser
Streuung und daraus zu ziehender Schlussfolgerungen sind das Thema der folgenden
Unterabschnitte.

---

[11] Im Unterschied zu den in Abbildung 7.3 ausgewiesenen Ergebnissen enthält das Modell in
diesem Fall keine Konstante.

7.3.1 Der t-Test

Aus Gleichung (7.8) kann nicht nur abgeleitet werden, dass der Kleinste-Quadrate-Schätzer unverzerrt ist, wenn die Annahmen an das Modell erfüllt sind. Vielmehr wird aus diesem Zusammenhang auch deutlich, dass sich die statistischen Eigenschaften des Fehlerprozesses ε_t auf den Schätzer $\hat{\boldsymbol{\beta}}$ übertragen.

Fallbeispiel: Die Geldnachfrage

Eine geldmengenorientierte Zentralbankpolitik, wie sie die Deutsche Bundesbank in früheren Jahren verfolgt hat, wird durch einen stabilen Zusammenhang zwischen Geldmenge, Transaktionsvolumen und Zinssatz begründet. In Erweiterung quantitätstheoretischer Ansätze wird ein solcher Zusammenhang als Geldnachfrage interpretiert. Die ökonometrische Abbildung erfolgt häufig über ein multiplikatives Modell, das in logarithmischer Schreibweise durch

$$\log M_t = \beta_1 + \beta_2 \log Y_t + \beta_3 \log i_t + \varepsilon_t$$

gegeben ist. Dabei bezeichnet M die reale Geldmenge, Y das Transaktionsvolumen, oft approximiert durch eine Einkommensgröße wie das BIP, und i einen geeigneten, meist kurzfristigen Zinssatz. Diese und ähnliche Formulierungen gehören zu den am häufigsten ökonometrisch untersuchten Beziehungen. So kann Fase (1994) eine auf einer großen Anzahl von Veröffentlichungen basierende "Verteilung" der geschätzten Parameter präsentieren. Die Abbildung zeigt Histogramme für die Parameter $\hat{\beta}_2$ (links) und $\hat{\beta}_3$ (rechts) für das Geldmengenaggregat M1.

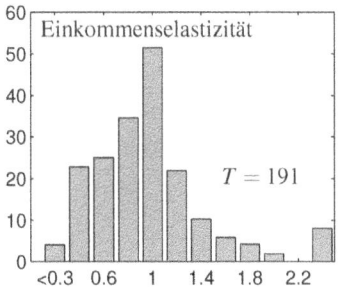 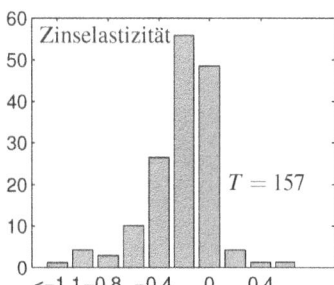

Quelle: Fase (1994, S. 432).

Die dargestellte Verteilung der geschätzten Parameter beruht in diesem Beispiel darauf, dass unterschiedliche Länder und Zeitperioden untersucht wurden. Wenn dafür ein einheitliches ökonometrisches Modell adäquat ist, kann die Verteilung jedoch auch als empirisches Analogon zu den hergeleiteten Verteilungen der KQ-Schätzer $\hat{\boldsymbol{\beta}}$ angesehen werden. Für die Geldnachfrage ergibt sich eine Einkommenselastizität, die durchschnittlich etwas über eins liegt, während für die Zinselastizität im Mittel ein nur geringfügig negativer Effekt gefunden wird.

Abbildung 7.6 zeigt ein Histogramm der Verteilung der $\hat{\varepsilon}_t$ aus der Schätzung der Konsumfunktion im vorhergehenden Abschnitt (siehe Abbildung 7.4). Neben dieser Approximation der Dichte der realisierten empirischen Verteilung ist die Dichte der entsprechenden Normalverteilung als durchgezogene Linie abgetragen. Trotz einiger Abweichungen vom Idealbild der Normalverteilung kann allein aufgrund der Grafik nicht ausgeschlossen werden, dass die geschätzten $\hat{\varepsilon}_t$ eine Realisierung eines normalverteilten Fehlerprozesses darstellen.

Abb. 7.6. Histogramm der Schätzfehler und Normalverteilung

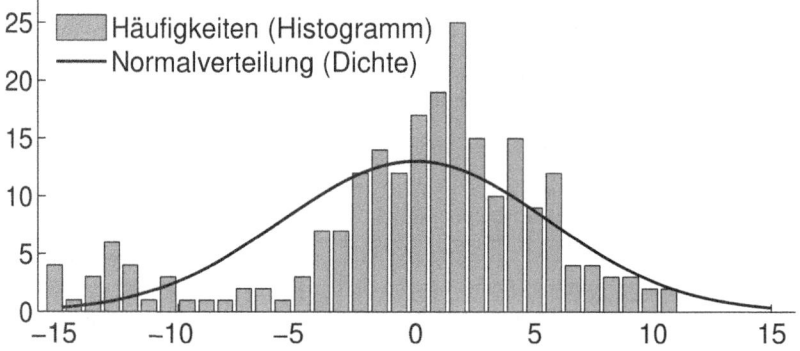

Quelle: Deutsches Institut für Wirtschaftsforschung VGR; Deutsche Bundesbank Zeitreihendatenbank; eigene Berechnungen.

Wenn man davon ausgehen kann, dass die Störgrößen normalverteilt sind, dann folgt, dass $\hat{\boldsymbol{\beta}}$ einer multivariaten Normalverteilung mit Erwartungswerten $\boldsymbol{\beta}$ und Varianz-Kovarianz-Matrix $\sigma^2(\mathbf{X'X})^{-1}$ folgt, d.h.

$$\hat{\boldsymbol{\beta}} \sim \mathcal{N}\left(\boldsymbol{\beta}, \sigma^2(\mathbf{X'X})^{-1}\right).$$

Die Varianz-Kovarianz-Matrix für $\hat{\boldsymbol{\beta}}$ ist durch

$$
\begin{aligned}
\mathrm{Var}(\hat{\boldsymbol{\beta}}) &= \mathrm{E}[(\hat{\boldsymbol{\beta}} - \boldsymbol{\beta})(\hat{\boldsymbol{\beta}} - \boldsymbol{\beta})'] \\
&= \begin{bmatrix}
\mathrm{E}[(\hat{\beta}_1 - \beta_1)^2] & \cdots & \mathrm{E}[(\hat{\beta}_1 - \beta_1)(\hat{\beta}_k - \beta_k)] \\
\vdots & & \vdots \\
\mathrm{E}[(\hat{\beta}_k - \beta_k)(\hat{\beta}_1 - \beta_1)] & \cdots & \mathrm{E}[(\hat{\beta}_k - \beta_k)^2]
\end{bmatrix} \\
&= \begin{bmatrix}
\mathrm{Var}(\hat{\beta}_1) & \cdots & \mathrm{Cov}(\hat{\beta}_1, \hat{\beta}_k) \\
\vdots & & \vdots \\
\mathrm{Cov}(\hat{\beta}_1, \hat{\beta}_k) & \cdots & \mathrm{Var}(\hat{\beta}_k)
\end{bmatrix}
\end{aligned}
$$

definiert. Die Elemente auf der Diagonalen weisen also die Varianzen der geschätzten Parameter aus, während die anderen Elemente die Kovarianzen abbilden. Analog zum Vorgehen für den Erwartungswert berechnet man

$$\text{Var}(\hat{\boldsymbol{\beta}}) = \text{Var}[(\mathbf{X}'\mathbf{X})^{-1}\mathbf{X}'\boldsymbol{\varepsilon}] = (\mathbf{X}'\mathbf{X})^{-1}\mathbf{X}'\text{E}(\boldsymbol{\varepsilon}\boldsymbol{\varepsilon}')\mathbf{X}(\mathbf{X}'\mathbf{X})^{-1}$$
$$= \sigma^2(\mathbf{X}'\mathbf{X})^{-1}\mathbf{X}'\mathbf{X}(\mathbf{X}'\mathbf{X})^{-1} = \sigma^2(\mathbf{X}'\mathbf{X})^{-1}.$$

Es lässt sich zeigen, dass die Varianz des Kleinste-Quadrate-Schätzers unter allen unverzerrten linearen Schätzern für das beschriebene ökonometrische Modell minimal ist. Diese Eigenschaft des Kleinste-Quadrate-Schätzers wird als Effizienz bezeichnet.[12]

Um die Varianz-Kovarianz-Matrix für $\hat{\boldsymbol{\beta}}$ numerisch berechnen zu können, ist es notwendig, auch die Varianz des Fehlerprozesses ε_t, die a priori unbekannt ist, zu schätzen. Der Schätzer

$$\hat{\sigma}^2 = \frac{1}{T-k}\hat{\boldsymbol{\varepsilon}}'\hat{\boldsymbol{\varepsilon}}$$

erweist sich als unverzerrter Schätzer für σ^2. Der Nenner des Korrekturfaktors $(T-k)$ wird auch als Anzahl der Freiheitsgrade des ökonometrischen Modells bezeichnet. Je größer dieser Wert ist, desto unabhängiger voneinander können sich die einzelnen Reihen in $\mathbf{X}$ über die Zeit entwickeln, desto weniger droht also Multikollinearität zum Problem zu werden.

Mit dem unverzerrten Schätzer für σ^2 erhält man, da $\mathbf{X}$ als exogen angenommen wurde, $\hat{\sigma}^2(\mathbf{X}'\mathbf{X})^{-1}$ als unverzerrten Schätzer der Varianz-Kovarianz-Matrix $\text{Var}(\hat{\boldsymbol{\beta}})$. Im Folgenden bezeichnet $\text{Var}(\hat{\boldsymbol{\beta}})$ diesen Schätzer auf Grundlage von $\hat{\sigma}^2$.[13] Diese Matrix hängt allerdings nicht mehr linear von $\boldsymbol{\varepsilon}$ ab, da auch $\hat{\sigma}^2$ eine Funktion von $\boldsymbol{\varepsilon}$ ist. Um Aussagen über die Verteilung des Schätzers $\hat{\boldsymbol{\beta}}$ machen zu können, ist deshalb eine Zwischenüberlegung notwendig.

Allgemein folgt die Summe von T unabhängig standardnormalverteilten Zufallsvariablen einer χ^2-Verteilung mit T Freiheitsgraden (Fahrmeir *et al.*, 2009, S. 302). Betrachtet man die Residuen der Schätzung $\hat{\boldsymbol{\varepsilon}}$, so weisen diese nur noch $T-k$ Freiheitsgrade auf, weil durch die Bestimmung der β_i bereits k Restriktionen auferlegt wurden. Dieser Tatbestand kann auch wie folgt motiviert werden. Dazu wird angenommen, dass die Beobachtungen der abhängigen und der erklärenden Variablen, $\mathbf{Y}$ und $\mathbf{X}$, bekannt sind und die $\hat{\beta}_i$ bereits geschätzt wurden. Dann reicht die Information über $T-k$ Werte von $\hat{\varepsilon}_t$ aus, um die restlichen k Werte zu berechnen. Diese sind also nicht mehr "frei" wählbar. $\hat{\sigma}^2$ ist daher χ^2-verteilt mit $T-k$ Freiheitsgraden.

Die Zufallsvariablen $(\hat{\beta}_i - \beta_i)$ folgen, wie bereits gezeigt, einer Normalverteilung mit Erwartungswert null und Varianz $\text{Var}(\hat{\beta}_i)$. Außerdem kann gezeigt werden, dass $(\hat{\beta}_i - \beta_i)$ und $(T-k)\frac{\hat{\sigma}^2}{\sigma^2}$ unabhängig voneinander verteilt sind. Dann gilt, dass die Größe

---

[12] Der Beweis dieser Resultate wird auch als Gauss-Markov-Theorem bezeichnet. Vgl. z.B. Heij *et al.* (2004, S. 98).

[13] Um zu kennzeichnen, dass es sich dabei um eine geschätzte Varianz handelt, finden sich in der Literatur auch die Bezeichnung "Est.Var" (für "estimated variance") oder die Notation $\widehat{Var}(\hat{\beta})$.

$$t_{T-k} = \frac{\hat{\beta}_i - \beta_i}{\sqrt{\mathrm{Var}(\hat{\beta}_i)}} \qquad (7.9)$$

als Quotient einer normalverteilten und einer χ^2-verteilten Zufallsvariablen einer t-Verteilung mit $T - k$ Freiheitsgraden folgt (Fahrmeir *et al.*, 2009, S. 303). Wäre σ^2 hingegen bekannt, würde eine analoge Größe mit σ anstelle von $\hat{\sigma}$ offensichtlich einer Normalverteilung folgen.

In Abbildung 7.7 ist die Standardnormalverteilung als grau durchgezogene Linie zusammen mit zwei t-Verteilungen, die ebenfalls einen Erwartungswert von null aufweisen, abgetragen. Die schwarz durchgezogene Linie stellt die t-Verteilung mit 2, die gestrichelte Linie die t-Verteilung mit 10 Freiheitsgraden dar. Daraus ist die Tendenz erkennbar, dass die t-Verteilung mit zunehmender Zahl der Freiheitsgrade der Normalverteilung immer ähnlicher wird. Für eine begrenzte Zahl von Freiheitsgraden ist augenfällig, dass die t-Verteilung breitere Enden besitzt. Für derart t-verteilte Zufallsgrößen ist es also wahrscheinlicher, bei einer zufälligen Ziehung daraus einen sehr kleinen oder sehr großen Wert zu erhalten, als dies für die Standardnormalverteilung der Fall ist. Diesen Unterschied verdeutlichen die ebenfalls eingezeichneten 5%- und 95%-Quantile.[14] Diese senkrecht markierten Werte sind so definiert, dass jeweils 5% der zufälligen Ziehungen aus der Verteilung kleiner als das 5%-Quantil beziehungsweise größer als das 95%-Quantil sind.

Abb. 7.7. Normalverteilung und t-Verteilung

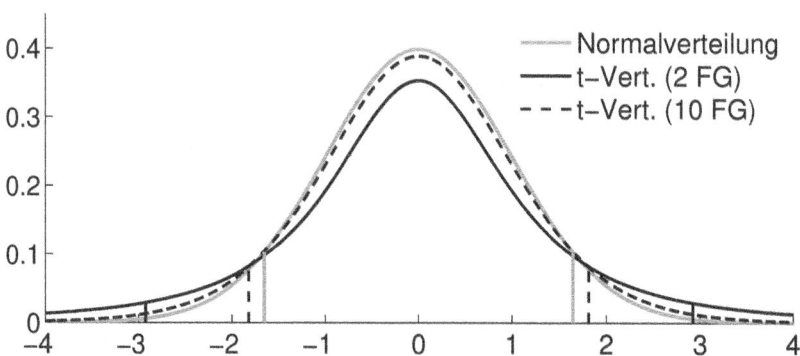

Die Kenntnis dieser Schwellenwerte oder kritischen Werte, die aus entsprechenden Tabellen entnommen werden können,[15] erlaubt es, Hypothesentests für die geschätzten Parameter durchzuführen. Dazu wird in Gleichung (7.9) der unbekannte wahre Parameterwert β_i durch einen hypothetischen Referenzwert $\tilde{\beta}_i$ ersetzt. Dieser

---

[14] Vgl. Abschnitt 3.3.

[15] Einige wichtige Werte sind in der Tabelle im Anhang 7.6 zu diesem Kapitel ausgewiesen.

Referenzwert sollte eine ökonomisch interessante Situation repräsentieren. Eine in diesem Kontext sehr häufig anlaysierte Situation ist die, dass der zugehörige Regressor $X_{i,t}$ keinen Einfluss auf die abhängige Größe aufweist, also $\tilde{\beta}_i = 0$ gilt. Im Beispiel der geschätzten Konsumfunktion könnte eine derartige Fragestellung lauten, ob das Absolutglied, das als autonomer Konsum interpretiert wird, ungleich null ist. In diesem Fall wird die Testgröße t_{T-k} auch als t-Wert bezeichnet. Die Nullhypothese lautet, dass β_i gleich $\tilde{\beta}_i$ ist. Die Wahrscheinlichkeit, dass die zufällige Realisierung der Testgröße unter dieser Hypothese entstanden ist, kann gegen drei unterschiedliche Alternativhypothesen abgewogen werden:

1. $\beta_i \neq \tilde{\beta}_i$,
2. $\beta_i > \tilde{\beta}_i$ oder
3. $\beta_i < \tilde{\beta}_i$.

Im Falle des autonomen Konsums ist $\tilde{\beta}_i = 0$ gesetzt worden. In ökonometrischen Anwendungen wird meist die erste Alternativhypothese als Standard gesetzt, d.h. es soll geklärt werden, ob der tatsächliche Parameter, d.h. β_i, von $\tilde{\beta}_i = 0$ abweicht. Will man überprüfen, ob die Nullhypothese mit großer Wahrscheinlichkeit zugunsten der Alternativhypothese abzulehnen ist, ist zunächst ein Signifikanzniveau zu wählen. Übliche Größen hierfür sind 10%, 5% oder 1%. Ein Signifikanzniveau von 5% bedeutet, dass bei wiederholter Durchführung derselben Analyse mit unterschiedlichen Stichproben die Wahrscheinlichkeit, die Nullhypothese zu verwerfen, obwohl sie richtig ist, kleiner als 5% ist. Dies ist im Beispiel genau dann erreicht, wenn der t-Wert kleiner als das 2,5%-Quantil oder größer als das 97,5%-Quantil der relevanten t-Verteilung ist. Dieser Wert wird auch als kritischer Wert zum Signifikanzniveau 5% bezeichnet. Allgemein sind die kritischen Werte t_c für die drei Alternativhypothesen und ein Signifikanzniveau von α durch

1. $P(|t| > t_c) = \alpha$,
2. $P(t > t_c) = \alpha$ und
3. $P(t < -t_c) = \alpha$

definiert, wobei t für eine unter der Nullhypothese t-verteilte Zufallsgröße steht.

Zusammenfassend wird man die Nullhypothese $\beta_i = \tilde{\beta}_i$ zu einem gegebenen Signifikanzniveau α und dem zugehörigen kritischen Wert t_c genau dann ablehnen, wenn

1. $|t\text{-Wert}| > t_c$,
2. $t\text{-Wert} > t_c$ beziehungsweise
3. $t\text{-Wert} < -t_c$

ist. Für den Fall $\ddot{\beta}_i = 0$ wird der erste dieser t-Tests auch als Test der Signifikanz der i-ten erklärenden Variable bezeichnet. Da die erklärenden Variablen auch als Regressoren bezeichnet werden, wird das Vorgehen auch als Test der Signifikanz des Regressors i oder kurz als Signifikanztest bezeichnet. Die gängigen Ökonometriesoftwarepakete weisen den Wert der t-Statistik für die einzelnen Koeffizienten und den Vergleichswert $\tilde{\beta}_i = 0$ aus. In Abbildung 7.3 werden in der Spalte `Std. Error` die Werte von $\sqrt{\mathrm{Var}(\hat{\beta}_i)}$ und in der Spalte `t-Statistic` die t-Werte ausgewiesen.

Die letzte Spalte `Prob.` schließlich gibt an, zu welchem Signifikanzniveau die Nullhypothese $\hat{\beta}_i = 0$ gegen die erste Alternative verworfen werden kann. Für das Beispiel der Konsumfunktion muss daher die Nullhypothese, dass der autonome Anteil des Konsums gleich null ist, zum Signifikanzniveau 5% verworfen werden, da der t-Wert von -2,29 kleiner als das 2,5%-Quantil ist (bzw. aufgrund der Symmetrie der Verteilung der Absolutbetrag des t-Werts von 2,29 größer als das 97,5%-Quantil ist). Noch deutlicher zu verwerfen ist die Hypothese $\beta_2 = 0$ mit einem t-Wert von 343,65. Der Konsum ist demnach signifikant abhängig vom verfügbaren Einkommen. Für eine andere Nullhypothese, nämlich die, dass jeder Euro zusätzliches verfügbares Einkommen in den Konsum geht, für die marginale Konsumneigung also gilt $\beta_2 = 1$, erhält man gemäß Gleichung (7.9) mit den Informationen zum geschätzten Parameter und dessen geschätzter Standardabweichung aus Abbildung 7.3 eine t-Statistik von

$$t = \frac{0,9031 - 1}{0,0026} = -37,27.$$

Auch diese Nullhypothese muss also verworfen werden. Die tatsächliche marginale Konsumneigung ist kleiner als eins.

Neben der Durchführung statistischer Tests zu einzelnen Hypothesen über die Parameter des ökonometrischen Modells erlauben die abgeleiteten Verteilungsaussagen noch eine andere Interpretation. Ist t_c beispielsweise der kritische Wert zum 97,5%-Signifikanzniveau der t-Verteilung mit der entsprechenden Anzahl von Freiheitsgraden, so stellt das Intervall

$$\left[\hat{\beta}_i - t_c \cdot \sqrt{\text{Var}(\hat{\beta}_i)}, \hat{\beta}_i + t_c \cdot \sqrt{\text{Var}(\hat{\beta}_i)} \right]$$

ein 95%-Konfidenzintervall für den Parameter β_i dar. Die Wahrscheinlichkeit, dass die so konstruierten Konfidenzintervalle den tatsächlichen Wert β_i beinhalten, beträgt 95%.

7.3.2 Der F-Test

Ein anderer Ansatz zur Beurteilung der Güte der Schätzung setzt nicht an den einzelnen Parameterschätzern an, wie dies im Fall der t-Werte der Fall war. Vielmehr geht man davon aus, dass sich die Variation der zu erklärenden Variablen in zwei Komponenten zerlegen lässt. Die erste Komponente ist dabei die Variation, die durch das ökonometrische Modell erklärt wird, während die zweite Komponente den unerklärten Teil der Variation beinhaltet, welcher der Summe der Fehlerquadrate `RSS` entspricht.[16] Die Variation der erklärten Variable Y, d.h. die gesamte Summe der quadratischen Abweichungen ("total sum of squares" `TSS`) vom Mittelwert $\overline{Y}$ ist durch

$$\text{TSS} = \sum_{t=1}^{T} (Y_t - \overline{Y})^2 = \mathbf{Y}'\mathbf{Y} - T \left(\frac{\sum_{t=1}^{T} Y_t}{T} \right)^2$$

---

[16] Dieser Wert wird von der Software EViews 9 als `Sum squared resid` ausgewiesen. In Abbildung 7.3 wurde dieser Wert nicht dargestellt.

gegeben. Sie lässt sich aus der in den Regressionsergebnissen ausgewiesenen Standardabweichung (S.D. dependent var) durch Quadratur und Multiplikation mit $T-1$ berechnen. Die erklärte Variation ("explained sum of squares" ESS), d.h. die Summe der quadrierten Abweichungen der Regressionsergebnisse $\mathbf{X}\hat{\boldsymbol{\beta}}$, berechnet sich als

$$\text{ESS} = \sum_{t=1}^{T}(X_t'\hat{\boldsymbol{\beta}} - \overline{Y})^2 = \hat{\boldsymbol{\beta}}'\mathbf{X}'\mathbf{X}\hat{\boldsymbol{\beta}} - T\left(\frac{\sum_{t=1}^{T}Y_t}{T}\right)^2.$$

Damit gilt

$$\text{TSS} = \text{ESS} + \text{RSS}$$

so dass

$$R^2 = \frac{\text{ESS}}{\text{TSS}} = 1 - \frac{\text{RSS}}{\text{TSS}}$$

den Anteil der durch das ökonometrische Modell erklärten Variation der abhängigen Variablen bezeichnet. Diese Kenngröße wird in der Regel von der Ökonometriesoftware mit ausgewiesen. In Abbildung 7.3 findet sich der Wert von 0,998 für den Eintrag R-squared. Dieser berechnet sich für das Beispiel durch

$$R^2 = 1 - \frac{\text{RSS}}{\text{TSS}} = 1 - \frac{7\,012{,}548}{(225-1)\cdot 128{,}8808^2} = 1 - \frac{7\,012{,}548}{3\,720\,698{,}4} = 0{,}9981.$$

Der Anteil der erklärten Variation R^2 liefert ein Maß für die Gesamtgüte des geschätzten Modells. Allerdings ist klar, dass durch die Hinzunahme weiterer erklärender Variablen der Wert von R^2 nur steigen kann. Andererseits widerspricht ein Modell mit sehr vielen erklärenden Variablen, die für sich genommen teilweise nur einen sehr geringen Erklärungsgehalt haben, den Kriterien, die in Kapitel 6 für die ökonometrische Modellbildung aufgestellt wurden. Man würde geschätzte Modelle erhalten, die zwar ein hohes R^2 aufweisen, in denen aber vor lauter erklärenden Variablen kein inhaltlicher Erklärungsgehalt zu finden wäre. Um das Bestimmtheitsmaß R^2 gegen diese Gefahr zu schützen, wird in der Regel eine um die Anzahl der Freiheitsgrade korrigierte Version mit ausgewiesen.[17] Dieses korrigierte Bestimmtheitsmaß ist durch

$$\bar{R}^2 = 1 - \left(\frac{\text{RSS}}{\text{TSS}}\right)\left(\frac{T-1}{T-k}\right)$$

definiert. In den Schätzergebnissen, die von EViews 9 ausgewiesen werden, ist es unter Adjusted R-squared zu finden. Im Beispiel der Konsumfunktion ergibt sich nur ein geringfügiger Unterschied, da neben der Konstanten nur ein Parameter geschätzt wurde.

Analog zur t-Statistik im vorangegangenen Abschnitt ist auch R^2 als Zufallsgröße zu betrachten, da es eine Funktion zufälliger Größen ist. Man kann zeigen, dass die Größe

---

[17] Zur Erinnerung: die Anzahl der Freiheitsgrade ergibt sich aus der Anzahl der verfügbaren Beobachtungen abzüglich der Anzahl der erklärenden Variablen einschließlich des Absolutglieds.

$$F_{k-1,T-k} = \frac{R^2}{1-R^2} \frac{T-k}{k-1}$$

einen Quotienten darstellt, dessen Zähler und Nenner jeweils die Summe der Quadrate normalverteilter Zufallszahlen (mit Erwartungswert null und Varianz eins) enthält. Zähler und Nenner sind also χ^2-verteilt. Dann folgt die Größe $F_{k-1,T-k}$ einer F-Verteilung mit $k-1$ Freiheitsgraden für den Zähler und $T-k$ Freiheitsgraden für den Nenner. Mit tabellierten kritischen Werten der F-Verteilung ist es damit möglich, die Nullhypothese, dass alle erklärenden Variablen außer dem Absolutglied zusammen keinen Erklärungsgehalt haben, dass also $\beta_2 = \beta_3 = \ldots = \beta_k = 0$ gilt, zu testen. Die Größe $F_{k-1,T-k}$ ist ebenfalls in den Ergebnissen der Regressionsanalyse in Abbildung 7.3 unter der Bezeichnung F-statistic enthalten. Das Signifikanzniveau, zu dem die Nullhypothese verworfen werden kann, wird unter der Bezeichnung Prob(F-statistic) ausgewiesen.[18] Im Beispiel kann mit einer F-Statistik von 118 095,7 die Hypothese, dass $\beta_2 = 0$ ist, zu jedem üblichen Signifikanzniveau verworfen werden.

Dasselbe Verfahren kann genutzt werden, um andere lineare Restriktionen mehrerer Koeffizienten zu testen. So kann die Frage geklärt werden, ob eine bestimmte Teilmenge erklärender Variablen zusammengenommen von Bedeutung für die Erklärung der abhängigen Variable ist. Dazu wird das Bestimmheitsmaß R^2 einerseits für das Modell mit allen Variablen (R^2) und andererseits für das Modell ohne die betrachtete Gruppe von q Variablen (R_r^2) berechnet. Der Index r in der Bezeichnung R_r^2 weist dabei darauf hin, dass es sich um das R^2 für ein restringiertes Modell handelt. Die Test-Statistik für die Nullhypothese, dass die Parameter für die q Variablen alle den Wert null annehmen, basiert im wesentlichen auf der Differenz der beiden Bestimmtheitsmaße:

$$F_{q,T-k} = \left(\frac{R^2 - R_r^2}{1 - R^2} \right) \left(\frac{T-k}{q} \right). \tag{7.10}$$

Wenn die Restriktion den Erklärungsgehalt nicht nennenswert senkt, kann auf die zusätzlichen Variablen offenbar verzichtet werden. Die Test-Statistik ist F-verteilt mit q und $T-k$ Freiheitsgraden. Ein gemessen an dieser Verteilung großer Wert der Statistik deutet daher darauf hin, dass die Nullhypothese verworfen werden muss, wonach die q weggelassenen Variablen zusammen keinen Einfluss auf die abhängige Variable aufweisen.

7.4 Ein Anwendungsbeispiel

Um die vorgestellten Methoden und Ableitungen noch einmal im Zusammenhang an einem Beispiel darzustellen, wird auf das bereits in Abschnitt 7.1 vorgestellte Pro-

---

[18] Man beachte, dass die Interpretation des marginalen/empirischen Signifikanzniveaus Prob(F-statistic) invers zur F-Statistik läuft. Ein großer Wert der F-Statistik führt zur Ablehnung der Nullhypothese und zu kleinen Werten des marginalen/empirischen Signifikanzniveaus und umgekehrt. So wird zum 5%-Niveau verworfen, wenn das marginale Signifikanzniveau kleiner als 0,05 ist.

blem der Schätzung einer Trendfunktion für den Kettenindex des Bruttoinlandsproduktes zurückgegriffen. Im Folgenden wird es darum gehen, mit Hilfe der Regressionsanalyse ein Trendpolynom an die Daten anzupassen. Insbesondere soll geklärt
werden, welchen Grad ein derartiges Trendpolynom aufweisen sollte.[19]

Grundsätzlich gibt es dafür zwei Strategien, die auch in der Praxis beide eingesetzt werden. Entweder man fängt mit einem sehr umfangreichen Modell an, in
diesem Fall also einem Polynom hohen Grades, und überprüft anschließend, wie
weit sich dieses Modell ohne nennenswerte Verluste an Erklärungsgehalt verkleinern
lässt. Oder aber man fängt mit einem sehr einfachen Modell an, z.B. indem man für
die vorliegende Anwendung nur den Mittelwert als Regression auf eine Konstante
bestimmt, und erweitert es dann sukzessive, wobei jeweils zu prüfen ist, ob ein si-
gnifikanter Informationsgewinn erreicht wird. Es hängt davon ab, welche Entschei-
dungsregeln man auf den einzelnen Stufen einsetzt, ob beide Verfahren zu gleichen
oder zumindest ähnlichen Resultaten führen oder nicht.

In der Folge beschränkt sich die Darstellung auf die von einem allgemeinen Modell ausgehende Strategie. Abbildung 7.8 zeigt zunächst das Ergebnis der Kleinste-
Quadrate-Schätzung des Modells

$$y_t = \beta_1 + \beta_2 t + \beta_3 t^2 + \beta_4 t^3 + \beta_5 t^4 + \varepsilon_t \,,$$

wobei y_t den Kettenindex des Bruttoinlandsproduktes und $t = 1, \ldots, 101$ den Zeitraum vom ersten Quartal 1991 bis zum ersten Quartal 2016 bezeichnet. Die Variablen t, t^2, t^3 und t^4 stellen also deterministische Funktionen der Zeit dar. Gemeinsam
mit den Koeffizienten β_1 bis β_5 bilden sie ein Trendpolynom vierten Grades ab. Die
Festlegung auf einen maximalen Grad des Trendpolynoms von vier erfolgte für das
Beispiel ad hoc.

Die Betrachtung der Koeffizienten in der ersten Spalte weist neben dem Absolutglied $\hat{\beta}_1$ positive Koeffizienten für den linearen und quadratischen Term des Trendpolynoms aus. Der Koeffizient für t^3 ist negativ und klein, der für t^4 wiederum positiv
und sehr klein.[20] Allerdings sind die Größenordnungen der Koeffizienten im Verhältnis zu den erklärenden Variablen zu sehen, denn während der lineare Term t gerade
einmal von 1 auf 101 und der quadratische Term immerhin schon auf 10 201 steigt,
erreicht t^4 am Ende der Periode bereits einen Wert von mehr als 100 Millionen, so
dass auch ein kleiner Koeffizient einen relevanten Einfluss haben kann.

Darüber, ob die einzelnen Koeffizienten für sich betrachtet einen signifikanten
Einfluss haben, ob also davon ausgegangen werden kann, dass der "wahre" Wert von
β_i von null verschieden ist, geben die t-Statistiken Auskunft. Diese ist für $\hat{\beta}_1$ mit
83,86 sehr groß, d.h. es ist extrem unwahrscheinlich, dass der bedingte Mittelwert
des realen Bruttoinlandsproduktes nach Berücksichtigung der anderen Trendterme
gleich null ist. Anders verhält es sich für $\hat{\beta}_2, \ldots, \hat{\beta}_5$, deren t-Statistiken betragsmäßig
alle kleiner als 1,82 sind. Zu üblichen Signifikanzniveaus (z.B. 5%) kann also die

---

[19] Zur eingeschränkten Eignung von Trendpolynomen zu Extrapolations-, d.h. Prognosezwecken siehe Abschnitt 3.2.

[20] Die Notation 7.27E-07 steht für $7,27 \cdot 10^{-7} = 0,000000727$.

Abb. 7.8. Schätzung eines Trendpolynoms I (EViews 9)

```
Dependent Variable: BIP_Kettenindex Method: Least Squares
Sample: 1991Q1 2016Q1          Included observations: 101
============================================================
Variable  Coefficient  Std. Error   t-Statistic    Prob.
============================================================
C           78.52697    0.936407     83.85983      0.0000
T            0.150694    0.131124      1.149254     0.2533
T^2          0.008411    0.005371      1.566192     0.1206
T^3         -0.000141    8.09E-05     -1.748499     0.0836
T^4          7.27E-07    4.01E-07      1.811793     0.0731
============================================================
R-squared              0.953172   Mean dependent var  93.28545
Adjusted R-squared     0.951220   S.D. dependent var   9.032963
F-statistic          488.5094     Prob(F-statistic)    0.000000
============================================================
```

Hypothese, dass $\hat{\beta}_i = 0$ ist – gegeben den Einfluss der anderen erklärenden Faktoren – für jedes $i = 2, \ldots, 5$ für sich nicht verworfen werden.[21]

Besteht also das beste Modell nur aus β_1 und bildet somit lediglich den Mittelwert der Reihe ab? Abbildung 7.1 auf Seite 138 schien ein anderes Ergebnis nahe zu legen. Zumindest ein linearer Trendterm erscheint angemessen, um dem im betrachteten Zeitraum durchschnittlich positiven Wachstum des realen Bruttoinlandsproduktes gerecht zu werden.

In der Tat greift eine allein auf die einzelnen t-Statistiken konzentrierte Auswertung zu kurz und kann zu fehlerhaften Schlussfolgerungen führen. Immerhin deutet der hohe Wert des ebenfalls ausgewiesenen Bestimmtheitsmaßes R^2 (0,953) beziehungsweise des korrigierten Bestimmtheitsmaßes $\bar{R}^2$ (0,951) darauf hin, dass ein erheblicher Teil der Variation des realen Bruttoinlandsproduktes durch den nicht konstanten Teil des Trendpolynoms abgebildet wird. So kann es auch nicht überraschen, dass die aus diesen Bestimmtheitsmaßen abgeleitete F-Statistik für die Nullhypothese $\beta_2 = \beta_3 = \beta_4 = \beta_5 = 0$ einen mit 488,51 so hohen Wert ausweist, dass wieder für alle gängigen Signifikanzniveaus diese Nullhypothese verworfen werden muss.[22] Mit anderen Worten, die Wahrscheinlichkeit, dass alle Polynomterme $t, \ldots, t^4$ zusammen nicht helfen, die Entwicklung des realen Bruttoinlandsproduktes darzustellen, ist extrem gering.

Aus diesem Ergebnis kann jedoch nicht geschlossen werden, dass das geschätzte Trendpolynom vierten Grades eine optimale Darstellung ist in dem Sinne, dass mit

---

[21] Zur Erinnerung: Die kritischen Werte entsprechen in diesem Fall (mehr als 30 Freiheitsgrade) denen der Standardnormalverteilung, betragen zum 5%-Niveau also $\pm 1,96$. Vgl. Anhang 7.6.

[22] Dieses Ergebnis kann aus dem sehr niedrigen marginalen Signifikanzniveau unter `Prob(F-statistic)` abgelesen werden, das kleiner als 0,01, d.h. 1% ausfällt.

einem möglichst einfachen Modell eine gute Abbildung der Daten gelingt. Abbildung 7.9 zeigt im Vergleich auch die Schätzergebnisse für den einfachen linearen Trend, wie er in Abbildung 7.1 grafisch dargestellt wurde, d.h. für das Modell

$$y_t = \beta_1 + \beta_2 t + \varepsilon_t .$$

Abb. 7.9. Schätzung eines Trendpolynoms II (EViews 9)

```
Dependent Variable: BIP_Kettenindex Method: Least Squares
Sample: 1991Q1 2016Q1          Included observations: 101
===========================================================
Variable  Coefficient   Std. Error    t-Statistic    Prob.
===========================================================
C            78.25487     0.397767      196.7356     0.0000
T             0.300612     0.006872       43.74211    0.0000
===========================================================
R-squared              0.950804  Mean dependent var 93.28545
Adjusted R-squared     0.950307  S.D. dependent var 9.032963
F-statistic            1913.372  Prob(F-statistic)  0.000000
===========================================================
```

In diesem Modell deuten die t-Statistiken aller Parameter darauf hin, dass die Nullhypothese $\beta_i = 0$ jeweils zum Signifikanzniveau 5% verworfen werden muss. Neben diesem positiven Ergebnis weist die Schätzung jedoch einen geringeren Erklärungsgehalt als die vorangegangene aus. Dies gilt nicht nur für das Maß R^2, wo dies naturgemäß der Fall ist, sondern auch für das um die Anzahl der Freiheitsgrade korrigierte Maß $\bar{R}^2$. Die Frage, ob die Terme β_3, β_4 und β_5 nicht doch einen wesentlichen zusätzlichen Erklärungsgehalt besitzen, ist also noch nicht entschieden. Für die Klärung dieser Frage ist der in Unterabschnitt 7.3.2 zuletzt beschriebene F-Test geeignet. Alle für die Berechnung der relevanten F-Statistik notwendigen Angaben liegen vor. Das R^2 des allgemeinen Modells mit allen Parametern betrug 0,953172, das Bestimmtheitsmaß des restringierten Modells mit nur zwei Parametern lediglich 0,950804. Es liegen $T = 101$ Beobachtungen vor, für die im ursprünglichen Modell $k = 5$ Parameter geschätzt wurden. Die Anzahl der Restriktionen q ist gleich drei, nämlich $\beta_3 = 0$, $\beta_4 = 0$ und $\beta_5 = 0$. Damit erhält man aus Gleichung (7.10) einen Wert der Teststatistik von 1,62. Die Wahrscheinlichkeit, dass diese unter Gültigkeit der Nullhypothese zufällig entstanden ist, beträgt mehr als 20%.[23] Die Nullhypothese kann daher zum Signifikanzniveau 5% nicht verworfen werden. Offenbar weist für

---

[23] Dieses empirische Signifikanzniveau wird von EViews 9 bei der Durchführung des Tests mit der Software ausgewiesen. Alternativ können kritische Werte aus Tabellen für die F-Verteilung mit 3 und 96 Freiheitsgraden bestimmt werden. Der kritische Wert zum 5%-Niveau beträgt in diesem Fall beispielsweise 2,699.

den betrachteten Zeitraum also die Anpassung von Trendpolynomen höherer Ordnung keinen signifikant höheren Erklärungsgehalt als der lineare Trend auf.

7.5 Literaturauswahl

Einführende Darstellungen zum linearen Regressionsmodell finden sich nahezu ausnahmslos in jedem Lehrbuch zur Ökonometrie und in der Regel auch in Lehrbüchern zur schließenden Statistik. Deshalb liefert die folgende Auflistung lediglich einen kleinen, nicht repräsentativen Ausschnitt gängiger Lehrbücher in diesem Bereich, welche die Thematik abdecken.

Berndt (1991) führt in wichtige ökonometrische Verfahren mit Hilfe konkreter Fallbeispiele ein. Wallace und Silver (1988) wählen eine ähnliche Vorgehensweise, bleiben jedoch enger an einer Darstellung der Verfahren orientiert. Hansmann (1983) entkoppelt die Darstellung in die andere Richtung, d.h. er beginnt mit einer Einführung in einzelne Theoriefelder, um anschließend die notwendigen Methoden für die empirische Analyse einzuführen. Pindyck und Rubinfeld (1998) und Greene (2012) stellen umfassende Übersichten über ökonometrische Standardverfahren dar, Heij *et al.* (2004) liefert ebenfalls eine umfassende Darstellung, betont jedoch stärker die Anwendungen im Bereich der Wirtschaftswissenschaften, während Vogelvang (2005) die wesentlichen ökonometrischen Grundlagen und ihre Anwendung mit EViews vorstellt. Rinne (2004) stellt schließlich eine gut strukturierte, methodisch orientierte Einführung dar.

Auf einige Lehrbücher, die spezifische Aspekte der Regressionsanalyse ansprechen, wird in den Literaturübersichten am Ende der folgenden Kapitel eingegangen.

7.6 Anhang: Kritische Werte der *t*-Verteilung

Freiheits-	Quantile				
grade	0.75	0.90	0.95	0.975	0.99
1	1,000	3,078	6,314	12,706	31,821
2	0,816	1,886	2,920	4,303	6,965
3	0,765	1,638	2,353	3,182	4,541
4	0,741	1,533	2,132	2,776	3,747
5	0,727	1,476	2,015	2,571	3,365
6	0,718	1,440	1,943	2,447	3,143
7	0,711	1,415	1,895	2,365	2,998
8	0,706	1,397	1,860	2,306	2,896
9	0,703	1,383	1,833	2,262	2,821
10	0,700	1,372	1,812	2,228	2,764
11	0,697	1,363	1,796	2,201	2,718
12	0,695	1,356	1,782	2,179	2,681
13	0,694	1,350	1,771	2,160	2,650
14	0,692	1,345	1,761	2,145	2,624
15	0,691	1,341	1,753	2,131	2,602
16	0,690	1,337	1,746	2,120	2,583
17	0,689	1,333	1,740	2,110	2,567
18	0,688	1,330	1,734	2,101	2,552
19	0,688	1,328	1,729	2,093	2,539
20	0,687	1,325	1,725	2,086	2,528
21	0,686	1,323	1,721	2,080	2,518
22	0,686	1,321	1,717	2,074	2,508
23	0,685	1,319	1,714	2,069	2,500
24	0,685	1,318	1,711	2,064	2,492
25	0,684	1,316	1,708	2,060	2,485
26	0,684	1,315	1,706	2,056	2,479
27	0,684	1,314	1,703	2,052	2,473
28	0,683	1,313	1,701	2,048	2,467
29	0,683	1,311	1,699	2,045	2,462
30	0,683	1,310	1,697	2,042	2,457
40	0,681	1,303	1,684	2,021	2,423
60	0,679	1,296	1,671	2,000	2,390
120	0,677	1.289	1.658	1.980	2358
∞	0,674	1,282	1,645	1,960	2,326

Residuenanalyse und Überprüfung der Modellannahmen

In Abschnitt 7.2 wurden Anforderungen an die Störgrößen des Regressionsmodells aufgeführt, die erfüllt sein müssen, damit der Kleinste-Quadrate-Schätzer die erwünschten Eigenschaften aufweist und die darauf basierenden Inferenzaussagen gültig sind. In diesem Kapitel werden diese Anforderungen etwas eingehender besprochen. Insbesondere wird es um drei Aspekte gehen: In welchen Anwendungsgebieten ist besonders häufig mit bestimmten Problemen zu rechnen? Wie kann überprüft werden, ob die Anforderungen erfüllt sind? Welche Möglichkeiten bestehen, trotz Verletzung der Annahmen zu brauchbaren Schätzergebnissen zu gelangen?

8.1 Multikollinearität

Im multiplen linearen Regressionsmodell, d.h. wenn mehrere erklärende Variablen in $\mathbf{X}$ enthalten sind, ist fast immer davon auszugehen, dass die erklärenden Variablen auch untereinander korreliert sind. Häufig kann schon die ökonomische Theorie auf eine bestehende Korrelation zwischen den erklärenden Variablen hinweisen.

In den Abbildungen 8.1 und 8.2 sind die Ergebnisse von zwei linearen Regressionsanalysen dargestellt. In der ersten Abbildung ist der private Verbrauch (C_t) auf der vertikalen Achse gegen das verfügbare Einkommen (Y_t^v) und einen langfristigen Zins (i_t^l) als erklärende Variablen abgetragen. Ein derartiges Modell ergibt sich beispielsweise aus der Theorie, wenn in der Konsumfunktion der intertemporale Aspekt der Konsumentscheidung berücksichtigt wird. In Abbildung 8.2 ist die zweite erklärende Variable neben dem verfügbaren Einkommen das Geldvermögen, das als Approximation für die Entwicklung des Vermögens eingesetzt wird. Alle Volumengrößen sind dabei in jeweiligen Preisen ausgedrückt. Zugrunde liegen quartalsweise Beobachtungen für den Zeitraum von 1975 bis zum 1. Quartal 2016.

In die Schaubilder sind jeweils die geschätzten Regressionsbeziehungen als durch ein graues Gitter angedeutete Hyperebenen eingezeichnet. Gegeben das ökonometrische Modell

$$C_t = \beta_1 + \beta_2 Y_t^v + \beta_3 i_t^l + \varepsilon_t,$$

Abb. 8.1. Multiple Lineare Regression I

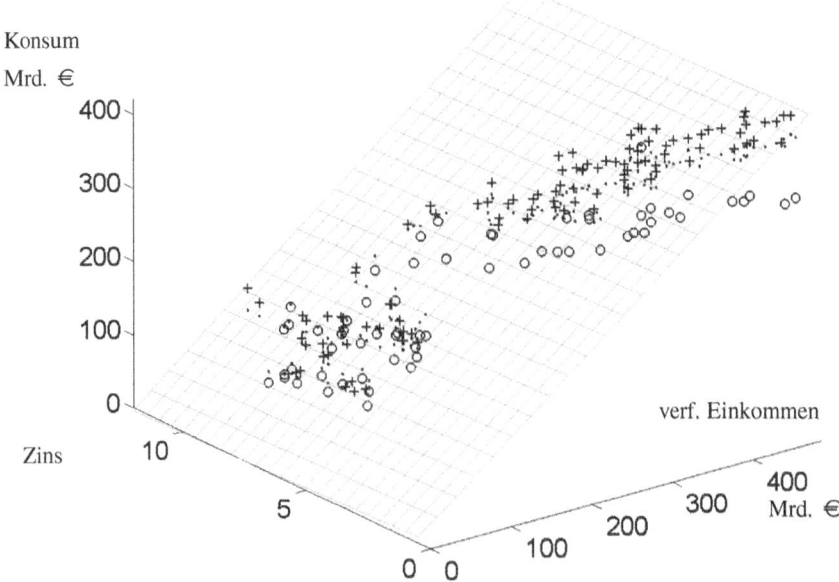

Quelle: Deutsches Institut für Wirtschaftsforschung VGR; Deutsche Bundesbank Zeitrei-
    hendatenbank; eigene Berechnungen.

ergibt sich diese Hyperebene in Abbildung 8.1 durch den geschätzten Zusammenhang

$$C = \hat{\beta}_1 + \hat{\beta}_2 Y^v + \hat{\beta}_3 i^l \, ,$$

dem alle Punkte auf dieser Fläche genügen, insbesondere die durch das Modell erklärten Werte

$$\hat{C}_t = \hat{\beta}_1 + \hat{\beta}_2 Y_t^v + \hat{\beta}_3 i_t^l \, ,$$

die in der Abbildung als Punkte markiert sind. Die tatsächlich beobachteten Vekto-
ren (C_t, Y_t^v, i_t^l) sind ebenfalls eingezeichnet und zwar durch ein Pluszeichen markiert,
wenn sie oberhalb des geschätzten Wertes liegen, und durch einen Kreis gekennzeichnet, wenn sie darunter liegen. Die Abweichungen wurden dabei um den Faktor
5 vergrößert, um sie besser sichtbar zu machen. Dieselbe Darstellungsweise liegt
auch Abbildung 8.2 zugrunde.

Das Vorliegen von Korrelationen zwischen den erklärenden Variablen eines multiplen Regressionsmodells stellt kein grundsätzliches Problem dar. Vielmehr ist der
Kleinste-Quadrate-Ansatz besonders geeignet, den Einfluss einer erklärenden Variablen unter Berücksichtigung des Einflusses anderer Variablen, die möglicherweise
mit dieser korreliert sind, zu erfassen. Auch zwischen den in Abbildung 8.1 verwen-

deten Größen verfügbares Einkommen und langfristiger Zinssatz besteht im betrachteten Zeitraum eine negative Korrelation.

Zum Scheitern ist dieser Ansatz dann verurteilt, wenn eine Variable keinen Erklärungsgehalt liefert, der über den bereits in den anderen Variablen enthaltenen
hinausgeht. Das in Abbildung 8.2 gezeigte Beispiel kommt dieser Situation nahe. Für dieses Beispiel wurde die Konsumfunktion um eine Approximation des
Geldvermögens *GV* (approximiert durch Einlagen und aufgenommene Kredite von
inländischen Nichtbanken) erweitert. Die Korrelation zwischen Y_t^v und *GV* ist sehr
groß ($\rho = 0.973$). Anschaulich ausgedrückt versucht der KQ-Schätzer in diesem Fall,
eine Regressionshyperebene durch Punkte zu legen, die alle (fast) auf einer Geraden
liegen. Eine Drehung der Ebene um diese Gerade wird die Schätzfehler $\hat{\varepsilon}_t$ nur geringfügig beeinflussen. Umgekehrt kann somit eine kleine Änderung der zufälligen
Störterme zu großen Änderungen der geschätzten Parameter führen. Die Parameterschätzer sind in diesem Fall somit sehr unsicher und reagieren sensitiv auf kleine
Änderungen, z.B. des Beobachtungszeitraums. Diese Schätzunsicherheit drückt sich
auch in großen geschätzten Varianzen $\text{Var}(\hat{\beta}_i)$ und teilweise unplausiblen Parameter-
werten aus.

Abb. 8.2. Multiple Lineare Regression II

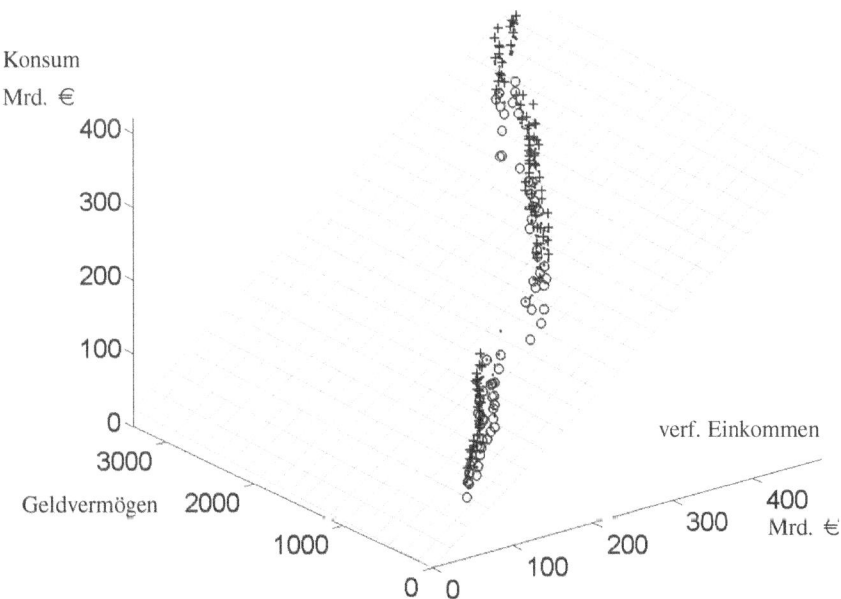

Quelle: Deutsches Institut für Wirtschaftsforschung VGR; Deutsche Bundesbank Zeitreihendatenbank; eigene Berechnungen.

Im Extremfall liegt exakte Multikollinearität vor. Dies ist dann der Fall, wenn sich eine der erklärenden Variablen nicht nur ungefähr durch die Entwicklung der anderen darstellen lässt, sondern exakt eine Linearkombination der anderen Variablen darstellt. In einer grafischen Darstellung wie in Abbildung 8.2 würden die Punkte exakt auf einer Linie liegen. In diesem Fall ist die Matrix $\mathbf{X}$ und damit auch $\mathbf{X}'\mathbf{X}$ singulär, also nicht invertierbar. Der KQ-Schätzer $\hat{\beta}$ kann damit nicht mehr eindeutig berechnet werden. Ökonometrische Softwarepakete melden in diesem Fall meistens eine singuläre Matrix als Ursache.

Exakte Multikollinearität kann unter anderem aufgrund von nicht berücksichtigten definitorischen Identitäten, z.B. im Rahmen der Volkswirtschaftlichen Gesamtrechnung, oder durch die Einbeziehung von Dummy-Variablen,[1] deren Werte sich zu eins addieren, verursacht werden.

Ein Beispiel aus der mikroökonomischen Analyse der Lohnhöhe soll diese Ursachen verdeutlichen. Geschätzt werden soll eine Lohnfunktion

$$W_t = f(\text{Humankapital}_t, \text{Alter}_t),$$

wobei W_t den Monatslohn von Person t darstellt. Die Variable Humankapital misst die Qualität der Arbeit und wird häufig durch die in den Datensätzen vorhandenen Variablen Ausbildungszeit und Berufserfahrung approximiert.[2] Das Alter wird in die Schätzung einbezogen, um Senioritätsregeln in der Entlohnungsstruktur beziehungsweise sich mit dem Alter verändernde Produktivitäten abzubilden. Das ökonometrische Modell lautet somit

$$W_t = \beta_1 + \beta_2 \text{Ausbildungszeit}_t + \beta_3 \text{Berufserfahrung}_t + \beta_4 \text{Alter}_t + \varepsilon_t. \qquad (8.1)$$

In dem in Deutschland für die Schätzung solcher Funktionen häufig herangezogenen Paneldatensatz, dem GSOEP,[3] fehlen Angaben über die Berufserfahrung. Diese können im in erster Näherung, unter Abstrahierung des Einflusses von Arbeitslosigkeitsperioden, durch

$$\text{Berufserfahrung}_t = \text{Alter}_t - 6 - \text{Ausbildungszeit}_t \qquad (8.2)$$

approximiert werden. Wird die so konstruierte Variable in die Schätzgleichung (8.1) aufgenommen, ergibt sich jedoch exakte Multikollinearität, da Gleichung (8.2) gerade einen exakten linearen Zusammenhang zwischen der so definierten Berufserfahrung und den anderen erklärenden Variablen beschreibt.

Ein Hinweis auf das Vorliegen exakter Multikollinearität ist, wie bereits erwähnt, die Meldung der Ökonometriesoftware, dass eine Matrix singulär ist, also nicht invertiert werden kann. Etwas schwieriger ist es, festzustellen, ob hochgradig korrelierte Variablen möglicherweise zu sehr sensitiven Ergebnissen führen. In den bisher geschilderten Fällen von nur zwei erklärenden Variablen kann dies überprüft werden, indem man die Korrelation zwischen den beiden erklärenden Variablen berechnet. Allgemein ist ein Hinweis auf relevante Multikollinearität dann gegeben, wenn

---

[1] Vgl. Abschnitt 9.1.

[2] Vgl. Mincer (1974) für diesen Ansatz.

[3] Vgl. Abschnitt 2.3.

sich durch die Hinzunahme einer weiteren erklärenden Variablen die geschätzten Standardfehler deutlich vergrößern. Die in Abbildung 8.3 ausgewiesenen Ergebnisse verdeutlichen dies an einem Beispiel.

Abb. 8.3. Multikollinearität und Standardfehler (EViews 9)

```
Dependent Variable: KONSUM            Method: Least Squares
Sample: 1960Q1 2016Q1            Included observations: 225
===============================================================
Variable  Coefficient    Std. Error     t-Statistic     Prob.
===============================================================
C             2.119280     1.247391       1.698970      0.0907
YVERF         0.897554     0.003035     295.6952        0.0000
RG3M         -0.509218     0.148470      -3.429774      0.0007
===============================================================


===============================================================
Variable  Coefficient    Std. Error     t-Statistic     Prob.
===============================================================
C             6.229075     2.141433       2.908835      0.0040
YVERF         0.891747     0.003931     226.8447        0.0000
RUML         -0.892123     0.234721      -3.800785      0.0002
===============================================================


===============================================================
Variable  Coefficient    Std. Error     t-Statistic     Prob.
===============================================================
C             5.798186     2.588245       2.240200      0.0261
YVERF         0.892341     0.004415     202.0948        0.0000
RG3M         -0.088905     0.298600      -0.297740      0.7662
RUML         -0.769331     0.474768      -1.620437      0.1066
===============================================================
```

Dafür wird die Konsumfunktion aus Kapitel 7 zunächst alternativ um einen kurz- oder langfristigen Zins erweitert (RG3M beziehungsweise RUML).[4] In beiden Schätzungen wird ein negativer Einfluss des Zinssatzes auf den privaten Verbrauch gefunden, der auf Grundlage des t-Tests (t-Werte: -3.430 und -3.801) als signifikant zum 5%-Niveau betrachtet werden kann. In der dritten ausgewiesenen Schätzgleichung werden beide Zinsen gemeinsam als erklärende Variablen berücksichtigt. Die Korrelation zwischen beiden Zinssätzen beträgt für den Schätzzeitraum 0.883. Als Ergebnis der Schätzung findet man zwar für beide Zinsvariablen einen negativen Einfluss. Aufgrund der hohen geschätzten Standardabweichungen kann jedoch auf Basis der jeweiligen t-Statistiken für keinen der beiden Zinssätze für sich die Nullhypothese verworfen werden, dass er keinen Einfluss hat.

---

[4] Bei RG3M handelt es sich um den Zinssatz für Anlagen auf dem Interbankenmarkt mit Laufzeit von 3 Monaten, während RUML die Rendite auf inländische Inhaberschuldverschreibungen angibt.

Fallbeispiel: Digitalkameras und hedonische Preisindizes II

Im Fallbeispiel "Digitalkameras und hedonische Preisindizes I" auf Seite 56 wurde die Möglichkeit angesprochen, die Regressionsanalyse zur Berechnung qualitätsbereinigter Preisänderungen zu benutzen. Dazu muss zunächst der Einfluss von Qualitätsfaktoren auf die Preise bestimmt werden. Für eine Stichprobe von Digitalkameras in einer bestimmten Periode (im Beispiel August 2004) wird in einer log-linearen Spezifikation der Preis auf diese Faktoren regressiert:

$$\log p_i = \beta_0 + \beta_1 \log mp_i + \beta_2 \log zf_i \qquad (8.3)$$
$$+ \delta_1 D_i^{16} + \ldots + \delta_k D_i^{64} + \gamma_1 D_i^{CF1} + \ldots + \gamma_l D_i^{IN} + \varepsilon_i.$$

Dabei bezeichnet p_i den Preis, mp_i die Anzahl Megapixel und zf_i den optischen Zoomfaktor von Kamera i. Die Dummyvariablen D^{16} etc. geben die mitgelieferte Speicherkapazität und D^{CF1} etc. den verwendeten Speicherkartentyp an. Um perfekte Multikollinearität zu vermeiden, wird die größte Speicherkapazität (im Beispiel 256 MB) als Referenzkategorie betrachtet. Für den Kartentyp ergibt sich keine perfekte Multikollinearität, da einige Kameras mehrere unterschiedliche Kartentypen akzeptieren. Die Ergebnisse der Schätzung für 28 berücksichtigte Kameras lauten:

Erklärende Variable	Koeffizient	Standard- fehler	t-Statistik
Konstante	4.86	0.40	12.09
log Megapixel	0.51	0.17	3.02
log Zoomfaktor	0.26	0.07	3.59
D^{16}	0.61	0.29	2.15
D^{32}	0.40	0.22	1.84
D^{64}	-0.01	0.17	-0.04
D^{CF1}	-0.29	0.23	-1.28
D^{CF2}	0.29	0.18	1.63
D^{MS}	-0.43	0.18	-2.33
D^{MSP}	-0.05	0.27	-0.19
D^{MD}	0.38	0.23	1.62
D^{MM}	0.05	0.08	0.59
D^{SD}	-0.34	0.23	-1.49
D^{XD}	-0.35	0.21	-1.67
D^{IN}	-0.16	0.09	-1.84

Aufgrund der log-linearen Spezifikation können die Koeffizienten β_1 und β_2 als Preiselastizitäten in Bezug auf die Anzahl der Megapixel und den optischen Zoomfaktor interpretiert werden. Während diese Elastiztitäten signifikant von null verschieden sind, weisen die meisten Dummyvariablen keine signifikanten Effekte aus.

Trotz dieser Einschränkungen erklärt das Modell mit einem Wert des korrigierten R^2 von 86,3% einen beträchtlichen Teil der Variation der Preise von Digitalkameras in einem Querschnitt. Der unerklärte Anteil der Preisvariation ist möglicherweise auf fehlende weitere Faktoren zurückzuführen wie Design, Größe und Gewicht der Kamera, zusätzliche Funktionen etc.

Quelle: Winker und Rippin (2005).

Das Beispiel veranschaulicht die Ursachen von Schätzproblemen aufgrund zu hoher Korrelation der erklärenden Variablen. Liefert eine zusätzliche Variable aufgrund ihrer hohen Korrelation mit den bereits vorhandenen Variablen keinen zusätzlichen Erklärungsgehalt, so führt dies zu ungenauen Schätzwerten. Allerdings ist es im Allgemeinen nicht möglich, allein aus dieser Tatsache Aussagen über die ökonomische Relevanz der einzelnen Parameter zu machen. Deshalb kann das Weglassen von Variablen, die aufgrund hoher Korrelation mit anderen erklärenden Variablen irrelevant erscheinen, nur in Einzelfällen eine sinnvolle Lösung sein. Orientiert man sich beispielsweise im vorliegenden Fall allein an den t-Statistiken für die einzelnen geschätzten Parameter, gelangt man zu der fehlerhaften Schlussfolgerung, dass Zinsen keinen Einfluss auf den Konsum haben. Diesen Fehler kann man, wie in Abschnitt 7.3.2 vorgestellt, durch den Einsatz des F-Tests vermeiden. Die Entscheidung, relevante Variable aus der Schätzung zu entfernen, kann gravierende Auswirkungen auf das Schätzergebnis haben, wie im folgenden Abschnitt beschrieben wird. Daher ist es im Zweifelsfall eher zu empfehlen, die Variablen trotz der Kollinearitätsproblematik im Modell zu belassen.

8.2 Fehlende Variablen

Ein größeres Problem als Multikollinearität stellt in den Anwendungen das Problem fehlender Variablen dar. Während verhältnismäßig leicht geprüft werden kann, ob zu viele in die Schätzung einbezogene Variablen zu starker Kollinearität und damit großen Standardfehlern führen, ist zunächst unklar, ob und welche wichtigen Variablen möglicherweise im ökonometrischen Modell nicht berücksichtigt wurden. Im Folgenden wird gezeigt, dass fehlende Variablen zu verzerrten und inkonsistenten Schätzergebnissen führen können. Damit wird die Notwendigkeit einer gründlichen ökonomischen Analyse als Ausgangspunkt der ökonometrischen Arbeit besonders deutlich, da in dieser Stufe die Auswahl aller potentiell relevanten Variablen erfolgt.

Warum fehlende Variablen zu verzerrten Parameterschätzern führen können, soll an einem einfachen Beispiel demonstriert werden. Zunächst sei angenommen, dass das ökonometrische Modell

$$Y_t = \beta_1 X_{1t} + \beta_2 X_{2t} + \varepsilon_t$$

die richtige oder "wahre" Spezifikation darstellt. Geschätzt werde jedoch das fehlerhaft spezifizierte Modell ohne Variable X_2, also

$$Y_t = \beta_1^f X_{1t} + \varepsilon_t^f.$$

Dann ist $\varepsilon_t^f = \beta_2 X_{2t} + \varepsilon_t$. Sind die beiden erklärenden Variablen X_1 und X_2 korreliert, so ist demnach auch ε_t^f mit X_{1t} korreliert, wodurch eine der Annahmen aus Abschnitt 7.2, nämlich die Annahme keiner Korrelation von Fehlertermen und erklärenden Größen, verletzt ist.

Analog zur Herleitung von Gleichung (7.8) in Abschnitt 7.2 erhält man für den KQ-Schätzer von β_1^f

$$\hat{\beta}_1^f = (\mathbf{X}_1'\mathbf{X}_1)^{-1}\mathbf{X}_1'\mathbf{Y} = (\mathbf{X}_1'\mathbf{X}_1)^{-1}\mathbf{X}_1'(\beta_1\mathbf{X}_1 + \beta_2\mathbf{X}_2 + \boldsymbol{\varepsilon})$$
$$= (\mathbf{X}_1'\mathbf{X}_1)^{-1}(\mathbf{X}_1'\mathbf{X}_1)\beta_1 + (\mathbf{X}_1'\mathbf{X}_1)^{-1}\mathbf{X}_1'(\beta_2\mathbf{X}_2 + \boldsymbol{\varepsilon})$$
$$= \beta_1 + \beta_2(\mathbf{X}_1'\mathbf{X}_1)^{-1}\mathbf{X}_1'\mathbf{X}_2 + (\mathbf{X}_1'\mathbf{X}_1)^{-1}\mathbf{X}_1'\boldsymbol{\varepsilon}. \tag{8.4}$$

Während der Erwartungswert des letzten Summanden in Gleichung (8.4) aus den in Abschnitt 7.2 beschriebenen Gründen gleich null ist, gilt für den vorletzten Summanden:

$$\mathrm{E}\left(\beta_2(\mathbf{X}_1'\mathbf{X}_1)^{-1}\mathbf{X}_1'\mathbf{X}_2\right) = \beta_2\frac{\mathrm{Cov}(\mathbf{X}_1,\mathbf{X}_2)}{\mathrm{Var}(\mathbf{X}_1)} \neq 0, \tag{8.5}$$

falls $\mathbf{X}_1$ und $\mathbf{X}_2$ korreliert sind, wovon nach den Ausführungen im vorangegangenen Abschnitt in der Regel ausgegangen werden muss. Für den erwarteten Wert von $\hat{\beta}_1^f$ gilt somit

$$\mathrm{E}(\hat{\beta}_1^f) = \beta_1 + \beta_2\frac{\mathrm{Cov}(\mathbf{X}_1,\mathbf{X}_2)}{\mathrm{Var}(\mathbf{X}_1)} \neq \beta_1, \tag{8.6}$$

d.h. der Schätzer ist nicht erwartungstreu oder unverzerrt, nicht einmal, wenn die Anzahl der Beobachtungen T gegen unendlich geht. Die Richtung der Verzerrung hängt vom Vorzeichen des Zusammenhangs zwischen $\mathbf{X}_1$ und $\mathbf{X}_2$ ab. Ist $Cov(\mathbf{X}_1,\mathbf{X}_2) > 0$, dann gilt für den Schätzer des Modells mit der fehlenden Variablen $\hat{\beta}_1^f > \beta_1$, d.h. die Höhe des Effektes der ersten Variable wird überschätzt. Die inhaltliche Ursache für dieses Ergebnis liegt darin begründet, dass über die erste Variable indirekt auch ein Teil des Einflusses der fehlenden zweiten Variable "aufgefangen" wird.

Im umgekehrten Fall, wenn in das Modell also unwichtige Variablen aufgenommen werden, bleibt der Schätzer erwartungstreu. Allerdings ist er in diesem Fall nicht mehr effizient.

8.3 Heteroskedastie

Eine der in Abschnitt 7.2 getroffenen Annahmen bezüglich der Eigenschaften der zufälligen Störterme des Modells lautete $\mathrm{E}(\hat{\boldsymbol{\varepsilon}}'\hat{\boldsymbol{\varepsilon}}) = \sigma^2 I_T$. Diese Annahme besagt insbesondere, dass die Varianz der Fehlergrößen unabhängig von der Beobachtung konstant gleich σ^2 sein soll. Ist diese Bedingung erfüllt, nennt man die Fehler homoskedastisch, anderenfalls variiert die Varianz über die Beobachtungen, und man spricht von Heteroskedastie.

Heteroskedastie ist unter anderem immer dann zu erwarten, wenn die absolute Größe der Fehlerterme eine Funktion der abhängigen Variablen darstellt. Gründe für eine derartige Abhängigkeit lassen sich sowohl bei der Betrachtung von Querschnitts- als auch von Zeitreihendaten finden. Zunächst sei dies an einem Beispiel für Mikro- oder Individualdaten erläutert. In Abbildung 8.4 sind die geschätzten Residuen einer Regression der monatlichen Mietausgaben von Haushalten 2013 auf das monatlich verfügbare Nettoeinkommen des Haushalts dargestellt. Die Schätzung beruht auf den Daten für 10969 Haushalte des Sozioökonomischen Panels, für die sowohl Angaben über Mietausgaben M_i als auch über das Haushaltsnettoeinkommen

Y_i^v vorlagen. Außerdem wurden nur Haushalte mit einem Nettoeinkommen von unter 5 000 € berücksichtigt. Die geschätzte Beziehung lautet

$$M_i = 270.99 + 0.107Y_i^v + \hat{\varepsilon}_i.$$

Abb. 8.4. Streudiagramm Haushaltsnettoeinkommen 2013 und Residuen

Residuen (in €)

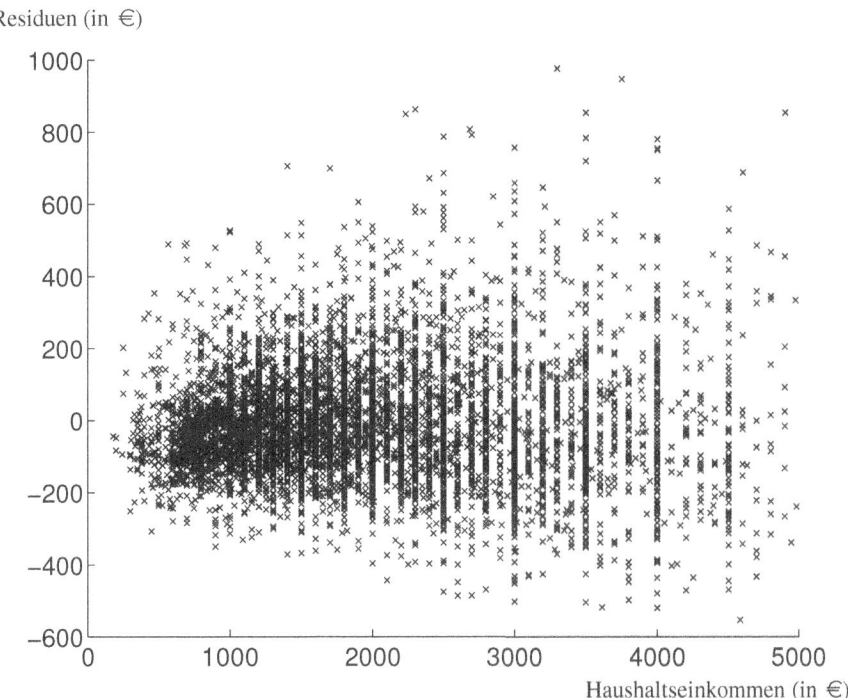

Haushaltseinkommen (in €)

Quelle: GSOEP; eigene Berechnungen.

Auf der x-Achse des Schaubildes sind die Haushaltsnettoeinkommen abgetragen. Zu jeder beobachteten Höhe des Einkommens sind die zugehörigen geschätzten Residuen $\hat{\varepsilon}_i$ abgetragen. Die Verteilung der Residuen kann durch einen sich nach rechts öffnenden Kegel beschrieben werden, d h. die Streuung der Residuen um den vom Modell erklärten Wert nimmt in Abhängigkeit vom verfügbaren Einkommen zu.

Für diese beobachtete Tendenz gibt es eine unmittelbare ökonomische Erklärung. Haushalte mit geringem Einkommen besitzen keine große Entscheidungsfreiheit hinsichtlich des Anteils der Mietausgaben an ihrem Haushaltseinkommen, da sie einerseits Wohnraum benötigen aber auch andere fixe Ausgaben für den Lebensunterhalt zu leisten haben. Für Haushalte mit größerem Einkommen kann hingegen diese Grundversorgung schon mit einem Teil des Einkommens geleistet werden. Bei der

Verwendung des darüber hinausgehenden Einkommens besteht ein deutlich größerer Spielraum. Diese Einkommensanteile können entweder gespart, für dauerhafte Konsumgüter, Reisen oder anderes ausgegeben werden oder eben für eine größere oder luxuriösere Wohnung. Deshalb werden in diesem Fall die Abweichungen vom auf das Einkommen bedingten Mittelwert, d.h. die Residuen der Schätzgleichung, tendenziell größer ausfallen.

Ähnliche Effekte finden sich auch bei den Konsumausgaben der Haushalte, für die jedoch im hier benutzten Datensatz des Sozioökonomischen Panels keine Angaben enthalten sind. Ein weiteres Beispiel für derartige Zusammenhänge stellen die Aufwendungen einzelner Firmen für Investitionen, Werbung oder Forschung und Entwicklung dar. Zunächst sind derartige Aufwendungen nach unten durch null und nach oben durch die Finanzierungsmöglichkeiten des Unternehmens beschränkt. Damit liegt auf der Hand, dass die absolute Größe der Residuen mit dem Finanzierungsvolumen einer Firma, d.h. mit der Firmengröße, ansteigen wird.

Eine Ursache dafür, dass Fehlervarianz und Niveau der abhängigen Variablen verknüpft sein können, liegt in Fehlern der funktionalen Spezifikation.[5] Im Beispiel der Konsumfunktion ist beispielsweise zu erwarten, dass die saisonalen Effekte eher multiplikativ wirken, d.h. in den sechziger Jahren des letzten Jahrhunderts war der Weihnachtseffekt im Konsum absolut gesehen sicher deutlich kleiner als aktuell.[6] In der bisher geschätzten einfachen linearen Beziehung

$$C_t = \beta_1 + \beta_2 Y_t^v + \varepsilon_t \tag{8.7}$$

wird diesem Aspekt nicht Rechnung getragen. Unterschiede in den saisonalen Entwicklungen von Konsum und Einkommen schlagen sich in den Residuen $\hat{\varepsilon}_t$ nieder. Wenn diese saisonalen Effekte eher multiplikativ wirken, ist daher zu erwarten, dass die Varianz der Residuen im Zeitablauf ansteigt. Dies passt zum Befund der Residuen für Modell (8.7), die in Abbildung 8.5 noch einmal dargestellt sind.

Deuten die Residuen einer Schätzung wie in den gezeigten Beispielen darauf hin, dass Heteroskedastie vorliegt, muss deswegen nicht von verzerrten Schätzern ausgegangen werden. Allerdings ist die Schätzung nicht effizient und die Schätzung der Varianzen der Parameter, d.h. $\mathrm{Var}(\hat{\beta})$, kann verzerrt sein. Inferenzaussagen, die auf den in Abschnitt 7.3 eingeführten Tests beruhen, können also beim Vergleich mit den üblichen kritischen Werten zu falschen Schlussfolgerungen führen.

Neben unterschiedlichen grafischen Verfahren, die – wie in den Beispielen gezeigt – genutzt werden können, um das Vorliegen von Heteroskedastie abzuklären, gibt es auch eine Reihe formaler Verfahren. Dabei wird die Nullhypothese getestet, dass die vorliegenden Beobachtungen für die Fehler $\hat{\varepsilon}_t$ aus einer Verteilung stammen, die der Annahme homoskedastischer Fehler entspricht. Diese Nullhypothese wird dabei gegen unterschiedliche Alternativen getestet, z.B. gegenüber der Alternative, dass die Varianz vom Niveau der erklärenden Variablen abhängt.

---

[5] Auf diese Ursache können letztlich auch die Beispiele mit Individualdaten zurückgeführt werden.

[6] Zur Modellierung von saisonalen Effekten siehe auch Abschnitt 10.

Abb. 8.5. Heteroskedastische Residuen wegen multiplikativ wirkender Saison

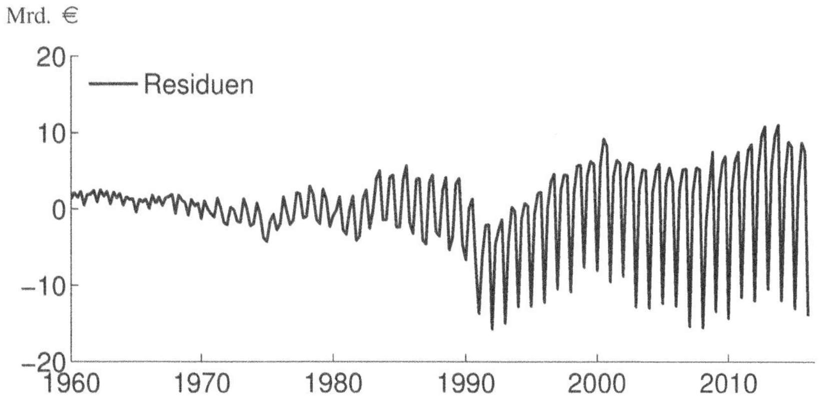

Quelle: Deutsches Institut für Wirtschaftsforschung VGR; Deutsche Bundesbank Zeitreihendatenbank; eigene Berechnungen.

Ein solcher Test wurde von White (1980) vorgeschlagen und wird deshalb häufig auch kurz als White-Test bezeichnet. Die intuitive Idee besteht darin, die quadrierten Residuen einer linearen KQ-Schätzung auf quadratische Formen der erklärenden Variablen zu schätzen. Dabei dient das Quadrat des Residuums $\hat{\varepsilon}_t$ für Beobachtung t, also $\hat{\varepsilon}_t^2$, als Schätzer für die unbekannte Varianz des Fehlerprozesses für diese Beobachtung σ_t^2. Nun wird überprüft, ob diese Schätzung der Varianz der Fehlerterme mit den erklärenden Variablen des Modells oder deren Quadraten korreliert. Wenn das ursprünglich geschätzte Modell

$$Y_t = \beta_1 + \beta_2 X_t + \beta_3 Z_t + \varepsilon_t$$

lautet, wird für den White-Test die KQ-Regression[7]

$$\hat{\varepsilon}_t^2 = \gamma_1 + \gamma_2 X_t + \gamma_3 Z_t + \gamma_4 X_t^2 + \gamma_5 Z_t^2 + v_t \tag{8.8}$$

durchgeführt und mittels des F-Tests überprüft, ob die Nullhypothese $\gamma_2 = \gamma_3 = \ldots = \gamma_5 = 0$ verworfen werden muss. Ist dies der Fall, liefern die erklärenden Variablen der Hilfsregression (8.8) einen signifikanten Beitrag zur Erklärung der durch die quadrierten Residuen approximierten Varianz von $\hat{\varepsilon}_t$. Die Fehler des Modells wären heteroskedastisch.

Eine weitere Form der Heteroskedastie, die in Zeitreihenmodellen auftreten kann, ist die autoregressive konditionale Heteroskedastie, kurz ARCH. In diesem Fall ist die Varianz der Fehlerterme zum Zeitpunkt t abhängig von der Varianz der Fehlerterme in der Vorperiode. Konkret wird im einfachsten Fall unterstellt, dass

---

[7] In einer alternativen Variante werden zusätzlich noch die Kreuzprodukte, d.h. im Beispiel $X_t \cdot Z_t$ berücksichtigt.

$\varepsilon_t = v_t \cdot \sqrt{\alpha_0 + \alpha_1 \varepsilon_{t-1}^2}$ ist, wobei die v_t identisch unabhängig standardnormalverteilte Zufallsterme sind. Ein Anwendungsbereich, in dem mit dieser speziellen Form der Heteroskedastie gerechnet werden muss, sind Finanzmarktdaten. Auf die Modellierung dieser Form der Heteroskedastie und entsprechende Testverfahren soll hier nicht weiter eingegangen werden. Eine Darstellung findet sich in der am Ende des Kapitels angegebenen weiterführenden Literatur, z.B. Greene (2012, S. 970ff).

Muss aufgrund der grafischen Analyse oder der Ergebnisse der Tests davon ausgegangen werden, dass heteroskedastische Fehler vorliegen, kann damit unterschiedlich umgegangen werden. Häufig reichen einfache Transformationen der Daten aus, um das Ausmaß der Heteroskedastie zu verringern. Im diskutierten Beispiel mit der multiplikativ wirkenden Saisonkomponente bietet sich der Übergang zu einem multiplikativen Modell an. Anstelle des in Gleichung (8.7) beschriebenen Modells wird man also

$$C_t = \tilde{\beta}_1 (Y_t^v)^{\tilde{\beta}_2} \tilde{\varepsilon}_t$$

betrachten, beziehungsweise, indem man logarithmierte Werte verwendet, das loglineare Modell

$$\log C_t = \log \tilde{\beta}_1 + \tilde{\beta}_2 \log Y_t^v + \varepsilon_t.$$

Ein ebenfalls häufig hilfreiches Vorgehen, insbesondere auch für Mikrodaten, stellt die Berechnung von Quotienten dar. Anstatt das Investitionsvolumen eines Unternehmens absolut zu erklären, beschränkt man sich im Modell darauf, Erklärungsfaktoren für die Investitionsquote zu finden, wobei die Investitionsquote beispielsweise relativ zum bestehenden Kapitalstock definiert sein kann.

Schließlich können aus der ökonometrischen Analyse des Effektes heteroskedastischer Fehler auf die geschätzten Varianzen auch bereinigte Schätzer hergeleitet werden. Derartige heteroskedastiekonsistente Schätzer für die Varianz $\text{Var}(\hat{\beta})$ finden sich in etlichen Ökonometriesoftwarepaketen. Für die Darstellung der zugrunde liegenden Methoden sei ebenfalls auf die weiterführende Literatur verwiesen.

8.4 Normalverteilung

Neben einer konstanten Varianz sollten die Störgrößen auch normalverteilt sein, damit die t- und F-Statistiken exakt auf Basis der entsprechenden t- und F-Verteilungen interpretiert werden können. Zur Überprüfung dieser Annahme auf Basis der Residuen einer Regressionsgleichung wird am häufigsten die so genannte Jarque-Bera-Statistik (JB-Statistik) benutzt (Jarque und Bera, 1980, 1981).

Dieser Test setzt an der Schiefe (Skewness) und Wölbung (Kurtosis) der Verteilung an. Für jede normalverteilte Zufallsgröße v mit Erwartungswert null ist die Schiefe $S = \text{E}[v^3]/\sigma^3$ gleich null, da es sich um völlig symmetrische Verteilungen handelt. Die Wölbung $K = \text{E}[v^4]/\sigma^4$ nimmt für die Normalverteilung einen Wert von $K = 3$ an. Damit wird die durchschnittliche Krümmung der Dichtefunktion gemessen.

Für die Residuen $\hat{\varepsilon}_t$ einer linearen Regression können die empirischen Momente der Schiefe und Wölbung berechnet werden

$$S = \sum_{t=1}^{T} \hat{\varepsilon}_t^3 / \hat{\sigma}^3 \text{ und} \tag{8.9}$$

$$K = \sum_{t=1}^{T} \hat{\varepsilon}_t^4 / \hat{\sigma}^4, \tag{8.10}$$

wobei $\hat{\sigma}$ die geschätzte Standardabweichung der Residuen bezeichnet. Wenn sich diese empirischen Werte für Schiefe und Wölbung zu stark von denen einer Normalverteilung unterscheiden, wird man die Nullhypothese der Normalverteilung verwerfen müssen.

Als Teststatistik wurde von Jarque und Bera

$$JB = \frac{T}{6} \left(S^2 + \frac{(K-3)^2}{4} \right) \tag{8.11}$$

vorgeschlagen. Offensichtlich ist der Wert der Statistik immer positiv und steigt mit der Abweichung der empirischen Momente S und K von denen einer Normalverteilung an. Die Nullhypothese muss also verworfen werden, wenn die JB-Statistik einen kritischen Wert überschreitet. Unter der Nullhypothese der Normalverteilung ist die JB-Statistik asymptotisch, d.h. für $T \to \infty$, χ^2-verteilt mit zwei Freiheitsgraden. Die Nullhypothese muss damit für hinreichend große Stichprobenumfänge zum 5%-Niveau verworfen werden, wenn $JB > 5.99$ ist.

Für die in Abbildung 7.6 dargestellten Residuen der Schätzgleichung für den privaten Verbrauch (vgl. Abbildung 7.3) erhält man einen Wert der JB-Statistik von 41.94. Die Nullhypothese der Normalverteilung muss demnach zum 5%-Niveau verworfen werden. Die Ursache für diese Abweichung von der Normalverteilungsannahme scheint im Wesentlichen durch die nicht berücksichtigten saisonalen Muster verursacht zu sein. Eine Erweiterung des Modells, die der Saisonfigur Rechnung trägt, wird in Kapitel 10 in Abbildung 10.12 ausgewiesen. Für die Residuen dieser Schätzgleichung erhält man einen Wert der JB-Statistik von 3.74. Die Nullhypothese der Normalverteilung würde also zum 5%-Niveau nicht verworfen werden.

Hohe Werte der Jarque-Bera-Statistik können einerseits dadurch verursacht werden, dass die Verteilung der Störgrößen tatsächlich nicht normal ist. Andererseits führen auch wenige extreme Werte, die durch fehlerhafte Beobachtungen oder einmalige Sondereffekte verursacht sein können, zum Verwerfen der Nullhypothese. Auch die im vorangegangenen Abschnitt angesprochene Form der konditionalen Heteroskedastie wird häufig zu hohen Werten der JB-Statistik führen. In diesen Fällen liefert die JB-Statistik daher einen Hinweis auf Datenprobleme oder eine Fehlspezifikation des Modells, der für die weitere Analyse berücksichtigt werden sollte.

Als Alternative zum Jarque-Bera-Test wird der Lilliefors-Test, auch als Kolmogorov-Smirnov-Lilliefors-Test benannt, vorgeschlagen (Lilliefors, 1967). Dazu wird die kumulierte empirische Verteilungsfunktion der geschätzten Residuen mit der kumulierten Verteilungsfunktion der Normalverteilung verglichen, deren Mittelwert und Varianz gerade den entsprechenden Werten der Residuen entspricht. Die Teststatistik ist durch die maximale Abweichung zwischen beiden kumulierten Verteilungsfunktionen gegeben. Da die Varianz der Normalverteilung nicht fest vorgegeben ist, sondern auf Basis der Residuen geschätzt werden muss, liegt nicht der klassische Fall des Kolmogorov-Smirnov-Anpassungstests vor. Deshalb muss die Teststatistik mit den kritischen Werten der Lilliefors-Verteilung verglichen werden, die in Lilliefors (1967, S. 400) tabelliert sind. Erfahrungsgemäß kann auf Basis des Lilliefors-Tests die Nullhypothese der Normalverteilung nur für große Stichproben verworfen werden. Er eignet sich daher eher für Anwendungen mit Finanzmarktdaten oder Individualdaten für Firmen oder Haushalte als für klassische makroökonomische Analysen mit Quartals- oder Jahresdaten.

8.5 Autokorrelation

Autokorrelation der Fehlerterme stellt eine weitere Verletzung der Annahmen dar, die in Abschnitt 7.2 bezüglich der Eigenschaften der zufälligen Störterme des Modells getroffen wurden. Autokorrelation liegt vor, wenn die Störgrößen für unterschiedliche Beobachtungen nicht unabhängig voneinander verteilt sind, d.h. wenn für $i \neq j$ die Autokovarianz $E(\varepsilon_i \varepsilon_j) \neq 0$ ist.

Dieses Problem ist der empirischen Arbeit mit Zeitreihen endemisch, sofern nicht besondere Vorkehrungen getroffen werden. Die in Abbildung 8.5 noch einmal dargestellten Residuen der Konsumfunktion aus Kapitel 7 weisen beispielsweise eine ausgeprägte Autokorrelation vierter Ordnung auf, d.h. aus der Realisierung des Störterms in Periode $t - 4$ ($\hat{\varepsilon}_{t-4}$) erhält man bereits sehr viel Information über die wahrscheinliche Realisierung in t. In der Tat folgt auf ein positives Residuum in $t - 4$ ein Jahr später mit großer Wahrscheinlichkeit wieder ein positives Residuum ähnlicher Größenordnung. Im betrachteten Beispiel liegt dies daran, dass die unterschiedliche Saisonfigur von Einkommen und Konsum (Stichwort Weihnachtsgeld) in der Schätzung nicht berücksichtigt wurde und sich daher in den Residuen niederschlägt.

Allgemein beschreibt Autokorrelation der Ordnung k Situationen, in denen die Realisierung des Fehlerterms in Periode t von der in Periode $t - k$ abhängt. Neben der Autokorrelation der Ordnung, die einem Jahr und damit saisonalen Mustern entspricht – also $k = 12$ für Monatsdaten und $k = 4$ für Quartalsdaten – tritt besonders häufig die Autokorrelation erster Ordnung auf.

Das Vorliegen von Autokorrelation führt in statischen Modellen nicht zu einer Verzerrung des KQ-Schätzers, wohl aber besteht diese Gefahr in dynamischen Modellen (siehe Kapitel 11). Auch die Konsistenz des Schätzers bleibt in statischen Modellen erhalten. Allerdings ist er nicht mehr effizient, d.h. nicht mehr der Schätzer mit der kleinsten Varianz. Dies wird besonders deutlich, wenn der Schätzung nur wenige Beobachtungen zugrunde liegen. Abbildung 8.6 demonstriert dies an einem synthetischen Beispiel. Die gestrichelte Linie repräsentiert das wahre Modell, aus dem durch Addition von autokorrelierten Fehlern die synthetischen Beobachtungen erzeugt wurden, die als graue Linie dargestellt sind. Die Fehler ε_t wurden dabei durch $\varepsilon_t = 0.9\varepsilon_{t-1} + v_t$ generiert, wobei v_t unabhängig normalverteilte Zufallszahlen sind. Die generierten Beobachtungen liegen zunächst überwiegend oberhalb der vom wahren Modell bestimmten Werte und in der zweiten Hälfte des Beobachtungszeitraums überwiegend darunter. Dies führt dazu, dass die mit der KQ-Methode geschätzte und ebenfalls eingezeichnete Regressionsgerade (schwarze Linie) flacher als die vom wahren Modell gegebene verläuft.

Abb. 8.6. Regressionsgeraden bei Autokorrelation

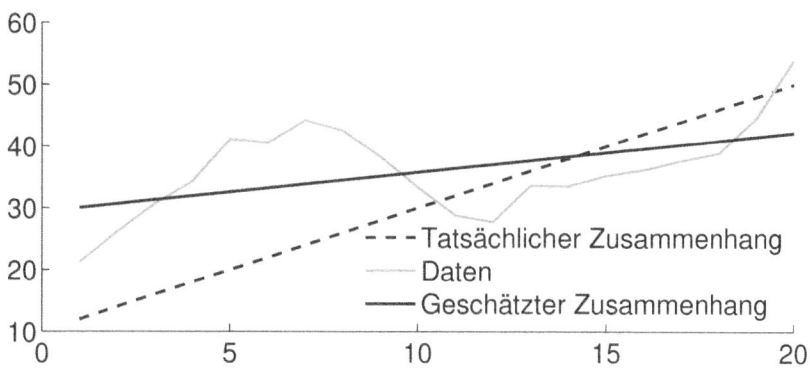

Außerdem wird die geschätzte Varianz $\mathrm{Var}(\hat{\boldsymbol{\beta}})$ im Allgemeinen verzerrt sein. Genauer gesagt werden bei positiver Autokorrelation zu kleine Werte ausgewiesen, so dass auf t- oder F-Tests basierende Inferenz zu häufig auf einen signifikanten Einfluss der erklärenden Variablen hindeuten wird. Im synthetischen Beispiel konnte beispielsweise die Nullhypothese für den tatsächlichen Wert des Absolutglieds von 10 zu allen üblichen Signifikanzniveaus verworfen werden. Wie bereits erwähnt, werden die durch Autokorrelation der Residuen verursachten Probleme noch gravierender, wenn unter den erklärenden Variablen auch verzögerte Werte der abhängigen Variablen sind. In diesem Fall können auch die Parameterschätzer selbst verzerrt sein.

Häufig muss bei der Analyse von Zeitreihen vom Vorliegen autokorrelierter Störterme ausgegangen werden, solange keine besonderen Vorkehrungen dagegen getroffen wurden. Eine mögliche Ursache besteht in fehlenden Variablen, deren Einfluss über die Störterme abgebildet wird. Da ökonomische Variablen häufig autokorreliert sind,[8] werden dann zwangsweise auch die Störterme autokorreliert sein. Eine weitere Quelle von Autokorrelation stellen räumliche Zusammenhänge dar, wie sie insbesondere in der empirischen Regionalökonomik eine Rolle spielen. Auch hier können nicht berücksichtigte Einflussgrößen kausal dafür sein, dass die Fehler in benachbarten Regionen einen ähnlichen Verlauf haben. Man spricht in diesem Fall auch von räumlicher Autokorrelation.[9]

---

[8] Das verfügbare Einkommen der aktuellen Periode ist offenbar ähnlich groß wie das der Vorperiode. Vgl. auch Abschnitt 11.3.

[9] Eine kurze Einführung zu diesem Themengebiet findet sich in Klotz (1998).

Das Vorliegen von Autokorrelation kann auf unterschiedlichen Wegen festgestellt werden. Ein erstes deutliches Indiz liefert bei Zeitreihen in der Regel bereits die grafische Analyse des zeitlichen Verlaufs der Residuen. Folgen hier Residuen von gleichem Vorzeichen in großer Zahl aufeinander oder ergibt sich, wie im Beispiel mit der Saisonfigur in Abbildung 8.5, eine deutliche Struktur, ist vom Vorliegen von Autokorrelation auszugehen.

Neben der grafischen Analyse gibt es eine Reihe von statistischen Tests, mit deren Hilfe die Nullhypothese geprüft werden kann, dass die beobachteten Residuen $\hat{\boldsymbol{\varepsilon}}$ aus einem Prozess ohne Autokorrelation stammen. Der in diesem Zusammenhang am häufigsten eingesetzte Test ist nach wie vor der Durbin-Watson-Test, obwohl er aufgrund einiger Einschränkungen nur in bestimmten Situationen eingesetzt werden kann. Die erste wesentliche Einschränkung dieses Tests besteht darin, dass er nur eine Überprüfung im Hinblick auf Autokorrelation erster Ordnung zulässt. Dies wird bei der Arbeit mit Jahresdaten häufig ausreichend sein, für Daten höherer Frequenz jedoch in der Regel nicht. Die zweite wichtige Einschränkung liegt darin begründet, dass das betrachtete Modell keine verzögerten Werte der abhängigen Variablen enthalten darf. Anderenfalls sind die im Folgenden beschriebenen kritischen Werte nicht mehr adäquat. Damit ist der Test für die in Kapitel 11 diskutierten dynamischen Modelle nicht geeignet. Ein kleineres Problem für die praktische Anwendung stellt schließlich noch die Tatsache dar, dass die Verteilung der Test-Statistik keiner Standardverteilung folgt, die unmittelbar aus Tabellen ablesbar wäre. Vielmehr hängt die Verteilung auch von den erklärenden Variablen ab, so dass man nur Grenzen angeben kann, ab denen der Test auf jeden Fall die Nullhypothese keiner Autokorrelation verwirft.[10]

Der Durbin-Watson-Test basiert auf der Nullhypothese, dass die Fehlerterme keine Autokorrelation erster Ordnung aufweisen. Dazu wird für den Fehlerprozess der Zusammenhang

$$\varepsilon_t = \rho\varepsilon_{t-1} + v_t$$

unterstellt,[11] wobei v_t unabhängig normalverteilte Zufallsgrößen sind, und die Nullhypothese $\rho = 0$ lautet. Die Teststatistik für die beobachteten Residuen $\hat{\varepsilon}_t$ ist durch

$$\mathrm{DW} = \frac{\sum_{t=2}^{T}(\hat{\varepsilon}_t - \hat{\varepsilon}_{t-1})^2}{\sum_{t=1}^{T}\hat{\varepsilon}_t^2} \tag{8.12}$$

gegeben.[12] Im Extremfall einer positiven Korrelation von $\rho = 1$, wird $\hat{\varepsilon}_t \sim \hat{\varepsilon}_{t-1}$ sein. Damit sind die Terme im Zähler von Gleichung (8.12) alle nahe bei null und damit wird auch DW in diesem Fall nahe null liegen. Umgekehrt gilt im Fall einer hohen negativen Korrelation $\hat{\varepsilon}_t \sim -\hat{\varepsilon}_{t-1}$. Damit weisen die Zähler Werte der Größenordnung $4\hat{\varepsilon}_{t-1}^2$ auf, woraus sich ein Wert für DW von knapp unter vier ergibt. Allgemein gilt

$$0 \leq \mathrm{DW} \leq 4$$

---

[10] Vgl. hierzu z.B. Wallace und Silver (1988, S. 292ff).

[11] Auf den Spezialfall, dass $\rho = 1$ ist, wird in Abschnitt 12.1 näher eingegangen werden.

[12] Es lässt sich zeigen, dass ein konsistenter Schätzwert für ρ durch $\hat{\rho} \approx 1 - \mathrm{DW}/2$ gegeben ist.

wobei für DW = 2 keine Autokorrelation erster Ordnung vorliegt. Zu einem Signifikanzniveau von 5% muss die Nullhypothese verworfen werden, wenn DW kleiner als ungefähr 1.6 oder größer als 2.4 ist.[13] In diesen Fällen ist also von positiver beziehungsweise negativer Autokorrelation auszugehen. Die Durbin-Watson-Statistik wird von den meisten gängigen Ökonometriepaketen standardmäßig mit den Ergebnissen einer KQ-Regression ausgewiesen.

In einer Reihe alternativer Testverfahren können auch Autokorrelationen höherer Ordnung berücksichtigt werden. Dazu gehört insbesondere die Q-Statistik nach Box und Pierce (Box und Pierce (1970), siehe auch Heij *et al.* (2004, S. 364f)). Die Q-Statistik beruht, wie andere ähnliche Testgrößen, auf der empirischen Autokorrelationsfunktion oder dem Autokorrelogramm. Dieses stellt die empirische Autokorrelation der Residuen $\hat{r}_k$ für verschiedene Verzögerungen k dar. Es gilt

$$\hat{r}_k = \frac{\sum_{t=k+1}^{T} \hat{\varepsilon}_t \hat{\varepsilon}_{t-k}}{\sum_{t=1}^{T} \hat{\varepsilon}_t^2}.$$

Abbildung 8.7 zeigt das Autokorrelogramm der Residuen aus der KQ-Schätzung der Konsumfunktion aus Abbildung 7.3 in Abschnitt 7.2. Dabei enthält die Spalte AC die Werte der geschätzten Autokorrelationen $\hat{r}_k$, die in der ersten Spalte auch grafisch dargestellt sind.

Abb. 8.7. Autokorrelogramm und Q-Statistik (EViews 9)

Sample: 1960Q1 2016Q4
Included observations: 225

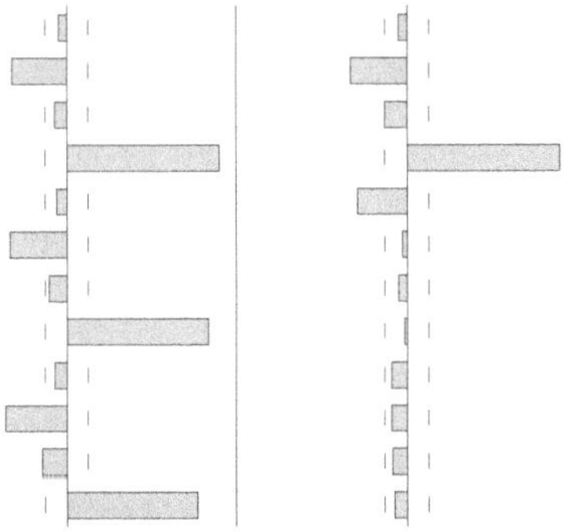

Autocorrelation	Partial Correlation		AC	PAC	Q-Stat	Prob
		1	-0.050	-0.050	0.5794	0.447
		2	-0.338	-0.341	26.735	0.000
		3	-0.077	-0.133	28.114	0.000
		4	0.937	0.927	230.85	0.000
		5	-0.062	-0.299	231.73	0.000
		6	-0.349	-0.025	260.12	0.000
		7	-0.109	-0.049	262.92	0.000
		8	0.874	-0.012	442.85	0.000
		9	-0.081	-0.097	444.40	0.000
		10	-0.371	-0.097	477.18	0.000
		11	-0.151	-0.083	482.62	0.000
		12	0.804	-0.081	637.62	0.000

Das Autokorrelogramm weist deutlich die Autokorrelation vierter Ordnung aus, die sich aus der im Modell nicht berücksichtigten Saisonfigur ergibt. Im vorliegenden

---

[13] Für die Durbin-Watson-Statistik können keine exakten kritischen Werte angegeben werden, da diese von den Eigenschaften der betrachteten Zeitreihen selbst abhängen.

Fall ist also $\hat{\varepsilon}_t$ mit $\hat{\varepsilon}_{t-4}$ korreliert und damit auch $\hat{\varepsilon}_{t-4}$ mit $\hat{\varepsilon}_{t-8}$, woraus unmittelbar die ebenfalls deutlich positive Autokorrelation der Ordnung 8 folgt, und entsprechend – mit weiter abnehmender Tendenz – die der Ordnung 12. Um Autokorrelation zu erfassen, die sich nicht – wie im Beispiel – automatisch aus Autokorrelation niedriger Ordnung ergibt, wird die partielle Autokorrelation bestimmt, die in Abbildung 8.7 ebenfalls sowohl grafisch als auch tabellarisch (PAC) ausgewiesen ist. Die partielle Autokorrelation k-ter Ordnung wird bestimmt, indem $\hat{\varepsilon}_t$ auf die verzögerten Werte von $\hat{\varepsilon}_t$ bis zur Ordnung k regressiert wird, d.h.

$$\hat{\varepsilon}_t = \alpha_0 + \alpha_1 \hat{\varepsilon}_{t-1} + \ldots + \alpha_k \hat{\varepsilon}_{t-k} + v_t . \tag{8.13}$$

Der geschätzte Koeffizient $\hat{\alpha}_k$ gibt dann die partielle Autokorrelation k-ter Ordnung an, d.h. den Beitrag zur Autokorrelation k-ter Ordnung, der sich nicht bereits aus Autokorrelationen geringerer Ordnung ($\hat{\alpha}_1, \ldots, \hat{\alpha}_{k-1}$) ergibt.[14]

Die Entscheidung, ob die Autokorrelationen unterschiedlicher Ordnung gemeinsam zum Verwerfen der Nullhypothese "keine Autokorrelation" führen, basiert im Fall der einfachen Q-Statistik auf der Summe der quadrierten Autokorrelationen bis zu einer vorgegebenen Ordnung K:

$$Q = T \sum_{k=1}^{K} \hat{r}_k^2 . \tag{8.14}$$

Dabei ist darauf zu achten, K nicht zu klein zu wählen, insbesondere wenn das Modell auch verzögerte erklärende oder abhängige Variablen umfasst. Diese Statistik folgt in einem statischen Modell ungefähr einer χ^2-Verteilung mit K Freiheitsgraden. Für kleine Stichprobenumfänge empfehlen Ljung und Box (1978) die Verwendung einer modifizierten Q-Statistik, die auch als Ljung-Box Q-Statistik oder Ljung-Box-Statistik bezeichnet wird. Sie ist bei maximaler Ordnung K definiert durch

$$Q_{LB} = T(T+2) \sum_{k=1}^{K} \frac{\hat{r}_k^2}{T-k} . \tag{8.15}$$

Für eine maximale Verzögerung von $K = 12$ Quartalen weist Abbildung 8.7 einen Wert der Ljung-Box Q-Statistik von 637,62 aus. Aus dem ebenfalls ausgewiesenen marginalen Signifikanzniveau von kleiner als 0.001 folgt, dass die Nullhypothese "keine Autokorrelation bis zur Ordnung 12" zu allen üblichen Signifikanzniveaus verworfen werden muss.

Eine Alternative zum Box-Pierce- beziehungsweise Ljung-Box-Test stellt der Breusch-Godfrey-Test dar, der weniger sensitiv auf eine dynamische Modellstruktur reagiert. Die Idee dieses Tests ist recht intuitiv, da ausgehend vom Ergebnis der Schätzung des Modells

$$Y_t = \beta_1 + \beta_2 X_t + \varepsilon_t$$

eine zweite Schätzung mit $\hat{\varepsilon}_t$ als abhängiger Variable durchgeführt wird, in der zusätzlich zu den bereits vorhandenen erklärenden Variablen die verzögerten Residuen der ersten Schätzung $\hat{\varepsilon}_{t-1}$, $\hat{\varepsilon}_{t-2}$ usw. einbezogen werden. Die Teststatistik des

---

[14] Vgl. Hamilton (1994, S. 111).

Breusch-Godfrey-Tests (häufig als LM-Statistik bezeichnet) ist dann durch die F-Statistik der Nullhypothese gegeben, dass die verzögerten Residuen gemeinsam keinen Erklärungsbeitrag leisten. Die genaue Verteilung dieser F-Statistik ist für endliche Stichproben nicht bekannt, für große Stichproben kann jedoch auf ein asymptotisches Resultat zurückgegriffen werden.

Wenn aufgrund der durchgeführten Tests und der grafischen Analyse vom Vorliegen von Autokorrelation ausgegangen werden muss, bieten sich unterschiedliche Verfahren an, um dennoch zu verwertbaren Schätzergebnissen zu gelangen. Der erste traditionell beschrittene Weg wurde primär für Autokorrelation erster Ordnung eingesetzt. Er besteht darin, die Autokorrelation der Residuen explizit in das Modell aufzunehmen und mit zu schätzen. Im Falle von Autokorrelation erster Ordnung wäre also das Modell

$$Y_t = \beta X_t + \varepsilon_t - \rho\varepsilon_{t-1}$$

zu schätzen. Die Minimierung der quadratischen Residuen für dieses Problem kann nicht mehr analytisch erfolgen. Vielmehr müssen numerische Optimierungsverfahren eingesetzt werden, die jedoch in vielen Softwarepaketen enthalten sind. In EViews 9 erhält man diese Formulierung beispielsweise durch die Aufnahme des zusätzlichen Regressors AR(1). Zugrunde liegt dabei ein iteratives Schätzverfahren. Im ersten Schritt wird aus den geschätzten Residuen des ursprünglichen Modells der Parameter ρ geschätzt, indem $\hat{\varepsilon}_t$ auf $\hat{\varepsilon}_{t-1}$ regressiert wird. Anschließend werden für alle Variablen des Modells die Transformationen $Y_t^* = Y_t - \hat{\rho}Y_{t-1}$ beziehungsweise $X_t^* = X_t - \hat{\rho}X_{t-1}$ durchgeführt und das Modell erneut mit den transformierten Daten geschätzt. Diese Vorgehensweise nach Cochrane und Orcutt wird solange wiederholt bis sich die Schätzwerte für ρ nicht mehr nennenswert ändern. Allerdings muss es sich bei dem so geschätzten Wert $\hat{\rho}$ nicht um einen unverzerrten oder gar effizienten Schätzer handeln. Vielmehr hängt die Güte der Ergebnisse nun auch von der Qualität des Optimierungsalgorithmus ab (Ruud, 2000, S. 469).

Das Cochrane-Orcutt-Verfahren und ähnliche Ansätze zur expliziten Berücksichtigung der Autokorrelation in den Residuen eliminieren zwar in passenden Fällen die Autokorrelation der Residuen, liefern jedoch keinerlei Information über die tatsächlichen Ursachen der Autokorrelation. Häufig liegen der beobachteten Autokorrelation jedoch ökonomisch relevante Faktoren wie fehlende Variablen, unberücksichtigte Modelldynamik oder Strukturbrüche zugrunde. Wenn zum Beispiel eine wichtige Variable fehlt, hilft auch die Erweiterung des Modells um eine explizite Modellierung der autoregressiven Struktur der Störterme inhaltlich nicht weiter. Vielmehr sollte in diesem Fall die fehlende Variable identifiziert und in die Schätzgleichung aufgenommen werden. Entsprechend empfiehlt sich für den Fall, dass unberücksichtigte dynamische Zusammenhänge zu Autokorrelation der Residuen führen, eine explizite Modellierung dieser Dynamik, wie sie in Kapitel 11 eingehender diskutiert wird. Damit kann ebenfalls das Problem von Autokorrelation reduziert werden und zugleich können Informationen über die dynamische Struktur gewonnen werden.

8.6 Endogenität und Simultanität

8.6.1 Fehler in Variablen

Wie bereits in Kapitel 2 angesprochen, ist bei ökonomischen Anwendungen häufig davon auszugehen, dass die Messung der Variablen Y und X mit Fehlern behaftet ist. Beobachtet werden also nicht die tatsächlichen Werte Y und X selbst, sondern durch zufällige (Mess-)Fehler verzerrte Werte Y^* und X^*. Wird diese Situation bei der Herleitung des KQ-Schätzers berücksichtigt, ist eine weitere der zunächst getroffenen Annahmen verletzt. Wenn nämlich neben ε auch X^* als Zufallsprozess aufgefasst werden muss, kann nicht mehr ohne weiteres von der Unabhängigkeit beider Realisierungen ausgegangen werden, wie dies mit der Annahme exogener Regressoren bisher unterstellt wurde. Fehler in der abhängigen Variable stellen hingegen kein besonderes Problem dar, da sie über den Fehlerterm des ökonometrischen Modells aufgefangen werden können. Allerdings werden die geschätzten Parameter in diesem Fall bedingte Mittelwerte für Y^* und nicht für Y ausweisen.

In der Notation aus Abschnitt 7.2 wird im Allgemeinen $\mathrm{E}(\mathbf{X}^{*'}\boldsymbol{\varepsilon}) \neq \mathbf{X}^{*'}\mathrm{E}(\boldsymbol{\varepsilon})$ sein. Daraus folgt, dass der übliche KQ-Schätzer $\hat{\boldsymbol{\beta}}$ verzerrt sein kann.

Gibt es Variablen $\mathbf{Z}$, die ohne Fehler gemessen werden können und die den wahren Wert der Variablen $\mathbf{X}$ approximieren, d.h. $\mathbf{X} = \mathbf{ZA}$, dann liegt eine Lösung des Problems darin, $\mathbf{X}^*$ in der Schätzung durch $\mathbf{Z}$ zu ersetzen. In der Praxis wird jedoch die Abbildung von $\mathbf{X}$ durch $\mathbf{Z}$ nicht exakt möglich sein, weshalb man eine Approximation benutzt. Dazu wird in einem ersten Schritt das Modell $\mathbf{X}_t^* = \mathbf{Z}_t\mathbf{A} + v_t$ mit der KQ-Methode geschätzt. Die sich ergebenden Schätzwerte $\hat{\mathbf{X}}_t^* = \mathbf{Z}_t\hat{\mathbf{A}}$ werden anschließend in das eigentliche ökonometrische Modell an die Stelle der fehlerbehafteten Beobachtungen $\mathbf{X}_t^*$ gesetzt. Wenn die Variablen $\mathbf{Z}$ valide Instrumente darstellen, d.h. exogen in Bezug auf die Fehlerterme $\boldsymbol{\varepsilon}$ sind, führt dieser zweistufige Schätzer zu unverzerrten Parameterschätzern. Da in dem Verfahren in zwei Stufen KQ-Schätzungen durchgeführt werden, spricht man auch vom zweistufigen KQ-Schätzer. Die Variablen $\mathbf{Z}$, mit denen $\mathbf{X}^*$ erklärt oder "instrumentiert" wird, heißen Instrumente. Man spricht daher auch von Instrumentenschätzung oder instrumentierter KQ-Schätzung.[15]

Dieser zunächst abstrakte Ansatz soll wieder am Beispiel der Konsumfunktion – dieses Mal auf individueller Ebene – veranschaulicht werden. Eine der klassischen Thesen der Konsumtheorie besagt, dass der Konsum nicht vom laufenden Einkommen, sondern von einer Größe, die als permanentes Einkommen bezeichnet wird, abhängt. Nun ist die Messung des permanenten Einkommens nicht leicht und, falls überhaupt möglich, sicher fehlerbehaftet. Also greift man auf Instrumente zurück, indem man beispielsweise ausnutzt, dass die permanente Einkommenskomponente eines Individuums von seinem Alter und der Ausbildungszeit als Approximation des Humankapitals abhängt.

---

[15] Eine ausführlichere Darstellung der Schätzung mit Instrumentvariablen findet sich beispielsweise in Heij *et al.* (2004, S. 398ff).

8.6.2 Endogenität

Eng verknüpft mit dem Problem fehlerbehafteter Variablen ist das der Endogenität der erklärenden Variablen. Dieser Fall ist dann gegeben, wenn die abhängige Variable auch auf die erklärenden Variablen wirkt. Dann ist $E(\mathbf{X}'\boldsymbol{\varepsilon}) \neq 0$. Dies kann am Beispiel der Konsumfunktion in einem kleinen Makromodell ohne Berücksichtigung staatlicher Aktivität veranschaulicht werden. Dann gilt zunächst für die Konsumfunktion

$$C_t = \beta_1 + \beta_2 Y_t + \varepsilon. \tag{8.16}$$

Andererseits ist das Volkseinkommen Y selbst eine Funktion des Konsums und der hier als exogen angenommenen Investitionstätigkeit $\bar{I}_t$, da ohne Staat und Außenhandel definitorisch gilt:

$$Y_t = C_t + \bar{I}_t. \tag{8.17}$$

Wendet man den KQ-Ansatz ohne Berücksichtigung dieses Umstandes auf Gleichung (8.16) an, erhält man verzerrte und inkonsistente Parameterschätzer $\hat{\boldsymbol{\beta}}$. Da die Ursache dieser Verzerrung dieselbe ist wie im vorangegangenen Unterabschnitt, nämlich eine vorliegende Korrelation zwischen Fehlertermen und erklärenden Variablen, kann auch derselbe Lösungsweg beschritten werden, indem man eine zweistufige Schätzung durchführt. Ein valides Instrument für Y ergibt sich in diesem spezifischen Fall unmittelbar aus Gleichung (8.17), nämlich $\bar{I}$.

Die durch die zweite Gleichung verfügbare Information kann jedoch auch noch auf eine andere Weise ausgenutzt werden. Ausgehend von den auch als strukturelle Form des Modells bezeichneten Gleichungen (8.16) und (8.17) kann durch Einsetzen und Auflösen nach den endogenen Variablen C und Y eine reduzierte Form erhalten werden:

$$C_t = \frac{\beta_1}{1 - \beta_2} + \frac{\beta_2}{1 - \beta_2}\bar{I}_t + \frac{\varepsilon_t}{1 - \beta_2}$$

$$Y_t = \frac{\beta_1}{1 - \beta_2} + \frac{1}{1 - \beta_2}\bar{I}_t + \frac{\varepsilon_t}{1 - \beta_2}$$

In dieser Form stehen offensichtlich nur exogene Variablen auf der rechten Seite, so dass wieder der übliche KQ-Ansatz gewählt werden kann. Allerdings wird man aus dieser reduzierten Form nur Schätzwerte für die kombinierten Parameter $\frac{\beta_1}{1-\beta_2}$ etc. erhalten. Ob daraus die ursprünglichen Parameter β_1 und β_2 des Modells identifiziert werden können, hängt von den konkreten Gleichungen ab. Diese Frage wird auch als Identifikationsproblem diskutiert.

8.6.3 Simultanität

Das eben dargestellte Modell in seiner strukturellen Form kann alternativ auch als Modell zur gleichzeitigen Erklärung beider endogenen Größen aufgefasst werden. Dann betrachtet man die zweite Gleichung (8.17) nicht mehr allein als zusätzliche Information, um der Endogenität in Gleichung (8.16) zu begegnen, sondern als ökonometrische Relation, die auch selbst von Interesse ist.

Die Schätzung beider Gleichungen der reduzierten Form des Modells liefert quantifizierte Zusammenhänge für beide Variablen. Allerdings kann man bei der getrennten Schätzung die zusätzliche Information über den Zusammenhang der Störgrößen beider Gleichungen nicht ausnutzen. Im aufgeführten Beispiel sind die Störgrößen sogar identisch, da die zweite Gleichung der strukturellen Form nur eine simple additive Identität verkörpert. Um den Informationsgehalt dieser Kovarianzstruktur über die verschiedenen Gleichungen hinweg auszunutzen, werden Systemschätzer eingesetzt, auf die hier jedoch nicht näher eingegangen werden soll (Heij *et al.*, 2004, Kapitel 7.7).

8.7 Strukturbrüche

Ohne dass dies unter den Annahmen in Abschnitt 7.2 explizit angesprochen wurde, gingen wir bislang immer davon aus, dass die Parameter des "wahren" ökonometrischen Modells β über den gesamten Schätzzeitraum beziehungsweise alle Beobachtungseinheiten hinweg konstant sind. Diese Annahme ist jedoch keinesfalls zwingend. Kann das ökonometrische Modell als Verhaltensgleichung aufgefasst werden, gibt es häufig Gründe, die eine Veränderung dieses Verhaltens erwarten lassen.

Im Falle von Zeitreihendaten kann dies etwa zu bestimmten Zeitpunkten passieren, an denen sich ökonomische Rahmenbedingungen ändern. Wenn dies Auswirkungen auf das ökonometrische Modell hat, ist es vorzuziehen, diese ökonomischen Argumente in das Modell zu integrieren. Allerdings wird es immer Veränderungen geben, die schwer oder gar nicht ökonometrisch modellierbar sind. Dazu zählen singuläre Ereignisse wie die deutsche Wiedervereinigung oder die europäische Währungsunion. Natürlich wird nicht jedes derartige Ereignis jede ökonometrische Relation in gleicher Weise beeinflussen. Schätzgleichungen für die Entwicklung des Wechselkurses werden zum Beispiel stärker von einer europäischen Währungsunion tangiert als etwa eine Konsumgleichung.

Auch bei Individualdaten kann es Gründe dafür geben, dass es Unterschiede im Verhalten einzelner Teilgruppen gibt. In Arbeitsangebotsfunktionen lassen sich beispielsweise deutliche Unterschiede zwischen Männern und Frauen ausmachen. In der Industrieökonomik werden unterschiedliche Reaktionen von kleinen und großen Firmen auf die verfügbare Innenfinanzierung beobachtet und als Beleg für Theorien über Finanzierungsrestriktionen aufgrund asymmetrischer Information herangezogen.[16]

Wird die Möglichkeit von Strukturbrüchen vernachlässigt, ergibt die KQ-Schätzung verzerrte Werte für die Parameter. Wenn etwa β_1 im Zuge eines Strukturbruchs ansteigt, aber ein durchschnittlicher Schätzer $\hat{\beta}_1$ bestimmt wird, so ist dieser für den ersten Teil der Beobachtungen nach oben und für die anderen Beobachtungen nach unten verzerrt. Abbildung 8.8 zeigt diesen Effekt für synthetische Daten. Die durchgezogenen Linien geben den tatsächlichen Modellzusammenhang wieder, der jeweils durch einen linearen Trend gegeben ist. Im Zeitpunkt $t = 50$ ändert sich sowohl das Absolutglied als auch die Steigung. Die dargestellten Punkte ergeben sich

---

[16] Vgl. Winker (1996) und die dort diskutierte Literatur.

aus dem Modell zuzüglich identisch unabhängig normalverteilter Fehlerterme. Die Schätzung eines einzigen linearen Trendmodells für den gesamten Zeitraum liefert das als gestrichelte Linie eingezeichnete Ergebnis. Offenbar weist das so geschätzte Modell für den ersten Teil der Beobachtungen eine systematisch zu große Steigung aus, während die tatsächliche Steigung für den zweiten Teil der Beobachtungen unterschätzt wird.

Abb. 8.8. Regression mit Strukturbruch

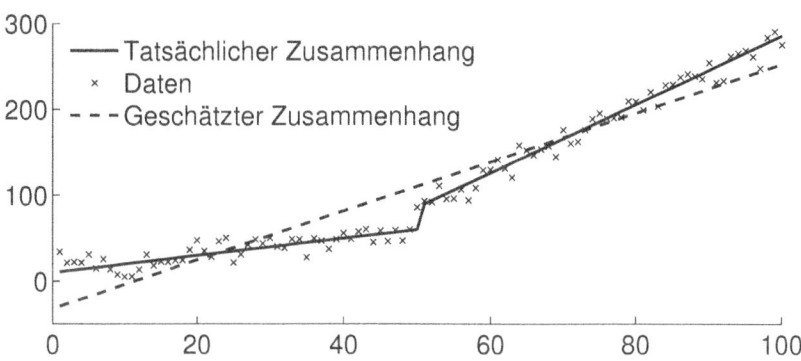

Aus dem Vergleich der tatsächlichen Beobachtungswerte mit der geschätzten Trendgerade wird deutlich, dass die Residuen in diesem Fall nicht unabhängig sind. Bis ungefähr zur Beobachtung 25 sind alle Residuen positiv (die beobachteten Werte liegen über dem geschätzten Trend). Danach sind bis ungefähr Beobachtung 75 fast alle Residuen negativ (die beobachteten Werte liegen unter dem geschätzten Trend), um für die verbleibenden Beobachtungen wieder positiv zu werden.

Es gibt eine Vielzahl von Testverfahren, um auf das Vorliegen von Strukturbrüchen zu testen. Das gebräuchlichste stellt der Chow-Test dar. Ausgehend von einem möglichen Zeitpunkt oder Wert der Variablen für einen Strukturbruch, besteht der Ansatz des Testes darin, das Modell für die beiden Teilperioden beziehungsweise Teilgruppen getrennt zu schätzen und anschließend mit dem bereits in Abschnitt 7.3 dargestellten F-Test die Nullhypothese zu überprüfen, dass die tatsächlichen Parameterwerte für beide Teilperioden beziehungsweise Teilgruppen gleich sind. Dies ist möglich, da die Schätzung mit potenziell unterschiedlichen Parametern im Rahmen einer Modellgleichung erfolgen kann, z.B. durch die Anwendung von Interaktionstermen mit Dummy-Variablen (siehe Abschnitt 9.1).[17] Wird die Nullhypothese der Parameterkonstanz verworfen, liegt ein Strukturbruch vor.

Eine wesentliche Einschränkung des Chow-Tests liegt darin begründet, dass der Zeitpunkt des Strukturbruchs beziehungsweise die relevanten Teilgruppen bekannt sein müssen. Dies ist für Fälle wie die deutsche Wiedervereinigung oder die

---

[17] Vgl. auch Heij *et al.* (2004, S. 315).

Einführung des Euro unproblematisch, für a priori unbekannte Gründe eines Strukturbruchs jedoch schwierig. Diese Einschränkung wird im Quandt-Andrews Test dadurch aufgehoben, dass der Chow-Test für mehrere Zeitpunkte wiederholt durchgeführt wird, typischerweise für alle Beobachtungen außer den ersten und den letzten 15% der Beobachtungen.[18] Als Teststatistik wird dann das Maximum der für die einzelnen Chow-Tests berechneten F-Statistiken benutzt. Allerdings gelten für dieses Maximum andere kritische Werte als die der F-Verteilung (Andrews, 1993).

Für Zeitreihen existieren weitere Methoden und Tests, um ohne Kenntnis des möglichen Zeitpunktes das Vorliegen von Strukturbrüchen erkennen und gleichzeitig wahrscheinliche Zeitpunkte oder Perioden eines Strukturbruchs identifizieren zu können. Ein derartiges Verfahren, die rekursive Kleinste-Quadrate-Methode, soll stellvertretend kurz dargestellt werden. Ausgangspunkt ist wieder das multiple lineare Regressionsmodell mit k erklärenden Variablen

$$Y_t = \mathbf{X}_t \boldsymbol{\beta} + \varepsilon_t \, ,$$

wobei für Y und X jeweils die Beobachtungen $t = 1, \ldots T$ vorliegen. Wenn keine Strukturbrüche vorliegen, liefert auch die KQ-Schätzung mit nur einem Teil der Daten, z.B. für $t = 1, \ldots, \tau$, verlässliche Schätzer.[19] Ob dies der Fall ist, kann durch die Analyse so genannter rekursiver Prognosefehler überprüft werden. Dazu führt man auf Basis der für die Teilperioden erhaltenen Schätzer $\hat{\boldsymbol{\beta}}_\tau$ und der tatsächlichen Werte für die erklärenden Größen $\mathbf{X}_{\tau+1}$ eine Prognose für die jeweils folgende Periode $\tau + 1$ durch:

$$Y_{\tau+1} = \mathbf{X}_{\tau+1} \hat{\boldsymbol{\beta}}_\tau \, .$$

Wenn die üblichen Voraussetzungen für das Gesamtmodell erfüllt sind, insbesondere also kein Strukturbruch vorliegt, folgen die Prognosefehler

$$w_{\tau+1} = Y_{\tau+1} - \mathbf{X}_{\tau+1} \hat{\boldsymbol{\beta}}_\tau \qquad (8.18)$$

einer Normalverteilung (Krämer und Sonnberger, 1986, S. 49ff). Die durch die zugehörige Standardabweichung normierten Prognosefehler $w_{\tau+1}$ werden als rekursive Residuen bezeichnet. Für $t = k + 1, \ldots, T$ sind die w_t, wenn alle Modellannahmen erfüllt sind, unabhängig voneinander normalverteilt mit Erwartungswert null und Varianz σ^2, d.h. gleich der des Fehlerprozesses $\boldsymbol{\varepsilon}$ im Modell. Auf dieser Grundlage lassen sich einige Darstellungen erzeugen, die zumindest approximativ Tests auf einen Strukturbruch zulassen.

Besonders anschaulich ist die Darstellung der rekursiv geschätzten Koeffizienten $\hat{\beta}_{i,\tau}$ über die Zeit hinweg. Abbildung 8.9 zeigt eine solche Darstellung, wie sie in Ökonometriesoftware meist unter dem Stichwort "rekursive Koeffizienten" angeboten wird, für den Koeffizienten β_2 im Standardbeispiel der Konsumfunktion aus Abschnitt 7.2, d.h. die marginale Konsumneigung. Die durchgezogene Linie zeigt

---

[18] Diese Beobachtungen am Rand sind notwendig, um das Modell für beide Teilzeiträume, also vor und nach dem möglichen Strukturbruch, schätzen zu können.

[19] Allerdings kann hierbei exakte Mutlikollinearität auch in Fällen auftreten, in denen sie für alle Beobachtungen von $\mathbf{X}$ nicht mehr gegeben ist.

die Werte für $\hat{\beta}_{i,\tau}$, während die beiden grau gestrichelten Linien ein Konfidenzintervall von jeweils zwei geschätzten Standardabweichungen angeben.

Abb. 8.9. Rekursive Koeffizienten für marginale Konsumneigung

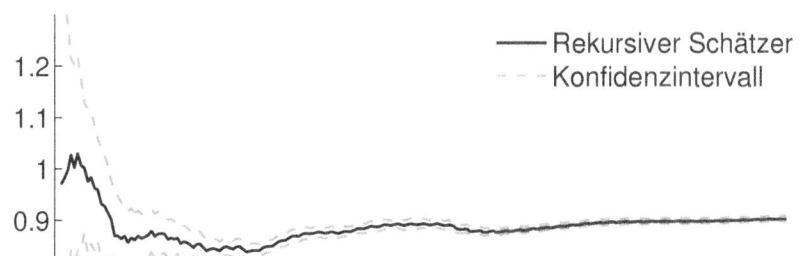

Quelle: Deutsches Institut für Wirtschaftsforschung VGR; Deutsche Bundesbank Zeitreihendatenbank; eigene Berechnungen.

Aus dieser Darstellung kann man entnehmen, wie jede zusätzliche Beobachtung zu einer Revision der bisherigen Schätzwerte für den Koeffizienten β_2 führt. Zunächst sind die gestrichelt dargestellten, geschätzten Standardfehler für $\hat{\beta}_2$ sehr groß und der geschätzte Koeffizient schwankt stark, was aufgrund der sehr geringen Anzahl der benutzten Beobachtungen nicht sonderlich überraschen kann. Doch schon ab Mitte der sechziger Jahre ergibt sich ein recht stabiler Schätzer, der ab Mitte der siebziger Jahre einen deutlichen Anstieg aufweist, der weit größer als die bis dahin sehr klein gewordene Standardabweichung ausfällt. Dies kann als Indiz für eine mögliche Verhaltensänderung Mitte der siebziger Jahre aufgefasst werden. Eine weitere deutliche Veränderung ergibt sich nach der Wiedervereinigung. Der geschätzte Koeffizient geht nach 1990 zunächst zurück, um dann allmählich wieder anzusteigen. Ein Grund für diese Veränderungen könnte in der Vernachlässigung von Vermögensgrößen oder anderen relevanten Variablen in der untersuchten Spezifikation der Konsumgleichung liegen.

Allgemein kann mit dieser Darstellungsform untersucht werden, welche Beobachtungen wesentliche Innovationen darstellen, indem sie den geschätzten Parameter um mehr als eine oder zwei Standardabweichungen verändern. Außerdem kann wertvolle Information über die möglichen Zeitpunkte von strukturellen Veränderungen gewonnen werden und zugleich darüber, welcher Wirkungskanal davon besonders beeinflusst ist, d.h. welches der $\hat{\beta}_i$ sich am stärksten verändert. Allerdings stellt diese Betrachtung keinen exakten Test dar, weil die Kovarianzstrukturen zwischen den Variablen und den einzelnen Beobachtungen unberücksichtigt bleiben.

Explizite Tests können auf Grundlage der kumulierten rekursiven Prognosefehler (CUSUM) und der kumulierten quadrierten rekursiven Prognosefehler (CUSUM of squares) durchgeführt werden. Die Teststatistik für den CUSUM-Test lautet

$$W_t = \sum_{i=k+1}^{t} \frac{w_i}{\hat{\sigma}} \, ,$$

wobei w_i die in (8.18) definierten Prognosefehler sind und $\hat{\sigma}$ die auf Grundlage aller Beobachtungen geschätzte Standardabweichung der $\hat{\varepsilon}_t$ bezeichnen. Für die Nullhypothese, dass alle Parameter konstant sind, folgt, dass der Erwartungswert $E(W_t)$ für alle t gleich null ist. Wird die Statistik W_t also für ein t signifikant größer oder kleiner als null, muss die Nullhypothese verworfen werden; es liegt eine Strukturveränderung vor. Die Verteilung der Teststatistik ist komplex (Krämer und Sonnberger, 1986, S. 53f). Deshalb können nur näherungsweise kritische Werte ermittelt werden. Abbildung 8.10 zeigt die Werte von W_t als durchgezogene Linie und die approximativen kritischen Werte zum Signifikanzniveau 5% als gestrichelte graue Linien.

Abb. 8.10. CUSUM-Statistik

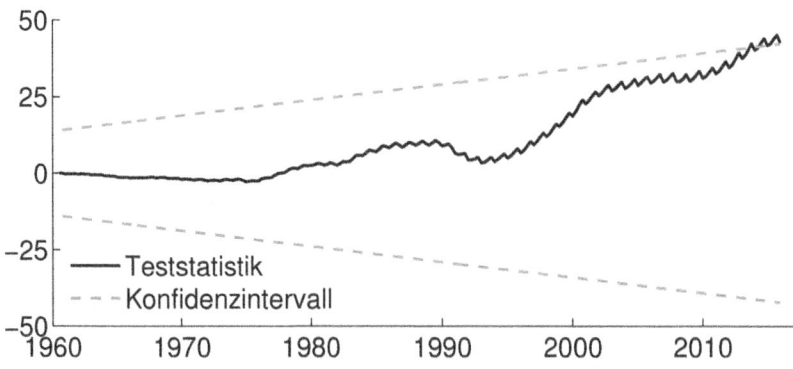

Quelle: Deutsches Institut für Wirtschaftsforschung VGR; Deutsche Bundesbank Zeitreihendatenbank; eigene Berechnungen.

Die zunehmende Abweichung von W_t von seinem unter der Nullhypothese erwarteten Wert von null deutet durchaus auf strukturelle Veränderungen hin. Besonders ausgeprägt sind diese Abweichungen nach der deutschen Wiedervereinigung und dann wieder nach dem Jahr 2000. Allerdings werden die kritischen Werte zum Signifikanzniveau 5% erst für die letzten Beobachtungen im Jahr 2015 ganz knapp überschritten. Damit kann die Nullhypothese, dass kein Strukturbruch vorliegt, auf Basis der CUSUM-Statistik knapp verworfen werden.

Eine andere mögliche Ursache für große rekursive Residuen liegt in einer nicht konstanten Varianz der Fehlerterme. Eine Überprüfung erfolgt durch die Analyse der quadrierten rekursiven Residuen im CUSUM of squares Test. Die Teststatistik

$$S_t = \frac{\sum_{i=k+1}^{t} w_i^2}{\sum_{i=k+1}^{T} w_i^2}$$

weist den Erwartungswert $E(S_t) = \frac{t-k}{T-k}$ auf, falls die Nullhypothese der Parameterkonstanz erfüllt ist. Implizit wird mit diesem Test die durch variable Parameter oder
variable Varianz der Fehlerterme verursachte Heteroskedastie untersucht. Aufgrund
der Definition als Anteil der jeweils kumulierten quadrierten rekursiven Residuen an
deren Gesamtsumme steigen die Werte von S_t von null auf eins an. Unter Gültigkeit der Nullhypothese (keine strukturellen Veränderungen) würde S_t linear von null
auf eins anwachsen. Die tatsächlichen Werte von S_t für das Beispiel sind zusammen
mit den gestrichelt eingezeichneten approximativen kritischen Werten für das Signifikanzniveau 5% in Abbildung 8.11 dargestellt.[20] Während der CUSUM Test nur
einen schwachen Hinweis auf strukturelle Veränderungen gab, wird in diesem Fall
die Nullhypothese der Strukturkonstanz des Modells sehr deutlich verworfen.

Abb. 8.11. CUSUM of squares Statistik

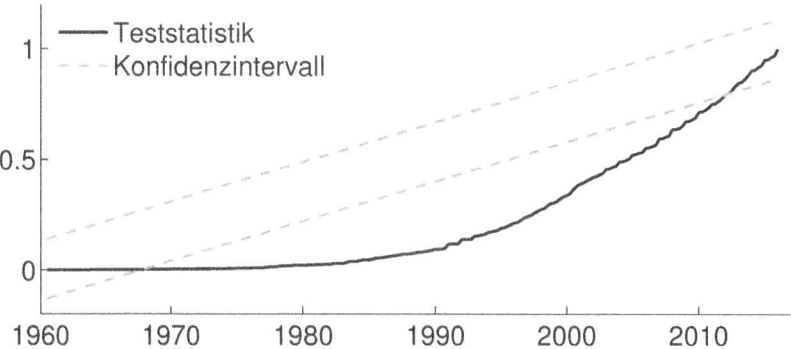

Quelle: Deutsches Institut für Wirtschaftsforschung VGR; Deutsche Bundesbank Zeitreihendatenbank; eigene Berechnungen.

Schließlich gibt es auch Schätzverfahren, die von vorne herein auf die Annahme konstanter Parameter verzichten. Stattdessen wird auch für die Anpassung der
Parameter über die Zeit ein vorgegebenes Modell unterstellt. Zum Beispiel kann unterstellt werden, dass sich der Wert von β in Periode t aus dem Wert der Vorperiode zuzüglich einem zufälligen Fehlerterm ergibt. Mit aufwendigeren, in der Regel
auf numerischer Optimierung basierenden Verfahren ist es dann möglich, Parameterschätzer in Form von Zeitreihen zu erhalten, die nicht nur den Fehler des eigentlichen Modells möglichst klein halten, sondern gleichzeitig auch den Fehler in der
Modellierung der Parameteranpassung minimieren. Ein derartiges Verfahren stellt
die Kalman-Filter-Methode dar (Hamilton, 1994, S. 372ff).

---

[20] Kritische Werte finden sich z.B. in Johnston und DiNardo (1997, S. 519f).

8.8 Robuste und nicht parametrische Verfahren

Wie bereits in Abschnitt 7.2 dargestellt, kann das Ziel der Anpassung eines "möglichst gut" quantifizierten ökonometrischen Modells auf unterschiedlichen Ansätzen basieren. Der Kleinste-Quadrate-Ansatz wurde zunächst wegen seiner leichten Umsetzbarkeit gewählt. Außerdem besitzt er, falls die geforderten Annahmen erfüllt sind, einige wünschenswerter Eigenschaften. Insbesondere ist er in dann unverzerrt, konsistent und effizient. Die vorangegangenen Abschnitte dieses Kapitels haben jedoch gezeigt, wie schnell diese Eigenschaften verloren gehen können, wenn einzelne Anforderungen an das Modell nicht erfüllt oder gar nicht erfüllbar sind. Da die Verletzung einzelner Modellannahmen eher die Regel als die Ausnahme sein dürfte, können möglicherweise andere Schätzansätze, d.h. andere Operationalisierungen des Konzepts der "möglichst guten" Anpassung, vorteilhaft sein.

8.8.1 Minimierung der absoluten Fehler

Anstelle der quadrierten Abweichungen zwischen tatsächlichen Beobachtungen und vom ökonometrischen Modell prognostizierten Werten können auch alternative Gewichtungsfunktionen benutzt werden. Durch die Betrachtung der absoluten Abweichung zwischen Modell und Realisierung, $|\hat{\varepsilon}_t|$, erhalten alle Fehler dasselbe Gewicht, während im quadratischen Ansatz große Fehler besonders stark gewichtet werden. In die andere Richtung geht der Ansatz der zensierten Regression, in der gerade die besonders großen Fehler ein geringes Gewicht oder gar ein Gewicht von null erhalten. Damit vermeidet man, dass einzelne extreme Ausprägungen die Ergebnisse wesentlich beeinflussen.

Worin besteht nun der potentielle Vorteil dieser alternativen Gewichte? Dies soll am Beispiel des auf der Minimierung der absoluten Abweichungen $|\hat{\varepsilon}_t|$ basierenden Schätzers dargestellt werden.[21] Dazu betrachten wir zunächst wieder den Fall, in dem eine abhängige Variable Y_t nur durch ein Absolutglied erklärt werden soll. Für den Kleinste-Quadrate-Ansatz wurde bereits in Abschnitt 7.2 gezeigt, dass diese Schätzung äquivalent zur Berechnung des arithmetischen Mittels von Y_t ist, d.h. der KQ-Schätzer des Absolutglieds $\hat{\beta}_1^{KQ}$ ist gleich $\bar{Y}_t$. Die Lösung des Minimierungsproblems

$$\min_{\hat{\beta}_1^{MA}} \sum_{t=1}^{T} |Y_t - \hat{\beta}_1^{MA}|$$

ist hingegen durch den Median der Beobachtungen gegeben, d.h.

$$\hat{\beta}_1^{MA} = \text{Median}(Y_1, \ldots, Y_T).$$

---

[21] Für diesen Schätzer hat sich im englischen Sprachraum die Bezeichnung LAD-Schätzer eingebürgert für "least absolute deviation". Analog zur deutschen Schreibweise KQ für den auf englisch als OLS ("ordinary least squares") bezeichneten Kleinste-Quadrate-Schätzer wird hier die Bezeichnung MA für "minimale absolute Abweichung" verwendet.

Es liegen also genau so viele Beobachtungen oberhalb von $\hat{\beta}_1^{MA}$ wie darunter. In diesem Fall wird eine Veränderung der Werte der Y_t, welche die mittleren Beobachtungen unbeeinflusst lässt, keine Auswirkungen auf den geschätzten Parameter haben.

Diese Eigenschaft des MA-Schätzers überträgt sich leicht abgewandelt auch auf den Fall mit weiteren erklärenden Variablen. Dazu betrachten wir das Modell mit Absolutglied und einem Regressor

$$Y_t = \beta_1 + \beta_2 X_t + \varepsilon_t \,.$$

Die MA-Schätzer werden durch Lösung des Minimierungsproblems

$$\min_{\hat{\beta}_1^{MA}, \hat{\beta}_2^{MA}} \sum_{t=1}^{T} \mid Y_t - \hat{\beta}_1^{MA} - \hat{\beta}_2^{MA} X_t \mid$$

bestimmt. Die sich ergebende Regressionsgerade

$$\hat{\beta}_1^{MA} + \hat{\beta}_2^{MA} X_t$$

kann als bedingter Median von Y_t gegeben X_t beschrieben werden und hat folgende Eigenschaften:

- Die Gerade geht durch mindestens zwei Beobachtungspunkte (X_t, Y_t).
- Oberhalb und unterhalb der Geraden liegen jeweils höchstens die Hälfte der Beobachtungspunkte.

Die Robustheit dieses Schätzers ergibt sich daraus, dass eine Veränderung der Beobachtungspunkte, die nicht auf der Regressionsgeraden liegen, solange zu keiner Veränderung der geschätzten Parameter führen, wie sie nicht auf die andere Seite der Gerade wechseln.

Diese Eigenschaft kann an einem hypothetischen Beispiel für die Konsumfunktion veranschaulicht werden. Dazu wird die Schätzung aus Abschnitt 7.2 einmal mit der KQ-Methode und einmal mit der MA-Methode durchgeführt. Anschließend werden die Daten für das verfügbare Einkommen im Zeitraum von 1980 bis 1989 auf 50% ihres tatsächlichen Niveaus korrigiert, d.h. es wird ein erheblicher Datenfehler unterstellt. In Tabelle 8.1 sind die Schätzer für beide Datensätze und beide Verfahren zusammengestellt. In Klammern sind jeweils die geschätzten Standardabweichungen mit ausgewiesen.

Es zeigt sich, dass die geschätzte marginale Konsumquote $\hat{\beta}_2$ im Fall des KQ-Schätzers deutlich auf den Datenfehler reagiert, während der MA-Schätzer nur geringe Veränderungen ausweist. Insbesondere ist die Veränderung für den KQ-Schätzer größer als die geschätzte Standardabweichung, während sie für den MA-Schätzer deutlich kleiner bleibt. Die Schätzer für das Absolutglied $\hat{\beta}_1$ werden in beiden Fällen deutlich verändert, da in diesem Schätzer der veränderte konditionale Mittelwert beziehungsweise der veränderte konditionale Median aufgefangen wird, wobei auch dieser Effekt für den KQ-Schätzer stärker ausgeprägt ist.

Tabelle 8.1. Schätzergebnisse mit KQ- und MA-Methode

Parameter	KQ-Schätzer ohne Datenfehler	KQ-Schätzer mit Datenfehler	MA-Schätzer ohne Datenfehler	MA-Schätzer mit Datenfehler
$\hat{\beta}_1$	-1.5282 (0.667)	22.7518 (2.670)	-1.2138 (0.401)	-0.3396 (0.531)
$\hat{\beta}_2$	0.9031 (0.003)	0.8394 (0.011)	0.9095 (0.003)	0.9083 (0.003)

8.8.2 Nicht parametrische Verfahren

Die bisher vorgestellten Schätzverfahren sind einschließlich der robusten Verfahren als parametrische Ansätze zu klassifizieren, weil eine explizite Modellierung des ökonometrischen Modells und teilweise auch der Fehlerprozesse zugrunde gelegt wurde. Als Ergebnis erhielt man dann jeweils Schätzwerte für einige Parameter und ihre gleichfalls geschätzte Varianz. Im Unterschied dazu wird in nicht parametrischen Ansätzen auf derartige Annahmen weitgehend verzichtet. Stattdessen wird versucht, Verteilungen und – im Fall der Regressionsanalyse – auf den Einfluss erklärender Variablen bedingte Verteilungen aus den Daten selbst zu generieren.

Kerndichteschätzer

Ein einfaches Beispiel für einen nicht parametrischen Ansatz zur Abbildung einer unbekannten Verteilung stellt das Histogramm dar. Verfeinerungen dieses Ansatzes, die es auch erlauben, Aussagen über die Qualität der Approximation zu treffen, stellen die so genannten Kerndichteschätzer dar (Heiler und Michels, 1994, S. 54ff).

Diese Verfahren können auch eingesetzt werden, um die multivariaten Verteilungen, die in einer Regressionsanalyse durch den Zusammenhang der abhängigen und der erklärenden Variablen gegeben sind, anzunähern, ohne Aussagen über funktionale Form oder Verteilung der Fehlerterme machen zu müssen. Die Güte der Anpassung kann wie im Fall der linearen Modelle durch die Summe der quadratischen Abweichungen oder durch robuste Zielgrößen gemessen werden. Diese Güte wird dann von einem weiteren zentralen Parameter der nicht parametrischen Verfahren beeinflusst, der "Glätte" des angepassten Zusammenhangs. Dieser Effekt lässt sich am Beispiel der Approximation einer eindimensionalen Verteilung durch das Histogramm verdeutlichen. Wird hierfür nur eine geringe Anzahl von Klassen gebildet, wird das resultierende Histogramm große Sprünge zwischen den Klassen aufweisen. Dafür sind die Mittelwerte innerhalb der Klassen auf Grundlage einer Vielzahl von Werten und damit im Allgemeinen mit geringer Varianz geschätzt. Erhöht man nun zunehmend die Klassenzahl, verringert also die Klassengröße, werden die Sprünge zwischen den einzelnen Klassen tendenziell kleiner. Gleichzeitig vergrößert sich jedoch die Varianz der geschätzten Klassenmittel. Dadurch wird der Verlauf des Histogramms weniger glatt, es treten unter Umständen mehrere Gipfel auf. Die Anforderung an nicht parametrische Schätzverfahren besteht darin, eine vernünftige Abwägung zwischen einer möglichst guten Anpassung einerseits und einem für eine inhaltliche Interpretation hinreichend glatten Ergebnis andererseits zu finden.

In Abbildung 8.12 wird die Wirkungsweise von Kerndichteschätzern am Beispiel der empirischen Konsumquoten dargestellt, deren Histogramm bereits in Abbildung 7.5 gezeigt wurde. Dieses Histogramm für 25 gleich große Klassen wird im oberen Teil von Abbildung 8.12 wiederholt.

Abb. 8.12. Histogramm und Kerndichteschätzer

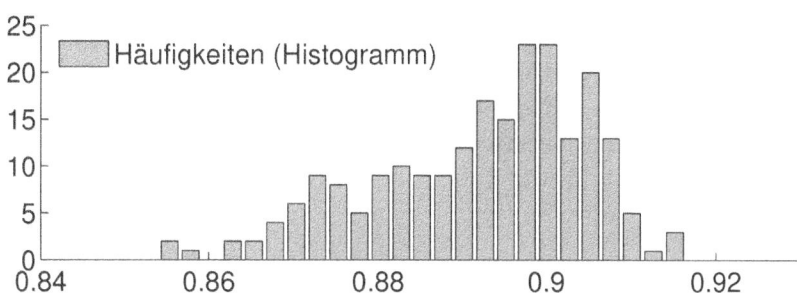

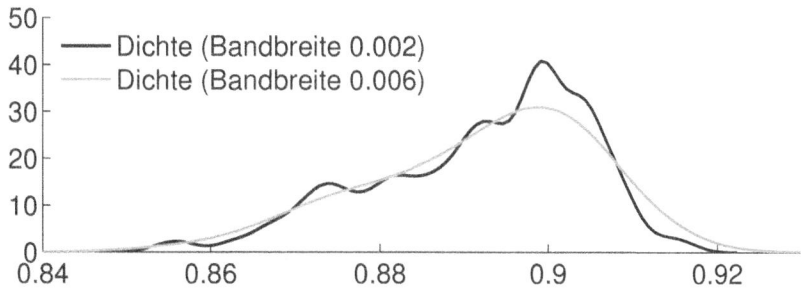

Quelle: Deutsches Institut für Wirtschaftsforschung VGR; Deutsche Bundesbank Zeitreihendatenbank; eigene Berechnungen.

Der untere Teil der Abbildung zeigt zwei unterschiedliche Approximationen der unbekannten Dichte der Verteilung der Konsumquoten.[22] Für die graue Linie wurde dabei eine größere Glattheit angestrebt als für die schwarze Linie.

Bootstrap

Zum Schluss dieses Abschnitts soll noch auf ein Verfahren hingewiesen werden, das sich in den letzten Jahren zunehmender Beliebtheit in der angewandten Ökonometrie erfreut, wenn einige der üblichen Modellannahmen nicht erfüllt sind. Mit der so genannten Bootstrap Methode werden in diesem Fall allein auf Basis der vorliegenden Daten kritische Werte für relevante Teststatistiken hergeleitet, so dass die zugehörigen Tests durchgeführt werden können.

Das generelle Vorgehen soll am Beispiel des normalen parametrischen Regressionsmodells

$$Y_t = \mathbf{X}_t \boldsymbol{\beta} + \varepsilon_t \tag{8.19}$$

beschrieben werden. Im Unterschied zu den bisherigen Annahmen wird auf die Voraussetzung der Normalverteilung für die Störgrößen ε_t verzichtet. Stattdessen wird versucht, einen Schätzer für diese Verteilung aus den Daten selbst zu generieren. Inferenz, die auf einer derartigen Bootstrap-Verteilung beruht, ist damit robust gegen Abweichungen von der Annahme der Normalität, der Homoskedastie oder – bei Anwendung des so genannten Moving Block Bootstrap als spezifischer Variante – auch gegen Autokorrelation.

Die Grundannahme des Bootstrap besteht darin, dass die empirische Verteilung der beobachteten Residuen $\hat{\varepsilon}_t$ die beste verfügbare Approximation der als unbekannt unterstellten Verteilung der ε_t darstellt. Durch Ziehen mit Zurücklegen aus den $\hat{\varepsilon}_t$ erhält man also jeweils eine Realisierung des Fehlerprozesses $\boldsymbol{\varepsilon}$, die mit ε_t^B bezeichnet wird. Für jede derartige Realisierung lassen sich auf Basis des mit den Originaldaten geschätzten Koeffizientenvektors $\hat{\boldsymbol{\beta}}$ die Werte für Y_t berechnen, die sich ergeben würden, wenn erstens der Schätzer $\hat{\boldsymbol{\beta}}$ dem wahren Wert von $\boldsymbol{\beta}$ entspricht und zweitens die konkrete Realisierung des Fehlerprozesses vorliegt, also

$$Y_t^B = \mathbf{X}_t \hat{\boldsymbol{\beta}} + \varepsilon_t^B .$$

Für die so konstruierten Realisierungen von Y_t wiederum liefert die Schätzung von Gleichung (8.19) einen neuen Schätzer $\hat{\boldsymbol{\beta}}^B$. Wiederholt man nunmehr die genannten Schritte, d.h. Ziehung der Fehlerterme, Erzeugung neuer Y_t, Schätzung von $\hat{\boldsymbol{\beta}}^B$, so erhält man eine empirische Verteilung der geschätzten Parameter $\hat{\boldsymbol{\beta}}$, wie sie unter der Gültigkeit der getroffenen Annahmen zu erwarten wäre. Auf Basis dieser empirischen Verteilung können nun Signifikanztests durchgeführt oder Konfidenzintervalle konstruiert werden, für die keine a priori Verteilungsannahmen hinsichtlich $\boldsymbol{\varepsilon}$ notwendig sind.[23]

---

[22] Dabei wurde zur Glättung die Dichte der Normalverteilung mit Bandbreiten von 0.002 (schwarze Linie) beziehungsweise 0.006 (graue Linie) benutzt. Vgl. Heiler und Michels (1994, S. 55f) für die Definitionen.

[23] Vgl. Babu und Rao (1993) und Johnston und DiNardo (1997, Kapitel 11.3).

8.9 Literaturauswahl

In der Literaturauswahl zu diesem Kapitel sollen einige Fundstellen für weiterführende Informationen zu den Themen gegeben werden, die an dieser Stelle aus Platzgründen nur sehr kursorisch behandelt wurden. Da es sehr viele unterschiedliche Möglichkeiten gibt, die erwähnten Tatbestände darzustellen, muss es letztlich der Leserin und dem Leser überlassen bleiben, herauszufinden, welche die jeweils für sie oder ihn geeignetste ist. Die im Folgenden aufgeführten einzelnen Abschnitte einiger Lehrbücher sollen daher nur als Anregung verstanden werden.

Allgemeine Darstellungen der Fehleranalyse innerhalb der multiplen linearen Regressionsanalyse finden sich in Hansmann (1983), Kapitel 6, Intriligator *et al.* (1996), Kapitel 5 und Krämer und Sonnberger (1986). Zum Problem fehlender Variablen siehe auch Berndt (1991), Abschnitt 3.5.2.

Die Heteroskedastie von Störgrößen wird beispielsweise in Heij *et al.* (2004), Abschnitt 5.4, Pindyck und Rubinfeld (1998), Abschnitt 6.1 und Wallace und Silver (1988), Abschnitt 6.2, etwas ausführlicher behandelt.

Autokorrelation ist ein zentrales Forschungsgebiet der Ökonometrie, auf das im Zusammenhang mit der Zeitreihenanalyse in Kapitel 9 noch einmal eingegangen wird. Als ein- und weiterführende Lektüre seien die folgenden Bücher beziehungsweise die angegebenen Kapitel daraus empfohlen Judge *et al.* (1988), Kapitel 9, Greene (2012), Kapitel 20, Heij *et al.* (2004), Abschnitt 5.5, Pindyck und Rubinfeld (1998), Abschnitt 6.2, und Wallace und Silver (1988), Abschnitt 7.1.

Die Themen Fehler in Variablen, Endogenität und Simultanität werden beispielsweise in Greene (2012), Kapitel 8, Pindyck und Rubinfeld (1998), Kapitel 7, und Wallace und Silver (1988), Kapitel 6.1, diskutiert.

Das im letzten Abschnitt dieses Kapitels ganz knapp angesprochene Gebiet der robusten Schätzmethoden wurde erstmals umfassend in Huber (1981) dargestellt. Einführende Darstellungen einschließlich semi- oder nicht parametrischer Ansätze sind inzwischen auch in einigen Lehrbüchern enthalten, so zum Beispiel in Heiler und Michels (1994).

9

Qualitative Variablen

Auf die Rolle qualitativer Variablen in der empirischen Wirtschaftsforschung wurde bereits in den Kapiteln 2 und 4 hingewiesen. Dabei wurde dargestellt, dass nicht alle ökonomisch relevanten Größen in Form intervallskalierter Daten verfügbar sind. Besonders häufig treten auf mikroökonomischer Ebene Merkmale auf, die sich auf einzelne Individuen, Haushalte oder Firmen beziehen, und nur ein nominales oder ordinales Skalenniveau aufweisen. Beispiele hierfür sind etwa das Geschlecht oder der höchste erreichte Schulabschluss einer Person beziehungsweise die Sektorzugehörigkeit oder das Rating einer Firma. Andere Merkmale sind ihrer Natur nach zwar möglicherweise intervallskaliert, werden aber bei der Erhebung im Rahmen von Umfragen bewusst nur mit einer geringen Anzahl unterschiedlicher Ausprägungen abgefragt, um die Beantwortung der Fragen zu vereinfachen und dadurch eine möglichst hohe Rücklaufquote zu erzielen. Dass die genannten Variablen je nach Fragestellung wesentliche Einflussgrößen darstellen können, ist kaum zu bezweifeln. Zum Teil können sie auch selbst das Ziel ökonomischer Erklärungsansätze sein, wenn beispielsweise der Schulabschluss als endogen im Rahmen eines Ansatzes zur Maximierung des Lebenseinkommens betrachtet wird oder wenn untersucht werden soll, wovon das Rating einer Firma abhängt.

Die Bedeutung qualitativer Variablen ist jedoch nicht auf die mikroökonomische Ebene beschränkt. Auf aggregiertem Niveau kann mit qualitativen Variablen beispielsweise die Zugehörigkeit zu bestimmten regionalen Einheiten ebenso erfasst werden wie im Zeitablauf das Vorliegen bestimmter Zustände. Beispiele für regionale Einheiten sind Staaten, Bundesländer oder Kreise, für unterschiedliche Zustände im Zeitablauf Wechselkursregime (fix, freies Floaten, EWS, Währungsunion) oder die Zeit vor und nach der Einführung des Euro.

9.1 Qualitative erklärende Variablen

Bei der Einbeziehung von qualitativen Variablen in ein ökonometrisches Modell als erklärende Variable treten unmittelbar keine besonderen technischen Probleme auf. Weist eine derartige Variable nur zwei mögliche Ausprägungen auf, die dann meistens mit null und eins codiert werden, so nennt man sie eine Dummyvariable oder kurz eine Dummy.

9.1.1 Dummyvariablen

Die für Dummyvariablen als erklärende Größen im linearen Regressionsmodell mit der Methode der Kleinsten Quadrate geschätzten Koeffizienten lassen sich direkt interpretieren. Diese Interpretation soll am Beispiel einer Dummy für das Geschlecht in einer mikroökonometrischen Lohngleichung demonstriert werden. Die Geschlechtsdummy sei durch

$$\text{DSEX}_i = \begin{cases} 0 \text{ , falls Person } i \text{ männlich ist} \\ 1 \text{ , falls Person } i \text{ weiblich ist} \end{cases}$$

gegeben. Dann gilt für den Mittelwert der Dummyvariablen

$$\overline{\text{DSEX}} = \text{E}(\text{DSEX}) = \text{Prob}(\text{DSEX} = 0) \cdot 0 + \text{Prob}(\text{DSEX} = 1) \cdot 1$$
$$= \text{Prob}(\text{DSEX} = 1), \tag{9.1}$$

d.h. der Anteil der weiblichen Personen in der betrachteten Gruppe ist gleich dem Mittelwert für die Dummyvariable. Dieser Wert entspricht auch der Wahrscheinlichkeit, mit der eine zufällig ausgewählte Person weiblich ist, d.h. $\text{Prob}(\text{DSEX} = 1)$. Allein durch die deskriptive Auswertung von Dummyvariablen ist es also möglich, sich ein detailliertes Bild von der Struktur der vorliegenden Beobachtungen im Hinblick auf qualitative Merkmale zu verschaffen. Mit derartigen Informationen können unter anderem auch auffällige Abweichungen von erwarteten Größenordnungen identifiziert werden, die möglicherweise auf fehlerhafte Daten oder Fehler bei der Datenaufbereitung hinweisen. In einer zufälligen Stichprobe von Hochschulabsolventen in Deutschland würde man beispielsweise einen Frauenanteil von ungefähr 50% erwarten. Findet man in der Stichprobe nur 20%, sollte dies daher Anlass zur Überprüfung der Datengrundlage sein.

Ebenso wie die Mittelwerte von Dummyvariablen erlauben auch die für Dummyvariablen geschätzten Koeffizienten im linearen Regressionsmodell eine direkte Interpretation. Das ökonometrische Modell für den letzten Bruttomonatslohn W_i von Person i laute

$$W_i = \beta_1 + \beta_2 \text{DSEX}_i + \varepsilon_i.$$

Dann gilt für die Koeffizienten β_1 und β_2:

$$\beta_1 = \text{E}(W_i \mid i = 0) = \text{Durchschnittslohn für Männer} \tag{9.2}$$
$$\beta_1 + \beta_2 = \text{E}(W_i \mid i = 1) = \text{Durchschnittslohn für Frauen.} \tag{9.3}$$

Der Unterschied in den durchschnittlichen Einkommen aufgrund des Geschlechts (also der Effekt der Ausprägung $\text{DSEX} = 1$) bei ansonsten unveränderten Einflussgrößen wird demnach durch den Koeffizienten $\hat{\beta}_2$ geschätzt.

Der Erwartungswert von W_i, d.h. der mittlere Monatslohn über alle Personen, ergibt sich als

$$E(W) = \beta_1 \text{Prob}(\texttt{DSEX} = 0) + (\beta_1 + \beta_2)\text{Prob}(\texttt{DSEX} = 1), \qquad (9.4)$$

d.h. als mit den Anteilen der einzelnen Gruppen gewichtetes Mittel der gruppenspezifischen Mittelwerte aus Gleichungen (9.2) und (9.3).

Abbildung 9.1 zeigt das Ergebnis einer solchen Schätzung mit Daten des deutschen sozioökonomischen Panels (GSOEP) für 7 287 Personen im Jahr 2008, die entweder in Vollzeit oder in regulärer Teilzeit beschäftigt waren. Dabei wurden nur Personen im Alter von 25 bis 60 Jahren berücksichtigt. Der Mittelwert für DSEX beträgt für diese 7 287 Personen 0,4682, d.h. knapp 47% der Personen in der Stichprobe sind weiblich.

Abb. 9.1. Schätzergebnis für Lohngleichung mit Geschlechtsdummy (EViews 9)

```
Dependent Variable: LOHN              Method: Least Squares
Sample: 1 19813                 Included observations: 7287
================================================================
Variable  Coefficient   Std. Error    t-Statistic     Prob.
================================================================
C            3515.794     32.54462       108.0300    0.0000
DSEX        -1401.237     47.56079      -29.46202    0.0000
================================================================
R-squared             0.1065  Mean dependent var     2859.7
Adjusted R-squared    0.1063  S.D. dependent var     2143.0
S.E. of regression    2025.9  Akaike info criterion  18.066
Sum squared resid   2.99E+10  Schwarz criterion      18.068
Log likelihood     -65820.29  F-statistic            868.01
Durbin-Watson stat    1.5504  Prob(F-statistic)      0.0000
================================================================
```

Gemäß Gleichung (9.2) beträgt der durchschnittliche Bruttolohn für Männer 3 515,79 € und nach Gleichung (9.3) für Frauen 2 114,56 € im Monat. Der Durchschnittslohn für alle Personen in der Stichprobe beläuft sich nach Gleichung (9.4) auf:

$$2\,859,73 = (1 - 0,4682) \cdot 3\,515,79 + 0,4682 \cdot (3\,515,79 - 1\,401,24).$$

Anhand dieser Ergebnisse kann auch die Hypothese, dass der Lohn für Frauen im Mittel geringer ist als für Männer, im ökonometrischen Modell getestet werden. Die Nullhypothese, dass die Löhne im Mittel für beide Gruppen gleich hoch sind, entspricht der Hypothese $\beta_2 = 0$. Sie muss verworfen werden, wenn $\hat{\beta}_2$ statistisch signifikant von null verschieden ist. Dies kann mit dem in Abschnitt 7.3 beschriebenen t-Test geprüft werden. Der in Abbildung 9.1 ausgewiesene t-Wert von -29,46 für die Nullhypothese $\beta_2 = 0$ impliziert, dass die Annahme $\beta_2 = 0$ zu allen üblichen Signifikanzniveaus verworfen werden muss. Die Bruttomonatslöhne für Frauen fallen also statistisch signifikant geringer aus als die der Männer.

Dieses Ergebnis als Indiz für das Vorliegen von Diskriminierung und den Test entsprechend als Diskriminierungstest aufzufassen, wäre jedoch voreilig. Dazu müsste zunächst definiert werden, welches Konzept von Lohndiskriminierung zugrunde gelegt ist, d.h. was genau im konkreten Fall unter Lohndiskriminierung verstanden werden soll. Häufig versteht man unter dem Begriff "ungleicher Lohn für gleiche Arbeit". Dann müsste das ökonometrische Modell jedoch neben der Geschlechtsdummy auch Variablen enthalten, welche die Qualität und Quantität der Arbeit erfassen, also insbesondere Informationen über Ausbildung, Berufserfahrung, Branche und vor allem die Arbeitszeit. Führt man beispielsweise die Schätzung von Gleichung (9.4) nur für die in Vollzeit beschäftigten Personen durch, reduziert sich der geschätzte Effekt des Geschlechts auf -900,02 €.

Im Folgenden werden zusätzlich die Effekte einiger weiterer Einflussfaktoren betrachtet. Allerdings soll kein vollständiges Modell hergeleitet werden, mit dem tatsächlich der Umfang einer eventuell vorliegenden Diskriminierung quantifiziert werden kann. Dafür sei auf die entsprechende Literatur verwiesen, z.B. Bonjour und Gerfin (2001) für die Schweiz, Prey und Wolf (2004) und Granados und Geyer (2013) für Deutschland sowie Fitzenberger und Wunderlich (2004) für Deutschland und Großbritannien.

Zuvor soll noch eine äquivalente Darstellung der eben geschätzten Lohngleichung mit Hilfe von zwei Dummies erfolgen, die als

$$\text{DMANN}_i = \begin{cases} 1 \text{ , falls Person } i \text{ männlich ist} \\ 0 \text{ , sonst} \end{cases}$$

und

$$\text{DFRAU}_i = \begin{cases} 1 \text{ , falls Person } i \text{ weiblich ist} \\ 0 \text{ , sonst} \end{cases}$$

definiert sind. Die Schätzung des Modells

$$W_i = \beta_M \text{DMANN}_i + \beta_F \text{DFRAU}_i + \varepsilon_i$$

liefert als Ergebnis den mittleren Lohn für Männer $\hat{\beta}_M$ und Frauen $\hat{\beta}_F$. In diese Schätzgleichung kann keine Konstante β_1 mehr aufgenommen werden, weil sonst die Identität $1 \equiv \text{DMANN} + \text{DFRAU}$ zu exakter Multikollinearität führen würde. Der bereits diskutierte Diskriminierungstest wäre hier ein Test der Nullhypothese $\beta_M = \beta_F$, der mittels des F-Tests umgesetzt werden kann.

Während in Querschnitts- und Paneldatensätzen Dummyvariablen häufig für bestimmte qualitative Merkmale eingesetzt werden, kommen sie in Zeitreihenmodellen zum Einsatz, um spezifische Perioden zu markieren. Weist man einer Dummyvariablen nur für eine Beobachtung den Wert eins und sonst immer den Wert null zu, wird die Einbeziehung dieser Dummyvariablen in die Schätzung eine perfekte Erklärung für die entsprechende Periode bringen.

Fallbeispiel: Schönheit und Arbeitseinkommen

Diskriminierung von Frauen oder Behinderten auf dem Arbeitsmarkt hinsichtlich Lohnhöhe oder Beschäftigungschancen war ebenso Gegenstand vieler Untersuchungen wie der Einfluss von Hautfarbe oder Sprachkenntnissen. Eher ungewohnt ist die Betrachtung des äußeren Erscheinungsbildes als Einflussfaktor für die Lohnhöhe. Die Studie von Hamermesh und Biddle (1994) kann auf Datensätze zurückgreifen, in denen neben Variablen über Einkommen und Beschäftigung auch eine Einschätzung des Interviewers über das Aussehen der Befragten enthalten ist. Dieses wird dabei in den drei Kategorien "unterdurchschnittlich", "durchschnittlich" und "überdurchschnittlich" zusammengefasst und durch drei entsprechend definierte Dummyvariablen in die Schätzungen einbezogen.
Die Tabelle zeigt einige zentrale Ergebnisse der Studie für drei zusammengefasste Datensätze. Die abhängige Variable der Regressionen war dabei der Logarithmus der Stundenlöhne. In Klammern sind jeweils die Standardabweichungen der geschätzten Koeffizienten ausgewiesen.

	Aussehen		Wahrscheinlichkeit für F-Statistik gleich null
	unter-	über-	
Gruppe	durchschnittlich		
Männer	-0,091 (0,031)	0,053 (0,019)	0,0001
Frauen	-0,054 (0,038)	0,038 (0,022)	0,042

Demnach sind für beide Geschlechter sowohl signifikant von null verschiedene Abschläge beim Gehalt für unterdurchschnittliches Aussehen als auch statistisch signifikante positive Aufschläge für überdurchschnittliches Aussehen zu konstatieren. Der Koeffizient für die Dummy "unterdurchschnittliches Aussehen" von -0,091 bei Männern bedeutet beispielsweise, dass diese Beschäftigten ceteris paribus ein um 9,1% geringeres Stundeneinkommen erzielen.
Natürlich sind diese Ergebnisse mit Vorsicht zu genießen. Denn obwohl die Schätzungen eine Vielzahl von hier nicht ausgewiesenen weiteren erklärenden Variablen beinhalten, könnten immer noch weitere wichtige Faktoren fehlen. Allerdings erwiesen sich die Ergebnisse von Hamermesh und Biddle als recht robust gegenüber Änderungen der Spezifikation. Schließlich stellten sie fest, dass Schönheit nicht nur in Berufen, wo durch höhere Produktivität etwa im Umgang mit Kunden ein höherer Lohn gerechtfertigt sein könnte, einen signifikanten Effekt aufweist. Es scheint sich also um ein echtes Diskriminierungsphänomen zu handeln, das durch weitere Untersuchungen bestätigt wurde. So fanden z.B. Biddle und Hamermesh (1998) vergleichbare Effekte für Rechtsanwälte, während Mitra (2001) und French (2002) statistisch signifikante Effekte nur für Frauen finden. Umgekehrt finden Hamermesh und Parker (2003) einen signifikant positiven Effekt auf die Evaluationsergebnisse für Hochschuldozenten nur bei Männern.

Wie im Beispiel der Lohnfunktion wird der Koeffizient der Dummyvariable nämlich den gruppenspezifischen Mittelwert konditional auf die Einbeziehung anderer erklärender Größen messen. Besteht die Gruppe jedoch nur aus einer Beobachtung, dann entspricht dieser konditionale Mittelwert gerade dem Residuum für diese Beobachtung. Somit wird dieses durch Einbeziehung der Dummy auf null reduziert. Die Tatsache, dass sich die Residuen für einzelne Beobachtungen durch die Einbeziehung von Dummyvariablen auf null oder im Fall von Dummyvariablen, die mehrere

Beobachtungen umfassen, zumindest nahe null reduzieren lassen, darf jedoch nicht zu der Schlussfolgerung verführen, dass durch die Dummyvariablen eine ökonomische Erklärung erfolgt wäre. Deshalb sollten Dummyvariablen in Zeitreihenmodellen nur dann eingesetzt werden, wenn sie explizit ökonomische Zustände abbilden, wenn der Tatbestand nicht durch andere Variablen beschrieben werden kann oder wenn offensichtlich einzelne Beobachtungen singuläre Ausreißer darstellen. In der Regel sind jedoch explizite Modellierungen vorzuziehen. So können die Auswirkungen des Ölpreisschocks 1973 auf die inländischen Preise durch eine Dummyvariable approximiert werden, die ab dem relevanten Quartal oder Monat 1973 den Wert eins annimmt. Näher am ökonomischen Modell dürfte jedoch die Einbeziehung der Import- oder Rohölpreise in die geschätzte Preisgleichung sein. Damit ist es – im Gegensatz zur Dummyvariablen – auch möglich, die beobachteten Effekte auf andere Perioden zu übertragen, in denen die Rohölpreise stark anstiegen oder deutlich fielen.

Beispiele, in denen der Rückgriff auf Dummyvariablen zur Maskierung einzelner Beobachtungen in Zeitreihen sinnvoll erscheint, sind singuläre Ereignisse wie die Wiedervereinigung Deutschlands oder die Einführung des Euro.

9.1.2 Kategoriale Variablen

Neben Dummyvariablen mit genau zwei Ausprägungen werden auch qualitative Variablen mit mehr als zwei unterschiedlichen Ausprägungen eingesetzt. Beispiele sind die Nummer des Sektors SEK in einem industriellen Klassifikationssystem, zu dem ein Industriebetrieb gehört, oder Angaben über den höchsten erreichten Schulabschluss beispielsweise in Form einer Variablen SCHULE mit folgenden Ausprägungen:

$$
\text{SCHULE} = \begin{cases} 1 : \text{Hauptschulabschluss} \\ 2 : \text{Realschulabschluss} \\ 3 : \text{Fachhochschulreife} \\ 4 : \text{Abitur} \end{cases}
$$

Für die Betriebe des ersten Beispiels könnte beispielsweise eine Investitionsfunktion geschätzt werden. Dabei ist es nicht unwahrscheinlich, dass die Höhe der Investitionen eines Betriebs oder dessen Investitionsquote neben anderen Parametern auch durch die Sektorzugehörigkeit erklärt werden kann. Allerdings wäre eine Spezifikation für die Investitionen I_i der Art

$$
I_i = \beta_1 + \beta_2 X_i + \beta_3 \text{SEK}_i + \varepsilon_i \, ,
$$

wobei X_i die anderen erklärenden Variablen umfasst, unsinnig. Denn würde beispielsweise ein positiver Koeffizient $\hat{\beta}_3$ geschätzt, würde dies bedeuten, dass die Investitionsneigung mit steigender Sektornummer zunähme. Die Sektornummern besitzen jedoch keine natürliche Ordnung, so dass ein derartiges Ergebnis inhaltsleer wäre.

Etwas anders sieht es für das zweite Beispiel mit den Schulabschlüssen aus. Hier kann man eine natürliche Ordnung im Sinne einer mit dem Wert der Variablen

SCHULE zunehmenden Schulbildung unterstellen. Es handelt sich also um eine ordinale Variable. Die Spezifikation einer Lohngleichung, in welcher der Lohn W_i unter anderem von dieser Variablen bestimmt wird, bedarf also einer näheren Betrachtung. Abbildung 9.2 zeigt zunächst das Ergebnis der Schätzung des Modells

$$W_i = \beta_1 + \beta_2 \text{DSEX}_i + \beta_3 \text{SCHULE}_i + \varepsilon_i.$$

Abb. 9.2. Schätzergebnis für Lohngleichung mit Schulabschlussvariable (EViews 9)

```
Dependent Variable: LOHN              Method: Least Squares
Sample: 1 19813                  Included observations: 7287
================================================================
Variable  Coefficient   Std. Error    t-Statistic      Prob.
================================================================
C            2151.036      55.77893      38.56360      0.0000
DSEX        -1456.200      45.01963     -32.34590      0.0000
SCHULE       575.5809      19.61883      29.33819      0.0000
================================================================
R-squared               0.200893  Mean dependent var   2859.692
Adjusted R-squared      0.200674  S.D. dependent var   2143.036
================================================================
```

Der bereits in Abbildung 9.1 ausgewiesene negative Einfluss der Geschlechtsdummy bleibt nahezu unverändert. Allerdings wird das Lohnniveau nicht mehr nur durch die Konstante, sondern auch durch die Ausbildungsvariable bestimmt, die einen deutlich positiven Einfluss aufweist, der anhand der t-Statistik von 29,34 statistisch signifikant größer als null ist. Wie ist dieses Ergebnis zu interpretieren? Der Durchschnittslohn eines männlichen Arbeitnehmers mit Hauptschulabschluss wird gemäß des geschätzten Modells gleich $\hat{\beta}_1 + \hat{\beta}_3 \cdot 1 = 2\,726{,}62 \, €$ sein. Mit Realschulabschluss steigt er relativ zum Hauptschulabschluss um 575,58 €, mit Fachhochschulreife noch einmal um diesen Betrag, um schließlich für männliche Abiturienten den Wert $\hat{\beta}_1 + \hat{\beta}_3 \cdot 4 = 4\,453{,}36 \, €$ zu erreichen.

Dieselbe qualifikatorische Lohnstruktur ergibt sich auch für Frauen – jeweils reduziert um den Schätzwert $\hat{\beta}_2$. Demnach würde beispielsweise für eine Frau mit Abitur ein durchschnittlicher Bruttomonatslohn von $\hat{\beta}_1 + \hat{\beta}_2 + \hat{\beta}_3 \cdot 4 = 2\,997{,}14 \, €$ erwartet werden. Qualitativ entspricht dieses Ergebnis durchaus der ökonomischen Theorie, wonach höhere Qualifikation aufgrund höherer Produktivität eine höhere Entlohnung nach sich zieht.

Allerdings impliziert die gewählte Spezifikation mit der ordinalen Variablen SCHULE, dass beispielsweise der Unterschied des durchschnittlichen Einkommens zwischen Hauptschul- und Realschulabsolventen genau gleich groß wie zwischen Personen mit Fachhochschulreife und Abitur sein muss. Der durchschnittliche Effekt auf das Einkommen eines Abiturienten muss im Vergleich mit einem Hauptschulabsolventen dreimal so groß sein wie für einen Realschulabsolventen. Diese spezifischen Restriktionen können nicht aus der ökonomischen Theorie abgeleitet werden. Sie sind auch kein Ergebnis der Schätzung, sondern durch die Konstruktion der Variablen und die gewählte Modellspezifikation auferlegt. Würde man eine zusätzliche Kategorie einführen, zum Beispiel den Hauptschulabschluss mit zehntem Schuljahr als Kategorie 2, und die anderen Kategorien entsprechend neu nummerieren, ergäben sich wiederum andere Restriktionen, die ebenfalls nicht ökonomisch fundiert oder zu rechtfertigen sind. Selbst für den Fall, in dem die Ausprägungen einer qualitativen Variablen eine natürliche Ordnung aufweisen, ist es also in der Regel nicht sinnvoll, eine derartige Variable unmittelbar als erklärende Größe in eine Schätzung einzubeziehen.

Die willkürlichen Restriktionen kann man dadurch beseitigen, dass man anstelle einer einzigen ordinalen Variable eine Reihe neuer Dummyvariablen für jede einzelne mögliche Ausprägung generiert, also z.B.:

$$\text{DREALS} \quad = \begin{cases} 1 \text{ , falls } \text{SCHULE} = 2 & (\text{ Realschulabschluss }) \\ 0 \text{ , sonst} \end{cases}$$

$$\text{DFHREIF} = \begin{cases} 1 \text{ , falls } \text{SCHULE} = 3 & (\text{ Fachhochschulreife }) \\ 0 \text{ , sonst} \end{cases}$$

$$\text{DABI} \quad = \begin{cases} 1 \text{ , falls } \text{SCHULE} = 4 & (\text{ Abitur }) \\ 0 \text{ , sonst} \end{cases}$$

Abbildung 9.3 zeigt das Ergebnis der Schätzung mit diesen Dummyvariablen. Eine Dummy für den Hauptschulabschluss wurde nicht einbezogen, da sich sonst zusammen mit der Konstanten exakte Multikollinearität ergeben hätte.

Abb. 9.3. Schätzergebnis für Lohngleichung mit Schulabschlussdummies (EViews 9)

```
Dependent Variable: LOHN          Method: Least Squares
Sample: 1 19813                   Included observations: 7287
===============================================================
Variable  Coefficient   Std. Error    t-Statistic    Prob.
===============================================================
C           2884.263      48.62300      59.31890     0.0000
DSEX       -1419.709      45.19533     -31.41274     0.0000
DREALS      222.5849      58.25227       3.821052    0.0001
DFHREIF    1200.669       96.02688      12.50346     0.0000
DABI       1595.470       61.70658      25.85576     0.0000
===============================================================
R-squared            0.206050  Mean dependent var  2859.692
Adjusted R-squared   0.205614  S.D. dependent var  2143.036
===============================================================
```

Auch diese Schätzung weist statistisch signifikante und von der Größenordnung her auch relevante Effekte des höchsten erzielten Ausbildungsabschlusses auf den durchschnittlichen Monatslohn aus. Allerdings wird jetzt der zusätzliche Effekt eines Realschulabschlusses im Vergleich zum Hauptschulabschluss mit 222,58 € pro Monat deutlich geringer geschätzt als der zusätzliche Effekt der Fachhochschulreife im Vergleich zum Realschulabschluss mit $1200,67 - 222,58 = 978,09$ €. Dieser Unterschied zwischen dem Lohneffekt der beiden Ausbildungsstufen ist auch statistisch signifikant auf dem Signifikanzniveau 5%, wie ein nicht ausgewiesener F-Test der Nullhypothese $\beta_3 = \beta_4 - \beta_3$ zeigt. Mit anderen Worten, die im Modell aus Abbildung 9.2 unterstellte Restriktion der Wirkung unterschiedlicher Schulabschlüsse auf die Löhne muss aufgrund der vorliegenden Beobachtungen verworfen werden. Für nur ordinal skalierte Variablen mit mehr als zwei Ausprägungen sollte daher ein direkter Einsatz als erklärende Größen in einer Regressionsgleichung besser unterlassen werden.

Im Folgenden soll an einem Beispiel verdeutlicht werden, dass es sogar für intervallskalierte Daten gelegentlich sinnvoll sein kann, auf Dummyvariablen zurückzugreifen, um mögliche nichtlineare Zusammenhänge frei, d.h. ohne die Vorgabe einer bestimmten funktionalen Form, schätzen zu können. Dies sei wiederum am Lohnbeispiel mit der intervallskalierten Variablen "Alter der Person" (ALTER) demonstriert. Die ökonomische Theorie lässt in der Regel einen positiven Zusammenhang zwischen Alter und Entlohnung erwarten, beispielsweise aufgrund gewonnener Berufserfahrung. Die Schätzung des Modells

$$W_i = \beta_1 + \beta_2 \text{ALTER}_i + \varepsilon_i$$

für den bereits beschriebenen Datensatz liefert den Schätzer $\hat{\beta}_2 = 39,47$, der mit einer t-Statistik von $14,90$ auch statistisch signifikant von null verschieden ist. Demnach würde mit jedem Lebensjahr der Lohn im Durchschnitt um $39,47$ € steigen.

Werden anstelle der Variablen ALTER Dummyvariablen D30_39, D40_49 und D50_60 verwendet, die jeweils gleich eins sind, wenn das Alter der Person in dem durch die Zahlen angegebenen Bereich liegt, und sonst gleich null, so ergibt sich das in Abbildung 9.4 dargestellte Ergebnis. Eine Dummy D25_29 für die jüngsten Personen ist dabei nicht in der Schätzung enthalten, da sich sonst zusammen mit der Konstanten exakte Multikollinearität ergeben würde.

Auch diese Schätzung weist auf einen mit dem Alter zunehmenden Bruttolohn hin. Personen im Alter von 30 bis 39 Jahren erhalten demnach im Vergleich zu der ausgelassenen Referenzgruppe der 25 bis 29jährigen ein im Schnitt um etwa 519,66 € höheres Monatseinkommen. Für die 40 bis 49jährigen vergrößert sich der Abstand zur Referenzgruppe auf 933,27 € und erreicht mit 1219,60 € für die 50 bis 60jährigen sein Maximum.[1] Allerdings fällt der Einkommenszuwachs relativ zur Gruppe der 40 bis 49jährigen deutlich geringer aus als der Vergleich der 40 bis 49jährigen mit den 30 bis 39jährigen.

---

[1] Beachten Sie den im Verhältnis zu der Schätzung mit Geschlechtsdummy und Information zur Schulausbildung sehr geringen Erklärungsgehalt der Schätzung gemessen durch R^2 beziehungsweise $\bar{R}^2$. Das Alter einer Person hat demnach nur einen sehr geringen – wenngleich statistisch signifikanten – Einfluss auf die Lohnhöhe.

Abb. 9.4. Schätzergebnis für Lohngleichung mit Altersdummies (EViews 9)

```
Dependent Variable: LOHN              Method: Least Squares
Sample: 1 19813                       Included observations: 7287
=============================================================
Variable   Coefficient    Std. Error    t-Statistic    Prob.
=============================================================
C           2023.384       82.31940      24.57968      0.0000
D30_39      519.6604       96.49562       5.385327     0.0000
D40_49      933.2675       91.96645      10.14791      0.0000
D50_60     1219.595        93.73804      13.01067      0.0000
=============================================================
R-squared              0.029507   Mean dependent var   2859.692
Adjusted R-squared     0.029107   S.D. dependent var   2143.036
=============================================================
```

Aus diesem Ergebnis kann man die Schlussfolgerung ziehen, dass der Einfluss des Alters auf den Bruttolohn nicht linear ist. Durch die Bildung von Gruppen und Konstruktion entsprechender Dummyvariablen können derartige nichtlineare Einflüsse relativ einfach im linearen Regressionsmodell dargestellt werden. Alternativ kann ein derartiger nichtlinearer Verlauf auch durch eine passend gewählte funktionale Form approximiert werden.[2] Beispielsweise könnte man die Lohngleichung

$$W_i = \beta_1 + \beta_2\text{ALTER}_i + \beta_3\text{ALTER}_i\text{\textasciicircum}2 + \varepsilon_i$$

schätzen, wobei ALTER^2 das Alter zum Quadrat bezeichnet. Das in Abbildung 9.5 ausgewiesene Ergebnis dieser Schätzung zeigt einmal durch den signifikant positiven Koeffizienten $\hat{\beta}_2$ einen linearen positiven Effekt des Alters auf den Bruttolohn. Allerdings nimmt dieser Effekt mit zunehmendem Alter ab, was durch den signifikant negativen Koeffizienten für den quadratischen Term ($\hat{\beta}_3$) beschrieben wird.

Konkret berechnet man für eine dreißigjährige Person einen erwarteten Bruttomonatslohn von $-573,04 + 123,23 \cdot 30 - 0,977 \cdot 30^2 = 2\,244,46$ €. Dieser Wert steigt für Vierzigjährige auf $2\,792,80$ € und für Fünfzigjährige auf $3\,145,73$ € an. Das Maximum wird im vorliegenden Beispiel erst mit 60 Jahren und einem Durchschnittslohn von $3\,303,25$ € erreicht. Abbildung 9.6 zeigt das sich aus der Schätzung ergebende Alter-Entgelt-Profil.

9.1.3 Interaktion von Dummyvariablen

Eine weitere interessante Einsatzmöglichkeit von Dummyvariablen besteht in der Darstellung von Interaktionen zwischen verschiedenen Größen. Der Einfluss der Schulausbildung auf den Lohn etwa könnte auch vom Geschlecht der Person

---

[2] Für ein Beispiel zur Modellierung einer nichtlinearen Abhängigkeit zwischen Gehalt und Körpergröße siehe Hübler (2009).

Abb. 9.5. Schätzergebnis für Lohn als quadratische Funktion des Alters (EViews 9)

```
Dependent Variable: LOHN            Method: Least Squares
Sample: 1 19813                     Included observations: 7287
========================================================
Variable   Coefficient   Std. Error   t-Statistic    Prob.
========================================================
C           -573.0366    496.8843     -1.153260      0.2488
ALTER        123.2283     23.79763     5.178177      0.0000
ALTER^2       -0.977059    0.275886    -3.541535      0.0004
========================================================
```

Abb. 9.6. Alter-Entgelt-Profil

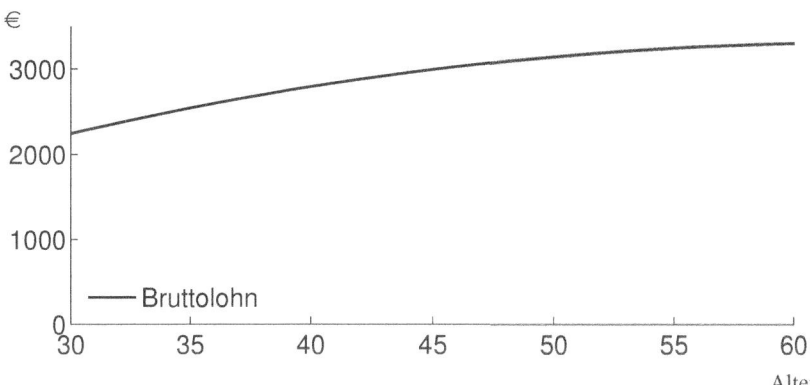

Quelle: Eigene Berechnungen.

abhängen, wenn man die unterschiedlichen Erwerbsverläufe von Männern und Frauen berücksichtigt. Umgekehrt kann auch ein möglicher Einfluss des Geschlechts je nach Schulausbildung unterschiedlich wirken.

Mit Hilfe von Dummyvariablen können derartige Interaktionen direkt im ökonometrischen Modell dargestellt und ihre Signifikanz mit den üblichen Verfahren getestet werden. Dazu werden Interaktionsterme durch multiplikative Verknüpfungen der interessierenden Variablen gebildet. Für das diskutierte Beispiel der Interaktion von Schulausbildung und Geschlecht in der Lohnfunktion benutzt man das ökonometrische Modell

$$W_i = \beta_1 + \beta_2 \text{DSEX}_i + \beta_3 \text{DREALS}_i + \beta_4 \text{DFHREIF}_i + \beta_5 \text{DABI}_i \qquad (9.5)$$
$$+ \beta_6 (\text{DSEX}_i \cdot \text{DREALS}_i) + \beta_7 (\text{DSEX}_i \cdot \text{DFHREIF}_i) + \beta_8 (\text{DSEX}_i \cdot \text{DABI}_i) + \varepsilon_i .$$

Betrachtet man die Interaktionsterme jeweils als eigene Variable, handelt es sich bei Gleichung (9.5) um ein einfaches lineares Modell, das also wie bekannt geschätzt werden kann. Abbildung 9.7 zeigt das Ergebnis einer Schätzung mit EViews 9.

Abb. 9.7. Schätzergebnis für Lohngleichung mit Interaktionstermen (EViews 9)

```
Dependent Variable: LOHN              Method: Least Squares
Sample: 1 19813                       Included observations: 7287
============================================================
Variable     Coefficient  Std. Error  t-Statistic    Prob.
============================================================
C               2819.751    57.25465    49.24929    0.0000
DSEX           -1247.120    93.64776   -13.31713    0.0000
DREALS            78.63546  77.02558     1.020901   0.3073
DFHREIF         1666.578   123.4785     13.49690    0.0000
DABI            1868.355    80.62555    23.17324    0.0000
DSEX*DREALS      221.1257  117.4054      1.883437   0.0597
DSEX*DFHREIF   -1149.324   194.6641     -5.904137   0.0000
DSEX*DABI       -609.5787  124.6104     -4.891879   0.0000
============================================================
```

Die Schätzung zeigt zunächst wieder den deutlichen und signifikant negativen Einfluss des Geschlechts auf die Lohnhöhe, während mit zunehmender Schulbildung der erwartete Durchschnittslohn steigt (Parameter für DREALS, DFHREIF und DABI). Der Einfluss eines bestimmten Schulabschlusses, beispielsweise des Abiturs, relativ zur Referenzkategorie Hauptschulabschluss wird jedoch nur für Männer allein durch diese Variablen beschrieben, für Frauen sind zusätzlich die Interaktionsterme zu berücksichtigten. Eine Frau mit Abitur wird demnach im Vergleich zu einer Frau mit Hauptschulabschluss $1\,868,36 - 609,58 = 1\,258,78$ € mehr verdienen, d.h. der erwartete Lohnzuwachs fällt in diesem Fall deutlich und statistisch signifikant geringer aus als für Männer. Die Signifikanz der Differenz ergibt sich direkt aus der Signifikanz des Interaktionsterms mit einer t-Statistik von -4,89.[3] Noch deutlicher fällt die Differenz für die Fachhochschulreife aus. Dabei könnte es eine Rolle spielen, dass typischerweise unterschiedliche Studienrichtungen verfolgt werden. Während die ingenieurwissenschaftlichen FH-Studiengänge, die überwiegend von Männern absolviert werden, zu hohen Einkommen führen, gilt dies für Studiengänge im sozialen oder pädagogischen Bereich eher nicht. Diese Studiengänge wiederum werden überwiegend von Frauen absolviert. Wenn man in diesem Fall von Diskriminierung sprechen will, erfolgt sie nicht direkt am Arbeitsmarkt durch unterschiedliche Entlohnung für dieselbe Arbeit sondern entweder durch eine schlechtere Bezahlung der

---

[3] Ob die Unterschiede in den Effekten höherer Schulbildung insgesamt signifikant sind, wird mit einem F-Test der Nullhypothese $\beta_6 = \beta_7 = \beta_8 = 0$ geprüft. Auch diese Hypothese wird im vorliegenden Fall deutlich verworfen.

Bereiche, in denen viele Frauen arbeiten, oder durch die Selektion der Frauen in bestimmte Ausbildungsrichtungen.

Basierend auf Modell (9.5) ist eine weitere Zerlegung der Unterschiede in den Durchschnittseinkommen für Männer und Frauen möglich. Einerseits können sich Unterschiede dadurch ergeben, dass die Ausprägungen der Variablen für die beiden Gruppen unterschiedlich sind, das z.B. Frauen öfter Abitur haben als Männer. Andererseits können sich aber auch die Effekte der einzelnen erklärenden Variablen auf den Lohn unterscheiden – diese Unterschiede werden durch die Parameter der Interaktionsterme erfasst. Die Idee der Aufspaltung der Differenzen nach diesen beiden Ursachen ist in der Literatur unter dem Begriff Blinder/Oaxaca-Zerlegung bekannt (Blinder, 1973; Oaxaca, 1973).

9.1.4 Dummyvariablen und Strukturbruchtest

Das eben dargestellte Beispiel der Interaktion zwischen Schulabschlussdummies und Geschlechtsdummy kann auch als Strukturbruchtest interpretiert werden. Denn mit der F-Statistik für die Nullhypothese, dass die Koeffizienten aller Interaktionsterme gleich null sind, wird getestet, ob die Parameter der Lohngleichung für beide Teilgruppen, nämlich Männer und Frauen, signifikant voneinander abweichen.

Häufig werden Dummyvariablen in diesem Sinne in Zeitreihenmodellen eingesetzt. Soll beispielsweise in einem Zeitreihenmodell für die Konsumfunktion

$$C_t = \beta_1 + \beta_2 Y_t^v + \varepsilon_t \,,$$

wobei C den privaten Verbrauch und Y^v das verfügbare Einkommen beschreiben, untersucht werden, ob die Parameter über einen vorgegebenen Zeitpunkt hinweg konstant blieben, so kann dies, wie bereits in Abschnitt 8.7 beschrieben, mittels des Chow-Tests erfolgen. Ein alternativer – statistisch äquivalenter – Ansatz besteht darin, eine Strukturbruchdummy zu erzeugen. Diese nimmt für alle Beobachtungen vor einem festgesetzten Zeitpunkt t' den Wert null und ab t' den Wert eins an. Sei für das Beispiel etwa der mögliche Zeitpunkt eines Strukturbruchs im ersten Quartal 1991, d.h. zum Zeitpunkt des Wechsel von Daten für Westdeutschland auf Daten für Deutschland, vorgegeben, dann wird die Strukturbruchdummy $\mathtt{D91}_t$ definiert durch

$$\mathtt{D91}_t = \begin{cases} 0 \,, \text{ für } t < 1991.1 \\ 1 \,, \text{ für } t \geq 1991.1 \,. \end{cases}$$

Das Vorliegen eines Strukturbruchs kann nun in der ökonometrischen Spezifikation mit Interaktionstermen

$$C_t = \beta_1 + \beta_2 Y_t^v + \beta_3 \mathtt{D91}_t + \beta_4 \mathtt{D91}_t Y_t^v + \varepsilon_t \tag{9.6}$$

überprüft werden. Durch Zusammenfassung der Koeffizienten für die eigentlich interessierenden Größen, den autonomen Konsum und die marginale Konsumneigung aus verfügbarem Einkommen erhält man die zu (9.6) äquivalente Darstellung

$$C_t = (\beta_1 + \beta_3 \mathtt{D91}_t) + (\beta_2 + \beta_4 \mathtt{D91}_t) \cdot Y_t^v + \varepsilon_t \,.$$

Damit kann die Nullhypothese der Parameterkonstanz über den Zeitpunkt des ersten Quartals 1991 hinaus über die Restriktion $\beta_3 = \beta_4 = 0$ abgebildet werden. Diese kann durch einen F-Test überprüft werden. Abbildung 9.8 zeigt die Ergebnisse der Schätzung und des F-Tests.

Abb. 9.8. Schätzergebnis für Konsumgleichung mit Strukturbruchdummy (EViews 9)

```
Dependent Variable: KONSUM              Method: Least Squares
Sample: 1960.1 2016.1           Included observations: 225
=================================================================

Variable  Coefficient   Std. Error   t-Statistic     Prob.
=================================================================

C          -0.089148     1.011667     -0.088120     0.9299
YVERF       0.888951     0.009694     91.69959      0.0000
D91       -12.66328      3.729045     -3.395852     0.0008
D91*YVERF   0.045106     0.013886      3.248359     0.0013
=================================================================


Redundant Variables: D91 D91*YVERF
=================================================================

F-statistic  6.012261       Prob. F(2,221)         0.0029
=================================================================
```

Die geschätzten Koeffizienten für D91 und den Interaktionsterm D91*YVERF weisen aus, dass der autonome Konsum ab 1991 um gut 12 Mrd. € kleiner, die marginale Konsumquote dafür um ungefähr 4,5 Prozentpunkte größer war. Die Nullhypothese, dass diese Änderungen der geschätzten Parameter nur zufällig sind, wird bei einer F-Statistik von 6,01 zum Signifikanzniveau 5% verworfen. Dazu muss entweder der Wert der Teststatistik mit den kritischen Werten der F-Verteilung mit 2 und 221 (Anzahl Beobachtungen minus Anzahl geschätzter Koeffizienten) Freiheitsgraden verglichen werden oder das ebenfalls ausgewiesene marginale Signifikanzniveau von 0,0029 genutzt werden. Da dieses kleiner als 0,05 ausfällt, muss die Nullhypothese zum 5%-Niveau verworfen werden.

Der ausgewiesene Wert der F-Statistik für die Hypothese $\beta_3 = \beta_4 = 0$ entspricht der des bereits besprochenen Chow-Tests auf Vorliegen eines Strukturbruchs. Dieser bildet genau dieselbe Restriktion ab. Damit gelten jedoch auch für die Untersuchung von Strukturbrüchen mittels Strukturbruchdummies dieselben Einschränkungen, die bereits im Zusammenhang mit dem Chow-Test diskutiert wurden. Im Beispiel müsste die Annahme konstanter Parameterwerte nämlich auch für andere Zeitpunkte klar verworfen werden, d.h. es liegt zwar möglicherweise ein Strukturbruch vor, der genaue Zeitpunkt und damit auch der mögliche Grund kann jedoch in diesem Fall mit dem vorgestellten Ansatz allein nicht ermittelt werden.

Fallbeispiel: Stabilität der Geldnachfrage nach der Wiedervereinigung

---

Bereits im Fallbeispiel "Die Geldnachfrage" auf Seite 149 wurde die Bedeutung der Existenz einer stabilen Beziehung zwischen Geldmenge, Einkommen und Zinssätzen für eine geldmengenorientierte Zentralbankpolitik angesprochen. Die Frage, ob sich eine solche stabile Beziehung empirisch belegen lässt, gewann im Zuge der deutschen Wirtschafts- und Währungsunion besondere Relevanz. Deshalb wurde im Jahresgutachten des Sachverständigenrates 1994 eine ökonometrische Untersuchung dieser Hypothese für die Zentralbankgeldmenge unternommen. Diese erfolgte im Rahmen eines Fehlerkorrekturmodells, wobei für den langfristigen Zusammenhang die Spezifikation

$$\log M_t^{ZB} = \beta_1 + \beta_2 \log Y_t + \beta_3 i_t + \beta_4 \log Y_t \cdot D90.3_t + \beta_5 i_t \cdot D90.3_t + \varepsilon_t$$

enthalten war. Dabei steht die Variable $D90.3_t$ für eine Strukturbruchdummy, die ab dem dritten Quartal 1990 den Wert eins annimmt und vorher null war. Die Hypothese der langfristigen Stabilität, d.h. $\beta_4 = \beta_5 = 0$, konnte dabei anhand der F-Statistik nicht verworfen werden, während eine ähnliche Betrachtung der dynamischen Anpassung auf Veränderungen hinwies. Das Thema der Stabilität der Geldnachfrage gewann insbesondere im Hinblick auf die Einführung des Euro erneut an Bedeutung. Weiterführende ökonometrische Analysen in diesem Kontext sind unter anderem in Lütkepohl und Wolters (1999) und Lütkepohl *et al.* (1999) zu finden.

Quelle: Sachverständigenrat zur Begutachtung der gesamtwirtschaftlichen Entwicklung (1994, S. 130f).

9.2 Abhängige qualitative Variablen

In diesem Abschnitt wird diskutiert, welche Besonderheiten bei der Verwendung von qualitativen Variablen als abhängige, d.h. zu erklärende Größen in einem ökonometrischen Modell zu beachten sind. Fragestellungen, die auf derartige Modelle hinführen, gibt es viele. Neben den bereits eingangs in diesem Kapitel genannten Beispielen stellen auch Arbeitslosigkeit, Mitgliedschaft in Verbänden, Kreditgewährung und Bildungsentscheidungen typische Fragestellungen der empirischen Wirtschaftsforschung dar. Während in einigen Anwendungen die abhängige Variable nur zwei Zustände annehmen kann, z.B. "Kredit wird gewährt" und "Kredit wird verweigert", gibt es auch solche mit mehreren Ausprägungen, z.B. bei der Bildungsentscheidung, wobei wiederum zwischen geordneten und nicht geordneten Ausprägungen unterschieden werden muss. Die Darstellung in diesem Abschnitt wird sich auf den Fall mit nur zwei Ausprägungen beschränken. Einige der vorgestellten Methoden erlauben jedoch auch Verallgemeinerungen für mehr als zwei Ausprägungen. Angaben zur Literatur über diese allgemeineren Ansätze finden sich in der Literaturauswahl am Ende des Kapitels in Abschnitt 9.3.

Eine unmittelbare Übertragung des bislang diskutierten linearen Regressionsmodells auf den Fall einer qualitativen abhängigen Variablen stellt das lineare Wahrscheinlichkeitsmodell dar. Dabei wird die qualitative Variable D_i, die nur die Werte null oder eins annehmen kann, durch eine Reihe von Variablen $\mathbf{X}_i$, die qualitativen oder quantitativen Charakter haben können, erklärt. Bezeichne $\boldsymbol{\beta}_2$ den zu den Variablen in $\mathbf{X}$ gehörenden Parametervektor, dann ergibt sich das ökonometrische Modell

$$D_i = \beta_1 + \boldsymbol{\beta}_2 \mathbf{X}_i + \varepsilon_i, \tag{9.7}$$

das eine unmittelbare Interpretation des erklärten Teils erlaubt. Dieser entspricht dem erwarteten Wert der abhängigen Variablen bedingt auf die gegebenen Werte der erklärenden Variablen, also

$$\mathrm{E}(D_i \mid \mathbf{X}_i) = \beta_1 + \boldsymbol{\beta}_2 \mathbf{X}_i. \tag{9.8}$$

Da D_i nur die beiden Werte null oder eins annimmt, lässt sich der Erwartungswert, wie bereits in Abschnitt 9.1 ausgeführt, als

$$\mathrm{E}(D_i \mid \mathbf{X}_i) = \mathrm{Prob}(D_i = 1 \mid \mathbf{X}_i) \tag{9.9}$$

schreiben. Demnach beschreibt das ökonometrische Modell (9.7) die Wahrscheinlichkeit, mit der die abhängige Variable D_i den Wert eins annimmt, in Abhängigkeit von den Werten der erklärenden Variablen $\mathbf{X}_i$.

Im einfachsten Modell, in dem D_i nur durch ein Absolutglied erklärt wird, d.h.

$$D_i = \beta_1 + \varepsilon_i,$$

gilt also $\mathrm{E}(D_i) = \beta_1 = \mathrm{Prob}(D_i = 1)$. Der KQ-Schätzer für β_1 ist in diesem Fall gerade der Mittelwert von D_i,[4] also

$$\hat{\beta}_1 = \frac{\text{Zahl der Beobachtungen mit } D_i = 1}{\text{Zahl der Beobachtungen } I} = \frac{\sum_{i=1}^{I} D_i}{I}.$$

Als Beispiel betrachten wir den Umfang der Beschäftigung für die 7287 Personen im eingangs beschriebenen Datensatz, d.h. ob eine Beschäftigung in Voll- oder Teilzeit vorliegt. Für die Dummyvariable DVOLLZEIT, die den Wert eins annimmt, wenn die Person in Vollzeit beschäftigt ist, ergibt die KQ-Schätzung nur mit Absolutglied einen Wert für $\hat{\beta}_1$ von 0,78, d.h. 78% der Personen in der Stichprobe sind in Vollzeit beschäftigt.

Weitere Größen, von denen aufgrund der ökonomischen Theorie ein Einfluss auf den Beschäftigungsstatus erwartet werden kann, stellen zum Beispiel das Alter, das Geschlecht und die Ausbildung dar. Abbildung 9.9 zeigt das Ergebnis der KQ-Schätzung eines entsprechenden ökonometrischen Modells, in dem neben dem Absolutglied die bereits eingeführten Dummyvariablen für unterschiedliche Altersstufen, das Geschlecht und verschiedene Schulabschlüsse als erklärende Variablen benutzt werden.

Die geschätzten Koeffizienten lassen sich am besten anhand der Darstellung über die Wahrscheinlichkeit einer Vollzeitbeschäftigung interpretieren. Für diese gilt

---

[4] Vgl. Abschnitt 7.2.

Abb. 9.9. Schätzergebnis für Beschäftigungsstatus (EViews 9)

```
Dependent Variable: DVOLLZEIT        Method: Least Squares
Sample: 1 19813                 Included observations: 7287
=============================================================
Variable    Coefficient  Std. Error   t-Statistic    Prob.
=============================================================
C              1.053157    0.016519     63.75622     0.0000
DSEX          -0.409362    0.008509    -48.11019     0.0000
DREALS         0.027182    0.011001      2.470934    0.0135
DFHREIF        0.005730    0.018096      0.316655    0.7515
DABI           0.040357    0.011653      3.463339    0.0005
D30_39        -0.096320    0.016433     -5.861184    0.0000
D40_49        -0.133927    0.015678     -8.542382    0.0000
D50_60        -0.106663    0.015994     -6.668948    0.0000
=============================================================
```

$$\text{Prob}(\text{DVOLLZEIT}_i = 1 \mid \text{DSEX}_i, \ldots)$$
$$= \beta_1 + \beta_2 \text{DSEX}_i + \beta_3 \text{DREALS}_i + \beta_4 \text{DFHREIF}_i + \beta_5 \text{DABI}_i$$
$$+ \beta_6 \text{D30\_39}_i + \beta_7 \text{D40\_49}_i + \beta_8 \text{D50\_60}_i .$$

Der geschätzte Parameter $\hat{\beta}_2$ gibt also an, um wie viel sich die Wahrscheinlichkeit erhöht, in Vollzeit beschäftigt zu sein, wenn die betrachtete Person eine Frau ist (DSEX = 1). Sie fällt demzufolge um fast 41 Prozentpunkte im Vergleich zur Referenzgruppe, die in diesem Fall aus den Männern mit Hauptschulabschluss unter 30 Jahren besteht. Das Abitur als höchster Schulabschluss erhöht die Wahrscheinlichkeit um gut 4 Prozentpunkte, während die Wahrscheinlichkeit einer Vollzeitbeschäftigung in der Altersklasse der 40 – 49jährigen um mehr als 13 Prozentpunkte geringer ausfällt als in der Referenzgruppe der unter 30jährigen. Die durch das Absolutglied ausgewiesene Wahrscheinlichkeit einer Vollzeitbeschäftigung von gut 105% stellt die Bezugsgröße für derartige Effekte dar. Sie spiegelt jetzt jedoch nicht mehr den Mittelwert über alle Beobachtungen wider, sondern den Mittelwert für die Referenzgruppe, d.h. für Männer unter 30 Jahren mit dem Hauptschulabschluss als höchstem Schulabschluss.

Das lineare Wahrscheinlichkeitsmodell hat zumindest zwei große Vorzüge. Es kann erstens mit jeder Software geschätzt werden, die KQ-Regressionen durchführt. Zweitens erlauben die geschätzten Parameter eine direkte Interpretation als Effekte auf die Wahrscheinlichkeit für die Ausprägung "eins" der abhängigen Variable. Dem stehen jedoch zumindest zwei gravierende Probleme gegenüber. Erstens lässt sich zeigen, dass die Varianz der Residuen von den erklärenden Variablen abhängt. Fällt $\mathbf{X}_i$ so aus, dass $\beta_1 + \boldsymbol{\beta}_2 \mathbf{X}_i$ nahe bei eins liegt, ist die Wahrscheinlichkeit groß, dass D_i den Wert eins annimmt. Der resultierende Schätzfehler ist klein. Analoges gilt für Werte nahe null. Liegt der durch das Modell erklärte Wert jedoch eher bei 0,5, muss das Residuum eine Größenordnung von 0,5 aufweisen, da D_i entweder gleich null oder gleich eins ist. Dieses Argument lässt sich formalisieren und man erhält als Ergebnis, dass das Modell heteroskedastische Störterme aufweisen muss (Heij *et al.*, 2004, S. 439). Dies führt zu nach wie vor unverzerrten, aber möglicherweise ineffizienten Schätzern.[5] Außerdem sind die Residuen nicht normalverteilt, so dass die üblichen Teststatistiken nicht wie gewohnt angewandt werden können.

Das zweite gravierende Problem besteht darin, dass – wie das Beispiel der Referenzgruppe mit 105% schon verdeutlicht hat – die vom Modell erklärten Werte nicht zwangsweise im Intervall $[0,1]$ beziehungsweise $[0\%, 100\%]$ liegen werden. Für einen 35jährigen männlichen Abiturienten liegt die vom Modell geschätzte Wahrscheinlichkeit einer Vollzeitbeschäftigung sogar bei über 109%. In anderen Anwendungen können entsprechend auch negative Wahrscheinlichkeiten resultieren.

Einen Weg, um mit den genannten Schwierigkeiten umgehen zu können, stellen Modelle mit latenten Variablen dar (Ronning, 1991, S. 8ff). In diesen Ansätzen wird nicht mehr unterstellt, dass der vom Modell erklärte Teil unmittelbar die Wahrscheinlichkeit der Ausprägung "eins" repräsentiert wie im linearen Wahrscheinlichkeitsmodell. Vielmehr wird angenommen, dass dadurch eine latente, unbeobachtbare metrische Größe

$$D_i^* = \beta_1 + \boldsymbol{\beta}_2 \mathbf{X}_i + \varepsilon_i$$

beschrieben wird. Im betrachteten Beispiel kann diese latente Variable so interpretiert werden, dass sie die Neigung der Person für eine Vollzeitbeschäftigung zusammenfasst oder – alternativ – das gewünschte Arbeitsangebot darstellt. Im Datensatz kann eine derartige Größe jedoch nicht beobachtet werden. Dort steht lediglich die Information zur Verfügung, ob die jeweilige Person in Voll- oder Teilzeit beschäftigt ist. Die Verknüpfung der unbeobachtbaren Variable D_i^* mit den beobachteten Realisierungen erfolgt, indem unterstellt wird, dass beim Überschreiten einer bestimmten Schwelle die Ausprägung $D_i = 1$ beobachtet wird und sonst $D_i = 0$. Für das Beispiel könnte man sich dies so vorstellen, dass bis zu einer gewünschten Arbeitszeit von z.B. 30 Stunden die Teilzeitvariante vorgezogen wird, während bei höheren gewünschten Arbeitszeiten die Vollzeitbeschäftigung gewählt wird.

Wenn c den unbekannten Schwellenwert bezeichnet, soll also gelten, dass

$$D_i = \begin{cases} 1 \text{ , falls } D_i^* > c \\ 0 \text{ , falls } D_i^* \le c \, . \end{cases}$$

Die Wahrscheinlichkeit einer Vollzeitbeschäftigung ist somit durch

$$\begin{aligned} \text{Prob}(D_i = 1 \mid \mathbf{X}_i) &= \text{Prob}(D_i^* > c \mid \mathbf{X}_i) \\ &= \text{Prob}(\beta_1 + \boldsymbol{\beta}_2 \mathbf{X}_i + \varepsilon_i > c) \\ &= \text{Prob}(\varepsilon_i > (c - \beta_1) - \boldsymbol{\beta}_2 \mathbf{X}_i) \end{aligned}$$

gegeben. Offensichtlich hängt diese Wahrscheinlichkeit nur von der Differenz zwischen Schwellenwert c und Absolutglied β_1 ab. Damit ist es nicht möglich, beide

---

[5] Vgl. Abschnitt 8.3.

Werte unabhängig voneinander zu identifizieren.[6] Daher kann beispielsweise c ohne Beschränkung der Allgemeinheit auf null festgelegt werden. Wenn wie bisher davon ausgegangen wird, dass die Störgrößen ε normalverteilt sind (mit Erwartungswert $\mu = 0$ und Varianz σ^2), ergibt sich somit

$$\mathrm{Prob}(D_i = 1 \mid X_i) = \mathrm{Prob}\left(\frac{\varepsilon_i}{\sigma} > -\frac{\beta_1 + \boldsymbol{\beta}_2 \mathbf{X}_i}{\sigma}\right)$$

$$= 1 - \Phi\left(-\frac{\beta_1 + \boldsymbol{\beta}_2 \mathbf{X}_i}{\sigma}\right) = \Phi\left(\frac{\beta_1 + \boldsymbol{\beta}_2 \mathbf{X}_i}{\sigma}\right),$$

wobei $\Phi(x)$ dem Wert der Standardnormalverteilung an der Stelle x entspricht. Da ein Bruch durch die Multiplikation von Zähler und Nenner mit derselben Konstanten seinen Wert nicht ändert, sind offenbar auch β_1 und $\boldsymbol{\beta}_2$ nicht unabhängig von σ bestimmbar. Deswegen wird wiederum als Konvention $\sigma = 1$ angenommen. Abbildung 9.10 zeigt, wie durch die Transformation durch Φ Abweichungen vom Schwellenwert null nach unten (oben) zu einer geringeren (höheren) Wahrscheinlichkeit für die Ausprägung $D_i = 1$ führen. Dieses Modell wird als Probit-Modell bezeichnet. Eine Variante des Probit-Modells besteht darin, anstelle einer Normalverteilung für ε eine logistische Verteilung zu unterstellen. Das resultierende Modell wird als Logit-Modell bezeichnet.[7]

Abb. 9.10. Verteilungsfunktion der Standardnormalverteilung (Probit-Modell)

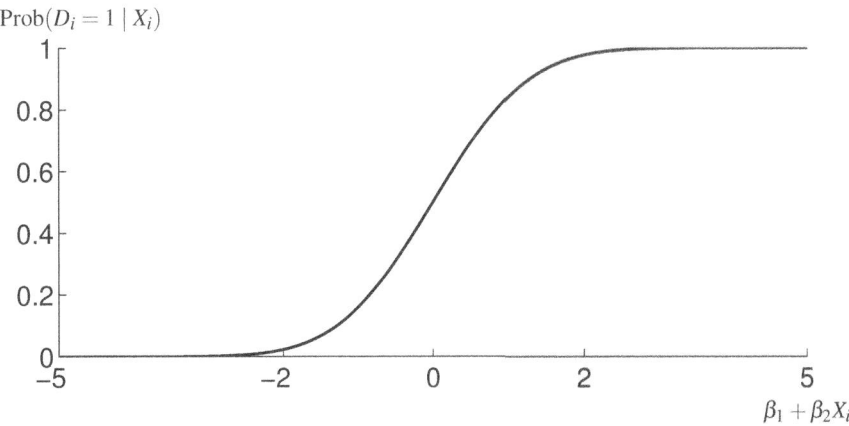

$\mathrm{Prob}(D_i = 1 \mid X_i)$

$\beta_1 + \beta_2 X_i$

Schätzverfahren für das Probit- und das Logit-Modell sind in den meisten Ökonometrie-Softwarepaketen enthalten. Da die latente Variable D_i^* nicht beobachtet

---

[6] Dies bedeutet, dass sich die Wahrscheinlichkeiten nicht ändern, wenn man β_1 und c jeweils um denselben Betrag verändert. Eine Entscheidung über den "richtigen" Wert der Parameter kann also nicht auf Basis von Beboachtungen erfolgen.

[7] Teilweise findet sich auch die Bezeichnung "logistische Regression" für das Logit-Modell.

werden kann, können selbst für einen gegebenen Parametervektor β und σ die Residuen ε nicht berechnet werden. Deshalb kann die KQ-Methode für dieses Schätzproblem nicht eingesetzt werden. Die in den Softwarepaketen enthaltenen Verfahren beruhen daher auf einem anderen Schätzansatz, dem Maximum-Likelihood-Ansatz (ML).

Für das Probit-Modell kann die Wahrscheinlichkeit, dass $D_i = 1$ ist für gegebene Beobachtungen von X_i und gesetzte Parameter β und σ, berechnet werden. Diese Wahrscheinlichkeit soll mit $p(1, X_i, \beta, \sigma)$ und der entsprechende Wert für $D_i = 0$ mit $p(0, X_i, \beta, \sigma)$ bezeichnet werden. Gute Schätzwerte für β und σ können nun dadurch charakterisiert werden, dass diese Wahrscheinlichkeiten möglichst groß werden. Wenn der erklärte Teil des Modells für die latente Variable einen hohen Wert hat, soll die Wahrscheinlichkeit, eine Beobachtung $D_i = 1$ zu erhalten, groß sein und umgekehrt. Aus dieser Überlegung heraus ergibt sich als Zielfunktion das Produkt der Wahrscheinlichkeiten für die einzelnen Beobachtungen, d.h.

$$L = \prod_{i=1}^{I} p(D_i, \mathbf{X}_i, \boldsymbol{\beta}, \sigma) \; .$$

Die Zielfunktion L wird daher auch Likelihood-Funktion genannt. Um Schätzwerte $\hat{\beta}$ und $\hat{\sigma}$ für die unbekannten Parameter zu erhalten, müssen die Normalgleichungen

$$\frac{\partial L}{\partial \boldsymbol{\beta}} = 0 \;\; \text{und} \;\; \frac{\partial L}{\partial \sigma} = 0$$

gelöst werden. Da eine explizite analytische Lösung in der Regel nicht möglich ist, erfolgt die Bestimmung der Nullstellen durch iterative numerische Verfahren. Abbildung 9.11 zeigt das Ergebnis einer Probit-Schätzung für das bereits untersuchte Modell zur Erklärung des Beschäftigungsstatus.

Die geschätzten Parameter unterscheiden sich zum Teil deutlich von den in (9.9) ausgewiesenen Ergebnissen des linearen Wahrscheinlichkeitsmodells. Bevor daraus jedoch der fehlerhafte Schluss gezogen wird, dass die Auswahl des Verfahrens einen derartig dramatischen Effekt haben muss, sollte die Interpretation der Koeffizienten etwas genauer betrachtet werden. Denn aufgrund der willkürlichen Normalisierung $c = 0$ und der nichtlinearen Transformation durch Φ kann eine direkte Interpretation wie im linearen Wahrscheinlichkeitsmodell nicht mehr erfolgen.

Die Koeffizienten des linearen Wahrscheinlichkeitsmodells entsprechen gerade den partiellen Ableitungen der bedingten Wahrscheinlichkeit $\text{Prob}(D_i | \mathbf{X}_i)$ nach den erklärenden Variablen. Diese partiellen Ableitungen drücken aus, um wie viel sich die Wahrscheinlichkeit ändert, wenn sich die erklärende Variable um eine Einheit ändert und alle anderen Einflussfaktoren konstant bleiben. Sie können auch im Probit-Modell berechnet werden.[8] Für die i-te erklärende Variable X_i gilt

---

[8] Genau genommen wird durch die partiellen Ableitungen die Veränderung angegeben, die sich bei einer infinitesimal kleinen Änderung der erklärenden Variable ergeben. Für die im Beispiel betrachteten erklärenden Dummyvariablen handelt es sich daher lediglich um eine Approximation.

Abb. 9.11. Probit-Modell für Beschäftigungsstatus (EViews 9)

```
Dependent Variable: DVOLLZEIT  Method: ML - Binary Probit
Sample: 1 19813                Included observations: 7287
================================================================
Variable  Coefficient   Std. Error    z-Statistic    Prob.
================================================================
C           2.230620     0.086305      25.84571      0.0000
DSEX       -1.735964     0.046023     -37.71978      0.0000
DREALS      0.124045     0.050966       2.433875     0.0149
DFHREIF    -0.003080     0.083979      -0.036675     0.9707
DABI        0.140377     0.054328       2.583904     0.0098
D30_39     -0.384759     0.079055      -4.866958     0.0000
D40_49     -0.545530     0.075406      -7.234553     0.0000
D50_60     -0.447148     0.076847      -5.818675     0.0000
================================================================
```

$$\frac{\partial \text{Prob}(D_i = 1 \mid X_i)}{\partial X_i} = \Phi'(\beta_1 + \boldsymbol{\beta}_2 \mathbf{X}_i) \cdot (\beta_i)$$
$$= \phi(\beta_1 + \boldsymbol{\beta}_2 X_i) \cdot (\beta_i) \,,$$

wobei $\phi(x)$ die Dichtefunktion der Standardnormalverteilung, also gerade die gesuchte Ableitung der kumulierten Verteilungsfunktion (Φ) an der Stelle x bezeichnet. Insbesondere ist $\phi(x)$ immer positiv. Die Richtung des Einflusses von X_i auf die Wahrscheinlichkeit für $D_i = 1$ wird also durch das Vorzeichen von β_i gegeben. Ist $\beta_i > 0$, steigt die Wahrscheinlichkeit für $D_i = 1$ mit steigenden Werten für X_i. Das Vorzeichen der ausgewiesenen Koeffizienten kann somit wie im Fall der KQ-Schätzung interpretiert werden.

Im vorliegenden Beispiel sind die Vorzeichen der Koeffizienten für den Einfluss aller erklärenden Variablen für das lineare Wahrscheinlichkeitsmodell und das Probit-Modell identisch. So deutet der geschätzte Koeffizient für DSEX von $-1{,}74$ darauf hin, dass die Frauen in der Stichprobe eine geringere Wahrscheinlichkeit aufweisen, in Vollzeit beschäftigt zu sein, als Männer. Die Nullhypothese $\beta_2 = 0$ kann verworfen werden, da die z-Statistik für diesen Koeffizienten mit $-37{,}72$ betragsmäßig deutlich größer als der kritische Wert zum 5% Niveau (1,968) ausfällt und damit auf einen statistisch signifikanten Einfluss hindeutet.[9]

Die Größenordnung des Einflusses der Variablen hängt allerdings aufgrund der nichtlinearen Spezifikation auch von den Werten der anderen Variablen ab. Dies erkennt man in Gleichung (9.10) an dem Ausdruck $\phi(\beta_1 + \boldsymbol{\beta}_2 X_i)$, der – im Gegensatz zum Koeffizienten β_i – von den Werten aller erklärenden Variablen X_i abhängt. Der Effekt einer Veränderung einer erklärenden Größe müsste also für jede Beobachtung

---

[9] Im Gegensatz zum KQ-Modell ist die Verteilung der z-Statistik, die genau wie die t-Statistik berechnet wird, nur asymptotisch, d.h. für unendlich groß werdende Stichproben bekannt. Dann liegt eine Standardnormalverteilung vor.

einzeln ausgerechnet werden. Er wird dann auch als individueller marginaler Effekt bezeichnet. Um dennoch zu einer summarischen Aussage gelangen zu können, werden in Anwendungen drei verschiedene Wege bestritten. Erstens kann man den Durchschnitt aller individueller marginaler Effekte ausrechnen, der auch als durchschnittlicher marginaler Effekt bezeichnet wird. Zweitens kann man den marginalen Effekt ausrechnen, falls alle Werte der erklärenden Variablen gerade ihrem Durchschnitt in der Stichprobe entsprechen. Dieser Ansatz macht jedoch für die hier vorliegenden Dummyvariablen als erklärende Größen nur begrenzt Sinn. Drittens kann der individuelle marginale Effekt für eine konkrete Ausprägung bestimmt werden. Im Beispiel könnte man sich als Vergleichsperson z.B. eine weibliche Hauptschulabsolventin, die jünger als 30 Jahre ist, aussuchen. Für diese Person sind die Werte aller Dummyvariablen außer der für das Geschlecht gleich Null. Der marginale Effekt des Geschlechts auf die Wahrscheinlichkeit, in Vollzeit beschäftigt zu sein, berechnet sich in diesem Fall zu

$$\frac{\partial \text{Prob}(\text{DVOLLZEIT} = 1 \mid \text{DSEX}, \dots, \text{D50\_60})}{\partial \text{DSEX}} = \phi(2,2306 - 1,7360) \cdot (-1,7360)$$

$$= 0,3530 \cdot (-1,7360) = -0,6128$$

und fällt damit sogar noch größer aus als der im linearen Wahrscheinlichkeitsmodell geschätzte Wert von -0,4094, der sich auf alle Frauen bezog.

Der beschriebene Ansatz zur Modellierung qualitativ abhängiger Variabler lässt sich auch für den Fall von mehr als zwei möglichen Ausprägungen erweitern. Handelt es sich um ordinale Ausprägungen, stellt das geordnete Probit- oder Logit-Modell ("ordered Probit/Logit") den geeigneten Ansatz dar. Sind die Ausprägungen nicht sortiert, kommt beispielsweise das multinomiale Logit-Modell in Betracht. Da es sich hier um fortgeschrittenere Verfahren handelt, sei für eine genauere Darstellung auf die in Abschnitt 9.3 angegebene Literatur verwiesen.

9.3 Literaturauswahl

Der Einsatz von Dummyvariablen wird in Wallace und Silver (1988), Kapitel 5, ausführlicher beschrieben. Dort wird auch die Anwendung für Tests auf das Vorliegen von Strukturbrüchen dargestellt.

Einführende Darstellungen der Modelle mit abhängigen qualitativen Variablen finden sich unter anderem in Greene (2012), Kapitel 17, Heij *et al.* (2004), Kapitel 6, und Pindyck und Rubinfeld (1998), Kapitel 11. Eine umfassende Darstellung der Schätzverfahren für abhängige qualitative Variablen stellt Ronning (1991) dar.

Fortgeschrittenere Verfahren zur Analyse mikroökonomischer Zusammenhänge werden von Arellano (2003), Baltagi (2013), Cameron und Trivedi (2005), und Wooldridge (2010) vorgestellt.

Teil IV

Spezifische Anwendungen

10

Trend- und Saisonbereinigung

10.1 Das additive Zeitreihenmodell

Betrachtet man die Entwicklung ökonomischer Größen wie des verfügbaren Einkommens, des privaten Konsums oder des in Abbildung 10.1 dargestellten Produktionsindex über die Zeit hinweg, zeigt sich häufig eine klare trendmäßige Entwicklung, die kurzfristig durch zyklische Veränderungen überlagert wird. Besonders ausgeprägt sind dabei in vielen Reihen die zyklischen Veränderungen mit einer Periode von einem Jahr, die so genannte Saisonfigur oder einfach Saison. Im Beispiel des verfügbaren Einkommens können derartige saisonale Schwankungen zum Beispiel auf die Zahlung von Weihnachts- und Urlaubsgeld zurückgeführt werden. Für den privaten Verbrauch ist eine Spitze im letzten Quartal oder im Monat Dezember zu erwarten.

Abb. 10.1. Produktionsindex Produzierendes Gewerbe (2010 = 100)

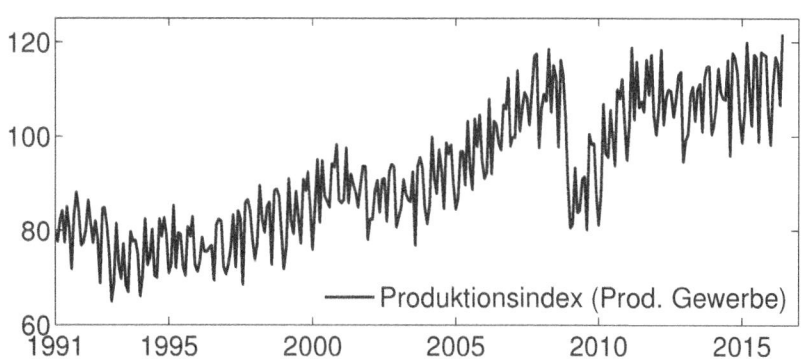

Quelle: Statistisches Bundesamt; GENESIS-online `42153-0001`; eigene Berechnungen.

Da saisonale Schwankungen kaum Information über den aktuellen Stand der Konjunktur beinhalten, durch ihre starke Variabilität jedoch andere Veränderungen überlagern, erscheint es wünschenswert, den Wert einer Reihe ohne diese saisonale Komponente zu kennen. Dazu unterstellt man, dass die betrachtete Reihe X_t in verschiedene Komponenten zerlegt werden kann. Nimmt man beispielsweise an, dass die saisonalen Schwankungen unabhängig von der trendmäßigen Entwicklung, also insbesondere auch unabhängig vom aktuellen Niveau der Reihe sind, kann ein additiver Zusammenhang

$$X_t = T_t + Z_t + S_t + \varepsilon_t \tag{10.1}$$

unterstellt werden, wobei T_t für die langfristige trendmäßige Entwicklung der Reihe, Z_t für zyklische oder konjunkturelle Schwankungen, S_t für die Saisonkomponente und ε_t für den unerklärten Rest steht, der insbesondere den Einfluss singulärer oder irregulärer Ereignisse abbildet und daher auch als irreguläre Komponente bezeichnet wird.

Fallbeispiel: Die Fußballweltmeisterschaft 2006

Die Abbildung zeigt die Reiseverkehrseinnahmen in Deutschland für die Jahre 2005 bis 2007. Für alle drei Jahre ist für die Monate Januar bis April und Juli bis Dezember ein ähnliches saisonales Muster zu erkennen, das auch für die hier nicht ausgewiesenen Jahre ab 1971 zu finden ist. Allerdings fallen für das Jahr 2006 die Werte für Mai und insbesondere für Juni aus dem üblichen Rahmen heraus. Es handelt sich offenbar um einmalige Sondereffekte. Die Ursache sind die Ausgaben vieler zusätzlicher Gäste, die aus Anlass der in Deutschland durchgeführten Fußballweltmeisterschaft angereist sind.

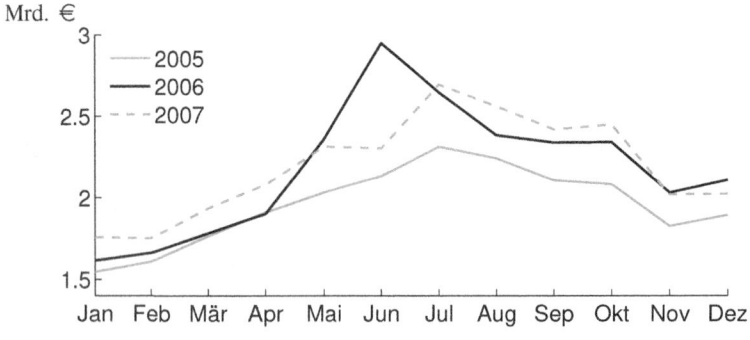

Quelle: Deutsche Bundesbank (2006c), S. 43.

Abbildung 10.2 zeigt eine derartige Zerlegung für den Produktionsindex. Dabei zeigt die gestrichelte Linie einen linearen Trendterm, die durchgezogene Linie die glatte Komponente, die sich aus Trend und Zyklus zusammensetzt, und die graue Linie schließlich noch zusätzlich eine konstante additive Saisonkomponente.[1]

Abb. 10.2. Komponentenzerlegung Produktionsindex (2010 = 100)

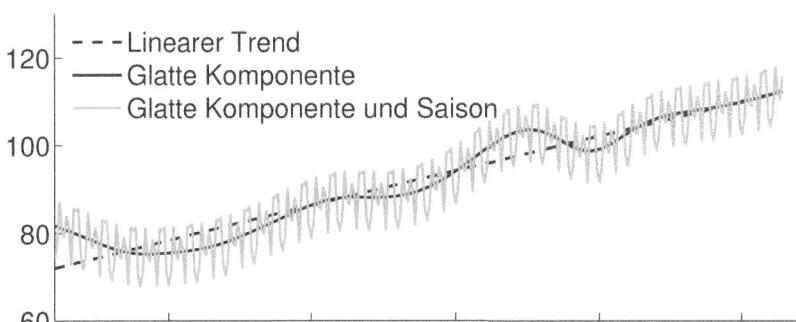

Quelle: Statistisches Bundesamt; GENESIS-online `42153-0001`; eigene Berechnungen.

Alternativ zu einer additiven Zerlegung kann auch eine multiplikative Zusammensetzung angenommen werden. Diese ist dann angemessener, wenn Saison und zyklische Schwankungen proportional zum Niveau der Reihe sind, wovon bei vielen ökonomischen Reihen über längere Zeiträume eher auszugehen ist als von einer gleich bleibenden Schwankungsbreite.[2] Die multiplikative Zerlegung wird durch

$$X_t = T_t \cdot Z_t \cdot S_t \cdot \varepsilon_t \tag{10.2}$$

beschrieben. Äquivalent zur multiplikativen Darstellung (10.2) ist die additive Darstellung in Logarithmen

$$\ln X_t = \ln T_t + \ln Z_t + \ln S_t + \ln \varepsilon_t \ . \tag{10.3}$$

Auf Möglichkeiten zur Bestimmung der einzelnen Komponenten einer derartigen Zerlegung wird in den Abschnitten 10.3 bis 10.5 eingegangen.

10.2 Arbeitstägliche Bereinigung

Neben der Zerlegung in Trend, Zyklus und Saison, kann es noch eine Kalenderkomponente in Zeitreihen geben. Diese resultiert daraus, dass die Anzahl der Arbeitstage

---

[1] Dabei wurde der deterministische lineare Trend wie in Abschnitt 10.3.1 beschrieben geschätzt, die glatte Komponente wurde über den HP-Filter (Abschnitt 10.3.2) und die Saisonfaktoren mittels Saisondummies (Abschnitt 10.5.4) bestimmt.

[2] Vgl. z.B. die Reihen für verfügbares Einkommen und privater Verbrauch in Abbildung 3.2.

in den einzelnen Monaten oder Quartalen von Jahr zu Jahr variiert. Während die Tatsache, dass der Februar weniger Tage als der März aufweist, durch die Saisonkomponente aufgefangen wird, müssen diese spezifischen arbeitstäglichen Effekte gesondert behandelt werden.[3]

Sie sind naturgemäß eher für Strom- als für Bestandsgrößen relevant, d.h. vor allem für Größen, die im Bezug zu Produktionsvolumina stehen, beispielsweise das BIP und seine Komponenten oder Produktionsindizes.

Dass diese Unterschiede keinesfalls vernachlässigbar sind, ergibt eine einfache Überschlagsrechnung für den Monat September. Enthält dieser fünf Wochenenden (wie im Jahr 2012), so fällt er mit 20 Wochentagen um gut 9% kürzer aus als ein September, der nur vier Wochenenden beinhaltet (wie im Jahr 2010). Ähnlich sieht es in anderen Monaten, aber nicht nur in Abhängigkeit von der Lage der Wochenenden, sondern auch im Hinblick auf bewegliche Feiertage aus, d.h. ob Ostern in den März oder April fällt, wird nicht nur eine wesentliche Auswirkung auf die Eierproduktion haben.[4]

Da die Kalenderkomponente für weitere Analysen ebenso hinderlich sein kann wie Trend- und Saisoneffekte, werden Methoden benötigt, um diese Effekte aus den Ursprungsdaten zu entfernen. Ein Ansatz für eine derartige arbeitstägliche Bereinigung besteht darin, die Kalenderkomponente explizit in einem Regressionsmodell darzustellen. Im einfachsten Fall wird man dazu die Variable selbst oder die nach der Trend- und Saisonbereinigung verbliebene Reihe v_t zunächst durch die Anzahl der Arbeitstage in der betrachteten Periode, die auf einen Montag (MO), einen Dienstag (DI) usw. fallen, modellieren:

$$v_t = \alpha_1 MO_t + \alpha_2 DI_t + \ldots + \alpha_7 SO_t + \delta_t, \qquad (10.4)$$

wobei δ_t den nach wie vor unerklärten Rest bezeichnet. Anschließend kann dann der arbeitstäglich bereinigte Wert für v_t aus den für die betrachtete Periode durchschnittlichen Häufigkeiten von Montagen ($\overline{MO}$), Dienstagen ($\overline{DI}$) usw. und den für (10.4) geschätzten Koeffizienten berechnet werden:

$$\hat{v}_t = \hat{\alpha}_1 \overline{MO}_t + \hat{\alpha}_2 \overline{DI}_t + \ldots + \hat{\alpha}_7 \overline{SO}_t + \hat{\bar{\delta}}_t. \qquad (10.5)$$

Die arbeitstäglich bereinigte Reihe ergibt sich nun, indem man die v_t in der ursprünglichen Zerlegung nach (10.2) beziehungsweise (10.3) durch diesen Schätzwert $\hat{v}_t$ ersetzt.

Vom Statistischen Bundesamt wird im Rahmen der Saisonbereinigung mit dem Berliner Verfahren (siehe Abschnitt 10.5.3) eine leicht modifizierte Methode benutzt, mit der direkt Koeffizienten für Abweichungen der Wochentage- und Feiertagestruktur von ihrem Mittelwert berücksichtigt werden können. Dabei werden Unterschiede in der Periodenlänge (z.B. Monat Februar) nicht berücksichtigt, da diese durch die

---

[3] Genau genommen spricht man von einer arbeitstäglichen Bereinigung, wenn nur der Effekt der Wochentage Montag bis Freitag berücksichtigt wird, und von einer werktäglichen Bereinigung, wenn auch die Samstage berücksichtigt werden.

[4] Siehe Institut der deutschen Wirtschaft (2006*a*).

Saisonfigur erfasst werden können.[5] Grundsätzlich kann dieser Ansatz ausgebaut werden, um nahezu beliebige Kalendereffekte zu berücksichtigen, beispielsweise die Anzahl so genannter "Brückentage", d.h. Freitage nach einem Feiertag am Donnerstag oder Montage vor einem Feiertag am Dienstag.

10.3 Trendbestimmung und Trendbereinigung

10.3.1 Deterministische Trendterme

Die einfachste Form zur Modellierung der Trendkomponente T_t stellt ein lineares Modell der Zeit dar, also $T_t = \alpha_0 + \alpha_1 \cdot t$. Wenn davon ausgegangen wird, dass der Trend im Zeitablauf nicht konstant ist, können auch Trendpolynome angepasst werden. Diese haben die allgemeine Gestalt

$$T_t = \sum_{i=0}^{p} \alpha_i t^i \,, \tag{10.6}$$

wobei p den Grad des Polynoms bezeichnet. Für $p = 1$ spricht man von einem linearen, für $p = 2$ von einem quadratischen und für $p = 3$ schließlich von einem kubischen Trend. Grundsätzlich kann auch für die logarithmische Trendkomponente ein Trendpolynom unterstellt werden, d.h.

$$\ln T_t = \sum_{i=0}^{p} \alpha_i t^i \ \ \text{bzw.} \ \ T_t = \prod_{i=0}^{p} e^{\alpha_i \cdot t^i} \,. \tag{10.7}$$

Die Anpassung eines Trendpolynoms an vorhandene Daten kann mit Hilfe der KQ-Schätzung erfolgen. Dabei muss jedoch berücksichtigt werden, dass eine endliche Anzahl von Beobachtungen beliebig gut durch ein Trendpolynom hinreichend hohen Grades approximiert werden kann. Damit werden zwar die vorliegenden Datenpunkte sehr gut getroffen, da der geschätzte Trend hohen Grades jedoch häufig keinen ökonomischen Hintergrund hat, erlaubt dieses Ergebnis weder weitergehende Interpretationen noch einen Erfolg versprechenden Einsatz in Prognosemodellen.[6] Dieser Effekt sei wiederum am Beispiel des Produktionsindex in Abbildung 10.3 veranschaulicht.

Für den Zeitraum von 1991 bis Mitte 2016 sind die tatsächlichen Werte des Produktionsindex als graue Linie dargestellt. Der lineare Trend ist durch die durchgezogene schwarze Linie gegeben und ein kubischer Trend durch die gestrichelte Linie. Betrachtet man lediglich den Zeitraum bis Mitte 2016 liefert das kubische Polynom offenbar eine etwas bessere Anpassung an die Daten als der lineare Trend. Allerdings sind die Bewegungen relativ zum linearen Trend möglicherweise eher als zyklisch zu charakterisieren. Diese "Überanpassung" (overfitting) durch Trendpolynome höheren Grades schlägt sich regelmäßig in einer geringen Qualität der darauf aufbauenden

---

[5] Vgl. Speth (2004, S. 20f).

[6] Letztlich handelt es sich dabei um die ökonometrische Umsetzung einer simplen Extrapolationsmethode. Vgl. dazu auch Abschnitt 3.2.

Abb. 10.3. Produktionsindex (2010 = 100) und Trendpolynome

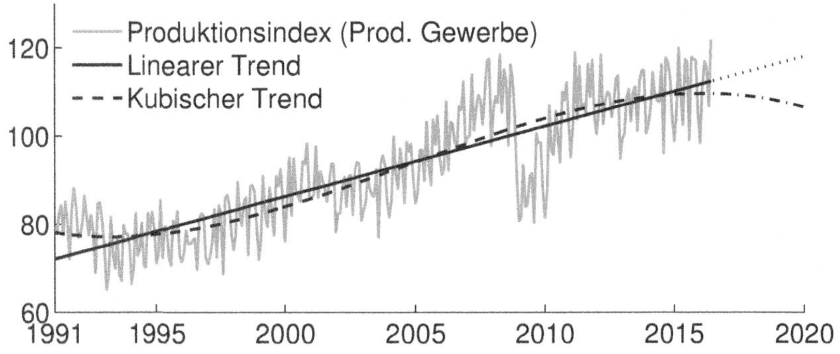

Quelle: Statistisches Bundesamt; GENESIS-online 42153-0001; eigene Berechnungen.

Prognose nieder. In Abbildung 10.3 sind für den Zeitraum ab Juli 2016 zusätzlich die auf den jeweiligen Trendpolynomen basierenden Prognosen als gepunktete Linie (für linearen Trend) beziehungsweise als Strichpunktlinie (für den kubischen Trend) ausgewiesen. Es wird deutlich, dass die Extrapolation auf Basis des kubischen Trends wenig plausible Werte liefert, was bei einer noch weiteren Fortschreibung in die Zukunft noch deutlicher wird.

10.3.2 HP-Filter

Um den Nachteil der recht rigiden funktionalen Form eines linearen Trends aufzugeben, ohne sich gleichzeitig den Gefahren einer "Überanpassung" auszusetzen, werden auch flexiblere Trendkomponenten benutzt. Neben Splinefunktionen wird in jüngerer Zeit vor allem der so genannte Hodrick-Prescott-Filter (HP-Filter) (Hodrick und Prescott, 1980; Hodrick und Prescott, 1997) eingesetzt,[7] dessen Idee jedoch bereits von Leser (1961) vorgestellt wurde, der sich selbst wiederum auf Macaulay (1931) bezieht – man sollte also möglicherweise eher vom Macaulay-Leser oder ML-Filter sprechen. Die Idee der Methode besteht darin, die Abwägung zwischen einer möglichst guten Anpassung der vorhandenen Daten einerseits und einer möglichst glatten Trendkomponente andererseits explizit vorzugeben. Die Trendkomponente ist dann das Ergebnis der Minimierung dieser Zielfunktion. Als Resultat erhält man eine Trendkomponente "wie von Hand gemalt".[8]

---

[7] So schreibt Pedersen (2001, S. 1082): "The most widely used filter is the Hodrick-Prescott filter ...". Einige Anwendungen und weiterführende Literatur werden auch in Meyer und Winker (2005) angegeben.

[8] Eine ausführliche Darstellung des Hodrick-Prescott-Filters und anderer Filterverfahren zur Berechnung trendbereinigter Indikatoren findet sich in Stamfort (2005).

Die Zielfunktion für den HP-Filter lautet:

$$\sum_{t=1}^{T} (y_t - \tau_t)^2 + \lambda \sum_{t=2}^{T-1} [(\tau_{t+1} - \tau_t) - (\tau_t - \tau_{t-1})]^2 , \tag{10.8}$$

wobei τ_t den Wert für die Trendkomponente in Periode t bezeichnet. Der erste Summand drückt die quadratische Abweichung zwischen Trendkomponente und Wert der Zeitreihe y_t aus, die möglichst klein sein soll. Durch die zweite Komponente wird die Glattheit der Trendfunktion gemessen. Im Idealfall eines linearen Trends wird die darin gemessene Veränderung der Steigung des Trends von Periode zu Periode gleich null sein. Je stärker die Steigung der Trendkomponente schwankt, desto größer wird der zweite Summand werden. Der Gewichtungsparameter λ gibt an, wie die beiden Aspekte relativ zueinander gewichtet werden sollen. Für $\lambda = 0$ spielt die Glattheit keine Rolle und der Trend wird mit der Reihe selbst zusammenfallen. Für $\lambda \to \infty$ hingegen wird besonderes Gewicht auf die Glattheit gelegt, so dass sich die Trendkomponente τ_t mit wachsenden Werten für λ einem linearen Trend annähern wird. Für die praktische Arbeit wird häufig für Jahresdaten $\lambda = 100$, für Quartalsdaten $\lambda = 1600$ und für Monatsdaten $\lambda = 14\,400$ gesetzt.

Abbildung 10.4 zeigt den Verlauf der mit dem HP-Filter ($\lambda = 14\,400$) geschätzten Trendkomponente für den Produktionsindex. Die durchgezogen dargestellte Trendkomponente τ_t weist für die grafische Analyse des Verlaufs der Reihe gegenüber den (grau dargestellten) Originalwerten sicher den großen Vorteil einer hinreichenden Glattheit auf. Allerdings kann theoretisch nicht ausgeschlossen werden, dass der dargestellte Verlauf neben der trendmäßigen Entwicklung auch zyklische Anteile umfasst. Möglicherweise eignet sich der HP-Filter-Ansatz daher besser, um die glatte Komponente einer Zeitreihe G_t zu bestimmen, die als Summe von Trend und Zyklus definiert ist, also $G_t = T_t + Z_t$.

Abb. 10.4. Produktionsindex (2010 = 100) und HP-Trend

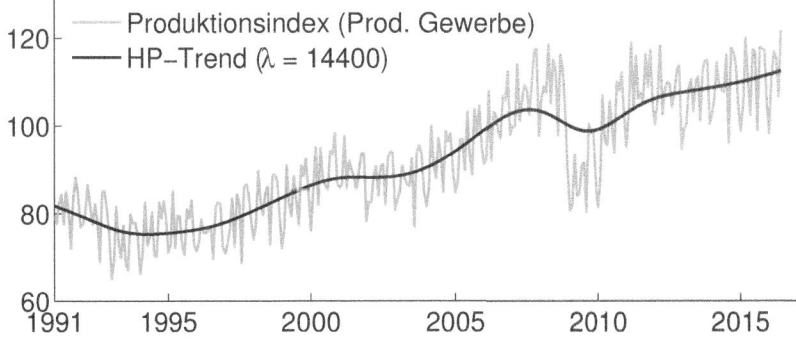

Quelle: Statistisches Bundesamt; GENESIS-online 42153-0001; eigene Berechnungen.

Neben dieser Einschränkung hinsichtlich der Interpretation als Trendterm ergibt sich beim HP-Ansatz ein Endpunktproblem. Das Hinzufügen einiger weniger weiterer Beobachtungen am aktuellen Rand der Reihe kann dazu führen, dass die dann neu zu schätzende HP-Komponente gerade für die letzten Beobachtungen deutliche Veränderungen aufweist.[9] Damit ist die Eignung der so geschätzten glatten Komponente für aktuelle Konjunkturanalysen und ähnliche Zwecke deutlich eingeschränkt.

Ein weiteres Problem, das jedoch nicht auf den HP-Ansatz beschränkt ist, sondern die meisten Trend- und Saisonbereinigungsverfahren betrifft, ergibt sich, wenn geschätzte Trendterme oder trend- beziehungsweise saisonbereinigte Daten einer weiteren ökonometrischen Analyse unterzogen werden. Siehe die Ausführungen dazu in Abschnitt 10.6.

Ist $\hat{T}_t$ die aus den Daten mit einem der genannten Verfahren gewonnene Trendkomponente, so erhält man den trendbereinigten Wert X_t' der Reihe, indem man den Trendterm von der Ursprungsreihe subtrahiert oder im Falle einer multiplikativen Verknüpfung durch den Trendterm dividiert:

$$X_t' = X_t - \hat{T}_t \quad \text{bzw.} \quad X_t' = X_t / \hat{T}_t. \tag{10.9}$$

10.4 Bestimmung der zyklischen Komponente

Die zyklische Komponente wird häufig aus der gerade eingeführten glatten Komponente einer Zeitreihe $G_t = T_t + Z_t$ bestimmt, indem man diese um die Trendkomponente bereinigt, d.h. den Trendterm abzieht. Für die Bestimmung der glatten Komponente kommt neben dem HP-Filter-Ansatz insbesondere die Methode der gleitenden Durchschnitte zum Einsatz.

Für ungerades $n = 2k + 1$ ist der gleitende Durchschnitt n-ter Ordnung von X_t durch

$$X_t^{\emptyset n} = \frac{1}{2k+1}(X_{t-k} + \ldots + X_{t+k}) \tag{10.10}$$

gegeben. Falls $n = 2k$ gerade ist, definiert man den gleitenden Durchschnitt n-ter Ordnung durch

$$X_t^{\emptyset n} = \frac{1}{2k}(\frac{1}{2}X_{t-k} + X_{t-k+1} \ldots + X_{t+k-1} + \frac{1}{2}X_{t+k}). \tag{10.11}$$

Durch die Gewichtung der beiden Randwerte mit $1/2$ wird erreicht, dass das Zeitfenster, das in die Berechnung des gleitenden Durchschnitts eingeht, symmetrisch um den jeweiligen Beobachtungswert für t ist. Für Anwendungen auf makroökonomische Indikatoren werden gleitende Durchschnitte meist mit einem mindestens ein Jahr umfassenden Zeitfenster geschätzt.

---

[9] Siehe dazu auch Stamfort (2005, S. 83ff) und Abschnitt 10.6.

Fallbeispiel: Heimatüberweisungen ausländischer Beschäftigter II

Die Abbildung zeigt den gleitenden Durchschnitt zwölfter Ordnung für die Heimatüberweisungen aller ausländischen Arbeitnehmer. Zu den Problemen mit diesen Daten siehe auch das Fallbeispiel "Heimatüberweisungen ausländischer Beschäftigter I" auf Seite 67. Die Originaldaten sind grau dargestellt. Auf Basis der gleitenden Durchschnitte ist es trotz der beschriebenen Probleme mit der Datenaufbereitung und den Umstellungen in der Verfahrensweise möglich, die glatte Komponente der Heimatüberweisungen zu erkennen.

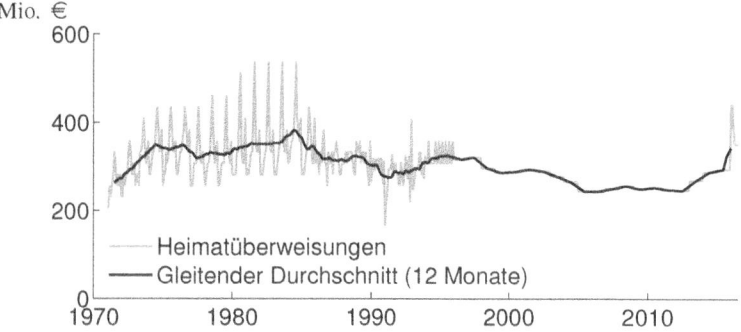

So wird der Anstieg der Rücküberweisungen bis Mitte der 1970er Jahre deutlich abgebildet, der auf die wachsende Anzahl ausländischer Arbeitnehmern zurückzuführen ist. Die anschließende Abflachung und der leichte Rückgang nach einem erneuten Hoch Mitte der 1980er Jahre kann zum Teil auf die Rückkehr eines Teils der Arbeitnehmer vor allem aus Italien, Spanien und Portugal zurückzuführen sein. Außerdem kann die Neigung für Rücküberweisungen der in Deutschland verbliebenen ausländischen Beschäftigten zurückgegangen sein, was dadurch begründet werden kann, dass aus der ursprünglich temporären Migration nun eine endgültige Niederlassung in Deutschland geworden ist, so dass manches Motiv für getätigte Heimatüberweisungen hinfällig wurde.

Ein Nachteil dieses Verfahrens besteht darin, dass zu Beginn und Ende der betrachteten Periode jeweils k Beobachtungen nicht berechnet werden können. Dieses Fehlen von Beobachtungen ist insbesondere am aktuellen Rand für Konjunkturanalysen oder Prognosen sehr störend.[10] Weiterhin gehen bei diesem Verfahren offensichtlich auch die anderen Komponenten, d.h. Saison und irreguläre Komponente, in die Berechnung ein. Ihr Einfluss wird lediglich geglättet, nicht jedoch vollständig heraus gerechnet.

---

[10] Diesem Umstand wird zum Teil dadurch Rechnung getragen, dass für die Reihe X_t Prognosen erzeugt werden, mit deren Hilfe auch der gleitende Durchschnitt am aktuellen Rand berechnet werden kann.

10.5 Saisonbereinigung

10.5.1 Gleitende Durchschnitte und Jahreswachstumsraten

Die Saisonbereinigung erfolgt im Allgemeinen wie die Trendbereinigung, indem von den beobachteten Werten X_t die saisonale Komponente S_t subtrahiert oder – im Fall einer multiplikativen Verknüpfung – durch diese dividiert wird. Allerdings können wie im Falle der Trendbereinigung auch Verfahren betrachtet werden, mit denen saisonale Einflüsse zumindest teilweise direkt eliminiert werden können, ohne dass eine explizite Bestimmung der saisonalen Komponente stattfindet. Zu diesen Verfahren gehört die bereits im Zusammenhang mit der Trendbereinigung angesprochene Bildung gleitender Durchschnitte und die Berechnung von Jahreswachstumsraten (siehe Abschnitt 3.2.2). Durch den Vergleich von gleichen Monaten oder Quartalen in verschiedenen Jahren wird die saisonale Komponente implizit eliminiert. Der Nachteil dieses Verfahrens liegt einerseits darin, dass Informationen über kurzfristige Veränderungen verloren gehen, also beispielsweise wie sich die Entwicklung der Arbeitslosenzahlen in den letzten Monaten interpretieren lässt. Außerdem besteht die Gefahr, dass singuläre Sondereinflüsse zu Fehlschlüssen in der Interpretation von Wachstumsraten führen, da so genannte Basisjahreffekte auftreten können. Dies wird am Beispiel der Geldmenge M3 (Monatsmittel) deutlich, die für den Zeitraum 1988 bis 1992 in Abbildung 10.5 dargestellt ist.[11]

Abb. 10.5. Jahreswachstumsrate der Geldmenge M3

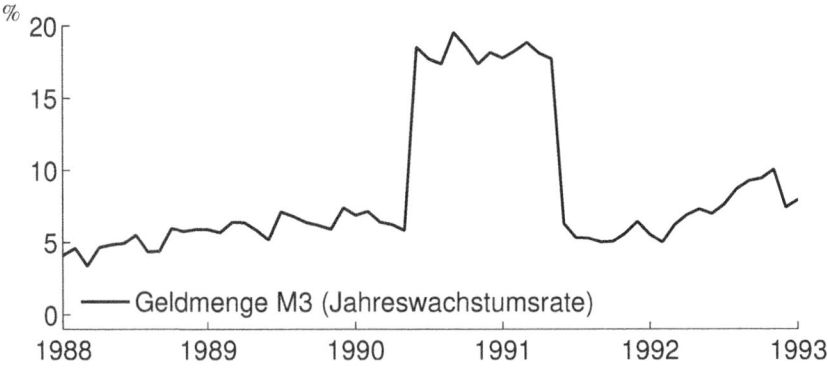

Quelle: Deutsche Bundesbank; Zeitreihen-Datenbank; Kennung `txi303`; eigene Berechnungen.

Die Abbildung zeigt die Jahreswachstumsrate berechnet als die Differenz zwischen der jeweils aktuellen logarithmierten Geldmenge und der logarithmierten

---

[11] In Europäische Zentralbank (2008) wird eine ähnliche Analyse für die Verbraucherpreisinflation vorgestellt.

Geldmenge im entsprechenden Vorjahresmonat. Im Juli 1990 ist ein deutlicher Anstieg dieser Jahreswachstumsrate zu verzeichnen, der auf die Wirtschafts-, Währungs- und Sozialunion zum 1. Juli 1990 zurückzuführen ist. Dass die sehr großen Wachstumsraten auch für die folgenden Monate ausgewiesen werden, ist jedoch keine direkte Nachwirkung der Währungsunion, sondern lediglich der Tatsache geschuldet, dass jeweils noch mit einem Wert vor dem einschneidenden Ereignis verglichen wird. Daher fällt die Jahreswachstumsrate im Juni 1991 auch wieder auf normale Größenordnungen zurück. Ohne die Kenntnis dieses Basisjahreffektes würde z.B. die reine Betrachtung der Entwicklung des Geldmengenwachstums im Jahresvergleich ab Mitte 1991 zur Diagnose einer relativ zu den Monaten zuvor sehr restriktiven Geldpolitik führen. Einen ähnlichen Effekt mit umgekehrten Vorzeichen kann man für dieselbe Reihe ab Januar 2002 betrachten, da ab diesem Zeitpunkt der Bargeldumlauf wegen der Einführung des Euro nicht mehr in der ausgewiesenen Geldmenge M3 enthalten ist.

Konstante Saisonfaktoren

Das Verfahren zur Berechnung konstanter Saisonfaktoren knüpft explizit an der additiven Komponentenzerlegung an. Dabei wird angenommen, dass saisonale Effekte ein über die Zeit hinweg konstantes Muster aufweisen. So werden zum Beispiel die Einzelhandelsumsätze im Dezember jeden Jahres über den Umsätzen in anderen Monaten liegen. Zusätzlich wird angenommen, dass die Größe dieses Effektes sich über die Zeit nicht ändert beziehungsweise sich proportional zum Wert der betrachteten Variablen selbst verhält.

Die Bestimmung der Saisonfaktoren erfolgt in drei Schritten. Zunächst wird die Trendkomponente der Reihe durch die Berechnung eines zentrierten gleitenden Durchschnitts jeweils über die Beobachtungen eines Jahres bestimmt. Liegen für X_t beispielsweise monatliche Beobachtungen vor, so berechnet sich der gleitende Durchschnitt wie oben bereits beschrieben durch

$$X_t^{\varnothing 12} = \frac{1}{12}\left(\frac{1}{2}X_{t-6} + X_{t-5}\ldots + X_{t+5} + \frac{1}{2}X_{t+6}\right).$$

Danach kann das Verhältnis zwischen tatsächlichem Wert und gleitendem Durchschnitt

$$R_t = \frac{X_t}{X_t^{\varnothing 12}}$$

berechnet werden. Für dieses Verhältnis werden für jeden Monat getrennt die Mittelwerte berechnet. Diese Mittelwerte stellen die Saisonfaktoren dar. Die saisonbereinigten Werte erhalt man schließlich, indem man die Ursprungsdaten durch die jeweiligen Saisonfaktoren teilt.

10.5.2 Census-Verfahren

Das ursprünglich vom U.S. Bureau of the Census eingeführte X11-Verfahren – häufig auch als CENSUS-Verfahren beschrieben, wurde im Zeitablauf immer wieder angepasst und weiterentwickelt. Mit der Version X-12-ARIMA kamen einigen zusätzlichen Optionen hinzu, insbesondere die Modellierung der Ursprungswerte mit stochastischen Zeitreihenmodellen (vgl. Abschnitt 11.3), die der eigentlichen Saisonbereinigung vorgeschaltet wird. Seit 2013 setzt das U.S. Bureau of the Census die Version X-13ARIMA-SEATS ein, die noch einmal zusätzliche Optionen umfasst.[12]

Das Verfahren wird u.a. auch von der OECD, seit 1970 von der Deutschen Bundesbank,[13] von der Europäischen Zentralbank und seit Mai 2002 als Alternative auch vom Statistischen Bundesamt verwendet (Hauf, 2001).

Neben relativ eigenständigen Modulen zur Erkennung und Berücksichtigung extremer Werte (Ausreißer) und zur Bereinigung um Kalendereinflüsse besteht das Verfahren im Kern aus einer iterativen Prozedur zur Bestimmung der Trendkomponente und der daraus resultierenden Saisonfaktoren. Die Bestimmung der Trendkomponente basiert wiederum im Wesentlichen auf gleitenden Durchschnitten. Allerdings werden die einzelnen Beobachtungen dabei nicht gleich gewichtet. Durch die Wahl geeigneter Gewichte wird angestrebt, konjunkturelle Umschwünge oder Wendepunkte auch am aktuellen Rand der Daten korrekt und schnell zu erfassen. Ab dem X-12-ARIMA-Verfahren wird dieses Ziel dadurch unterstützt, dass zusätzlich zu den verfügbaren Daten auch Prognosen für zukünftige Beobachtungen auf Basis stochastischer Zeitreihenmodelle (vgl. Abschnitt 11.3) einbezogen werden.

In stark vereinfachter Darstellung kann die zentrale Komponente des Verfahrens wie folgt beschrieben werden. Aus den Originalwerten X_t und den gewichteten gleitenden Durchschnitten $X_t^{\varnothing 13}$ werden für jeden Monat (jedes Quartal) Saisonfaktoren S_t berechnet, für die wiederum gleitende Durchschnitte $S_t^{\varnothing}$ gebildet werden. Nachdem die Ursprungsreihe um den Einfluss dieser Saisonfaktoren bereinigt wurde, wird das Verfahren erneut auf die verbleibende Restgröße angewandt. In Tabelle 10.1 wird das Vorgehen am Beispiel des Produktionsindex dargestellt.

Es werden jeweils nur die Werte für den Monat Januar ausgewiesen. Der in der dritten Spalte ausgewiesene gleitende Durchschnitt der Originaldaten basiert allerdings auf allen Bebobachtungen. Dabei wurde ein gleitender Durchschnitt der Ordnung 13 eingesetzt. Der geglättete Faktor in der fünften Spalte basiert auf einem gleitenden Durchschnitt der Januarwerte über drei Jahre hinweg. Die letzten beiden Spalten weisen einmal die Trendkomponente aus, die sich durch Division der Originaldaten durch die geglätteten Saisonfaktoren ergibt, und schließlich die nach dem X-12-ARIMA saisonbereinigten Daten des Statistischen Bundesamtes (Kennung 42153-001).

Ein Problem des ursprünglichen Census-Verfahrens besteht darin, dass nicht gewährleistet ist, dass sich die saisonbereinigten Werte eines Jahres zur Summe der Ursprungswerte addieren. Die Differenz wird ins Folgejahr "verschleppt", was insbesondere am aktuellen Rand der Daten für die Beurteilung der konjunkturellen Ent-

---

[12] Eine vollständige Beschreibung findet sich in den vom U.S. Bureau of the Census zur Verfügung gestellten Dokumenten unter https://www.census.gov/srd/www/x13as/, insbesondere in U.S. Census Bureau (2016).

[13] Zu den Details der Anwendung des X-12-ARIMA-Verfahrens zur Saisonbereinigung der Bundesbank siehe Kirchner (1999).

Tabelle 10.1. Beispiel: Produktionsindex im Januar

Jahr	Original-daten	Gleitender Durchschnitt	Faktor	Geglätteter Faktor	Trendkomponente für erstes Quartal nach	
					vereinfachtem Census Verfahren	X-12-ARIMA Verfahren
t	$X_{t,1}$	$X_{t,1}^{\varnothing 13}$	$X_{t,1}/X_{t,1}^{\varnothing 13}$			
2006	91,1	97,7	0,932	0,932	97,7	97,1
2007	99,8	104,3	0,957	0,951	104,9	105,0
2008	105,8	109,6	0,965	0,922	114,7	111,4
2009	80,6	95,4	0,845	0,890	90,6	88,9
2010	81,3	94,6	0,860	0,867	93,7	92,9
2011	95,0	105,8	0,898	0,893	106,4	105,2
2012	100,3	108,8	0,922	0,917	109,4	107,5
2013	99,2	106,6	0,931	0,930	106,7	104,9
2014	102,3	109,2	0,937	0,921	111,1	109,9

wicklung problematisch sein kann, wie das Fallbeispiel auf Seite 239 zeigt. Diese Problematik soll durch die neuere Version Census X-12-ARIMA reduziert werden (Kirchner, 1999).

10.5.3 Das Berliner Verfahren

Das Berliner Verfahren wurde vom Statistischen Bundesamt in Zusammenarbeit mit der TU Berlin und dem Deutschen Institut für Wirtschaftsforschung (DIW) entwickelt.[14] Dem Verfahren liegt die Idee zugrunde, dass es sich bei ökonomischen Zeitreihen und insbesondere deren Saisonkomponente um zyklische Variablen handelt, d.h. die Werte von S_t werden bei Verwendung von Monatsdaten ähnlich wie die von S_{t-12}, S_{t-24} usw. sein. Ausgehend von dieser Annahme liegt es nahe, auf mathematische Methoden zur Beschreibung derart zyklischer Funktionen zurückzugreifen. Eine Klasse derartiger Methoden im Bereich der Analyse von Zeitreihen umfasst die Spektralanalyse.[15]

Das Grundmodell einer zyklischen Funktion in der Mathematik ist die Sinusfunktion $f(x) = \sin(x)$. Indem das Argument x mit einem Faktor λ multipliziert oder um einen additiven Term c ergänzt wird, lässt sich eine Vielzahl unterschiedlicher zyklischer Funktionen generieren. Die Multiplikation mit einem konstanten Faktor A erweitert die Palette zusätzlich. Abbildung 10.6 zeigt einige Beispiele der resultierenden allgemeinen Sinusfunktion $f(x) = A \cdot \sin(\lambda x + c)$.

Wie das Beispiel zeigt, ändert A den Ausschlag der Reihe und wird daher auch als Amplitude bezeichnet. Ein positiver additiver Term c im Argument der Funktion führt zu einer Verschiebung der Reihe um diesen Wert nach links; man spricht von der Phasenverschiebung. Der multiplikative Faktor λ schließlich wirkt auf die Wiederholungsrate der Zyklen. Während sich für $\sin(x)$ ein Zyklus nach 2π wiederholt,

---

[14] Vgl. Nullau (1969), Heiler (1969) und Nourney (1983).

[15] Vgl. z.B. König und Wolters (1972), Stier (2001, S. 179ff).

Abb. 10.6. Sinusfunktionen

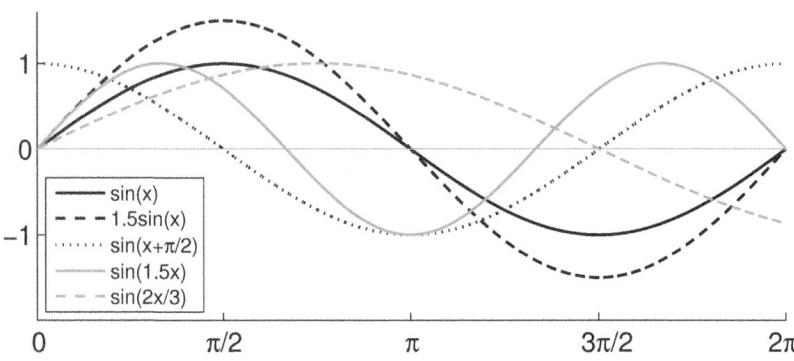

hat $\sin(1,5x)$ einen Zyklus bereits nach $4/3\pi$ durchlaufen. λ wird deswegen auch als Frequenz bezeichnet. Ein hoher Wert von λ bedeutet, dass sich die Zyklen in sehr kurzer Folge wiederholen. Die Dauer eines Zyklus oder die Periodendauer P steht in umgekehrtem Verhältnis zur Frequenz. Es gilt $P = 2\pi/\lambda$.

Bei Quartalsdaten entspricht $P = 4$ der Dauer eines Jahres. Dieser Periodendauer entspricht eine Frequenz $\lambda = \pi/2$, während $\lambda = \pi$ halbjährliche Schwingungen beschreibt. Da ökonomische Daten in der Regel nur in vorgegebenen zeitlichen Intervallen erhoben werden, können daraus keine Schwingungen mit sehr kleiner Periodenlänge identifiziert werden. Aus Quartalsdaten können beispielsweise keine Schwingungen mit monatlicher Frequenz erhalten werden. Die minimale Periodenlänge kann im Allgemeinen nicht kleiner als zweimal der Abstand der Beobachtungen sein. Für Quartalsdaten können also nur Schwingungen mit Periodenlänge von mindestens einem halben Jahr (zwei Quartalen) bestimmt werden. Dies entspricht einer maximalen Frequenz von $\lambda = \pi$.

Die in Abbildung 10.6 dargestellte Reihe mit der geringen Frequenz $2/3$ ($f(x) = \sin(2x/3)$) weist auf ein Grundproblem der Spektralanalyse ökonomischer Reihen hin: zyklische Reihen mit sehr niedriger Frequenz, d.h. sehr großer Periodenlänge, können kaum von azyklischen Trends unterschieden werden. Deshalb werden in der Praxis alle Komponenten mit sehr geringer Frequenz der Trendkomponente zugerechnet.

Die zentrale mathematische Aussage, die hinter der Spektralanalyse von Zeitreihen steht, ist der Satz über Fourierreihen. Demnach lässt sich jede periodische Funktion, die hinreichend glatt ist, durch eine Fourierreihe beliebig genau approximieren.[16] Eine Fourierreihe ist dabei eine (unendliche) Summe allgemeiner Sinusfunktionen. Diese Idee wird in Abbildung 10.7 am Beispiel der Monatswachstumsraten des Produktionsindex (vgl. Abbildung 10.1) demonstriert. Im oberen Teil der Abbildung ist die monatliche Wachstumsrate für den Zeitraum 2010 – 2016 abgetragen,

---

[16] Vgl. z.B. Forster (2011, S. 296ff) oder Hoffmann (1995, S. 224ff).

die ausgeprägte saisonale Muster aufweist. Im unteren Teil der Abbildung sind ad
hoc gebildete Summen von bis zu vier Sinusfunktionen abgetragen. Die nur aus einer
Sinusfunktion resultierende graue Linie mit jährlicher Frequenz kann nur einen geringen Teil des saisonalen Musters abbilden. Durch Hinzunahme von Sinusfunktionen höherer Frequenz mit unterschiedlichen Phasenverschiebungen und Amplituden
ergibt sich über die grau und schwarz gestrichelten Linien schließlich die schwarz
durchgezogene Linie als Summe von vier Sinusfunktionen. Diese Kurve bildet die
tatsächliche Monatswachstumsrate nicht exakt ab, fängt aber offensichtlich bereits
einen großen Teil der rein saisonalen Varianz ab.

Abb. 10.7. Wachstumsrate des Produktionsindex

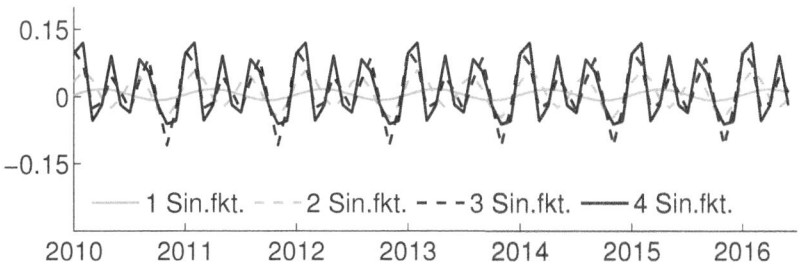

Quelle: Statistisches Bundesamt; GENESIS-online 42153-0001; eigene Berechnungen.

Ökonomische Zeitreihen lassen sich in der Regel nicht exakt durch wenige periodische Funktionen darstellen, da abgesehen von Trendtermen auch immer wieder
irreguläre Einflüsse auftreten. Deshalb muss aus dem mathematischen Ansatz zur
Modellierung periodischer Funktionen ein empirisch verwertbares Vorgehen abgeleitet werden. Der entsprechende Ansatz der Spektralanalyse besteht darin, den Beitrag der Schwingungen in unterschiedlichen Frequenzbereichen abzuschätzen. Als
Ergebnis erhält man das Spektrum der Zeitreihe, eine Dichtefunktion im Frequenz-
bereich, die jeder Frequenz deren Bedeutung zur Erklärung der gesamten Variation
der Zeitreihe zuweist.

Die theoretische Spektraldichte einer Reihe y_t ist definiert durch:[17]

$$f(\lambda) = \frac{1}{2\pi} \sum_{j=-\infty}^{\infty} e^{-i \cdot \lambda \cdot j} \gamma_j \quad \text{wobei} \quad \gamma_j = Cov(y_t, y_{t+j})$$

$$= \frac{1}{2\pi} \sum_{j=-\infty}^{\infty} [cos(\lambda \cdot j) - i\, sin(\lambda \cdot j)] \gamma_j$$

$$= \frac{\gamma_0}{2\pi} + \frac{1}{\pi} \sum_{j=1}^{\infty} \gamma_j\, cos(\lambda \cdot j).$$

Im einfachsten Fall einer Reihe ohne saisonale oder konjunkturelle Zyklen und ohne Trendkomponente, d.h. wenn die Reihe lediglich aus unabhängig identisch verteilten Restgrößen besteht, gilt $\gamma_0 = \sigma^2$, wobei σ^2 die Varianz der Restgrößen ist, und $\gamma_1 = \gamma_2 = \dots = 0$. Damit ist die Spektraldichte konstant, so dass keine Frequenzen identifiziert werden können, die einen besonders hohen Erklärungsbeitrag aufweisen.

Das Prinzip des Berliner Verfahrens soll nunmehr am Beispiel des Produktionsindex vorgestellt werden. Abbildung 10.8 zeigt zunächst die Ergebnisse für den Produktionsindex des Produzierenden Gewerbes.

Die Ursprungsreihe ist im oberen Teil und ihre Monatswachstumsrate im unteren Teil jeweils als graue Linie dargestellt. Die schwarze Linie in der oberen Grafik weist die mit dem Berliner Verfahren bestimmte glatte Komponente der Zeitreihe aus. In der unteren Grafik ist deren Monatswachstumsrate ebenfalls als schwarze Linie eingezeichnet. Die ausgeprägten saisonalen Schwankungen des Produktionsindex sind offenbar erfolgreich entfernt worden, ohne konjunkturelle Schwankungen zu stark zu beeinflussen.

Da die Originalreihe im Zeitverlauf eine deutliche Trendkomponente hat, weist das in Abbildung 10.9 als graue Linie ausgewiesene Spektrum eine hohe Dichte im Niederfrequenzbereich, d.h. für λ nahe null aus.[18] Dennoch sind auch die Ausschläge für unterschiedliche Frequenzen, insbesondere für die jährliche Frequenz bei $\pi/6$, was einer Periodendauer von $P = 2\pi/\lambda = 12$, also einer jährlichen Saison, und bei $\pi/3$ korrespondierend zu einer halbjährlichen Komponente deutlich zu erkennen.

Im unteren Teil der Abbildung wird der Logarithmus der Spektraldichte abgetragen, um vor allem die Anteile in den hohen Frequenzen ($\lambda > \pi/6$) deutlicher hervorzuheben. Neben den Werten für die Originalreihe sind jeweils auch die Werte für die nach dem Berliner Verfahren saisonbereinigte Reihe als gestrichelte Linie ausgewiesen. Der Vergleich zeigt, dass durch das Berliner Verfahren die hochfrequenten Anteile deutlich reduziert werden konnten, ohne die niederfrequenten Anteile ($\lambda < \pi/6$) wesentlich zu beeinflussen.

Die praktische Durchführung des Berliner Verfahrens sieht zunächst die Bestimmung der Trendkomponente vor, um den hohen Anteil der Spektraldichte im niederfrequenten Bereich zu erfassen. Hierzu wird ein Trendpolynom an die Daten ange-

---

[17] Dabei gilt: $e^{-i \cdot \lambda \cdot j} = [cos(\lambda \cdot j) - i\, sin(\lambda \cdot j)]$ mit $i = \sqrt{-1}$ und $cos(x) = sin(\pi/2 - x)$. Für weitere Details sei z.B. auf Hassler (2016, S. 77ff) verwiesen.

[18] Die Schätzung der Spektren basiert auf einem mit dem Parzen-Fenster gewichteten Periodogramm (Stier, 2001, S. 184f).

Abb. 10.8. Produktionsindex des Produzierenden Gewerbes (2010 = 100)

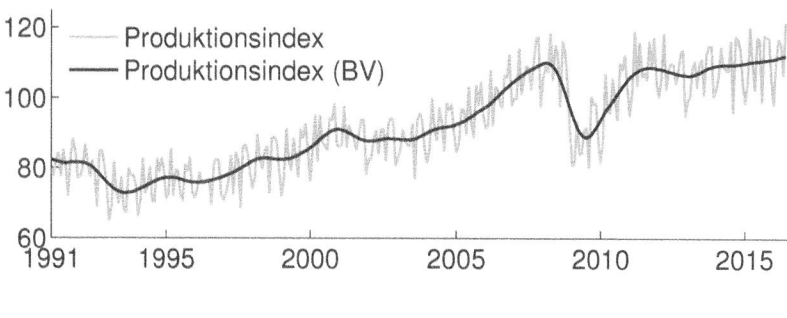

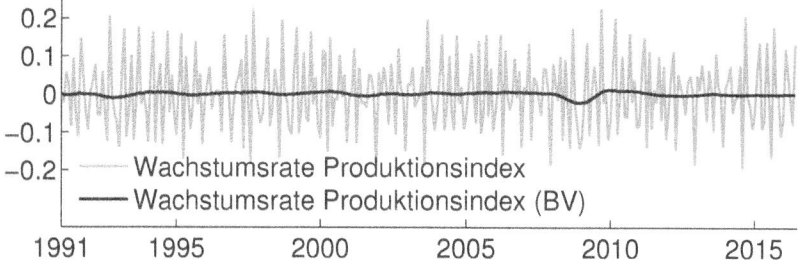

Quelle: Statistisches Bundesamt; GENESIS-online `42153-0001`; eigene Berechnungen.

passt, wie bereits in Abschnitt 10.3 beschrieben. Anschließend wird für die trend-bereinigte Reihe das Spektrum bestimmt. Für die dort identifizierten saisonalen Frequenzen werden trigonometrische Funktionen angepasst, die anschließend von den Ursprungsdaten abgezogen werden. Eine detaillierte Darstellung des Vorgehens findet sich in Speth (2004).

Im Unterschied zum klassischen CENSUS-Verfahren führt der spektralanalytische Ansatz des Berliner Verfahrens wie auch das X-12-ARIMA-Verfahren dazu, dass sich im Prinzip sämtliche saisonbereinigte Daten ändern, sobald nur eine neue Beobachtung hinzukommt. Die Auswirkungen werden zwar in der Regel gering sein, aber ein einfaches Fortschreiben bereits vorliegender saisonbereinigter Daten ist somit nicht möglich. Dem steht beim Berliner Verfahren der große Vorteil gegenüber, dass eine automatische Anwendung auf alle betrachteten Zeitreihen möglich ist, die jederzeit nachvollziehbar ist und somit dem Prinzip der Objektivität entspricht.

Speth (1994) unternimmt einen Vergleich verschiedener Saisonbereinigungsverfahren. Dabei geht es dem Autor sowohl um die Anpassung der Reihe im Zeitverlauf als auch um die Güte der Werte am aktuellen Rand. Unabhängig vom gewählten Verfahren scheint es demnach für die Abbildung der Entwicklung am aktuellen Rand der Daten vorteilhaft zu sein, auf die Trendkomponente der Reihe zurückzugreifen, anstatt saisonbereinigte Werte zu verwenden. Zusammenfassend treten in der Studie

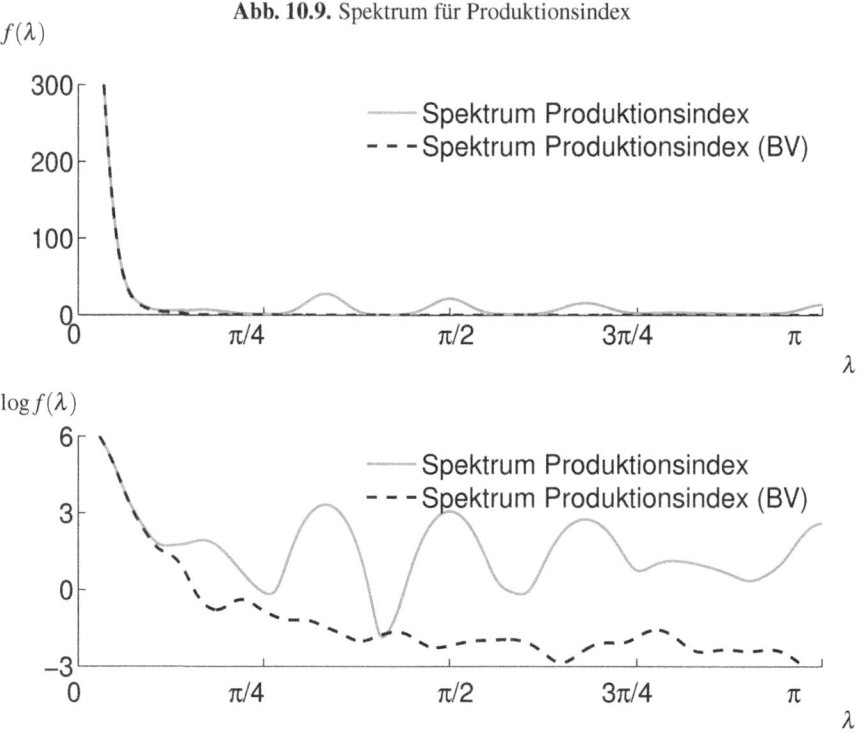

Abb. 10.9. Spektrum für Produktionsindex

Quelle: Statistisches Bundesamt; GENESIS-online `42153-0001`; eigene Berechnungen.

klare Nachteile des CENSUS-Verfahrens zu Tage, während auch andere untersuchte Methoden der vom Statistischen Bundesamt verwendeten Standardversion des Berliner Verfahrens nicht überlegen erscheinen. Diese Schlussfolgerung wird auch von Höpfner (1998) bestätigt.

10.5.4 Saisondummies

Die bisher in diesem Abschnitt beschriebenen Verfahren werden eingesetzt, um die Saisonkomponenten einer Reihe zu identifizieren und anschließend eine Saisonbereinigung vorzunehmen. Für die Analyse eines Indikators am aktuellen Rand oder den deskriptiven Vergleich der mittel- bis langfristigen Entwicklung mehrerer Zeitreihen ist dieses Vorgehen angemessen. Es muss dann lediglich entschieden werden, welches Verfahren für die jeweilige Fragestellung die besten Ergebnisse erwarten lässt.

Fallbeispiel: Saisonbereinigung bei DIW und Bundesbank

"In Deutschland werden vor allem das Censusverfahren (von der Deutschen Bundesbank) und das Berliner Verfahren (vom Statistischen Bundesamt und dem Deutschen Institut für Wirtschaftsforschung) angewendet. Immer wieder hat es zwischen den Ergebnissen dieser beiden Verfahren größere Differenzen gegeben (Vgl. Flassbeck (1994)). In den letzten Jahren haben sie sich allerdings gehäuft. Und sie haben inzwischen eine Dimension angenommen, die für den Analysten nicht mehr erträglich ist. Am Beispiel des realen Bruttoinlandsproduktes (BIP) wird dies 1994 besonders deutlich. So weist die Bundesbank mit ihrem Verfahren – anders als das Berliner Verfahren – für das reale BIP im Verlauf des ersten Halbjahres 1994 eine Beschleunigung im Wachstum aus. Und dies entgegen den Verläufen in den entsprechenden Statistiken und entgegen ihren eigenen veröffentlichten Daten, d.h. der Summe der Aggregate der Verwendungsseite. Im dritten Quartal setzte sich die Diskrepanz in den Ergebnissen der beiden Verfahren fort. Damit steht der Konjunkturbeobachter vor einem Dilemma, wenn er auf Basis so unterschiedlicher Ergebnisse die weitere Entwicklung prognostizieren soll. [...] Die Ursachen für die inkonsistenten saisonbereinigten Ergebnisse der Bundesbank für die Verwendungsseite des BIP sind in dem von ihr verwendeten Verfahren begründet. Die Bundesbank stützt sich auf das vom US Bureau of the Census entwickelte Censusverfahren (X 11). Es ist so konzipiert, dass der Anwender nach eigenem Ermessen für jede Zeitreihe eine andere Bereinigungsvariante wählen kann, das heißt, es kann jedes einzelne Verwendungsaggregat und sogar deren Summe – in diesem Fall das BIP – nach jeweils unterschiedlichen Kriterien saisonbereinigt werden.
Dieses Verfahren wendet die Deutsche Bundesbank noch mit einer Restriktion an: Saisonfaktoren werden über einen langen Zeitraum im Durchschnitt konstant gehalten. Auswahl und Länge des Stützbereichs sind dabei von großer Bedeutung. Dies aber bedeutet nichts anderes, als dass der jeweilige Experte zum "Bestandteil" des Verfahrens wird. Der Vorteil dieser Vorgehensweise ist, dass sich das saisonbereinigte Ergebnis zunächst nur dann ändert, wenn sich auch der Ursprungswert ändert. Der Nachteil ist, dass nur in seltenen Fällen die notwendige mathematische Bedingung erfüllt wird, dass die Jahressumme der saisonbereinigten Werte etwa gleich der Summe der Ursprungswerte ist."
Quelle: DIW Wochenbericht 1/95, S. 18f.

Anders stellt sich die Situation dar, wenn die Saisonfigur keine zentrale Bedeutung für die Analyse hat, im Rahmen einer ökonometrischen Analyse aber in jedem Fall berücksichtigt werden muss, da sie sich sonst als fehlende Variable auf die Schätzergebnisse auswirken würde. In dieser Situation wird in praktischen Anwendungen häufig zweistufig vorgegangen. In einem ersten Schritt werden alle betroffenen Zeitreihen einer Saisonbereinigung unterzogen, um dann in einem zweiten Schritt die Regressionsanalyse mit den saisonbereinigten Daten durchzuführen. Auf die erheblichen Risiken dieser Vorgehensweise wird in Abschnitt 10.6 eingegangen.

Als alternative Herangehensweise wird im Folgenden der Einsatz von Saisondummies – und gegebenenfalls deterministischen Trendtermen – direkt in der Regressionsgleichung vorgeschlagen. Dadurch kann auf die problematische vorgezogene Saisonbereinigung verzichtet werden, da die Saisoneffekte in diesem Fall in der Schätzung berücksichtigt werden können. Zunächst wird das Vorgehen am Beispiel

der Industrieproduktion ohne weitere erklärende Variablen erläutert, bevor dann die
Umsetzung am Beispiel der Konsumfunktion mit einer weiteren erklärenden Variable vorgestellt wird.

Saisondummies stellen eine spezielle Anwendung der in Abschnitt 9.1.1 eingeführten Dummyvariablen dar. Saisondummies sind qualitative Variablen, die jeweils für eine Teilperiode des Jahres den Wert 1 und sonst den Wert 0 annehmen.
Für Quartalsdaten beispielsweise gibt es vier Saisondummies S_1, S_2, S_3 und S_4, die
folgende Werte annehmen:

Jahr	Quartal	S_1	S_2	S_3	S_4
2015	1	1	0	0	0
	2	0	1	0	0
	3	0	0	1	0
	4	0	0	0	1
2016	1	1	0	0	0
	2	0	1	0	0
	3	0	0	1	0
	4	0	0	0	1
⋮	⋮	⋮		⋮	⋮

Vorausgesetzt die betrachtete Zeitreihe X_t erlaubt eine additive Zerlegung, so
lässt sie sich als

$$X_t = T_t + Z_t + \alpha_1 S_{1t} + \alpha_2 S_{2t} + \alpha_3 S_{3t} + \alpha_4 S_{4t} + \varepsilon_t$$

schreiben. Neben der Trendkomponente T_t und der zyklischen Komponente Z_t wird
die saisonale Komponente nunmehr durch $\hat{S}_t = \hat{\alpha}_1 S_{1t} + \hat{\alpha}_2 S_{2t} + \hat{\alpha}_3 S_{3t} + \hat{\alpha}_4 S_{4t}$ abgebildet.

Mittels der KQ-Schätzung ist es somit möglich, gleichzeitig Trendpolynom und
Saisonfigur für eine Zeitreihe zu schätzen. Dabei ist darauf zu achten, dass entweder das Trendpolynom keine Konstante enthält oder eine der vier Saisondummies
weggelassen wird,[19] da sich sonst exakte Multikollinearität ergibt.

Die Interpretation einer solchen Schätzung mit Saisondummies soll wiederum
am Beispiel des Produktionsindex aus Abbildung 10.1 dargestellt werden. Da es sich
in diesem Beispiel um Monatsdaten handelt, sind anstelle der vier Saisondummies
S_1, S_2, S_3 und S_4 zwölf analog konstruierte Größen für jeden einzelnen Monat notwendig. Abbildung 10.10 zeigt zunächst das Ergebnis der Schätzung eines linearen
Trends für den Produktionsindex, d.h. für das Modell

$$X_t = \beta_1 + \beta_2 t + \varepsilon_t,$$

wobei X_t den Produktionsindex bezeichne (im Schätzoutput IP).

Ersetzt man die Konstante β_1 im obigen Modell, die den um den Trendeffekt
bereinigten Mittelwert des Produktionsindex erfasst, durch zwölf Saisondummies,

---

[19] Alternativ können auch so genannte zentrierte Saisondummies eingesetzt werden, deren
Werte sich über ein Jahr hinweg zu null addieren.

Abb. 10.10. Schätzung eines linearen Trends des Produktionsindex (EViews 9)

```
Dependent Variable: IP              Method: Least Squares
Sample: 1991.1 2016.6           Included observations: 306
===============================================================
Variable      Coefficient   Std. Error   t-Statistic   Prob.
===============================================================
C                72.03992     0.856797     84.08046   0.0000
@TREND(1991.1) 0.132315      0.004862     27.21612   0.0000
===============================================================
R-squared            0.7090   Mean dependent var      92.218
Adjusted R-squared   0.7081   S.D. dependent var      13.903
S.E. of regression   7.5123   Akaike info criterion   6.8775
Sum squared resid   17156.1   Schwarz criterion       6.9018
Log likelihood     -1050.25   F-statistic             740.72
Durbin-Watson stat   1.2647   Prob(F-statistic)       0.0000
===============================================================
```

d.h. $\alpha_1 S_1 + \alpha_2 S_2 + \ldots + \alpha_{12} S_{12}$, so erhält man die in Abbildung 10.11 ausgewiesenen Resultate (die Terme @SEAS(1) usw. bezeichnen dabei die Saisondummies).

Der in beiden Varianten geschätzte Koeffizient für den linearen Trendterm ist nahezu identisch. In beiden Schätzungen wird der durchschnittliche monatliche Anstieg des Produktionsindex im betrachteten Zeitraum demnach auf ungefähr 0,132 Indexpunkte geschätzt. Während in der ersten Schätzung darüber hinaus nur ein konditionaler Mittelwert von $\hat{\beta}_1 = 72,04$ ausgewiesen wurde, liefert die zweite Schätzung für jeden Monat einen eigenen konditionalen Mittelwert. Der Koeffizient $\hat{\alpha}_1 = 64,55$ bedeutet demnach, dass der um die Trendeffekte bereinigte Mittelwert des Produktionsindex im Januar 64,55 Indexpunkte beträgt, während er im November mit $\hat{\alpha}_{11} = 78,00$ seinen höchsten Wert im Jahresablauf erreicht. Angesichts dieser deutlichen Unterschiede ist es nicht überraschend, dass das zweite Modell unter expliziter Einbeziehung der Saisonfigur auch einen deutlich höheren Erklärungsgehalt ($\bar{R}^2 = 0,83$) als das reine Trendmodell ($\bar{R}^2 = 0,71$) aufweist. Die ökonometrische Umsetzung der Saisonkomponente erlaubt es außerdem, entsprechende Tests anzuwenden. Beispielsweise kann mit einem F-Test die Nullhypothese getestet werden, dass die Koeffizienten für alle Saisondummies denselben Wert aufweisen ($\alpha_1 = \alpha_2 = \ldots = \alpha_{12}$), dass es also in Wirklichkeit keine saisonalen Effekte gibt. Diese Nullhypothese kann für das Beispiel zu allen gängigen Signifikanzniveaus klar verworfen werden.

Wie bereits angesprochen, kann dieser Ansatz auf Basis von Saisondummies auch direkt in einem ökonometrischen Modell umgesetzt werden. Dies soll am Beispiel der Konsumfunktion demonstriert werden (vgl. die in Abbildung 7.3 auf Seite 143 ausgewiesenen Ergebnisse für die nicht saisonbereinigten Daten). Dazu wird das ökonometrische Modell

$$C_t = \beta_1 + \beta_2 Y_t^v + \varepsilon_t$$

Abb. 10.11. Schätzung des Produktionsindex mit linearem Trend und Saisondummies (EViews 9)

```
Dependent Variable: IP              Method: Least Squares
Sample: 1991.1 2016.2               Included observations: 306
================================================================
Variable       Coefficient   Std. Error   t-Statistic   Prob.
================================================================
@TREND(1991.1) 0.131952       0.003711     35.55456      0.0000
@SEAS(1)       64.54943       1.254716     51.44546      0.0000
@SEAS(2)       67.83671       1.256367     53.99436      0.0000
@SEAS(3)       77.98938       1.258027     61.99343      0.0000
@SEAS(4)       71.51512       1.259695     56.77177      0.0000
@SEAS(5)       70.37547       1.261372     55.79278      0.0000
@SEAS(6)       75.26275       1.263058     59.58771      0.0000
@SEAS(7)       72.73113       1.274711     57.05696      0.0000
@SEAS(8)       64.68317       1.276336     50.67880      0.0000
@SEAS(9)       77.75122       1.277970     60.83963      0.0000
@SEAS(10)      77.35527       1.279612     60.45211      0.0000
@SEAS(11)      77.99932       1.281264     60.87687      0.0000
@SEAS(12)      67.29536       1.282923     52.45470      0.0000
================================================================
R-squared           0.8366   Mean dependent var     92.218
Adjusted R-squared  0.8299   S.D. dependent var     13.903
S.E. of regression  5.7336   Akaike info criterion  6.3721
Sum squared resid   9632.3   Schwarz criterion      6.5303
Log likelihood     -961.94   Durbin-Watson stat     0.8123
================================================================
```

um die Saisondummies erweitert, d.h. β_1 wird ersetzt durch $\alpha_1 S_1 + \alpha_2 S_2 + \alpha_3 S_3 + \alpha_4 S_4$. Die Schätzergebnisse für dieses Modell sind für die gesamtdeutschen Daten ab 1991.1 in Abbildung 10.12 ausgewiesen.

Für das erste Quartal (@SEAS(1)) weist die Schätzung einen im Vergleich zu den anderen Quartalen bei gegebenem Einkommen deutlich signifikant geringeren konditionalen Konsum aus, d.h. bei gleichem Einkommen wird ceteris paribus im ersten Quartal weniger konsumiert als in den drei anderen Quartalen, deren Koeffizienten sich deutlich weniger voneinander unterscheiden. Um im vierten Quartal (@SEAS(4)) trotz des im Vergleich zum dritten Quartal sogar geringfügig geringeren Koeffizienten dennoch einen "Weihnachtseffekt" erkennen zu können, ist eine genaue Interpretation des Koeffizienten notwendig. Es handelt sich dabei nicht um den mittleren Konsum im vierten Quartal (was schon angesichts des negativen Wertes schwer nachvollziehbar wäre), sondern um den mittleren Effekt im vierten Quartal, nachdem der Einfluss des verfügbaren Einkommens, d.h. $0{,}94 Y_t^v$, bereits berücksichtigt wurde. Im vierten Quartal wird jedoch aufgrund des noch in vie-

Abb. 10.12. Schätzergebnis für Konsumgleichung mit Saisondummies (EViews 9)

```
Dependent Variable: KONSUM          Method: Least Squares
Sample: 1991Q1 2016Q1          Included observations: 101
===========================================================
Variable  Coefficient   Std. Error   t-Statistic    Prob.
===========================================================
YVERF        0.935863     0.004491     208.3972     0.0000
@SEAS(1)   -25.56872      1.682768    -15.19444     0.0000
@SEAS(2)   -11.35098      1.655968     -6.854588    0.0173
@SEAS(3)    -8.043244     1.660068     -4.845128    0.2027
@SEAS(4)    -8.137563     1.705086     -4.772525    0.1604

===========================================================
R-squared             0.9978  Mean dependent var    320.53
Adjusted R-squared    0.9978  S.D. dependent var    52.113
S.E. of regression    2.4691  Akaike info criterion 4.6938
Sum squared resid     585.26  Schwarz criterion     4.8233
Log likelihood       -232.04  Durbin-Watson stat    0.8218
===========================================================
```

len Sektoren gezahlten Weihnachtsgeldes auch das verfügbare Einkommen besonders hoch sein. Wenn sich der Koeffizient für den zugehörigen Saisoneffekt nicht deutlich von dem für das dritte Quartal unterscheidet, bedeutet dies also, dass von dem zusätzlichen Einkommen offenbar ungefähr ein genauso großer Anteil in den Konsum fließt wie für alle anderen Einkommen. Konkret ergeben sich für das Jahr 2015 die folgenden Modellprognosen: Im dritten Quartal betrug das verfügbare Einkommen 453,67 Mrd. €, demnach ergibt sich als Prognose für den Konsum $\hat{C}_{2015.3} = 0,94 \cdot 453,67 - 8,04 = 418,41$ Mrd. €, während im vierten Quartal 2015 bei einem verfügbaren Einkommen von 459,95 Mrd. € ein Konsum im Wert von $\hat{C}_{2015.4} = 0,94 \cdot 459,95 - 8,14 = 424,21$ Mrd. € zu erwarten gewesen wäre.

Im oberen Teil von Abbildung 10.13 sind die Residuen der Schätzung mit Saisondummies für den Zeitraum ab 1991 ausgewiesen. Während das ursprüngliche Modell ohne Saisondummies (vgl. Abbildung 7.4 auf Seite 145) in den Residuen eine deutliche Saisonfigur mit Ausschlägen zwischen -10 und 10 Mrd. € erkennen ließ, ist diese in der Schätzung mit Saisondummies deutlich reduziert, d.h. es ist gelungen, nicht nur die Konsumfunktion zu schätzen, sondern gleichzeitig auch die Saisoneffekte zumindest in erheblichem Umfang angemessen abzubilden.

Die Grenzen dieses Ansatzes werden deutlich, wenn man die Residuen im unteren Teil der Abbildung betrachtet, die auf einer Schätzung desselben Modells für den Zeitraum ab 1960 basieren. Offensichtlich weisen diese Residuen nach wie vor eine nicht unerhebliche Saisonfigur auf. Bei genauerer Betrachtung wird deutlich, dass diese Saisonfigur nicht über den gesamten Zeitraum dieselbe Struktur aufweist. Diese Veränderung der saisonalen Komponente im Zeitablauf könnte beispielsweise der ab den 1960er Jahren erfolgten schrittweisen Einführung von Weihnachtsgeldzah-

Abb. 10.13. Residuen für Konsumfunktion mit Saisondummies

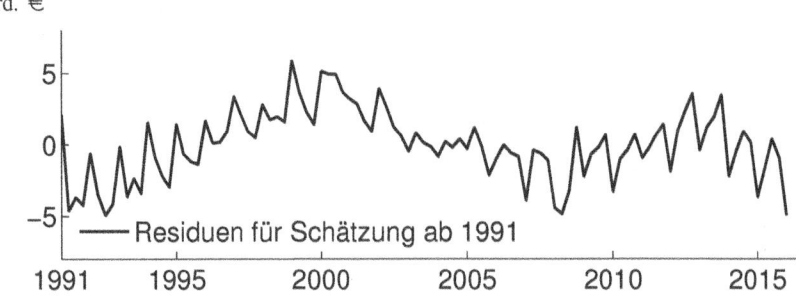

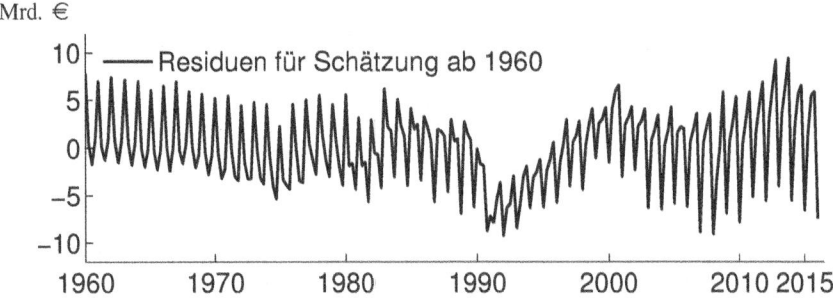

Quelle: Deutsches Institut für Wirtschaftsforschung VGR; Deutsche Bundesbank Zeitreihendatenbank; eigene Berechnungen.

lungen und der ab Ende der 1990er Jahre einsetzenden Reduktion oder Abschaffung
in einzelnen Sektoren geschuldet sein.

Festzuhalten bleibt daher, dass der Einsatz von Saisondummies zur Kontrolle
von Saisonfiguren in der ökonometrischen Schätzung nur dann erfolgreich sein wird,
wenn die Saisonfigur einem konstanten Muster folgt. Um diesen fixen Zusammenhang zu lockern, können die Saisondummies auch so eingesetzt werden, dass sie auf
die Koeffizienten anderer Variablen einwirken, indem sie z.B. die marginale Konsumneigung in einer Konsumfunktion beeinflussen. Dies geschieht über so genannte
Interaktionsterme.[20]

10.6 Risiken und Nebenwirkungen

Wie an den Beispielen in diesem Kapitel deutlich geworden ist, stellen die beschriebenen Methoden zur Trend- und Saisonbereinigung ein wertvolles Hilfsmittel dar,
um in Zeitreihen mittel- und langfristige Tendenzen erkennen zu können, die ansonsten insbesondere von saisonalen Effekten überdeckt sein könnten.

---

[20] Vgl. dazu Abschnitt 9.1.3.

Beim Einsatz dieser Verfahren ist allerdings besondere Vorsicht geboten, insbesondere wenn eine weitere statistisch-ökonometrische Analyse der Daten vorgenommen werden soll. Zunächst einmal ist festzuhalten, dass es sich bei der in Gleichung (10.1) beziehungsweise (10.2) dargestellten Komponentenzerlegung um eine reine Modellannahme handelt. Die dort vorgenommene mechanische Trennung ist insbesondere im Hinblick auf die Trend- und Konjunkturkomponenten theoretisch kaum zu begründen (Bamberg *et al.*, 2011, S. 67f). Fällt die konjunkturelle Entwicklung besonders positiv aus, wird daraus möglicherweise auch eine andere trendmäßige Entwicklung resultieren und umgekehrt. Dass die ebenfalls einigen Methoden zugrunde liegende Annahme einer konstanten Saisonfigur für längere Zeiträume nicht gültig sein muss, wurde bereits im vorangegangenen Abschnitt thematisiert.

Saisonbereinigte Zahlen werden oft benutzt, um die Entwicklung wichtiger Indikatoren am aktuellen Rand, d.h. für die jeweils letzten vorliegenden Beobachtungen zu interpretieren. Gerade in diesem Bereich erweisen sich jedoch einige Saisonbereinigungsverfahren als besonders sensibel. Schon eine weitere hinzukommende Beobachtung kann zu einer deutlich geänderten Schätzung der Saisonkomponente und damit natürlich auch der zyklischen beziehungsweise trendmäßigen Entwicklung führen. In Abbildung 10.14 wird dieses Problem am Beispiel des HP-Filters demonstriert.

Als Beispielzeitraum wurde die Phase vor und nach der Lehmann-Pleite herangezogen, weil der Effekt in diesem Zeitraum besonders markant zu Tage tritt. Allerdings findet er sich – quantitativ abgeschwächt – auch für viele andere Zeiträume und andere ökonomische Größen. Für den Produktionsindex wurde die HP-Trendkomponente dafür auf Basis unterschiedlicher Stützperioden wiederholt berechnet. Im oberen Teil der Abbildung sind schwarz jeweils die geschätzten Werte des HP-Trends für Februar 2008 und grau für Februar 2006 ausgewiesen. Die Zeitangaben auf der x-Achse geben das Ende der zugrunde liegenden Schätzperiode an, d.h. die ersten Werte basieren auf den Daten für Januar 1991 bis Februar 2008 (1991.01 – 2008.02) und die letzten Werte auf den Daten für Januar 1991 bis Februar 2010 (1991.01 – 2010.02).

Die Abbildung zeigt deutlich, dass zwar die Trendkomponente für Februar 2006 relativ wenig durch die Hinzunahme weiterer Beobachtungen nach Februar 2008 beeinflusst wird, die Trendkomponente für Februar 2008 aber zumindest bis ins Jahr 2009 sukzessiv mit jeder neu hinzugenommenen Beobachtung immer tiefer eingeschätzt wird. Im unteren Teil der Abbildung sind die sich ergebenden Trendabweichungen ausgewiesen, d.h. die Abweichung der tatsächlichen Industrieproduktion im Februar 2006 beziehungsweise 2008 von den unterstellten Trends. Auch hier zeigt sich für die Schätzung für das zweite Quartal 2008 deutlich, dass sich durch die Hinzunahme weiterer Beobachtungen erhebliche Revisionen ergeben.[21] Mit anderen Worten wäre die aktuelle Konjunktureinschätzung im Februar 2008 auf Basis des HP-Filters eine andere gewesen als die, die sich im Februar 2009 oder 2010 rückblickend für denselben Zeitraum ergab. Diese Eigenschaft ist für Analysen am aktuellen Rand einer Zeitreihe aus nachvollziehbaren Gründen unerwünscht.

---

[21] Zu Revisionen bei saisonbereinigten Werten siehe auch Meinke (2015, p. 13).

Abb. 10.14. Endpunktproblem beim HP-Filter

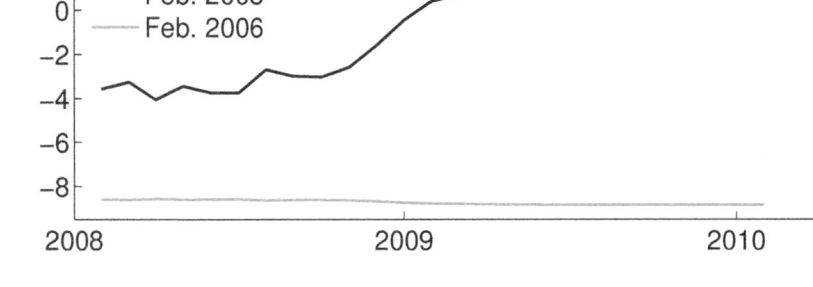

Quelle: Deutsche Bundesbank; Zeitreihen-Datenbank; Zeitreihe `uxna01`; eigene Berechnungen.

Eine weitere mögliche Komplikation entsteht beim Umgang mit Kettenindizes.[22]
Werden derartige Kettenindizes saisonbereinigt, so führt dies zu einer Vermischung
von Mengen- und Preiseffekten (Tödter, 2005, S. 21). Dies ist für die Interpretation
der Veränderungen derartiger Reihen zu beachten. Außerdem werden bei der Berechnung von Veränderungen gegenüber der Vorperiode in diesem Fall saisonale Effekte
gewissermaßen "durch die Hintertür" wieder eingeführt (Tödter, 2005, S. 22).

Gravierender als alle bislang angesprochenen Probleme im Umgang mit trend-
und saisonbereinigten Daten ist jedoch der Einsatz derartiger Reihen in einer weiterführenden ökonometrischen Analyse. Im linearen Regressionsmodell wird davon
ausgegangen, dass die Zeitreihen als Realisationen eines stochastischen Prozesses
vorliegen. Wurden die Daten jedoch zunächst einer Trend- und/oder Saisonbereinigung unterzogen, handelt es sich nicht mehr um Ursprungsdaten. Damit gelten die
üblichen Verteilungsannahmen beispielsweise im Hinblick auf t- oder F-Tests nicht
mehr. Werden dennoch die üblichen kritischen Werte angewandt, besteht die Gefahr
einer so genannten Scheinregression. Die geschätzten Werte einer t-Statistik würden,

---

[22] Vgl. Seite 42.

falls die üblichen Annahmen gültig wären, auf einen signifikanten Zusammenhang hindeuten, der in Wirklichkeit jedoch nicht vorhanden ist. Meyer und Winker (2005) haben dieses Problem am Beispiel des HP-Filters untersucht und zum Teil erhebliche Effekte gefunden. Insbesondere Modelle, in denen HP-Trendkomponenten auf andere HP-Trendkomponenten regressiert werden, resultieren viel zu oft in scheinbar signifikanten Koeffizienten, selbst wenn kein realer Zusammenhang vorliegt. Da die Ursachen für diese Probleme auch anderen Saisonbereinigungsverfahren inhärent sind,[23] ist von der ökonometrischen Arbeit mit saisonbereinigten Daten grundsätzlich abzuraten. Als Alternative bietet sich das in Abschnitt 10.5.4 geschilderte Verfahren mit Saisondummies an, sofern von einer über den betrachteten Zeitraum hinweg weitgehend konstanten Saisonstruktur ausgegangen werden kann.

10.7 Literaturauswahl

Die Beschreibung von Zeitreihen durch das klassische Komponentenmodell, die Bestimmung von Trends und die Analyse zyklischer Schwankungen sind Gegenstand von Schlittgen und Streitberg (2001), Kapitel 1, und Bamberg *et al.* (2011), Kapitel 6.

Eine zusammenfassende Darstellung einiger in diesem Kapitel behandelter Problemfelder findet sich auch in Hujer und Cremer (1978), Kapitel III, 2, und Moosmüller (2004), Kapitel 1.4.

Zur Spektralanalyse liefern Bamberg *et al.* (2011, S. 206ff) eine knappe Beschreibung der grundlegenden Idee und Stier (2001), Kapitel XIV, eine ausführlichere Darstellung.

Eine umfangreiche Darstellung des Berliner Verfahrens kann bei Speth (2004) gefunden werden. Die Software des Statistischen Bundesamtes zur Saisonbereinigung mit dem Berliner Verfahren (BV 4.1) kann für nicht gewerbliche Zwecke kostenfrei unter `https://www.destatis.de/DE/Methoden/Zeitreihen/SoftwareZeitreihenanalyse.html` bezogen werden.

---

[23] Insbesondere sollten nie gleitende Durchschnitte aufeinander regressiert werden. Auch beim Schätzen mit Jahreswachstumsraten in höherer Frequenz – also auf Quartals- oder Monatsbasis – muss davon ausgegangen werden, dass t- und F-Statistiken nicht mehr den entsprechenden Verteilungen folgen. Ein Vergleich mit den üblichen kritischen Werten ist in diesen Fällen also nicht mehr zulässig. Ghysels *et al.* (1996) kommen für das X-11 Verfahren zu ähnlichen Schlussfolgerungen.

11

Dynamische Modelle

In den vorangegangenen Kapiteln wurde bereits mehrfach auf die Bedeutung intertemporaler Zusammenhänge für die ökonometrische Modellierung eingegangen. Ziel der Ausführungen in diesem Kapitel soll es nunmehr sein, einige Möglichkeiten darzustellen, um derartige dynamische Aspekte explizit in die Modellierung aufnehmen und schätzen zu können.

Ökonomische Fragestellungen, die auf dynamische Modelle hinführen, sind eher die Regel als die Ausnahme. So sind auch in der Konsumfunktion zwei Grundlinien einer Abhängigkeit über die Zeit angelegt. Einmal können die Werte von erklärenden Variablen auch aus den Vorperioden in die Analyse einbezogen werden. Im Fall des Konsums kann das verfügbare Einkommen der Vorperiode eine ökonomische Bedeutung haben, wenn die Konsumentscheidung nicht allein aufgrund des aktuell verfügbaren Einkommens, sondern in Abhängigkeit von einer permanenten Einkommensgröße getroffen wird. Einen anderen ökonomischen Gehalt hat die Einbeziehung der Werte der zu erklärenden Variablen aus den Vorperioden. In der Konsumfunktion kann der Konsum der Vorperiode eine Rolle spielen, wenn von einer trägen Anpassung der Verhaltensweisen an geänderte Rahmenbedingungen ausgegangen werden muss. Diese Trägheit kann auf das Verhalten einzelner Individuen zurückgeführt werden oder aber auch auf langfristigen Verträgen basieren, im Beispiel der Konsumfunktion etwa auf Mietverträgen.

Allgemein lassen sich vier Argumente nennen, die eine dynamische Modellierung sinnvoll oder notwendig erscheinen lassen.

Das erste bereits genannte Argument besteht darin, dass nicht die aktuelle Größe einer Variablen relevant für eine Entscheidung ist, sondern deren Entwicklung im Zeitablauf. Das zweite schon eingeführte Argument von Trägheiten der Anpassung lässt sich ohne weiteres auch auf andere Fragestellungen, beispielsweise die Entwicklung der Tariflöhne in Abhängigkeit von der Preis- und Produktivitätsentwicklung, übertragen. Die Anpassung der Tariflöhne kann aufgrund der festgelegten Laufzeiten nur langsam erfolgen. Eine andere Möglichkeit, um eine träge Anpassung ökonomisch zu motivieren, stellen Anpassungskosten dar. Diese treten zum Beispiel bei der Einrichtung neuer Maschinen, der Umschichtung von Finanzportfolios oder einem Arbeitsplatzwechsel auf. Ein drittes Argument betrifft Modelle, in denen nicht die tatsächliche Realisierung einer Größe wesentlich ist, sondern die Erwartungen über ihre zukünftige Entwicklung. Eine Investitionsentscheidung wird etwa weniger von der gegenwärtigen Absatzlage als von den zukünftigen Absatzerwartungen bestimmt sein. Das Modell adaptiver Erwartungen unterstellt beispielsweise, dass die Erwartungsbildung vor allem auf der Beobachtung der Veränderungen in der Vergangenheit basiert. Das vierte Argument dafür, dass der Wert einer zu erklärenden Variablen unter anderem auch von ihrem eigenen Wert in der Vorperiode abhängen kann, ist verbunden mit Begriffen wie Persistenz oder Hysterese. Ein typisches Beispiel hierfür stellt die Arbeitslosigkeit dar. Wenn davon ausgegangen wird, dass im Zustand der Arbeitslosigkeit früher erworbene Qualifikationen langsam verloren gehen, diese aber gleichzeitig entscheidend für eine Wiedereinstellung sind, muss davon ausgegangen werden, dass Arbeitslosigkeit in der Vergangenheit das Risiko in der Gegenwart erhöht. Alle vier genannten Aspekte werden eine umso größere Rolle spielen, je kürzer die zugrunde gelegten Zeitperioden sind, d.h. gerade für Quartals- oder Monatsdaten wird es besonders wichtig, derartige Anpassungsvorgänge in der Modellierung zu berücksichtigen.

Die aufgeführten Aspekte finden sich einzeln oder zusammen auch in einer Vielzahl anderer ökonomischer Ansätze und Fragestellungen. Die Abbildung in einem ökonometrischen Modell kann durch einfache Erweiterungen des statischen linearen Regressionsmodells erreicht werden. Ausgehend von dem in Kapitel 7 diskutierten Modell

$$Y_t = \beta_0 + \beta_1 X_t + \varepsilon_t$$

genügt es, verzögerte Werte der erklärenden Variablen, also etwa X_{t-1}, X_{t-2}, usw., oder verzögerte Werte der zu erklärenden Variablen Y_{t-1}, Y_{t-2}, usw. in die Liste der Regressoren aufzunehmen. Der allgemeine Prototyp eines dynamischen Modells ist dann durch

$$Y_t = \beta_0 + \beta_1 X_t + \beta_2 X_{t-1} + \ldots + \gamma_1 Y_{t-1} + \gamma_2 Y_{t-2} + \ldots + \varepsilon_t \qquad (11.1)$$

gegeben. Für den Fall, dass für X_t die verzögerten Werte bis X_{t-p} und für Y_t bis Y_{t-q} berücksichtigt werden, wird dieses Modell auch als ADL(p,q)-Modell bezeichnet, wobei ADL für "autoregressive distributed lag" steht (Hassler und Wolters, 2006, S. 60).

11.1 Verteilte Verzögerungen

Beschränken wir uns zunächst einmal auf den Fall, in dem nur verzögerte Werte der erklärenden Variablen berücksichtigt werden. Sind die Bedingungen an das lineare Regressionsmodell erfüllt, kann das resultierende Modell mit Einfluss aller verzögerten Werte

$$Y_t = \beta_0 + \sum_{k=1}^{\infty} \beta_k X_{t-k+1} + \varepsilon_t$$

formuliert werden. Aus einem derartigen Modell könnten unmittelbar die kurzfristigen Auswirkungen einer Veränderung der erklärenden Variablen abgelesen werden.

Eine Veränderung von X_{t-4}, d.h. bei Quartalsdaten vor einem Jahr, um eine Einheit beispielsweise hätte einen Effekt auf die abhängige Variable Y_t heute von β_5. Die Summe von $\beta_1, \beta_2, \beta_3, \beta_4$ und β_5 würde den Einfluss einer dauerhaften Veränderung von X um eine Einheit widerspiegeln, die vor mindestens vier Perioden eingesetzt hat. Diese sukzessive Anpassung motiviert die Bezeichnung "verteilte Verzögerungen", da der Effekt einer dauerhaften Veränderung der Einflussgrößen mit den durch die β_k gewichteten Verzögerungen wirksam wird. Die β_k werden daher auch als dynamische Multiplikatoren oder Reaktionskoeffizienten bezeichnet (Wolters, 2004, S. 49).

Allerdings ist das Modell in der vorgestellten allgemeinen Form nicht praktikabel, da für ein hinreichend großes k keine Beobachtungen mehr für X_{t-k} verfügbar sind und damit auch die Schätzung einer unbegrenzten Anzahl von Parametern unmöglich ist. Deswegen muss in diesem allgemeinen Ansatz die Anzahl der tatsächlich in die Schätzung einbezogenen Verzögerungen begrenzt werden. In einigen Fällen kann aus dem untersuchten ökonomischen Modell der Schluss gezogen werden, dass nur eine geringe Anzahl von Verzögerungen p einen relevanten Einfluss auf die abhängige Größe haben kann. In diesem Fall können die Parameter des Modells, d.h. $\beta_0, \ldots, \beta_p$, mit der üblichen KQ-Schätzung bestimmt werden. Jede zusätzlich einbezogene Verzögerung verringert die Zahl der Freiheitsgrade in der Schätzung aus zwei Gründen. Einmal müssen zusätzliche Parameter geschätzt werden, und zum anderen gehen zu Beginn des Schätzzeitraums Beobachtungen verloren. Insbesondere wenn die Matrix der Regressoren $\mathbf{X}_t$ bereits mehrere unterschiedliche erklärende Variablen umfasst, wird das Problem ungenauer Schätzer wegen zunehmender Kollinearität schon relevant, wenn die maximale Verzögerung p relativ klein gewählt wurde. Mit anderen Worten kann das allgemeine dynamische Modell nur dann direkt geschätzt werden, wenn davon ausgegangen werden kann, dass nur eine geringe Zahl von verzögerten Termen berücksichtigt werden muss.

Dem Ziel, eine möglichst gute Abwägung zwischen dem zusätzlichen Erklärungsgehalt weiterer verzögerter Terme und der steigenden Kollinearitätsproblematik zu erzielen,[1] dient der Einsatz von Informationskriterien. Die am häufigsten verwendeten derartigen Kriterien sind die von Akaike (1969) (AIC), Schwarz (1978) (SIC oder BIC) und Hannan und Quinn (1979) (HQ) vorgeschlagenen. In allen Kriterien taucht als erster Term die Varianz der geschätzten Residuen ($\hat{\sigma}^2$) auf, die möglichst klein werden soll. Dies entspricht, wie in Abschnitt 7.3.2 dargestellt wurde, einem hohen Erklärungsgehalt des Modells. Da dieser jedoch mit zunehmender Zahl von erklärenden Variablen K bei konstanter Stichprobengröße T auf jeden Fall zunehmen muss, wird ein Korrekturfaktor für die Anzahl der erklärenden Variablen einbezogen. Dieser dient als "Strafterm", indem er mit steigender Anzahl erklärender Variablen den Wert des Informationskriteriums erhöht. Die Informationskriterien berechnen sich demnach wie folgt:

---

[1] Zum Problem der Multikollinearität vgl. Abschnitt 8.1.

$$AIC(K) = \ln \hat{\sigma}^2 + \frac{2K}{T} \qquad (11.2)$$

$$BIC(K) = \ln \hat{\sigma}^2 + \frac{K \ln T}{T} \qquad (11.3)$$

$$HQ(K) = \ln \hat{\sigma}^2 + \frac{2Kc \ln(\ln T)}{T}, \qquad (11.4)$$

wobei $c > 1$ eine Konstante ist.[2] Dieses Vorgehen weist eine gewisse Ähnlichkeit mit der Bestimmung des korrigierten Bestimmtheitsmaßes $\bar{R}^2$ auf. Allerdings kann für die Kriterien von Schwarz und Hannan und Quinn gezeigt werden, dass die Minimierung dieser Zielfunktion bei wachsender Zahl von Beobachtungen zur Identifikation des "wahren" Modells führt (Sin und White, 1996). Diese Kriterien sind also asymptotisch konsistent, während das Akaike-Kriterium für große Stichproben dazu tendiert, mehr als die benötigten Variablen in das Modell aufzunehmen. Umgekehrt steigt beim BIC- und HQ-Kriterium das Risiko, relevante Variablen auszuschließen, wenn die Stichproben klein sind. Bei eher kleinen Stichproben kann es daher von Vorteil sein, das etwas großzügigere Kriterium von Akaike zu benutzen, da eine Verzerrung durch eine fehlende wichtige Variable problematischer ist als der Verlust an Effizienz der Schätzung, der aus der Einbeziehung irrelevanter Variablen resultiert.

Die praktische Umsetzung auf Basis eines ausgewählten Informationskriteriums sieht so aus, dass zunächst eine Obergrenze p für die Laglänge festgelegt werden muss. Dann werden die Modelle mit $K = 0, \ldots, p$ verzögerten Werten geschätzt und jeweils der Wert des Informationskriteriums berechnet. Ausgewählt wird die Spezifikation, d.h. der Wert von K, für den das Informationskriterium seinen minimalen Wert erreicht.

11.1.1 Geometrische Verzögerungsstruktur

Liefert die ökonomische Theorie keine hinreichende Rechtfertigung dafür, nur eine geringe Anzahl von Verzögerungen in die Schätzung einzubeziehen, können zusätzliche Anforderungen an die einzelnen Koeffizienten β_k gestellt werden, um eine Verringerung der Anzahl der tatsächlich zu bestimmenden Parameter zu erreichen.

Eine erste Möglichkeit, die Koeffizienten β_k zu restringieren, besteht darin, einen mit der Länge der Verzögerung geometrisch abnehmenden Einfluss der erklärenden Variablen zu unterstellen. Dieser Ansatz wird in der Literatur auch unter der Bezeichnung Koyck-Verfahren geführt, benannt nach einer frühen Anwendung in der Modellierung der Investitionsentscheidung. In diesem Fall sind für ein gegebenes $\beta = \beta_1$ die Parameter für die um k Perioden verzögerten Werte durch $\beta_k = \beta \omega^{k-1}$ für einen positiven Gewichtungsfaktor $\omega < 1$ definiert.

Der langfristige Effekt einer dauerhaften Veränderung ΔX in einer erklärenden Variablen beträgt in diesem Fall

$$\sum_{k=1}^{\infty} \beta_k \Delta X = \sum_{k=1}^{\infty} \beta \omega^{k-1} \Delta X = \frac{1}{1 - \omega} \beta \Delta X.$$

---

[2] In vielen Anwendungen wird $c = 1$ gesetzt, so auch in EViews 9.

Die Gewichte jeder einzelnen Verzögerung erhält man, indem man die Koeffizienten durch diese Summe teilt. Damit lässt sich auch die mittlere Verzögerung berechnen:

$$\frac{\sum_{k=1}^{\infty}(k-1)\beta_k}{\sum_{k=1}^{\infty}\beta_k} = \frac{\beta\sum_{k=1}^{\infty}(k-1)\omega^{k-1}}{\beta\sum_{k=1}^{\infty}\omega^{k-1}} = \frac{\omega}{1-\omega} \ . \tag{11.5}$$

Der Term $(k-1)$ in der Summe im Zähler des ersten Quotienten steht dabei für die Verzögerung, mit der β_k auf den aktuellen Wert einwirkt.

Obwohl die unendliche Anzahl von Parametern dagegen zu sprechen scheint, ist die Schätzung eines solchen Modells mit der KQ-Methode möglich. Dazu betrachtet man das ökonometrische Modell für Periode t,

$$Y_t = \beta_0 + \beta(X_t + \omega X_{t-1} + \omega^2 X_{t-2} + \ldots) + \varepsilon_t \ , \tag{11.6}$$

und dasjenige für Periode $t-1$,

$$Y_{t-1} = \beta_0 + \beta(X_{t-1} + \omega X_{t-2} + \omega^2 X_{t-3} + \ldots) + \varepsilon_{t-1} \ . \tag{11.7}$$

Durch Subtraktion des ω-fachen der Gleichung (11.7) von Gleichung (11.6) erhält man

$$Y_t - \omega Y_{t-1} = \beta_0(1-\omega) + \beta X_t + v_t \ ,$$

wobei $v_t = \varepsilon_t - \omega\varepsilon_{t-1}$ ist. Durch die Schätzung von

$$Y_t = \beta_0(1-\omega) + \omega Y_{t-1} + \beta X_t + v_t \tag{11.8}$$

können somit die Parameter β und ω ermittelt werden. Wenn für das ursprüngliche Modell (11.6) wie üblich identisch unabhängig normalverteilte Störgrößen angenommen werden, folgt, dass die Fehlerterme $v_t = \varepsilon_t - \omega\varepsilon_{t-1}$ der Schätzgleichung (11.8) autokorreliert sind. Darauf ist bei der Überprüfung der Schätzung also besonderes Augenmerk zu legen.[3]

Ein ökonomisches Modell, aus dem sich unmittelbar eine solche geometrische Verzögerungsstruktur ableiten lässt, stellt die adaptive Erwartungsbildung dar. Die zu erklärende Größe Y_t hängt dabei von erwarteten Werten für die erklärende Variable X_t ab, die mit X_t^e bezeichnet werden. Das Regressionsmodell lautet also

$$Y_t = \beta_1 + \beta_2 X_t^e + \varepsilon_t \ .$$

Ein typisches derartiges Beispiel stellen die Investitionen eines Unternehmens oder einer Volkswirtschaft dar, die von der erwarteten Güternachfrage und den erwarteten Kapitalnutzungskosten abhängen. Erwartungsgrößen lassen sich in der Regel nicht direkt beobachten.[4] Sie können jedoch explizit durch ein Modell abgebildet werden. Ein derartiges Modell ist durch die Annahme adaptiver Erwartungen gegeben. Dabei

---

[3] Auch bei Vorliegen von Autokorrelation können durch geeignete Verfahren konsistente Schätzer erhalten werden. Siehe dazu beispielsweise Wolters (2004, S. 79f).

[4] Eine Ausnahme stellen Erwartungsgrößen dar, die in Umfragedaten wie dem ifo Konjunkturtest enthalten sind.

wird unterstellt, dass die Erwartungen für eine erklärende Größe X_t^e auf Grundlage der Erwartungsfehler der Vergangenheit angepasst werden, d.h.

$$X_t^e = X_{t-1}^e + \Theta(X_{t-1} - X_{t-1}^e) \, . \tag{11.9}$$

Der Parameter Θ ist dabei das Gewicht, mit dem die Erwartungsfehler der Vergangenheit bewertet werden. Durch Umformung erhält man aus (11.9)

$$X_t^e = \Theta X_{t-1} + (1 - \Theta)X_{t-1}^e$$

und daraus durch sukzessives Einsetzen

$$X_t^e = \Theta \sum_{k=1}^{\infty} (1 - \Theta)^{k-1} X_{t-k} \, ,$$

also genau den oben beschriebenen mit geometrischer Rate $(1 - \Theta)$ abnehmenden Einfluss der verzögerten Beobachtungen.

An dieser Stelle ist anzumerken, dass das Konzept adaptiver Erwartungen nur eine von vielen Möglichkeiten darstellt, den Prozess der Bildung von Erwartungen im Modell darzustellen. Es wurde hier als Beispiel aufgegriffen, da es weit verbreitet ist und unmittelbar zu einer dynamischen Modellspezifikation führt. Kritisch anzumerken ist hinsichtlich des Modells der adaptiven Erwartungsbildung, dass es eine sehr beschränkte Rationalität unterstellt. Insbesondere wird impliziert, dass aus Erwartungsfehlern der Vergangenheit nicht gelernt wird. Insofern sollten adaptive Erwartungen eher als empirische Approximation an komplexere Erwartungsbildungsmechanismen betrachtet werden.

11.1.2 Polynomiale Verzögerungsstruktur

Die durch die geometrische Folge auferlegte rigide Struktur der zeitlichen Anpassung ist nicht für jede Fragestellung sinnvoll. Insbesondere bei Quartals- und Monatsdaten beobachtet man häufig einen großen Einfluss der um ein Jahr verzögerten Werte, während andere Verzögerungen geringere Auswirkungen aufweisen. Derartige Muster können aus längerfristigen Verträgen mit ganzjähriger Laufzeit, jährlichen Zins- und Dividendenzahlungen, Versicherungsprämien etc. resultieren. In solchen Fällen beschränkt man sich auf die Annahme, dass der Verlauf der Effekte über die Zeit, der durch die β_k abgebildet wird, durch eine glatte Funktion approximiert werden kann. Ein vergleichsweise einfacher Ansatz zur Beschreibung glatter Anpassungsstrukturen ist durch Modelle mit polynomialen Gewichten gegeben. Die Idee, polynomiale Gewichte einzusetzen, geht auf Almon (1965) zurück. Daher werden sie häufig auch als Almon-Verzögerungen bezeichnet.

Das Modell lautet in diesem Fall

$$Y_t = \beta_0 + \omega_0 X_t + \omega_1 X_{t-1} + \ldots + \omega_p X_{t-p} + \varepsilon_t \, ,$$

wobei die Parameter ω_k für X_{t-k} auf einem Polynom r-ten Grades liegen sollen.

Es soll also

$$\omega_k = c_0 + c_1 k + c_2 k^2 + \ldots + c_r k^r \quad \text{für} \quad k = 0, \ldots, p \qquad (11.10)$$

gelten. Durch Einsetzen dieser Bedingungen für ω_k ergibt sich ein Modell, das mit der KQ-Methode geschätzt werden kann. Der Vorteil dieses Vorgehens besteht darin, dass relativ allgemeine Verläufe der Verzögerungsstruktur mit einer geringen Anzahl von Parametern abgebildet werden können, da r lediglich kleiner als p sein muss und in den meisten Anwendungen auch deutlich kleiner ist. So werden in praktischen Anwendungen selten Polynome mit einem Grad größer als fünf eingesetzt. An das durch die Parameter c_j, $j = 0, \ldots, r$, definierte Polynom können noch zusätzliche Anforderungen gestellt werden, etwa dass es für $k = p + 1$ den Wert null annimmt oder dass es einen monoton fallenden Verlauf aufweist.

11.1.3 Ein Anwendungsbeispiel

Bereits zu Beginn des Kapitels wurde argumentiert, dass bei der Modellierung der aggregierten Konsumfunktion dynamische Aspekte eine Rolle spielen könnten, da nicht nur das aktuelle Einkommen, sondern auch das Einkommen in vergangenen Perioden einen Einfluss auf die Konsumausgaben haben dürfte. Um diese Effekte im Modell abzubilden, kann zunächst ein Modell mit beliebig langer Verzögerung unter der starken Restriktion geometrisch abnehmenden Einflusses geschätzt werden. Wie in Abschnitt 11.1.1 gezeigt wurde, erhält man durch diese Restriktion aus dem allgemeinen dynamischen Ansatz das Modell

$$C_t = \beta_0 (1 - \omega) + \omega C_{t-1} + \beta Y_t^v + \nu_t .$$

Die langfristige marginale Konsumneigung aus verfügbarem Einkommen entspricht in diesem Fall dem Langfristeffekt des geometrischen Modells, der gleich $\beta/(1 - \omega)$ ist. Mit den bereits in Abschnitt 7.2 benutzten Daten ergibt sich unter Einbeziehung von Saisondummies (vgl. Abschnitt 10.5.4) das in Abbildung 11.1 reproduzierte Ergebnis, wobei KONSUM(-1) den Konsum der Vorperiode, d.h. in $t - 1$, bezeichnet. Durch die Einbeziehung dieses Terms verringert sich die Anzahl der verwertbaren Beobachtungen, da für die erste Periode der statischen Schätzung, d.h. für das erste Quartal 1960, der Wert von KONSUM in der Vorperiode nicht bekannt ist. Dieses Phänomen kann – wie bereits erwähnt – in Fällen, in denen eine große Zahl verzögerter Werte berücksichtigt werden soll und andererseits nur eine kleine Zahl von Beobachtungen verfügbar ist, die Qualität der Schätzung beeinträchtigen.

Der KQ-Schätzer für ω ist ungefähr gleich 0,340, der für β ungefähr gleich 0,597. Die langfristige marginale Konsumneigung ist somit gleich $0,597/(1 - 0,340) = 0,905$ und entspricht damit nahezu exakt dem Schätzergebnis der statischen Spezifikation in Abbildung 7.3, das eine marginale Konsumneigung von 0,903 ausweist. Da die Residuen der Schätzung in beiden Fällen noch Autokorrelation aufweisen,[5] kann diese Abweichung aus den dadurch bedingten Verzerrungen resultie-

---

[5] Die Durbin-Watson-Statistik ist für das dynamische Modell nicht verwertbar und aufgrund hier nicht ausgewiesener Werte der Q-Statistik muss die Nullhypothese keiner Autokorrelation bis zur Ordnung 8 zum 5%-Niveau verworfen werden.

Abb. 11.1. Koyck-Spezifikation der Konsumgleichung (EViews 9)

```
Dependent Variable: KONSUM          Method: Least Squares
Sample: 1960Q2 2016Q1               Included observations: 224
=================================================================
Variable   Coefficient   Std. Error   t-Statistic    Prob.
=================================================================
KONSUM(-1)   0.339909     0.041190     8.252170      0.0000
YVERF        0.597487     0.037132    16.09087       0.0000
@SEAS(1)    -9.715872     0.624646   -15.55420       0.0000
@SEAS(2)     2.370044     0.648959     3.652069      0.0003
@SEAS(3)     1.574999     0.590875     2.665536      0.0083
@SEAS(4)     2.885777     0.698772     4.129785      0.0001
-----------------------------------------------------------------
R-squared             0.9992   Mean dependent var     189.24
Adjusted R-squared    0.9992   S.D. dependent var     128.67
S.E. of regression    3.5756   Akaike info criterion  5.4126
Sum squared resid     2787.1   Schwarz criterion      5.5040
Log likelihood      -600.21    Hannan-Quinn criter.   5.4495
Durbin-Watson stat   2.3088
=================================================================
```

ren. Ansonsten wäre sie ein Hinweis darauf, dass die marginale Konsumneigung in der statischen Version (geringfügig) unterschätzt wird, weil die Anpassungsprozesse nicht berücksichtigt werden. Da der Konsum der Vorperiode einen signifikanten Einfluss aufweist, stellt die statische Version eine Fehlspezifikation durch Weglassen einer wichtigen Variable dar.[6]

Aus dem geschätzten $\hat{\omega}$ kann zusammen mit $\hat{\beta}$ der Einfluss der ersten k verzögerten Beobachtungen berechnet werden ($\hat{\beta}_k = \hat{\beta}\hat{\omega}^{k-1}$). Das Ergebnis ist in der folgenden Tabelle dargestellt, wobei k die Verzögerung und β_k den Einfluss einer Veränderung des verfügbaren Einkommens in Periode $t - k$ bezeichnet:

k	0	1	2	3	4	5
β_k	0,597	0,203	0,069	0,023	0,008	0,003
$\sum_{i=0}^{k} \beta_i$	0,597	0,801	0,870	0,893	0,901	0,904

Demnach findet mehr als die Hälfte der Anpassung schon im laufenden Quartal statt. Nach fünf Quartalen sind bereits 90,4% der langfristigen Effekte wirksam. Die mittlere Verzögerung beträgt nach Gleichung (11.5) nur gut 0,5 Quartale. Die Spezifikation einer geometrischen Verzögerungsstruktur impliziert somit eine sehr schnelle Anpassung des privaten Verbrauchs an die Entwicklung des verfügbaren Einkommens.

---

[6] Die Tatsache, dass die Schätzung des Langfristparameters trotzdem kaum verzerrt erscheint, kann auf das in Abschnitt 12.3 angesprochene Phänomen der Kointegration zurückgeführt werden.

Inwieweit dieses Ergebnis der restriktiven dynamischen Struktur des Koyck-Modells geschuldet ist, kann durch einen Vergleich mit den Ergebnissen der variableren Abbildung durch ein Modell mit polynomialer Verzögerungsstruktur geklärt werden. Abbildungen 11.2 zeigt die Ergebnisse der Schätzung für ein Polynom zweiten Grades und neun verzögerte Werte des verfügbaren Einkommens (YVERF).[7] Es werden dabei die interessierenden Koeffizienten ω_k ausgewiesen (Pindyck und Rubinfeld, 1998, S. 235f).

Abb. 11.2. Almon-Spezifikation der Konsumgleichung (Polynom 2. Grades, 9 Lags) (EViews 9)

```
Dependent Variable: KONSUM          Method: Least Squares
Sample: 1962Q2 2016Q1               Included observations: 216
================================================================
Lag Distribution of
YVERF                 i  Coefficient Std.Error t-Statistic
================================================================
         . *| 0     0.44576     0.02059     21.6490
      .    *    |  1     0.28133     0.00858     32.7763
      .   *     |  2     0.14899     0.00520     28.6611
     . *        |  3     0.04872     0.00994      4.90300
    *.          |  4    -0.01947     0.01286     -1.51369
   * .          |  5    -0.05557     0.01286     -4.32248
   * .          |  6    -0.05960     0.00993     -6.00087
   *.           |  7    -0.03155     0.00523     -6.02883
    .*          |  8     0.02858     0.00868      3.29359
      .   *     |  9     0.12079     0.02069      5.83915
================================================================
          Sum of Lags  0.90797     0.00172    527.054
================================================================
```

Da für die Schätzung bis zu neun verzögerte Werte von YVERF benötigt werden, können nur Beobachtungen ab dem zweiten Quartal 1962 eingesetzt werden. Die hier nicht ausgewiesenen Ergebnisse für die geschätzten Koeffizienten in der Polynomgleichung (11.10) zeigen, dass mit Ausnahme der Konstanten c_0 alle Parameter c_j des Polynoms zweiten Grades in Abbildung 11.2 zum 5%-Niveau signifikant von null verschieden sind. Die daraus gemäß Gleichung (11.10) resultierenden Koeffizienten ω_k werden in Abbildung 11.2 ausgewiesen. Sie sind außerdem in Abbildung 11.3 als schwarz durchgezogene Linie zusammen mit den Verläufen für andere Modelle dargestellt. Dabei zeigt sich deutlich der durch ein Polynom zweiten Grades unterstellte quadratische Verlauf, der nach negativen Gewichten für die

---

[7] In allen Modellen wurden auch vier Saisondummies mitgeschätzt.

Verzögerungen vier bis sieben wieder ein positives Gewicht für die letzten beiden Verzögerungen bedingt.

Abb. 11.3. Geschätzte Verzögerungsstrukturen

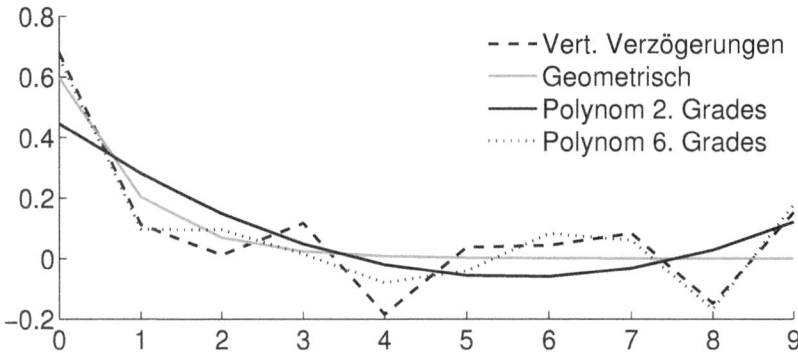

<u>Quelle:</u> Deutsches Institut für Wirtschaftsforschung VGR; Deutsche Bundesbank Zeitreihendatenbank; eigene Berechnungen.

Mit dem in Abschnitt 7.3.2 dargestellten F-Test (vgl. Gleichung (7.10)) kann überprüft werden, ob der durch ein Polynom zweiten Grades erzwungene spezifische Verlauf der dynamischen Anpassung den Daten angemessen ist. Dazu wird der Erklärungsgehalt des Modells mit einer nicht restringierten dynamischen Struktur (mit neun verzögerten Werten von YVERF) mit der des eben vorgestellten restringierten Modells verglichen. Natürlich wird der Erklärungsgehalt (R^2) des unrestringierten Modells höher sein. Mit dem F-Test kann jedoch überprüft werden, ob der Rückgang im R^2, das aus der Restriktion resultiert, so gering ausfällt, dass er auch als zufällig betrachtet werden kann, oder ob eine signifikante Verschlechterung vorliegt. Das R^2 für das unrestringierte Modell beträgt $0,999422$, während es für die in Abbildung 11.2 ausgewiesene Schätzung auf $0,999301$ leicht sinkt. Im Vergleich zum unrestringierten Modell mit 14 Koeffizienten (4 zu den Saisondummies und 10 zu YVERF, YVERF(-1), ..., YVERF(-9)), weist das Modell mit einem Polynom vom Grad 2 nur 7 Koeffizienten (4 zu den Saisondummies und 3 Polynomkoeffizienten c_0, c_1 und c_2) auf. Die Anzahl der Restriktionen beträgt damit $14 - 7 = 7$. Der Wert der F-Statistik nach Gleichung (7.10) auf Seite 156 beträgt somit

$$F_{7,216-14} = \left(\frac{0,999422 - 0,999301}{1 - 0,999422} \right) \left(\frac{216 - 14}{7} \right) = 6,041 \, . \tag{11.11}$$

Der Vergleich mit den kritischen Werten für die F-Verteilung mit 7 und 202 Freiheitsgraden führt zur Ablehnung der Nullhypothese zum 5%-Niveau, d.h. die durch das quadratische Polynom auferlegte Restriktion der Struktur der dynamischen Anpassung muss verworfen werden. Ebenfalls verworfen werden müssen die Restriktionen durch ein Polynom vierten oder sechsten Grades.

Abbildung 11.3 zeigt den Verlauf der Verzögerungsstrukturen, die mit verschiedenen Ansätzen bestimmt wurden. Die gestrichelte Linie gibt dabei die Lagstruktur an, die sich bei freier Schätzung von verteilten Verzögerungen mit bis zu 9 Lags ergibt. Der sich aus dem geometrischen Modell ergebende Verlauf der Anpassung ist grau durchgezogen dargestellt. Die schwarze Linie gibt die Lagstruktur für das Polynom 2. Grades (vgl. Schätzung in Abbildung 11.2) und die schwarz gepunktete Linie schließlich die für ein Polynom 6. Grades wieder.

11.2 Fehlerkorrekturmodelle

In den bisher dargestellten Modellen fand in der Regel pro Periode jeweils nur eine partielle Anpassung an Veränderungen der erklärenden Größen statt. Am Beispiel der adaptiven Erwartungsbildung wurde für diese Anpassung unterstellt, dass sie sich an einer Zielgröße orientiert. In diesem Beispiel drückt daher die Größe des Anpassungskoeffizienten Θ aus, wie stark die eigenen Erwartungen aufgrund vergangener Erwartungsfehler korrigiert werden. Ein hoher Wert von Θ entspricht dabei einem "geringen Vertrauen" in die eigenen Erwartungen der Vorperiode und damit einer schnellen Reaktion auf Erwartungsfehler.

Derartige partielle Anpassungen an eine Zielgröße lassen sich jedoch, wie bereits in der Einleitung dieses Kapitels angesprochen, für eine viel größere Klasse ökonomischer Fragestellungen motivieren, ohne dass dabei auf eher psychologische Aspekte wie im Fall der Erwartungsbildung zurückgegriffen werden muss. Vielmehr sind viele aus der ökonomischen Theorie hergeleiteten Zusammenhänge ihrer Natur nach als langfristige Gleichgewichtszustände zu interpretieren. Die optimale Größe eines Lagers hängt zum Beispiel von der Nachfrage und den Kosten der Lagerhaltung ab, die Geldnachfrage von Transaktionsvolumen und Zinssätzen oder der Konsum vom permanenten Einkommen.

Über die Anpassung an diese optimalen Zielgrößen erlaubt die Theorie meist keine genauen Aussagen. Allerdings ist in vielen Fällen davon auszugehen, dass sie mit Kosten verbunden ist. Sind die Lagerbestände zum Beispiel deutlich größer als der Zielwert, kann eine Anpassung dadurch erfolgen, dass die Produktion in einer Periode stark zurückgefahren wird, um in der nächsten Periode wieder auf ihr normales Niveau zurückzukehren. Es liegt auf der Hand, dass eine schrittweise Reduktion über mehrere Perioden hinweg den Betriebsablauf weniger stark tangiert und daher mit geringeren Kosten verbunden sein dürfte. Eine andere Möglichkeit zur Anpassung der Lagerbestände besteht im Verkauf zu entsprechend reduzierten Preisen. Auch hier ist es wahrscheinlich günstiger, diesen Ausverkauf über eine längere Periode zu strecken, um dadurch den Preisverfall geringer zu halten. Zusammenfassend wird man sagen können, dass Anpassungen an optimale Zielgrößen Kosten verursachen. Die optimale Anpassung wird deshalb Zeit benötigen. Anders ausgedrückt wird in jeder Periode nur eine partielle Anpassung an die Zielgröße erfolgen.

Betrachten wir zunächst das Lagerhaltungsmodell etwas genauer. Die angestrebte Größe für die Lagerhaltung Y_t^{opt} hänge von einigen der genannten erklärenden Variablen ab, die in $\mathbf{X}_t$ zusammengefasst sind. Der Einfluss dieser Faktoren auf Y_t^{opt} wird durch den Parametervektor $\boldsymbol{\alpha}_2$ abgebildet. Es gelte also der ökonometrische Zusammenhang

$$Y_t^{opt} = \alpha_1 + \boldsymbol{\alpha}_2 \mathbf{X}_t + v_t \ . \tag{11.12}$$

Aufgrund der Anpassungskosten wird sich der tatsächliche Wert der Lagerbestände Y_t in jeder Periode nur partiell an die gewünschte Höhe Y_t^{opt} anpassen. Dies kann wie im Fall der adaptiven Erwartungsbildung durch eine partielle Anpassung

$$Y_t - Y_{t-1} = \gamma(Y_t^{opt} - Y_{t-1})$$

beschrieben werden, wobei γ zwischen null und eins liegen muss und angibt, welcher Teil der Abweichung vom gewünschten Niveau in einer Periode korrigiert wird. Setzt man nun für die gewünschte Größe Y_t^{opt} den Zusammenhang aus Gleichung (11.12) ein, so erhält man das Modell

$$\begin{aligned}
& Y_t - Y_{t-1} = \gamma\alpha_1 + \gamma\boldsymbol{\alpha}_2\mathbf{X}_t - \gamma Y_{t-1} + \gamma v_t \\
\Longleftrightarrow \quad & Y_t - Y_{t-1} = \gamma\alpha_1 + \gamma\boldsymbol{\alpha}_2\mathbf{X}_t - \gamma Y_{t-1} + \gamma v_t + \gamma\boldsymbol{\alpha}_2\mathbf{X}_{t-1} - \gamma\boldsymbol{\alpha}_2\mathbf{X}_{t-1} \\
\Longleftrightarrow \quad & Y_t - Y_{t-1} = \gamma\alpha_1 + \gamma\boldsymbol{\alpha}_2(\mathbf{X}_t - \mathbf{X}_{t-1}) - \gamma(Y_{t-1} - \boldsymbol{\alpha}_2\mathbf{X}_{t-1}) + \gamma v_t \\
\Longleftrightarrow \quad & \Delta Y_t = \gamma\alpha_1 + \gamma\boldsymbol{\alpha}_2\Delta\mathbf{X}_t - \gamma(Y_{t-1} - \boldsymbol{\alpha}_2\mathbf{X}_{t-1}) + \varepsilon_t \ ,
\end{aligned}$$

wobei $\varepsilon_t = \gamma v_t$ ist. Die Veränderung von Y_t wird also kurzfristig durch die Veränderung der Y_t^{opt} erklärenden Variablen $\mathbf{X}_t$ erklärt. Allerdings wirken Veränderungen von $\mathbf{X}_t$ nicht sofort in vollem Ausmaß, also mit $\alpha_2 X_t$, auf Y_t, sondern lediglich in einem – üblicherweise geringeren – Ausmaß, das durch das Produkt der Koeffizienten γ und α_2 beschrieben wird. Die aus dieser nur partiellen Anpassung resultierenden Abweichungen zwischen Y_t und der Zielgröße $\boldsymbol{\alpha}_2\mathbf{X}_t$ werden in der folgenden Periode teilweise korrigiert. γ gibt dabei an, wie groß diese Korrektur ausfällt.

Dieses Modell der optimalen Lagerhaltung stellt einen einfachen Spezialfall eines so genannten Fehlerkorrekturmodells dar. Allgemein können derartige Modelle immer dann eingesetzt werden, wenn eine Zielgröße langfristig durch die Entwicklung einiger erklärender Variablen determiniert wird, aber keine sofortige Anpassung binnen einer Periode erwartet werden kann. Ob es sich bei dieser Zielgröße um eine Planungsgröße von Unternehmen und Haushalten oder einen langfristigen ökonomischen Zusammenhang handelt, der aus dem Verhalten der Wirtschaftssubjekte resultieren sollte, ist dabei für die Modellierung nicht relevant.

Eine etwas allgemeinere Form des Fehlerkorrekturmodells ist durch

$$Y_t - Y_{t-1} = \beta_1 + \boldsymbol{\beta}_2(\mathbf{X}_t - \mathbf{X}_{t-1}) - \gamma(Y_{t-1} - \boldsymbol{\alpha}_2\mathbf{X}_{t-1}) + \varepsilon_t$$

oder

$$\Delta Y_t = \beta_1 + \boldsymbol{\beta}_2\Delta\mathbf{X}_t - \gamma\underbrace{(Y_{t-1} - \boldsymbol{\alpha}_2\mathbf{X}_{t-1})}_{\substack{\text{Abweichung von} \\ \text{Langfristlösung}}} + \varepsilon_t \tag{11.13}$$

gegeben. Der Unterschied zum Spezialfall des Lagerhaltungsmodells besteht darin, dass nicht mehr unterstellt wird, dass die Anpassung von Y_t an $\mathbf{X}_t$ kurz- und langfristig von denselben Koeffizienten ($\boldsymbol{\alpha}_2$) determiniert wird. Nach wie vor stellt γ jedoch das Maß der Anpassung aufgrund von Abweichungen vom langfristigen Zusammenhang dar, der durch $Y_t = Y_t^{opt} = \alpha_1 + \boldsymbol{\alpha}_2\mathbf{X}_t$ gegeben ist. Die Konstante β_1 bildet neben einer eventuell vorhandenen Konstanten im langfristigen Zusammenhang auch trendmäßiges Wachstum von Y_t ab. Der Parametervektor $\boldsymbol{\beta}_2$ schließlich drückt das Maß der kurzfristigen Anpassung aus. Für $\boldsymbol{\beta}_2 = \mathbf{0}$ findet in der ersten Periode keinerlei Anpassung statt, für $\boldsymbol{\beta}_2 > \boldsymbol{\alpha}_2$ kommt es zu einer überschießenden Anpassung, da sich Y_t kurzfristig um $\boldsymbol{\beta}_2\Delta\mathbf{X}_t$ erhöht, während im langfristigen Gleichgewicht nur eine Erhöhung auf $\boldsymbol{\alpha}_2\mathbf{X}_t$ notwendig ist.[8] Der Parameter γ gibt an, wie schnell die Anpassung an das langfristige Gleichgewicht erfolgt oder, anders ausgedrückt, wie schnell Fehler korrigiert werden. Deshalb wird γ häufig auch als Fehlerkorrekturparameter bezeichnet. Ist der Wert von γ klein, erfolgt die Anpassung an das langfristige Gleichgewicht nur langsam, während sie für große γ entsprechend schneller erfolgt.

Abbildung 11.4 zeigt schematisch mögliche Fälle der dynamischen Anpassung an eine langfristige Beziehung ($\boldsymbol{\alpha}_2\mathbf{X}_t$), die jeweils als durchgezogene graue Linie dargestellt ist. Die Punkte geben die Anpassung von Y_t an diese langfristige Beziehung über die Zeit hinweg wieder. Oben links ist zunächst der klassische Fall einer verzögerten Anpassung, d.h. für $\boldsymbol{\beta}_2 < \boldsymbol{\alpha}_2$, dargestellt, während unten links keine Anpassung in der ersten Periode stattfindet ($\boldsymbol{\beta}_2 = \mathbf{0}$). Oben rechts ist der Fall einer überschießenden Anpassung dargestellt ($\boldsymbol{\beta}_2 > \boldsymbol{\alpha}_2$) und unten rechts schließlich eine schwingende Anpassung, die auftreten kann, wenn auch verzögerte Differenzen der erklärenden oder der abhängigen Variable als Regressoren im Modell enthalten sind.

Abgesehen davon, dass unterschiedliche Parameterkonstellationen im Fehlerkorrekturmodell zu den dargestellten unterschiedlichen Anpassungsmustern führen können, lassen sich auch einige der bereits diskutierten Modelle als Spezialfälle davon auffassen. Für $\boldsymbol{\beta}_2 = \boldsymbol{\alpha}_2$ und $\gamma = 1$ erhält man das statische Modell, während sich für $\boldsymbol{\beta}_2 = \gamma\boldsymbol{\alpha}_2$ und $\gamma \neq 1$ das statische Modell mit einem AR(1)-Term für Y_t wiederfinden lässt. Der Fall $\boldsymbol{\beta}_2 = \boldsymbol{\alpha}_2$ wurde bereits als partielles Anpassungsmodell eingeführt. Schließlich ergibt sich für $\gamma = 0$ ein Modell nur in den ersten Differenzen der betrachteten Variablen. Mit Hilfe von F-Tests können die jeweiligen Restriktionen gegenüber dem allgemeinen Fehlerkorrekturmodell überprüft werden.

Abbildung 11.5 zeigt die Resultate der Schätzung eines Fehlerkorrekturmodells für den privaten Verbrauch. Die Bezeichnung D(KONSUM) steht für die Veränderung des privaten Verbrauchs gegenüber dem Vorquartalswert, d.h. ΔC_t, analog bezeichnet D(YVERF) die Veränderung des verfügbaren Einkommens.

Alle geschätzten Koeffizienten der Gleichung erweisen sich – abgesehen von der Dummy für das zweite Quartal – anhand ihrer t-Statistik jeweils einzeln betrachtet als statistisch signifikant von null verschieden. Da die Schätzgleichung verzögerte Werte der abhängigen Variablen enthält, ist die Durbin-Watson-Statistik nicht geeig-

---

[8] Wenn das System vorher im Gleichgewicht war, entspricht dies gerade einer Veränderung um $\boldsymbol{\alpha}_2\Delta\mathbf{X}_t$.

Abb. 11.4. Unterschiedliche dynamische Anpassungsprozesse

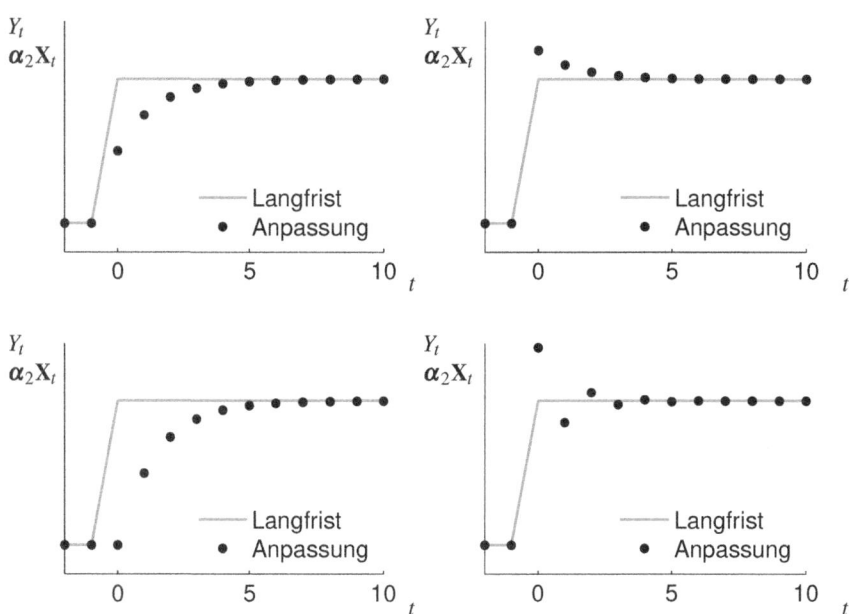

net, um auf Autokorrelation erster Ordnung zu testen. Zusätzlich durchgeführte Berechnungen der Q-Statistik und des Breusch-Godfrey-Tests deuten darauf hin, dass die Residuen der Schätzgleichung noch Autokorrelation vierter Ordnung aufweisen. Dieses Ergebnis ist unter anderem auf die sich im Zeitablauf ändernde Saisonfigur der Reihen zurückzuführen, die allein durch die mit geschätzten konstanten Parameter für die Saisondummies nicht abgebildet werden kann. Für die weitere Analyse der Ergebnisse wird von diesem Effekt abstrahiert.

Der Koeffizient für D(YVERF) gibt an, um wie viel der private Verbrauch kurzfristig, d.h. binnen eines Quartals, auf eine Veränderung des verfügbaren Einkommens reagiert. Der ausgewiesene Wert von gut 0,52 liegt deutlich unter den bisher geschätzten Werten für die marginale Konsumneigung und – wie gleich zu zeigen sein wird – auch unter ihrem langfristigen Wert, der sich ebenfalls aus der Schätzgleichung bestimmen lässt.

Gleichung (11.13) lässt sich auch als

$$\Delta Y_t = \beta_1 + \boldsymbol{\beta}_2 \Delta \mathbf{X}_t - \gamma Y_{t-1} + \gamma \alpha_2 \mathbf{X}_{t-1} + \varepsilon_t$$

schreiben. Im Beispiel ist der für YVERF(-1) ausgewiesene Parameter also gerade das Produkt von γ und α_2, wobei dieser Parameter im Beispiel nur ein Skalar ist, da das Modell nur eine erklärende Variable beinhaltet. Da $-\gamma$ der Koeffizient zu KONSUM(-1) ist, kann $\hat{\alpha}_2 = 0,735/0,812 = 0,905$ berechnet werden. Die lang-

Abb. 11.5. Fehlerkorrekturmodell für privaten Verbrauch (EViews 9)

```
Dependent Variable: D(KONSUM)      Method: Least Squares
Sample: 1960Q2 2016Q1              Included observations: 224
===========================================================
Variable   Coefficient   Std. Error   t-Statistic   Prob.
===========================================================
D(YVERF)      0.523840     0.041860     12.51423    0.0000
KONSUM(-1)   -0.811862     0.059054    -13.74783    0.0000
YVERF(-1)     0.734955     0.053372     13.77051    0.0000
@SEAS(1)     -10.09309     0.618505    -16.31852    0.0000
@SEAS(2)      1.027819     0.739595      1.389706    0.1660
@SEAS(3)      1.587227     0.576155      2.754860    0.0064
@SEAS(4)      3.942501     0.745050      5.291592    0.0000
===========================================================
R-squared              0.8769  Mean dependent var     1.6972
Adjusted R-squared     0.8735  S.D. dependent var     9.8037
S.E. of regression     3.4865  Akaike info criterion  5.3664
Sum squared resid      2637.8  Schwarz criterion      5.4730
Log likelihood        -594.04  Hannan-Quinn criter.   5.4095
Durbin-Watson stat     2.0530
===========================================================
```

fristige marginale Konsumneigung beträgt demnach gut 90%, was weitgehend in Übereinstimmung mit den bisher erzielten Ergebnissen liegt.[9] Eine Erhöhung des verfügbaren Einkommens hat also kurzfristig eine geringere Wirkung auf den Konsum als im langfristigen Gleichgewicht. Die Geschwindigkeit der Anpassung an diesen langfristigen Zusammenhang ist durch den geschätzten Wert für den Parameter γ gegeben. Demnach werden jedes Quartal gut 81% des nach der kurzfristigen Anpassung verbleibenden Unterschieds zwischen tatsächlichem Konsum und Konsum im langfristigen Gleichgewicht ausgeglichen.

Das diskutierte einfache Fehlerkorrekturmodell kann um weitere dynamische Komponenten erweitert werden, indem zusätzliche verzögerte Werte von ΔX_t oder ΔY_t in die Schätzung aufgenommen werden. Außerdem können auch die Fehlerkorrekturterme selbst mit unterschiedlichen Verzögerungen auftreten. Von besonderer Bedeutung ist das Fehlerkorrekturmodell auch im Zusammenhang mit nichtstationären Zeitreihen. Auf diesen Aspekt wird in Kapitel 12 eingegangen.

---

[9] Für das einfachste statische Modell wurde in Abbildung 7.3 ein Schätzwert von 0,903 für die marginale Konsumneigung bestimmt.

Fallbeispiel: Die Anpassung von Bankzinsen an Geldmarktzinsen

---

Es wird immer wieder diskutiert, dass sich die Zinsen, die Banken auf Einlagen zahlen beziehungsweise für Kredite fordern, nur langsam – wenn überhaupt – an veränderte Geldmarktzinsen anpassen. Für eine derart träge Anpassung lassen sich auch eine Reihe ökonomischer Gründe finden. Insbesondere für Kreditzinsen wirken sich Veränderungen der Bankkonditionen nicht nur auf die Zinszahlung selbst aus, sondern auch auf die Wahrscheinlichkeit der Kreditrückzahlung. Höhere Zinsen können ein zuvor gerade noch zahlungsfähiges Unternehmen in die Insolvenz treiben und – schwerwiegender noch – bei hohen Zinsen werden vor allem Unternehmer mit riskanten Projekten einen Kredit nachfragen, da sie sich die Kosten des Scheiterns gewissermaßen mit der Bank teilen können. Eine ausführliche Diskussion dieser Aspekte und ihrer empirischen Relevanz findet sich in Winker (1996).

Für die empirische Überprüfung der Hypothese einer trägen Anpassung eignet sich das Fehlerkorrekturmodell hervorragend. Winker (1999) schätzt Fehlerkorrekturmodelle jeweils für einen Kredit- r^L und einen Einlagenzinssatz r^D in Abhängigkeit vom Geldmarktzins r^M. Das Schätzergebnis mit Monatsdaten für den Kreditzins lautet (ohne deterministische Terme wie Konstante und Trend)

$$\Delta r_t^L = 0,101 \Delta r_t^M - 0,145(r_{t-1}^L - 0,892 r_{t-1}^M).$$

Eine Veränderung der Geldmarktzinsen wird sich demnach im laufenden Monat nur zu gut 10% auf die Kreditzinsen auswirken, während die langfristige Anpassung fast 90% beträgt. Die jeweils bestehende Abweichung vom langfristigen Zusammenhang wird pro Monat zu 14,5% abgetragen.

Ähnlich fällt das Ergebnis für die Einlagenzinsen mit

$$\Delta r_t^D = 0,422 \Delta r_t^M - 0,373(r_{t-1}^D - 0,959 r_{t-1}^M)$$

aus. Allerdings sind hier die kurzfristige Anpassung mit über 42%, der Langfristkoeffizient mit über 95% und die Korrekturgeschwindigkeit mit gut 37% pro Monat deutlich größer. Dieses Resultat einer deutlich höheren Geschwindigkeit der Anpassung für die Einlagenzinsen entspricht den theoretischen Erwartungen, da die Anpassungskosten für die Kreditzinsen aus den angesprochenen Gründen deutlich höher sein dürften.

Quelle: Winker (1999).

11.3 Stochastische Zeitreihenmodelle

In den bisher vorgestellten Modellen tauchten neben der abhängigen Variablen und ihrer vergangenen Werte immer auch weitere erklärende Variablen auf. Für Zeitreihen, die überwiegend von ihrer eigenen dynamischen Struktur geprägt sind, kann auch ein nur auf die eigenen Verzögerungen konzentriertes Modell untersucht werden. Ein Modell, in dem Y_t zum Beispiel nur von Y_{t-1}, Y_{t-2} usw. abhängt, wird als (stochastisches) Zeitreihenmodell bezeichnet.

11.3.1 Zeitreihenmodelle als reduzierte Form

Derartige Modelle werden häufig als erster Schritt einer umfangreicheren Modellierung eingesetzt, um Information über die dynamische Struktur der betrachteten Zeitreihen zu gewinnen. Sie können auch als reduzierte Form komplexerer Modelle mit mehreren abhängigen Variablen betrachtet werden. Dieses Vorgehen kann am bereits in Abschnitt 8.6.2 benutzten Beispiel veranschaulicht werden. Das dort eingeführte kleine makroökonomische Modell mit je einer Gleichung für Konsum und Einkommen wird im Folgenden geringfügig modifiziert, indem der Konsum als Funktion des Einkommens der Vorperiode aufgefasst wird. Die Gleichungen lauten demnach:

$$C_t = \beta_1 + \beta_2 Y_{t-1} + \varepsilon_t \tag{11.14}$$

$$Y_t = C_t + \overline{I}_t . \tag{11.15}$$

Anstatt das Investitionsvolumen $\overline{I}_t$ wie bisher als exogen gegeben anzunehmen, wird unterstellt, dass es vom Wachstum der Produktionsmenge in der Vergangenheit abhängt, was beispielsweise durch adaptive Erwartungsbildung begründet werden kann. Man erhält die zusätzliche Gleichung:

$$I_t = \alpha(Y_{t-1} - Y_{t-2}) . \tag{11.16}$$

Durch Einsetzen in (11.15) anstelle von $\overline{I}_t$ ergibt sich

$$Y_t = C_t + \alpha(Y_{t-1} - Y_{t-2}) . \tag{11.17}$$

Löst man nun diese Gleichung wiederum nach dem privaten Verbrauch auf, setzt das Ergebnis in (11.14) ein und löst nach der Produktionsmenge Y_t auf, ergibt sich schließlich der reduzierte Zusammenhang nur für Y_t:

$$Y_t = \beta_1 + (\beta_2 + \alpha)Y_{t-1} - \alpha Y_{t-2} + \varepsilon_t .$$

Ein derartiges Zeitreihenmodell kann sehr einfach auch für Prognosezwecke eingesetzt werden, da dafür nur die Realisierungen der Variable selbst in der Vergangenheit bekannt sein müssen. Sind für das Beispiel Y_{t-1} und Y_{t-2} bekannt, erhält man eine Prognose $\hat{Y}_t$ für Y_t durch

$$\hat{Y}_t = \hat{\beta}_1 + (\hat{\beta}_2 + \hat{\alpha})Y_{t-1} - \hat{\alpha}Y_{t-2} .$$

Ein gut angepasstes Zeitreihenmodell stellt somit eine Referenzspezifikation für Prognosezwecke dar. Alternative ökonometrische Modellierungen, die zu Prognosezwecken verwendet werden, sollten zumindest zu gleich guten oder besseren Prognosen führen (siehe Kapitel 13).

11.3.2 ARMA-Prozesse

Das allgemeine dynamische Modell (11.1) reduziert sich, wenn andere erklärende Variablen weggelassen werden, zunächst auf ein autoregressives Modell für Y_t, d.h.

$$Y_t = \beta_0 + \beta_1 Y_{t-1} + \ldots + \beta_q Y_{t-q} + \varepsilon_t \, .$$

Ein derartiges Modell wird auch als AR(q)-Modell bezeichnet. Die Koeffizienten können, falls die Bedingungen an die Störgrößen erfüllt sind, wie üblich mit dem KQ-Schätzer bestimmt werden. Mit diesem Ansatz lassen sich auch komplizierte dynamische Strukturen häufig gut approximieren.

Einen zweiten Ansatz stellen die Gleitende-Mittelwert-Prozesse ("Moving Average") dar. Dabei wird im einfachsten Fall folgendes Modell für Y_t unterstellt:

$$Y_t = v + \varepsilon_t + \Theta \varepsilon_{t-1} \, .$$

Dabei sind v und Θ vorgegebene Parameter. Y_t stellt also ein gewichtetes Mittel der beiden letzten Realisierungen des Störterms dar und wird daher als Gleitender-Mittelwert-Prozess erster Ordnung, MA(1), bezeichnet. Wie im Fall des autoregressiven Modells kann auch hier mehr als ein verzögerter Wert von ε_t betrachtet werden. Man erhält allgemein einen MA(q)-Prozess. Die Koeffizienten eines MA(q)-Prozesses können nicht mit dem üblichen KQ-Schätzer bestimmt werden, da die Fehlerterme selbst nicht beobachtet werden können.

Durch die Kombination von AR- und MA-Prozessen können schließlich auch komplexere Zeitreihenmodelle beschrieben werden. Dadurch können viele ökonomische Variablen in ihrer Zeitreihendimension gut beschrieben werden. Insbesondere zeigt sich, dass auf derartigen Modellen basierende Prognosen häufig anderen Ansätzen überlegen sind, die weitere erklärende Variablen mit einbeziehen. Allerdings fällt es schwer, diese statistische ARMA-Modelle in engen Bezug zu ökonomischen Modellvorstellungen zu setzen, da sie in dieser einfachen Form jeweils genau nur eine Variable und deren verzögerte Werte umfassen.

11.4 Literaturauswahl

Eine übersichtliche Darstellung einiger der in diesem Kapitel behandelten dynamischen Modelle liefert Wolters (2004).

Zu Modellen mit verzögerten erklärenden Variablen finden sich weiterführende Hinweise auch in Davidson und MacKinnon (1993), Kapitel 19, Greene (2012), Kapitel 16, Hansen (1993), Kapitel IV, Pindyck und Rubinfeld (1998), Abschnitt 9.1, und Wallace und Silver (1988), Abschnitte 7.3–7.6.

Einführende und vertiefende Darstellungen der Zeitreihenanalyse finden sich unter anderem bei Davidson und MacKinnon (1993), Kapitel 20, Greene (2012), Kapitel 20, Hamilton (1994), insbesondere Kapitel 3, Heij *et al.* (2004), Kapitel 7.1, Pindyck und Rubinfeld (1998), Kapitel 15–19, und Schlittgen und Streitberg (2001), insbesondere Kapitel 2 und 6.

12

Nichtstationarität und Kointegration

12.1 Nichtstationarität

12.1.1 Deterministische und stochastische Trends

In den bisherigen Betrachtungen wurde davon ausgegangen, dass alle betrachteten Zeitreihen kein trendmäßiges Verhalten aufweisen oder dass sich das trendmäßige Verhalten adäquat durch einen deterministischen Trend beschreiben lässt. Dass viele ökonomische Zeitreihen wie Bruttoinlandsprodukt, privater Verbrauch und Produktionsindex einen Trend aufweisen, ist allerdings offensichtlich. In den vergangenen Jahrzehnten hat sich jedoch die Erkenntnis durchgesetzt, dass für die meisten dieser Reihen die Beschreibung des Trends allein durch eine deterministische Funktion nicht angemessen ist. Vielmehr lassen sich diese Reihen deutlich besser durch einen so genannten stochastischen Trend charakterisieren. Im einfachsten Fall wäre dieser durch

$$Y_t = \mu + Y_{t-1} + \varepsilon_t \tag{12.1}$$

beschrieben, wobei $\varepsilon_t \sim N(0, \sigma^2)$ wie gewohnt identisch unabhängig normalverteilte Zufallsterme seien. Diese Spezifikation eines stochastischen Prozesses wird auch als Random Walk mit Drift bezeichnet (für $\mu = 0$ handelt es sich um einen einfachen Random Walk). Einerseits erfährt die Reihe Y_t in jeder Periode einen Zuwachs der Größe μ, da über Y_{t-1} das Niveau der Vorperiode gewahrt bleibt. Von daher sieht diese Spezifikation der eines linearen Trends mit Steigung μ täuschend ähnlich. Andererseits weist die Reihe Y_t jedoch im Gegensatz zu einer Reihe mit deterministischem Trend

$$\tilde{Y}_t = \beta_0 + \beta_1 t + \varepsilon_t \tag{12.2}$$

ein langes Gedächtnis auf, da jeder Schock ε_t, der in Y_t eingeht, auch für alle folgenden Perioden Relevanz hat. Auf die Eigenschaften derartiger Zeitreihen, die als nichtstationär bezeichnet werden, wird im Folgenden noch näher einzugehen sein.

Zunächst zeigt Abbildung 12.1 die Realisierungen einer synthetischen simulierten Zeitreihe mit stochastischem Trend wie in Gleichung (12.1) (gestrichelt) und einer Zeitreihe mit deterministischem Trend wie in Gleichung (12.2) (graue Linie).

Abb. 12.1. Zeitreihen mit stochastischem und deterministischem Trend

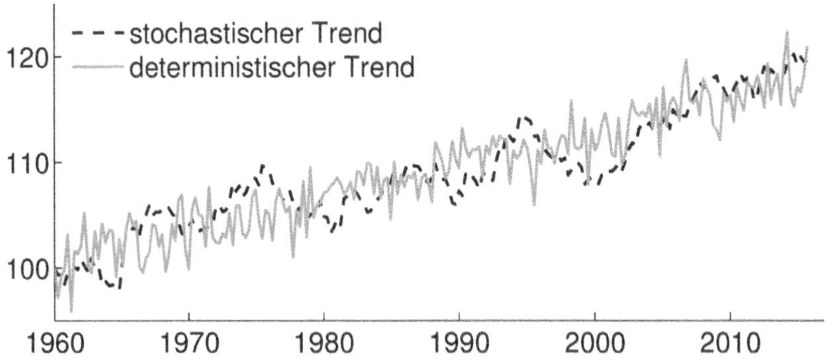

Während beide Reihen einen klaren Trend aufweisen, zeigen sich auch deutliche Unterschiede im Verlauf. Insbesondere ergeben sich für den stochastischen Trend auch längerfristige Abweichungen von einer gedachten Trendlinie, während der deterministische Trendprozess auch nach größeren Schocks schnell wieder zur Trendlinie zurückkehrt. In dieser schnellen Rückkehr spiegelt sich das kurze Gedächtnis dieses Prozesses wider. Abweichungen von der durch $\beta_0 + \beta_1 t$ gegebenen Trendlinie über mehrere Perioden sind nur dann möglich, wenn zufällig mehrere Störgrößen mit demselben Vorzeichen aufeinander folgen.

Auf Basis der 224 Beobachtungen in Abbildung 12.1 ist es bei genauem Verständnis der Eigenschaften der betrachteten Prozesse grundsätzlich noch möglich, die beiden Prozesse von einander zu unterscheiden. Für empirische Prozesse, die häufig durch Saisoneffekte, Dynamik höherer Ordnung etc. überlagert sind und für die oft genug nur eine geringere Anzahl von Beobachtungen zur Verfügung steht, ist eine Unterscheidung jedoch in der Regel nur auf Basis statistischer Tests möglich (siehe Abschnitt 12.2).

12.1.2 Scheinregressionen

Warum ist es dennoch wesentlich, zwischen Zeitreihen mit nur kurzfristigem und solchen mit langfristigem Gedächtnis zu unterscheiden? Sei beispielsweise Y_t die Zeitreihe des Bruttoinlandsproduktes. Diese Zeitreihe weist ohne Zweifel trendmäßiges Verhalten auf. Ist dieser Trend deterministisch und weist der stochastische Anteil nur ein kurzfristiges Gedächtnis auf, würde ein einmaliger Schock wie die Finanzmarktkrise keinen bleibenden Effekt auf die langfristige Entwicklung haben. Anders sieht es aus, wenn die Zeitreihe die Charakteristik eines Langfristgedächtnisses aufweist, wie dies für stochastische Trends der Fall ist. Dann wird auch eine nur vorübergehende Störung zu länger anhaltenden Konsequenzen führen.

In der Tat scheinen viele ökonomische Zeitreihen ein Langfristgedächtnis aufzuweisen. Nelson und Plosser (1982) haben eine Reihe ökonomischer Zeitreihen untersucht und kamen zu dem Schluss, dass viele davon als nichtstationär einzuordnen sind, also stochastische Trends aufweisen. Seither hat sich ein ganzer Zweig der Ökonometrie entwickelt, der sich auf die Untersuchung nichtstationärer Variablen konzentriert. Der Grund dafür liegt jedoch weniger im Interesse an der Zeitreiheneigenschaft an sich, sondern vielmehr in den Auswirkungen auf die Ergebnisse von Regressionsanalysen und deren Interpretation.

Bevor der formale Rahmen für die Analyse nichtstationärer Zeitreihen noch etwas detaillierter vorgestellt wird, soll anhand eines Beispiels zunächst aufgezeigt werden, warum potentielle Nichtstationarität einer gesonderten und genauen Analyse bedarf. Die bislang für die Analyse von Regressionsmodellen benutzten Verfahren (KQ-Methode) und Hypothesentests setzen nämlich jeweils die Verwendung stationärer Zeitreihen voraus. Wird diese Voraussetzung ignoriert, besteht die Gefahr von Scheinregressionen. Darunter versteht man Zusammenhänge zwischen in Wirklichkeit völlig unabhängigen Variablen, die durch Anwenden nicht angemessener Methoden auf nichtstationäre Variablen als statistisch signifikant ausgewiesen werden. Andererseits können aber auch zwischen nichtstationären Variablen durchaus sinnvolle Zusammenhänge bestehen. Auf diese Chance wird in Abschnitt 12.3 näher eingegangen.

Die Gefahr von Scheinregressionen wird in Abbildung 12.2 anhand von zwei Zeitreihen dargestellt, die auf den ersten Blick keinen besonders ausgeprägten Trend aufzuweisen scheinen. Eine Analyse mit den in Abschnitt 12.2 eingeführten Verfahren weist allerdings deutlich auf die Nichtstationarität beider Reihen hin.

Abb. 12.2. Zwei nichtstationäre Reihen

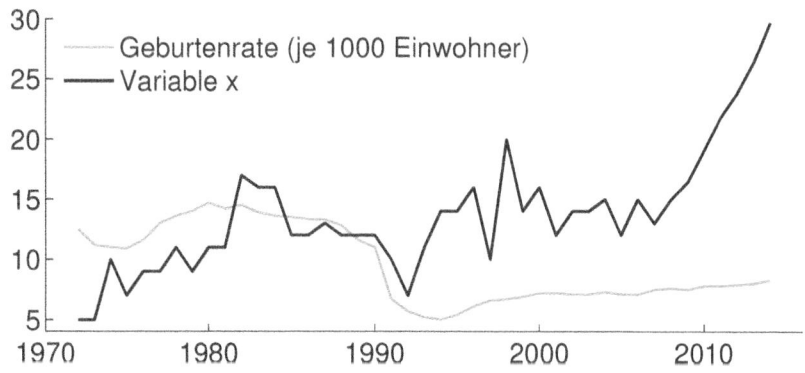

Quelle: Thüringer Landesamt für Statistik (2016); Michael-Otto-Institut; NABU Thüringen.

Bei der grauen Linie handelt es sich um die Geburtenrate (je 1 000 Einwohner) in Thüringen (GEBRATE). Diese weist im Jahr 1991 einen massiven Einbruch auf, der in der folgenden Regressionsanalyse durch eine Dummyvariable (D1991) aufgefangen wird, die bis 1990 den Wert null und ab 1991 den Wert eins annimmt. Die zweite, durch die schwarze Linie repräsentierte Variable (X) bezieht sich ebenfalls auf das Land Thüringen und wird als erklärende Variable in einem Modell für die Entwicklung der Geburtenrate eingesetzt. Abbildung 12.3 zeigt das Ergebnis der Schätzung.

Abb. 12.3. Scheinregression: Geburtenrate Thüringen (EViews 9)

```
Dependent Variable: GEBRATE          Method: Least Squares
Sample: 1972 2014                    Included observations: 43
=====================================================================
Variable   Coefficient    Std. Error    t-Statistic       Prob.
=====================================================================
C             11.45103      0.404150      28.33362        0.0000
D1991         -6.514663     0.319205     -20.40901        0.0000
X              0.127418     0.031380      4.060516        0.0002
=====================================================================
R-squared             0.919  Mean dependent var          9.5581
Adjusted R-squared 0.915  S.D. dependent var          3.1506
=====================================================================
```

Der Koeffizient für die Dummyvariable D1991 weist das erwartete negative Vorzeichen aus und ist, wenn man den ausgewiesenen Wert der t-Statistik zugrunde legt, statistisch signifikant von null verschieden. Ebenfalls auf Basis der t-Statistik würde man für die Variable X einen sogar zum 1%-Niveau statistisch signifikanten positiven Einfluss feststellen. Der Hinweis, dass es sich bei der Variable X um die Storchendichte, gemessen in Zahl der Paare pro 100 Quadratkilometer, handelt, könnte oder sollte jedoch Anlass geben, darüber nachzudenken, warum ein Regressionsergebnis wie das in Abbildung 12.3 ausgewiesene als Scheinregression bezeichnet wird. Ähnliche Beispiele lassen sich nahezu beliebig konstruieren, beispielsweise um die Entwicklung des Bruttoinlandsproduktes durch den Durchmesser eines Baumstamms im jeweiligen Jahr zu erklären oder das Preisniveau durch den kumulierten Niederschlag (Hendry, 1980, S. 391ff). Eine Vielzahl unterschiedlicher Beispiele finden sich auch in Vigen (2015) und auf der Webseite http://tylervigen.com/spurious-correlations.

12.1.3 Kovarianz-Stationarität und I(1)-Prozesse

Formal erfordert die Stationarität einer Zeitreihe, dass die Verteilung, aus der die Beobachtungen gezogen werden, im Zeitablauf unverändert bleibt. In der praktischen Umsetzung beschränkt man sich meist auf die etwas weniger anspruchsvolle Bedingung der Kovarianz-Stationarität. Diese bezieht sich nur auf den Erwartungswert, die Varianz und die Autokovarianzen der Zeitreihe. Eine Zeitreihe Y_t wird als stationär –

genau genommen als kovarianz-stationär – bezeichnet, wenn folgende Bedingungen erfüllt sind:

(1) $\mathrm{E}(Y_t) = \mu$ für alle t
(2) $\mathrm{Var}(Y_t) = \sigma^2$ für alle t
(3) $\mathrm{Cov}(Y_t, Y_s) = \mathrm{Cov}(Y_{t-\tau}, Y_{s-\tau})$ für alle t, s und τ

Insbesondere müssen also der Erwartungswert und die Varianz konstant sein, und die Autokovarianzen dürfen lediglich vom Abstand zwischen den zwei betrachteten Perioden abhängen, nicht jedoch vom Zeitpunkt der Beobachtung selbst.

Wann diese Bedingungen erfüllt sind, soll am Beispiel eines autoregressiven Prozesses erster Ordnung (AR(1)) analysiert werden. Entsprechend verallgemeinerte Betrachtungen lassen sich auf ARMA-Modelle beliebiger Ordnung anwenden (Hamilton, 1994, S. 435ff). Angenommen Y_t folge einem AR(1)-Prozess, d.h.

$$Y_t = \alpha_1 + \alpha_2 Y_{t-1} + \varepsilon_t$$

für identisch unabhängig verteilte Störgrößen ε_t. Ausgehend von einem Startwert Y_0 ergibt sich der Erwartungswert für Periode $t = 1$

$$\mathrm{E}(Y_1) = \alpha_1 + \alpha_2 Y_0 \,.$$

Wiederholtes Einsetzen führt – unter Benutzung der Formel für geometrische Folgen – für $|\alpha_2| < 1$ zu

$$\mathrm{E}(Y_t) = \alpha_1 \left(\frac{1 - \alpha_2^t}{1 - \alpha_2} \right) + \alpha_2^t Y_0 \,.$$

Der Einfluss einer einmaligen Veränderung in Periode null nimmt für $|\alpha_2| < 1$ im Laufe der Zeit immer weiter ab. Die Zeitreihe weist in diesem Fall somit nur ein "kurzfristiges Gedächtnis" auf. Anders sieht es für $\alpha_2 > 1$ aus. In dieser Situation wird eine einmalige Veränderung von Y_0 zu einer im Zeitablauf explosiv wachsenden Veränderung von Y_t führen. Für den Grenzfall $\alpha_2 = 1$ schließlich gilt für den Erwartungswert

$$\mathrm{E}(Y_t) = t\alpha_1 + Y_0 \,,$$

d.h. es ergibt sich gerade ein linearer Trend. Der wesentliche Unterschied zwischen diesem Prozess mit "Langfristgedächtnis" (der Wert der Ausgangsperiode Y_0 geht unverändert in den aktuellen Erwartungswert ein) und einer Modellierung über einen deterministischen Trend liegt in der Varianz. Während die Varianz von

$$\tilde{Y}_t = \beta_0 + \beta_1 t + \varepsilon_t$$

im Zeitablauf konstant bleibt, da sie gerade der Varianz von ε_t entspricht, die als konstant angenommen wurde, gilt dies nicht für den autoregressiven Prozess mit $\alpha_2 = 1$

$$Y_t = \alpha_1 + Y_{t-1} + \varepsilon_t \,. \tag{12.3}$$

Für die Varianz dieses Prozesses gilt

$$\text{Var}(Y_t) = \text{Var}(Y_{t-1}) + \sigma^2 \,,$$

wobei σ^2 die Varianz der Störgrößen bezeichne. Sukzessives Einsetzen führt auf

$$\text{Var}(Y_t) = \text{Var}(Y_0) + t\sigma^2 = t\sigma^2 \,,$$

wenn Y_0 als gegeben angenommen wird. Die Varianz nimmt also im Zeitablauf zu. Dieser Prozess verletzt daher eine der Annahmen an kovarianz-stationäre Zeitreihen und wird deshalb als nichtstationär bezeichnet. Dies gilt auch für den Fall, dass $\alpha_1 = 0$ ist. In diesem Fall ist zwar der Erwartungswert von Y_t konstant, nicht jedoch die Varianz.

Für den nichtstationären Prozess Y_t aus (12.3) gilt, dass

$$\Delta Y_t = Y_t - Y_{t-1} = \alpha_1 + \varepsilon_t$$

offensichtlich kovarianz-stationär ist. Man bezeichnet Y_t daher auch als differenz-stationär. Als Bezeichnung hierfür hat sich die Notation I(1) eingebürgert, die besagt, dass der Prozess selbst zwar nichtstationär, die erste Differenz der Reihe jedoch stationär ist. In diesem Fall nennt man den Prozess auch integriert der Ordnung eins. Entsprechend wären I(2)-Prozesse erst nach zweimaliger Differenzenbildung stationär.

12.2 Unit-Root-Tests

Die Frage, ob eine Zeitreihe stationär oder nichtstationär ist, kann anhand einer endlichen Zahl von Beobachtungen nicht zweifelsfrei entschieden werden. Allerdings können wie bei der Inferenz für die Ergebnisse der KQ-Regression Wahrscheinlichkeitsaussagen gemacht werden. Sind T Beobachtungen der Zeitreihe Y_t gegeben, kann also überprüft werden, ob die Nullhypothese aufrecht erhalten werden kann, dass diese Beobachtungen aus einem nichtstationären Prozess stammen.[1]

An dieser Stelle sei noch der Hinweis angebracht, dass für viele ökonomische Zeitreihen Nichtstationarität, wie sie eben eingeführt wurde, streng genommen nicht zutreffen kann. Beispielsweise wird man für Zeitreihen wie Bruttoinlandsprodukt und aggregierte Preise unterstellen, dass diese keine negativen Werte annehmen können.[2] Ein nichtstationärer Prozess wie der in Gleichung 12.3 definierte nimmt jedoch für $T \to \infty$ mit positiver Wahrscheinlichkeit auch negative Werte an. Von daher ist die Überprüfung der Stationaritätseigenschaften auf Basis einfacher AR-Modelle als Modellansatz aufzufassen, um wesentliche Charakteristika einer Zeitreihe zu identifizieren. Mit anderen Worten, selbst wenn ökonomische Zeitreihen viel-

---

[1] Manche Tests gehen auch von der umgekehrten Nullhypothese aus, d.h. dass es sich um einen stationären Prozess handelt.

[2] Für kurzfristige Preise am Strommarkt und jüngst auch für Nominalzinsen auf Bankeinlagen werden jedoch auch negative Werte beobachtet.

leicht nicht exakt einem I(1)-Prozess folgen, kann auf Basis dieser Modelle zumindest geklärt werden, ob sie einem derartigen Prozess so ähnlich sind, dass für endliche Stichproben mit dem Problem der Scheinregression gerechnet werden muss, d.h. dass die üblichen Verteilungsannahmen nicht mehr gelten.

12.2.1 Dickey-Fuller-Test

Der vom Ansatz her einfachste Test zur Überprüfung der Nullhypothese der Nichtstationarität wurde von Fuller (1976) und Dickey und Fuller (1979) vorgeschlagen. Dieser Test basiert auf einem autoregressiven Prozess erster Ordnung, der je nach (vermuteten) Eigenschaften der betrachteten Zeitreihe um eine Konstante und einen deterministischen Trend erweitert wird. Im Folgenden wird die Version ohne Konstante und Trend betrachtet, die für Zeitreihen angemessen ist, deren Durchschnitt im Wesentlichen gleich null ist und die keinen deterministischen Trend aufweisen sollten. Für die Zeitreihe Y_t wird dabei ein einfacher autoregressiver Prozess erster Ordnung angepasst, d.h.

$$Y_t = \rho Y_{t-1} + v_t, \tag{12.4}$$

wobei v_t wie üblich identisch unabhängig verteilte Zufallsterme mit Erwartungswert null sein sollen. Zieht man auf beiden Seiten von (12.4) Y_{t-1} ab und bezeichnet die auf der linken Seite entstehende Differenz mit $\Delta Y_t = Y_t - Y_{t-1}$, erhält man

$$\Delta Y_t = \underbrace{(\rho - 1)}_{=\gamma} Y_{t-1} + v_t. \tag{12.5}$$

Die relevante Nullhypothese der Nichtstationarität entspricht in (12.4) der Hypothese $\rho = 1$. Damit lässt sich auch der Begriff des Einheitswurzeltests beziehungsweise Unit-Root-Tests erklären, der allerdings nicht nur auf autoregressive Prozesse erster Ordnung angewandt werden kann. In der Variante (12.5) entspricht die Hypothese $\rho = 1$ der Hypothese $\gamma = (\rho - 1) = 0$, die gegen die Alternative $\gamma < 0$ zu testen ist.

Zur Überprüfung dieser Nullhypothese liegt es nahe, auf den üblichen t-Test zurückzugreifen. In der Tat entspricht die Dickey-Fuller-Teststatistik (DF) der t-Statistik für den Koeffizienten von Y_{t-1} in der Schätzgleichung (12.5). Allerdings weist diese t-Statistik, wenn die Nullhypothese der Nichtstationarität zutrifft, nicht die übliche t-Verteilung auf. Stattdessen muss mit den kritischen Werten der Dickey-Fuller-Verteilung verglichen werden, die in den typischen Anwendungsfällen im Betrag erheblich größer ausfallen als für die t-Verteilung. Außerdem hängen die kritischen Werte davon ab, welche deterministischen Komponenten berücksichtigt wurden, d.h. für die Varianten ohne Konstante, mit Konstante und mit Konstante und Trend sind jeweils andere kritische Werte heranzuziehen. Die relevanten kritischen Werte können in MacKinnon (1996) gefunden werden. Viele Softwarepakete, so auch EViews 9, weisen sie jedoch auch zusammen mit den Ergebnissen des Dickey-Fuller-Tests aus.

Abbildung 12.4 zeigt die Schätzgleichung des Dickey-Fuller-Tests für die Geburtenrate in Thüringen (GEBRATE), wobei in die Testgleichung eine Konstante aufgenommen wurde, da die durchschnittliche Geburtenrate als positiv anzunehmen ist.

Der Test wurde nur für die Beobachtungen von 1972 bis 1990 durchgeführt, um eine mögliche Komplikation durch den Strukturbruch zu vermeiden. Das qualitative Ergebnis bleibt jedoch unverändert, wenn alle vorliegenden Beobachtungen bis einschließlich 2015 benutzt werden.

Abb. 12.4. Dickey-Fuller-Test: Geburtenrate (EViews 9)

```
Dependent Variable: D(GEBRATE)      Method: Least Squares
Sample (adjusted): 1973 1990    Included observations: 18
=========================================================
Variable   Coefficient    Std. Error    t-Statistic    Prob.
=========================================================
GEBRATE(-1)  -0.088181      0.138349     -0.637383      0.5329
C             1.059103      1.799894      0.588425      0.5645
=========================================================
```

Für den Koeffizienten γ der verzögerten Geburtenrate (GEBRATE(-1)) wird ein Wert der t-Statistik von -0,637 ausgewiesen. Damit könnte auch auf Basis der kritischen Werte aus der t-Verteilung die Nullhypothese $\gamma = 0$ nicht verworfen werden. Die hier relevanten kritischen Werte der Dickey-Fuller-Verteilung werden von EViews 9 ebenfalls ausgewiesen (sind aber in Abbildung 12.4 nicht dargestellt). Sie betragen -3,857 zum 1%-Niveau, -3,040 zum 5%-Niveau und -2,661 zum 10%-Niveau. Die Nullhypothese $\gamma = 0$ und damit $\rho = 1$ kann zu keinem der üblichen Signifikanzniveaus zugunsten der Alternative $\gamma < 0$, d.h. $\rho < 1$ verworfen werden. Es ist daher davon auszugehen, dass die Geburtenrate nichtstationäres Verhalten aufweist, was in einer Regressionsanalyse adäquat berücksichtigt werden müsste, um die Gefahr von Scheinregressionen zu vermeiden.[3] Führt man dieselbe Analyse für die Veränderungen der Geburtenrate durch – in diesem Fall ohne Konstante in der Schätzgleichung, da kein deterministischer Trend in der Entwicklung der Geburtenrate angenommen wird –, erhält man als Wert der Dickey-Fuller-Teststatistik -2,805, was im Vergleich zu den in diesem Fall relevanten kritischen Werten von -2,708, -1,963 und -1,606 zu der Schlussfolgerung führt, dass die Nullhypothese der Nichtstationarität für die Veränderungen der Geburtenrate verworfen werden kann. Bei der Geburtenrate in Thüringen handelt es sich somit um eine I(1)-Variable.

Bei der Durchführung von Tests auf Nichtstationarität (Unit-Root-Tests) ist es wichtig, eventuell vorliegende deterministische Komponenten der Zeitreihe zu berücksichtigen. Wie bereits angesprochen erlaubt der Standardansatz für den Dickey-Fuller-Test die Einbeziehung einer Konstanten und eines linearen Trendterms. Wenn die betrachtete Zeitreihe eine Konstante enthält oder – möglicherweise zusätzlich zum vermuteten stochastischen Trend – auch einen deterministischen Trend aufweist, muss dies in der Spezifikation des Unit-Root-Tests berücksichtigt

---

[3] Siehe hierzu Abschnitt 12.3.

werden.[4] Als für die praktische Arbeit besonders problematisch erweisen sich dabei Strukturbrüche in den deterministischen Komponenten. Werden diese nicht erkannt und entsprechend berücksichtigt, kann dies dazu führen, dass die Nullhypothese fälschlicherweise nicht verworfen wird, d.h. eine Zeitreihe wird als nichtstationär charakterisiert, obwohl sie stationär ist und Strukturbrüche aufweist (Wolters und Hassler, 2006, S. 51f).

Wie andere statistische Testverfahren, werden auch Unit-Root-Tests mit zunehmender Anzahl verfügbarer Beobachtungen verlässlicher. Deshalb wird gelegentlich vorgeschlagen, anstelle von Jahresdaten Quartals- oder Monatsdaten zu verwenden, wenn diese verfügbar sind. Allerdings ist diese Möglichkeit zur Vermehrung der Beobachtungen in diesem Fall nur bedingt hilfreich. Erstens werden dadurch möglicherweise zusätzlich saisonale Komponenten eingebracht, die als deterministische Terme in den Unit-Root-Tests berücksichtigt werden müssen, z.B. durch die Einbeziehung von Saisondummies. Zweitens handelt es sich bei Nichtstationarität um eine Langfristeigenschaft. So überrascht es kaum, dass im Wesentlichen die Länge des von den verfügbaren Daten abgedeckten Zeitraums die Qualität der Tests beeinflusst und weniger die Anzahl der Beobachtungen. Im Zweifelsfall sollten also lieber lange Reihen mit geringerer Frequenz als kurze Reihe mit hoher Frequenz gewählt werden, selbst wenn die Reihen mit hoher Frequenz eine höhere Anzahl von Beobachtungen aufweisen sollten.

12.2.2 Augmented Dickey-Fuller-Test

Für den einfachen Dickey-Fuller-Test wird vorausgesetzt, dass die Fehlerterme von Gleichung (12.5) identisch unabhängig verteilt sind, insbesondere also keine Autokorrelation aufweisen. Wenn die dynamische Struktur der Zeitreihe jedoch mehr als einen verzögerten Wert umfasst, kann dies durch das Modell (12.5) nicht abgebildet werden, wird sich also als Autokorrelation in den Fehlertermen niederschlagen. Um dies zu vermeiden, kann die Schätzgleichung des Dickey-Fuller-Tests zum so genannten Augmented Dickey-Fuller-Test oder kurz ADF-Test erweitert werden, indem verzögerte Differenzen von Y_t in die Schätzgleichung aufgenommen werden.[5]

Die Testgleichung für den Augmented Dickey-Fuller-Test lautet somit wieder für den Fall ohne Konstante und Trend

$$\Delta Y_t = \underbrace{(\rho - 1)}_{=\gamma} Y_{t-1} + \sum_{i=1}^{p} \alpha_i \Delta Y_{t-i} + \nu_t, \qquad (12.6)$$

wobei p gerade so gewählt werden sollte, dass die ν_t keine Autokorrelation mehr aufweisen. Grundsätzlich könnte dieses Ziel erreicht werden, indem die Schätzung

---

[4] Hinweise auf weiterführende Literatur zur Behandlung deterministischer Komponenten finden sich in Wolters und Hassler (2006, S. 49f).

[5] Einen alternativen Ansatz zur Berücksichtung von Autokorrelation und Heteroskedastie schlagen Phillips und Perron (1988) vor. Diese Methode ist im so genannten Phillips-Perron-Test umgesetzt, auf den hier nicht näher eingegangen wird.

von (12.6) für verschiedene Werte von p wiederholt und jeweils ein Test auf Auto-korrelation der Residuen durchgeführt wird. Man wird dann das kleinste p wählen, für das die Nullhypothese "keine Autokorrelation der Residuen" nicht verworfen werden kann. Da die einzelnen Tests auf Autokorrelation in diesem Fall nicht un-abhängig voneinander wären und es daher schwierig wird, das tatsächliche Signifi-kanzniveau zu bestimmen, wird die Laglänge p in praktischen Anwendungen häufig mittels Informationskriterien bestimmt (vgl. Abschnitt 11.1). Auch für diesen Ansatz wird das Modell (12.6) für unterschiedliche Laglängen p geschätzt und anschließend das Modell (die Laglänge) ausgewählt, das zum kleinsten Wert für das Informations-kriterium führt. Die kritischen Werte für den ADF-Test sind asymptotisch dieselben wie für die entsprechenden Varianten des DF-Tests.

Abbildung 12.6 zeigt die Zusammenfassung der Anwendung des ADF-Tests auf die Zeitreihe des privaten Verbrauchs (KONSUM). Da diese Reihe möglicherweise auch einen deterministischen Trend aufweist, wird die Testgleichung mit Konstante und Trend (Constant, Linear Trend) spezifiziert. Die Anzahl der zu berücksichti-genden verzögerten Veränderungen wird auf Basis des Schwarz-Kriteriums (SIC) mit einer vorgegebenen maximalen Laglänge von 14 gewählt. Für die betrachtete Zeitreihe führt eine Laglänge von acht zum kleinsten Wert für das Informationskrite-rium. Damit kann insbesondere auch die in der Reihe enthaltene saisonale Dynamik abgebildet werden. Die resultierenden Schätzergebnisse sind in Abbildung 12.5 aus-gewiesen.

Abb. 12.5. ADF-Test für Privaten Verbrauch: Schätzgleichung (EViews 9)

```
Augmented Dickey-Fuller Test Equation
Dependent Variable: D(KONSUM)          Method: Least Squares
Sample (adj.): 1962Q2 2016Q1    Included observations: 216
===============================================================
Variable        Coefficient  Std. Error  t-Statistic    Prob.
===============================================================
KONSUM(-1)       -0.032151    0.012688    -2.533947    0.0120
D(KONSUM(-1))    -0.097878    0.065558    -1.492989    0.1370
D(KONSUM(-2))    -0.121034    0.065373    -1.851430    0.0655
D(KONSUM(-3))    -0.025893    0.065934    -0.392710    0.6949
D(KONSUM(-4))     0.495230    0.065734     7.533855    0.0000
D(KONSUM(-5))    -0.065170    0.066817    -0.975348    0.3305
D(KONSUM(-6))    -0.023805    0.066948    -0.355572    0.7225
D(KONSUM(-7))    -0.116254    0.066587    -1.745896    0.0823
D(KONSUM(-8))     0.317308    0.066719     4.755890    0.0000
C                -0.527903    0.777812    -0.678703    0.4981
@TREND(1960Q1)    0.068025    0.025596     2.657644    0.0085
===============================================================
```

In Abbildung 12.6 wird daraus lediglich die t-Statistik für $\gamma = (\rho - 1)$ übernommen (-2,534), die mit den ebenfalls ausgewiesenen kritischen Werten verglichen werden muss. Auf Basis dieser Werte kann die Nullhypothese der Nichtstationarität für den privaten Verbrauch zu keinem der üblichen Signifikanzniveaus verworfen werden.

Abb. 12.6. ADF-Test für Privaten Verbrauch: Zusammenfassung (EViews 9)

```
Null Hypothesis: KONSUM has a unit root
Exogenous: Constant, Linear Trend
Lag Length: 8 (Automatic based on SIC, MAXLAG=14)

                                    t-Statistic    Prob.*
=========================================================
Augmented Dickey-Fuller
         test statistic           -2.533947      0.3115
=========================================================
Test critical values: 1% level    -4.001108
                       5% level    -3.430766
                      10% level    -3.138998
=========================================================
*MacKinnon (1996) one-sided p-values.
```

Neben den genannten Tests auf Nichtstationarität werden eine Vielzahl weiterer Verfahren eingesetzt, die sich insbesondere in ihrer Sensitivität hinsichtlich von Verletzungen der Verteilungsannahmen oder der korrekten Abbildung der dynamischen Struktur unterscheiden. Die meisten werden in den in Abschnitt 11.4 zusammengestellten Büchern ausführlich dargestellt. In den folgenden Abschnitten soll nur auf zwei Ansätze kurz eingegangen werden.

12.2.3 KPSS-Test

Eine Begründung für die Entwicklung weiterer Tests zur Überprüfung der Stationaritätseigenschaften ist die geringe Macht des Dickey-Fuller-Tests beziehungsweise des ADF-Tests für stark autokorrelierte, aber (trend)stationäre Zeitreihen. Die Nullhypothese der Nichtstationarität kann in diesen Fällen häufig auch dann nicht verworfen werden, wenn sie nicht zutrifft.[6]

Eine der Alternativen, der KPSS-Test, geht im Unterschied zum Dickey-Fuller-Test von der Nullhypothese der Stationarität aus. Die im Folgenden vorgestellte Variante dieses von Kwiatkowski *et al.* (1992) vorgeschlagenen Tests ist für Reihen ohne deterministischen Trend zutreffend. Will man zwischen nichtstationären Prozessen

---

[6] Für eine kritische Würdigung dieses Arguments siehe Hassler (2004, S. 91).

mit Drift und trendstationären Prozessen, also Reihen, deren Abweichungen von einem deterministischen Trend stationär sind, unterscheiden, müssen die Reihen vor der Anwendung des Tests trendbereinigt werden (Hassler, 2004, S. 94).

Der Ansatz des Tests basiert auf einer Zerlegung der Zeitreihe Y_t in einen stationären Prozess X_t mit Erwartungswert null und konstanter Varianz σ_X^2 und einen Random Walk r_t, also

$$Y_t = X_t + r_t \text{ mit } r_t = r_{t-1} + v_t, \tag{12.7}$$

wobei die v_t wie üblich identisch unabhängig verteilte Störgrößen seien. Insbesondere gilt also $\text{Var}(v_t) = \sigma_v^2$. Unter der Nullhypothese $\sigma_v^2 = 0$ ist

$$Y_t = X_t + r_0 \tag{12.8}$$

stationär. Unter der alternativen Hypothese $\sigma_v^2 > 0$ führt die Random Walk Komponente r_t dazu, dass auch Y_t nichtstationär ist.

Mit dem als KPSS-Test bezeichneten Verfahren soll die Nullhypothese $\sigma_v^2 = 0$ geprüft werden. Dazu berechnet man die KPSS-Teststatistik, die auf den Partialsummen S_t des Prozesses Y_t basiert:

$$S_t = \sum_{\tau=1}^{t} (Y_\tau - \bar{Y}) \text{ für } t = 1, \ldots, T, \tag{12.9}$$

wobei $\bar{Y}$ der über alle Beobachtungen berechnete Mittelwert von Y_t ist. Wenn Y_t stationär ist, bilden die Partialsummen S_t einen I(1)-Prozess.[7] Es lässt sich zeigen, dass daher die Teststatistik

$$KPSS = \frac{1}{T^2 \omega_X^2} \sum_{t=1}^{T} S_t^2 \tag{12.10}$$

für $T \to \infty$ gegen eine Grenzverteilung konvergiert, die von den sonstigen Parametern des Prozesses unabhängig ist. Die kritischen Werte, bei deren Überschreitung die Nullhypothese zu verwerfen ist, finden sich in Kwiatkowski *et al.* (1992) oder werden bereits von der Ökonometriesoftware bereitgestellt, so auch von EViews 9. In Gleichung (12.10) ist noch der Term ω_X^2 zu definieren, mit dem die langfristige Varianz der stationären Komponente von Y_t gemessen werden soll, also

$$\omega_X^2 = \text{Var}(X_t) + 2 \sum_{\tau=1}^{\infty} \text{Cov}(X_t, X_{t+\tau}). \tag{12.11}$$

Ein Schätzer für ω_X^2 ergibt sich, indem die unendliche Summe in (12.11) nach einer endlichen Anzahl p abgeschnitten und zusätzlich eine Gewichtung der verbliebenen Terme eingeführt wird. Die unbekannten Terme X_t werden außerdem durch die Abweichungen $Y_t - \bar{Y}$ ersetzt, die unter der Nullhypothese der stationären Komponente entsprechen. Für die Wahl von p gibt es automatisierte Verfahren (Andrews, 1991).

---

[7] Die Nichtstationarität von S_t ergibt sich beispielsweise aus der mit t ansteigenden Varianz.

Abbildung 12.7 zeigt das Ergebnis der Anwendung des KPSS-Tests auf den privaten Verbrauch. Demnach muss die Nullhypothese der Stationarität zum 1%-Niveau verworfen werden. Dies entspricht damit dem Befund des ADF-Tests, mit dem die Nullhypothese der Nichtstationarität nicht verworfen werden konnte.

Abb. 12.7. KPSS-Test für Privaten Verbrauch (EViews 9)

```
Null Hypothesis: KONSUM is stationary
Exogenous: Constant, Linear Trend
Bandwidth: 11 (Newey-West using Bartlett kernel)
============================================================
                                                    LM-Stat.

============================================================
Kwiatkowski-Phillips-Schmidt-Shin test statistic 0.302676
============================================================
Asymptotic critical values*:         1% level     0.216000
                                     5% level     0.146000
                                    10% level     0.119000

============================================================
*Kwiatkowski-Phillips-Schmidt-Shin (1992, Table 1)
```

12.2.4 HEGY-Test

Der von Hylleberg *et al.* (1990) vorgeschlagene Test zieht die saisonale Komponente in die Stationaritätsanalyse mit ein. Der Test wird hier nicht im Detail vorgestellt. Dennoch erscheint ein Hinweis sinnvoll, da die Situation, auf die mit diesem Test abgezielt wird, durchaus praktische Relevanz aufweisen kann. Für eine ausführlichere Darstellung sei beispielsweise auf Maddala und Kim (1998, Kapitel 12) verwiesen.

Der Kerngedanke dieses Ansatzes liegt in der Betrachtung der saisonalen Komponente der betrachteten Zeitreihe Y_t. In Kapitel 10 wurde diese in der Regel als deterministischer Prozess betrachtet, z.B. dargestellt durch den Einsatz von Saisondummies. Allerdings kann auch die Saisonkomponente ein stochastischer Prozess sein, der wiederum Nichtstationarität aufweisen kann. Insbesondere bedeutet dies, dass Schocks auf die Saisonkomponente Auswirkungen auf die gesamte Zukunft haben, also das Saisonmuster permanent ändern können. Eine derartige Situation wurde in Abschnitt 10.5.4 am Beispiel des verfügbaren Einkommens und der Einführung beziehungsweise Abschaffung von Weihnachtsgeldzahlungen besprochen.

Die Umsetzung des Tests basiert auf dem Dickey-Fuller-Ansatz. Allerdings werden für den HEGY-Test nicht die ersten Differenzen der betrachteten Reihe sondern – im Fall von Quartalsdaten – die vierten Differenzen, also $Y_t - Y_{t-4}$ betrachtet, und als Niveauvariable auf der rechten Seite der Gleichung kommen verschiedene Kombinationen der verzögerten Terme $Y_{t-1}, Y_{t-2}, Y_{t-3}$ und Y_{t-4} zum Einsatz.

12.3 Kointegration

Aus der Beobachtung, dass viele ökonomische Zeitreihen sich gut als nichtstationäre Prozesse beschreiben lassen, und der daraus resultierenden Gefahr von Scheinregressionen, wurde zunächst häufig der Schluss gezogen, dass am besten mit den ersten Differenzen der Reihen gearbeitet werden sollte. Handelt es sich bei den Ursprungsreihen um I(1)-Variablen, sind deren erste Differenzen stationär, so dass mit dem üblichen ökonometrischen Instrumentarium weitergearbeitet werden kann.

Allerdings impliziert ein Regressionsmodell, in dem die Differenzen von ökonomischen Variablen, z.B. privater Verbrauch und verfügbares Einkommen, in einen linearen Zusammenhang gebracht werden, dass die Niveaureihen sich im Zeitablauf beliebig weit voneinander entfernen können. Technisch gesprochen weist die Beziehung zwischen den Niveauvariablen, die sich aus dem Regressionsmodell für die Differenzen ergibt, eine nichtstationäre Störvariable auf. Eine derartige Situation ist jedoch für viele ökonomische Beziehungen nicht zutreffend. Die Konsumquote beispielsweise wird sich stets in einem engen Band, etwa zwischen 0,8 und 1,0 bewegen, so dass keine beliebig großen Abweichungen zwischen den Variablen privater Verbrauch und verfügbares Einkommen möglich sind. Beide Variablen weisen demnach einen ähnlichen (stochastischen) Trend auf, der aus ökonomischen (Gleichgewichts-)Beziehungen resultiert. In einem derartigen Fall sollte also eine Regressionsanalyse der Niveauvariablen durchaus sinnvoll sein.

Doch wie unterscheidet man zwischen sinnvollen Zusammenhängen zwischen nichtstationären Variablen und Scheinregressionen? Die Antwort auf diese Frage liegt bereits in der Beschreibung des vorangegangenen Absatzes. Ein derartiger Zusammenhang wird genau dann sinnvoll schätzbar sein, wenn die betrachteten Reihen einen ähnlichen stochastischen Trend aufweisen, d.h. wenn sich die nichtstationären Anteile der Trends gegenseitig aufheben. In diesem Fall spricht man von Kointegration, ein Konzept das auf die bahnbrechende Arbeit von Engle und Granger (1987) zurückzuführen ist. Unter anderem für diese Arbeit erhielten die Autoren im Jahr 2003 den Nobelpreis.

Allgemein kann Kointegration für Variablen mit unterschiedlichen Integrationsgraden (z.B. auch I(2)) definiert werden. Für mehr als zwei betrachtete Variablen kann es außerdem auch mehrere Kointegrationsbeziehungen geben. Im Folgenden wird nur der einfachste Fall einer Kointegrationsbeziehung zwischen k nichtstationären Variablen betrachtet, die alle den Integrationsgrad I(1) aufweisen, also differenzstationär sind. Seien also die k Variablen $Y_{1,t}, \ldots, Y_{k,t}$ mit Beobachtungen für $t = 1, \ldots, T$ gegeben. Die Variablen sind genau dann kointegriert, wenn es eine Linearkombination der Variablen gibt, die stationär ist, d.h. wenn es Werte der Parameter $\alpha_0, \alpha_1, \ldots, \alpha_k$ gibt, so dass

$$Z_t = \alpha_0 + \alpha_1 Y_{1,t} + \ldots + \alpha_k Y_{k,t}$$

stationär ist.

Wenn die Parameterwerte α_i vorgegeben sind, erfolgt die Überprüfung der Stationarität von Z_t mit einer der im vorangegangenen Abschnitt eingeführten Methoden. Ein solcher Fall kann vorliegen, wenn die ökonomische Theorie Aussagen über die Koeffizienten von Langfristbeziehungen zulässt. Im Fallbeispiel 7.3.1 auf Seite 149 könnte beispielsweise aufgrund der Theorie langfristig eine Elastizität der Geldnachfrage in Bezug auf das Bruttoinlandsprodukt von eins unterstellt werden.[8]

12.3.1 Engle-Granger-Verfahren

Wenn die Koeffizienten nicht aus der Theorie abgeleitet werden können, müssen sie in einem ersten Schritt geschätzt werden.[9] Wenn von $\alpha_1 \neq 0$ ausgegangen werden kann, wird dazu die lineare Regressionsgleichung

$$Y_{1,t} = \gamma_1 + \gamma_2 Y_{2,t} + \dots \gamma_k Y_{k,t} + \varepsilon_t \qquad (12.12)$$

geschätzt. Nach Engle und Granger (1987) liefert diese Schätzung einen besonders effizienten Schätzer der Kointegrationsbeziehung, wenn eine solche vorliegt. Die Frage nach dem Vorliegen von Kointegration entspricht nunmehr der Überprüfung der Stationarität von ε_t auf Basis der geschätzten Residuen $\hat{\varepsilon}_t$. Für diese zweite Stufe der Analyse des so genannten Engle-Granger-Verfahrens kann wieder der Dickey-Fuller-Test oder der ADF-Test eingesetzt werden. In beiden Fällen wird auf die Einbeziehung einer Konstanten und eines Trends verzichtet, da die geschätzten Residuen ohnehin einen Mittelwert von null aufweisen müssen.

Allerdings muss man in diesem Fall berücksichtigen, dass im Unterschied zu der Variante mit bekannten Koeffizienten $\hat{\varepsilon}_t$ nicht als vorgegebene Realisierung eines stochastischen Prozesses interpretiert werden kann, sondern selbst das Ergebnis einer Schätzung ist. Daher müssen für den Vergleich der berechneten t-Statistik andere kritische Werte herangezogen werden als im Fall des normalen Dickey-Fullerbeziehungsweise ADF-Tests. Diese kritischen Werte fallen betragsmäßig größer aus als im Standardfall und können auf Basis der in Anhang 12.5 ausgewiesenen Parameter aus MacKinnon (1991) bestimmt werden.[10]

Als Anwendung betrachten wir zunächst das Beispiel einer offensichtlichen Scheinregression aus Abbildung 12.3. Da beide Variablen nichtstationär sind, müsste, wenn es sich um eine sinnvolle Beziehung handeln sollte, eine Kointegrationsbeziehung vorliegen. Um dies zu überprüfen, werden die Residuen (RESIDUEN) der Schätzgleichung – denn diese müsste ja gerade die Kointegrationsbeziehung darstellen – einem ADF-Test unterzogen. Abbildung 12.8 zeigt das Ergebnis.[11]

Der Wert der ADF-Teststatistik für die Residuen beträgt -2,821, wobei in der Spezifikation keine verzögerten Werte berücksichtigt wurden. Der kritische Wert zum 5%-Niveau lässt sich nach Anhang 12.5 wie folgt berechnen: Die zu testende

---

[8] Ein Langfristkoeffizient für den Zinssatz kann leider allein aus der Theorie nicht hergeleitet werden.

[9] Auf eine alternative Methode zur simultanen Schätzung und Analyse der Kointegrationsbeziehung wird am Ende dieses Abschnittes hingewiesen.

[10] Die relevanten kritischen Werte werden nicht in allen Ökonometriesoftwarepaketen ausgewiesen. EViews 9 weist sie jedoch aus.

[11] In EViews 9 kann der Engle-Granger Test auch direkt durchgeführt werden. Die relevante t-Statistik wird dann als τ-Statistik ausgewiesen.

Abb. 12.8. Engle-Granger-Verfahren: Geburtenrate und Storchendichte (EViews 9)

```
Null Hypothesis: RESIDUEN has a unit root
Exogenous: None
Lag Length: 0 (Automatic based on SIC, MAXLAG=9)

                                  t-Statistic   Prob.*
============================================================
Augmented Dickey-Fuller
        test statistic           -2.821267
============================================================
```

Beziehung umfasst $k = 2$ Variablen, eine Konstante, aber keinen Trend. Außerdem liegen 43 Beobachtungen vor, so dass für die ADF-Testgleichung ohne zusätzliche Lags $T = 43$ Beobachtungen zur Verfügung stehen. Damit ergibt sich als kritischer Wert zum 5%-Niveau $-2,8621 - 2,738/43 - 8,36/(43^2) = -2,9302$, so dass die Nullhypothese der Nichtstationarität der Fehlerterme zum 5%-Niveau nicht verworfen werden kann. Damit handelt es sich bei der Schätzung der Geburtenrate aus Abbildung 12.3 nicht um eine Kointegrationsbeziehung. Der Test bestätigt somit die Erwartung, dass die Geburtenrate in Thüringen langfristig von anderen Faktoren als von der Dichte der Storchenpopulation abhängen muss.

Eine größere Chance, eine Kointegrationsbeziehung zu finden, besteht sicherlich für die Konsumfunktion (siehe Abbildung 7.3 auf Seite 143). Zwar muss sowohl für den privaten Verbrauch als auch für das verfügbare Einkommen von Nichtstationarität ausgegangen werden, was durch hier nicht ausgewiesene Testergebnisse auch bestätigt wird. Dennoch erscheint die Annahme gerechtfertigt, dass sich beide Reihen nicht beliebig voneinander entfernen können, sondern dass sie langfristig demselben (stochastischen) Trend folgen werden. Um die Existenz einer Kointegrationsbeziehung zu prüfen, wurde die Konsumgleichung noch einmal mit Jahresdaten geschätzt, um den Effekt der sich ändernden Saisonfigur auszublenden. Die Residuen dieser Konsumgleichung wurden dann wiederum einem ADF-Test unterzogen. Die Ergebnisse sind in Abbildung 12.9 ausgewiesen.

Abb. 12.9. Engle-Granger-Verfahren: Konsumfunktion (EViews 9)

```
Null Hypothesis: RESIDUEN has a unit root
Exogenous: None
Lag Length: 1 (Automatic based on SIC, MAXLAG=10)

                                  t-Statistic   Prob.*
============================================================
Augmented Dickey-Fuller
        test statistic           -2.964201
============================================================
```

Der kritische Wert zum 5%-Niveau beträgt in diesem Fall bei 56 Beobachtungen -2,91. Die Nullhypothese der Nichtstationarität der Fehlerterme kann für die Konsumgleichung somit zum 5%-Niveau verworfen werden. Es kann von Kointegration ausgegangen werden.

Fallbeispiel: Rohöl- und Benzinpreise – Gibt es einen langfristigen Zusammenhang?

Gerade in Phasen steigender Benzinpreise oder fallender Rohölpreise wird immer wieder die Behauptung in den Raum gestellt, dass die Entwicklung der Benzinpreise sich langfristig von der Entwicklung der Rohölpreise abgekoppelt habe. Die folgende Abbildung zeigt die wöchentliche Entwicklung von Rohöl- und Benzinpreisen in den USA zwischen Anfang 1986 und Ende 2016 jeweils umgerechnet in US-$/Liter.

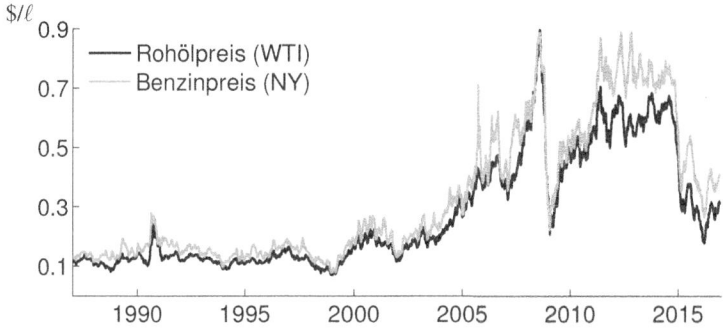

Quelle: Energy Information Administration (http://www.eia.doe.gov/).

Kurzfristig scheint es Hinweise auf unterschiedliche Tendenzen beider Reihen zu geben; aber auf lange Sicht ist ein gewisser Gleichlauf anhand der Grafik kaum von der Hand zu weisen. Um diese subjektive Einschätzung empirisch zu fundieren, muss auf die Kointegrationsanalyse zurückgegriffen werden, da beide Preisreihen eindeutig als nichtstationär zu charakterisieren sind, was durch entsprechende Tests bestätigt wird. Als mögliche Kointegrationsbeziehung wurde

$$p_{\text{Benzin}} = \beta_0 + \beta_1 t + \beta_2 p_{\text{Rohöl}}$$

geschätzt. Für die Residuen dieser Gleichung ergab der ADF-Test (ohne Konstante und Trend und ohne Lags auf Basis des Schwarz Kriteriums) eine t-Statistik von $-7,649$. Auf Basis von $T = 1586$ Beobachtungen errechnet sich der kritische Wert zum 1%-Niveau nach Anhang 12.5 zu $K = -3,9638 - 8,353/1586 - 47,44/(1586^2) = -3,969$. Die Nullhypothese der Nichtstationarität der Residuen der Kointegrationsgleichung muss demnach eindeutig verworfen werden. Es besteht also ein langfristiger Zusammenhang zwischen Rohöl- und Benzinpreisen – zumindest in den USA.

12.3.2 Kointegration im Fehlerkorrekturmodell

Mit den bisher vorgestellten Kointegrationstests ist es lediglich möglich, die Existenz einer sinnvollen Langfristbeziehung zu überprüfen. Das Engle-Granger-Verfahren erlaubt außerdem, die Parameter der Langfristbeziehung zu schätzen. Allerdings bleiben dabei alle dynamischen Anpassungsvorgänge außer Betracht, d.h. sie werden allein über die Fehlerterme abgebildet.[12]

Für die praktische Anwendung ist jedoch gerade auch die Anpassung an langfristige Zusammenhänge von großer Bedeutung. In Abschnitt 11.2 wurde mit dem Fehlerkorrekturmodell bereits ein Modelltyp eingeführt, mit dem beide Aspekte, also langfristige Zusammenhänge und dynamische Anpassung, dargestellt werden können.

Das Granger-Repräsentationstheorem stellt einen Bezug zwischen Kointegration und Fehlerkorrekturmodell her. Es besagt unter anderem, dass es zu jeder Kointegrationsbeziehung ein entsprechendes Fehlerkorrekturmodell gibt und umgekehrt. Um die Darstellung zu vereinfachen, wird hier nur der Fall mit zwei Variablen $Y_{1,t}$ und $Y_{2,t}$ betrachtet, zwischen denen möglicherweise eine Kointegrationsbeziehung besteht. Außerdem wird davon ausgegangen, dass es eine Fehlerkorrekturdarstellung für $Y_{1,t}$ gibt in der $\Delta Y_{1,t}$ die abhängige Variable ist. Grundsätzlich kann es eine Darstellung für $Y_{1,t}$, für $Y_{2,t}$ oder auch für beide Variablen geben.

Das Fehlerkorrekturmodell für $Y_{1,t}$ und $Y_{2,t}$ lautet damit in seiner einfachsten Form

$$\Delta Y_{1,t} = \beta_1 + \beta_2 \Delta Y_{2,t} - \gamma(Y_{1,t-1} - \alpha_2 Y_{2,t-1}) + \varepsilon_t \,. \qquad (12.13)$$

Dieses Modell kann gegebenenfalls um verzögerte Werte von $\Delta Y_{1,t}$ und $\Delta Y_{2,t}$ erweitert werden, um komplexere dynamische Anpassungsstrukturen abzubilden. Wenn die Variablen $Y_{1,t}$ und $Y_{2,t}$ nichtstationär vom Typ I(1) sind, werden alle Elemente mit Ausnahme des Terms in Klammern nach dem Koeffizienten γ stationär sein. Dem Koeffizienten γ kommt daher eine zentrale Bedeutung zu. Ist dieser Koeffizient positiv, bewirkt dies eine Anpassung der Variablen $Y_{1,t}$ in Richtung auf die durch $(Y_{1,t-1} - \alpha_2 Y_{2,t-1})$ definierte Langfrist- oder Kointegrationsbeziehung.

Geschätzt wird das Modell (12.13) in der nach den einzelnen Termen aufgelösten Form

$$\Delta Y_{1,t} = \beta_1 + \beta_2 \Delta Y_{2,t} - \gamma Y_{1,t-1} + \theta Y_{2,t-1} + \varepsilon_t \,, \qquad (12.14)$$

wobei $\theta = \gamma \alpha_2$ ist. Banerjee *et al.* (1998) leiten kritische Werte für die t-Statistik für $-\gamma$ her, um anhand der Schätzung von Modell (12.14) die Nullhypothese fehlender Kointegration verwerfen zu können.[13] Obwohl dieser Test einigen Einschränkungen unterliegt (Maddala und Kim, 1998, S. 204f), stellt er doch eine elegante Möglichkeit dar, im Rahmen eines einzigen Modells – des Fehlerkorrekturmodells – sowohl das Vorliegen von Kointegration zu überprüfen als auch gleichzeitig die dynamische Anpassung an die durch die Kointegrationsbeziehung definierte Langfristbeziehung zu modellieren. Liegt keine Kointegration vor, ist also $-\gamma$ nicht signifikant negativ,

---

[12] Dies führt möglicherweise auch zu der geringen Macht einiger Kointegrationstests (Maddala und Kim, 1998, S. 203f).

[13] Die kritischen Werte werden in Anhang 12.6 ausgewiesen.

landet man außerdem automatisch bei einem Modell in ersten Differenzen, dessen Schätzung unproblematisch ist, wenn die ursprünglichen Variablen vom Typ I(1) waren.

Abbildung 12.10 zeigt das Ergebnis der Schätzung eines Fehlerkorrekturmodells für die Jahresdaten von Konsum und verfügbarem Einkommen.

Abb. 12.10. Fehlerkorrekturmodell und Kointegration(EViews 9)

```
Dependent Variable: D(KONSUM)     Method: Least Squares
Sample: 1961 2015                 Included observations: 55
==================================================================
Variable   Coefficient   Std. Error   t-Statistic    Prob.
==================================================================
C            -0.651648    0.921102     -0.707466     0.4825
D(YVERF)      0.818995    0.014460     56.63829      0.0000
KONSUM(-1)   -0.254669    0.059225     -4.300047     0.0001
YVERF(-1)     0.232114    0.053566      4.333212     0.0001
==================================================================
```

Der entscheidende Koeffizient $-\gamma$ wird demnach mit einem Wert von $-0,255$ geschätzt, was impliziert, dass Abweichungen vom langfristigen Zusammenhang pro Jahr zu etwas mehr als einem Viertel abgebaut werden. Die t-Statistik für diesen Koeffizienten beträgt $-4,30$. Die kritischen Werte für das vorliegende Modell (ohne deterministischen Trend, ein Regressor, ca. 50 Beobachtungen) betragen nach der in Anhang 12.6 ausgewiesenen Tabelle $-3,94$ zum 1%-Niveau, $-3,28$ zum 5%-Niveau und $-2,93$ zum 10%-Niveau. Die Nullhypothese fehlender Kointegration kann also zum 5%-Niveau verworfen werden, was die Interpretation des geschätzten Fehlerkorrekturmodells als eine Repräsentation einer Kointegrationsbeziehung erlaubt.

Eine nahe liegende Erweiterung des Fehlerkorrekturansatzes, in dem nicht mehr eine Variable als zu erklärende Variable ausgezeichnet wird, sondern alle Variablen als potentiell endogen behandelt werden, stellt das so genannte Johansen-Verfahren dar, auf das hier jedoch nicht weiter eingegangen werden soll.[14]

12.4 Literaturauswahl

Eine umfassende Darstellung der Themen Stationarität und Kointegration liefern beispielsweise Banerjee *et al.* (1993), Maddala und Kim (1998), McAleer und Oxley (1999) mit weiterführenden Beiträgen zur multivariaten Kointegration und zur Behandlung von I(2)-Variablen, Stock und Watson (2012), Kapitel 14 und 16, sowie Kirchgässner *et al.* (2013).

---

[14] Für eine einführende Darstellung und weitere Literatur siehe Kirchgässner *et al.* (2013, Kapitel 6).

Eine anwendungsorientierte Einführung zu Einheitswurzeltests und Kointegrationsanalyse findet sich bei Schindler und Winker (2012).

Einen Leitfaden zum Umgang mit nichtstationären Zeitreihen und zur Kointegrationsanalyse stellt Hassler (2004) zur Verfügung.

12.5 Anhang: Kritische Werte für das Engle-Granger-Verfahren

Die kritischen Werte für den ADF-Test in der zweiten Stufe des Engle-Granger-Verfahrens lassen sich aus den in der folgenden Tabelle angegebenen Parametern β_∞, β_1 und β_2 wie folgt approximieren. Zunächst wird in der ersten Spalte das passende Modell (für die Kointegrationsregression) und in der zweiten Spalte die Irrtumswahrscheinlichkeit α ausgewählt. Für eine Stichprobengröße T (der ADF-Testgleichung) ergibt sich dann der kritische Wert K für den ADF-Test als

$$K = \beta_\infty + \beta_1 T^{-1} + \beta_2 T^{-2}.$$

k: Anzahl Regress. Modell	Niv. α	β_∞	β_1	β_2	k: Anzahl Regress. Modell	Niv. α	β_∞	β_1	β_2
$k = 1$,	0,01	-2,5658	-1,960	-10,04					
ohne Konst.,	0,05	-1,9393	-0,398	0,00					
ohne Trend	0,10	-1,6156	-0,181	0,00					
$k = 1$,	0,01	-3,4335	-5,999	-29,25	$k = 4$,	0,01	-4,6493	-17,188	-59,20
mit Konst.,	0,05	-2,8621	-2,738	-8,36	mit Konst.,	0,05	-4,1000	-10,745	-21,57
ohne Trend	0,10	-2,.5671	-1,438	-4,48	ohne Trend	0,10	-3,8110	-8,317	-5,19
$k = 1$,	0,01	-3,9638	-8,353	-47,44	$k = 4$,	0,01	-4,9695	-22,504	-50,22
mit Konst.,	0,05	-3,4126	-4,039	-17,83	mit Konst.,	0,05	-4,4294	-14,501	-19,54
mit Trend	0,10	-3,1279	-2,418	-7,58	mit Trend	0,10	-4,1474	-11,165	-9,88
$k = 2$,	0,01	-3,9001	-10,534	-30,03	$k = 5$,	0,01	-4,9587	-22,140	-37,29
mit Konst.,	0,05	-3,3377	-5,967	-8,98	mit Konst.,	0,05	-4,1418	-13,641	-21,16
ohne Trend	0,10	-3,0462	-4,069	-5,73	ohne Trend	0,10	-4,1327	-10,638	-5,48
$k = 2$,	0,01	-4,3266	-15,531	-34,03	$k = 5$,	0,01	-5,2497	-26,606	-49,56
mit Konst.,	0,05	-3,7809	-9,421	-15,06	mit Konst.,	0,05	-4,7154	-17,432	-16,50
mit Trend	0,10	-3,4959	-7,203	-4,01	mit Trend	0,10	-4,5345	-13,654	-5,77
$k = 3$,	0,01	-4,2981	-13,790	-46,37	$k = 6$,	0,01	-5,2400	-26,278	-41,65
mit Konst.,	0,05	-3,7429	-8,352	-13,41	mit Konst.,	0,05	-4,7048	-17,120	-11,17
ohne Trend	0,10	-3,4518	-6,241	-2,79	ohne Trend	0,10	-4,4242	-13,347	0,00
$k = 3$,	0,01	-4,6676	-18,492	-49,35	$k = 6$,	0,01	-5,5127	-30,735	-52,50
mit Konst.,	0,05	-4,1193	-12,024	-13,13	mit Konst.,	0,05	-4,9767	-20,883	-11,71
mit Trend	0,10	-3,8344	-9,188	-4,85	mit Trend	0,10	-4,6999	-16,445	0,00

Quelle: MacKinnon (1991, Tabelle 1).

12.6 Anhang: Kritische Werte für Fehlerkorrekturtest auf Kointegration

k: Anzahl Regress.	T	Modell mit Konstante Niveau 0.01	0.05	0.10	0.25	k: Anzahl Regress.	T	Modell mit Konstante und Trend Niveau 0.01	0.05	0.10	0.25
$k = 1$	25	-4,12	-3,35	-2,95	-2,36	$k = 1$	25	-4,77	-3,89	-3,48	-2,88
	50	-3,94	-3,28	-2,93	-2,38		50	-4,48	-3,78	-3,44	-2,92
	100	-3,92	-3,27	-2,94	-2,40		100	-4,35	-3,75	-3,43	-2,91
	500	-3,82	-3,23	-2,90	-2,40		500	-4,30	-3,71	-3,41	-2,91
	∞	-3,78	-3,19	-2,89	-2,41		∞	-4,27	-3,69	-3,39	-2,89
$k = 2$	25	-4,53	-3,64	-3,24	-2,60	$k = 2$	25	-5,12	-4,18	-3,72	-3,04
	50	-4,29	-3,57	-3,20	-2,63		50	-4,76	-4,04	-3,66	-3,09
	100	-4,22	-3,56	-3,22	-2,67		100	-4,60	-3,98	-3,66	-3,11
	500	-4,11	-3,50	-3,10	-2,66		500	-4,54	-3,94	-3,64	-3,11
	∞	-4,06	-4,38	-3,19	-2,65		∞	-4,51	-3,91	-3,62	-3,10
$k = 3$	25	-4,92	-3,91	-3,46	-2,76	$k = 3$	25	-5,42	-4,39	-3,89	-3,16
	50	-4,59	-3,82	-3,45	-2,84		50	-5,04	-4,25	-3,86	-3,25
	100	-4,49	-3,82	-3,47	-2,90		100	-4,86	-4,19	-3,86	-3,30
	500	-4,47	-3,77	-3,45	-2,90		500	-4,76	-4,15	-3,84	-3,31
	∞	-4,46	-3,74	-3,42	-2,89		∞	-4,72	-4,12	-3,82	-3,29
$k = 4$	25	-5,27	-4,18	-3,68	-2,90	$k = 4$	25	-5,79	-4,56	-4,04	-3,26
	50	-4,85	-4,05	-3,64	-3,03		50	-5,21	-4,43	-4,03	-3,39
	100	-4,71	-4,03	-3,67	-3,10		100	-5,07	-4,38	-4,02	-3,46
	500	-4,62	-3,99	-3,67	-3,11		500	-4,93	-4,34	-4,02	-3,47
	∞	-4,57	-3,97	-3,66	-3,10		∞	-4,89	-4,30	-4,00	-3,45
$k = 5$	25	-5,53	-4,46	-3,82	-2,99	$k = 5$	25	-6,18	-4,76	-4,16	-3,31
	50	-5,04	-4,43	-3,82	-3,18		50	-5,37	-4,60	-4,19	-3,53
	100	-4,92	-4,30	-3,85	-3,28		100	-5,24	-4,55	-4,19	-3,66
	500	-4,81	-4,39	-3,86	-3,32		500	-5,15	-4,54	-4,20	-3,69
	∞	-4,70	-4,27	-3,82	-3,29		∞	-5,11	-4,52	-4,18	-3,67

Quelle: Banerjee *et al.* (1998, S. 276f).

13

Diagnose und Prognose

Wie bereits ganz zu Anfang dieses Buches in Abbildung 1.1 dargestellt wurde, sind Prognose und Politikevaluation zentrale Ziele der empirischen Wirtschaftsforschung. Klein (1983, S. 164) geht noch einen Schritt weiter mit der Behauptung: "That is the bottom line of applied econometrics, no matter how much artful dodging is used to avoid making this kind of simulation."[1] Deswegen ist dieses abschließende Kapitel der Aufgabenstellung und den Methoden der Prognose und Simulation ökonomischer Zusammenhänge gewidmet.

13.1 Wozu werden Prognosen benötigt?

Eine Prognose macht Aussagen über die unsichere Entwicklung von relevanten Größen mit der Absicht, diese Unsicherheit zu reduzieren. Ein alltägliches Beispiel stellen die in unterschiedlichen Medien veröffentlichten Prognosen für die Wetterlage der kommenden Tage dar.

Ein wesentlicher Grund für den Einsatz von Prognosen ist damit bereits beschrieben: die Zukunft ist unsicher.[2] Dies gilt insbesondere für die Entwicklung wichtiger ökonomischer Größen wie des Bruttoinlandsproduktes, der Arbeitslosenquote oder der Aktienkurse. Da die Auswirkungen vieler in der Gegenwart getroffener Entscheidungen erst in einer mehr oder weniger fernen Zukunft wirksam werden, müssen diese Entscheidungen unter Unsicherheit getroffen werden. Die Verabschiedung eines Bundeshaushaltes für das kommende Jahr hängt beispielsweise von einer Vielzahl von Unwägbarkeiten ab. Diese betreffen einmal die Einnahmeseite, weil zum Beispiel das Steueraufkommen von der wirtschaftlichen Entwicklung abhängt, und zum

---

[1] Eine Gegenposition wurde 2009 vom DIW eingenommen, das in einer Pressemitteilung vom 14.4.2009 ankündigte, aufgrund der großen durch die Finanzmarktkrise verursachten Unsicherheiten, keine Wachstumsprognose für 2010 abzugeben.

[2] Dieser Aspekt wird durch die Redewendung "Prognosen sind schwierig, besonders wenn sie die Zukunft betreffen" treffend charakterisiert, die in ihrer englischen Fassung unter anderem Niels Bohr, George Bernard Shaw, Mark Twain und Winston Churchill, in der deutschen Variante Bruno Kreisky, Kurt Tucholsky und Karl Valentin zugeschrieben wird.

anderen die Ausgabenseite, weil Sozialleistungen oder Zuschüsse zur Arbeitslosenversicherung stark von der Entwicklung der Beschäftigung abhängen. Ein Beispiel für Entscheidungen unter Unsicherheit auf individueller Ebene stellt eine Anlage in Aktien dar, da zum Zeitpunkt des Kaufs der Wertpapiere die zukünftig daraus resultierenden Einkommen aus Dividendenzahlungen und Kursgewinnen beziehungsweise -verlusten bei Verkauf nicht bekannt sind. Ohne wenigstens eine ungefähre Erwartung hinsichtlich der Entwicklung der für Entscheidungen relevanten Größen zu haben, ist allerdings die Verabschiedung eines gut begründeten Bundeshaushaltes ebenso wenig möglich wie eine erfolgversprechende Aktienanlage.

Prognosen verringern das Ausmaß der Unsicherheit über die zukünftige Entwicklung und stellen damit die unverzichtbare Basis für jede Entscheidung eines rational handelnden ökonomischen Akteurs dar, sofern diese Entscheidung mit Auswirkungen in der Zukunft verbunden ist. Sie werden von den wirtschaftspolitischen Akteuren im Bereich der Fiskal- und Geldpolitik ebenso benötigt wie von den Tarifparteien, einzelnen Unternehmen oder privaten Haushalten. In manchen Fällen sind Prognosen auch notwendig, um den aktuellen Wert einer Größe abzuschätzen, deren tatsächliche Werte erst mit erheblicher Verzögerung verfügbar werden. Dies gilt beispielsweise für viele aggregierte Größen aus der Volkswirtschaftlichen Gesamtrechnung.

Grundlage jeder Prognose ist die Kenntnis der bisherigen Entwicklung, möglichst aktueller Werte der interessierenden Variablen und ihres Zusammenwirkens. Deshalb geht der Prognose in der Regel eine Diagnose der aktuellen Situation voraus, in der die vergangene Entwicklung auch in Abhängigkeit von früheren Entscheidungen beschrieben wird. Daraus ergeben sich Entwicklungstendenzen am aktuellen Rand, die insbesondere für eine kurzfristige Prognose große Bedeutung haben.

Die Ausführungen in diesem Kapitel werden sich überwiegend auf Methoden und Anwendungen konzentrieren, die dem Bereich Wirtschaftspolitik zuzuordnen sind. Dennoch sind einige Teile, so zum Beispiel die Klassifikation von Prognoseverfahren, einige der angesprochenen Techniken und die Aussagen über die Güte einer Prognose, gleichermaßen für andere Anwendungsgebiete relevant.

Im Zusammenhang mit der Wirtschaftspolitik werden Prognosen mit zwei verschiedenen Zielsetzungen eingesetzt. Die erste passt unmittelbar in den bereits allgemein beschriebenen Ansatz, wenn es darum geht, wirtschaftspolitische Maßnahmen auf Grundlage von Entwicklungstendenzen festzulegen und deren mögliche Auswirkungen abzuschätzen. Die zweite Zielsetzung besteht darin, unterschiedliche Maßnahmen zu vergleichen. Dies geschieht mittels der Methode der kontrafaktischen Evidenz, d.h. man untersucht den Verlauf wichtiger ökonomischer Reihen unter der Annahme, dass zu einem bestimmten Zeitpunkt eine andere wirtschaftspolitische Maßnahme getroffen worden wäre. Dieser Ansatz wird auch als Politiksimulation bezeichnet. Es wird sich zeigen, dass methodisch keine wesentlichen Unterschiede zwischen einer auf einem ökonometrischen Modell basierenden Prognose und einer auf demselben Modell basierenden Simulation bestehen. Deswegen werden beide Ausdrücke im Folgenden auch teils synonym benutzt.

13.2 Klassifikation von Prognosen

So unterschiedlich die konkreten Einsatzgebiete für Prognosen sind, so unterschiedlich sind auch die eingesetzten Methoden. Die folgende Klassifikation kann daher nicht den Anspruch erheben, alle möglichen Varianten einzuführen. Vielmehr sollen einige wichtige Ordnungsmerkmale dargestellt werden.

Eine erste Einteilung kann nach dem Zeitraum erfolgen, auf den sich die Prognose bezieht. Zwar wird der Begriff der Prognose meistens mit zukünftigen Entwicklungen verbunden, doch gibt es auch Anwendungsgebiete, in denen Prognosen für vergangene Perioden durchgeführt werden. Man spricht von ex-post Prognose beziehungsweise Simluation. Diese werden, wie bereits angesprochen, beispielsweise eingesetzt, um zu untersuchen, welche Auswirkungen wirtschaftspolitische Maßnahmen gehabt hätten, wenn sie in der Vergangenheit eingesetzt worden wären. Derartige Prognosen sehen sich natürlich leicht dem Vorwurf ausgesetzt, dass man hinterher immer klüger ist. Sie haben dennoch eine große Bedeutung für die Entwicklung von (Prognose-)Modellen. Wenn eine derartige ex post Prognose eines Modells unsinnige Ergebnisse liefert, wird dies in der Regel Anlass genug sein, die Modellprämissen zu überprüfen, bevor eine in die Zukunft orientierte Prognose aus einem derartigen Modell abgeleitet wird.

Prognosen, die sich auf aktuelle Größen beziehen, wurden ebenfalls schon in verschiedenen Zusammenhängen angesprochen. Sie werden eingesetzt, um Daten zu approximieren, die erst mit erheblicher Verzögerung verfügbar werden, aber auch für die Abbildung von Erwartungen über die zukünftige Entwicklung.

Die eindeutig zukunftsorientierten Prognosen werden schließlich in Abhängigkeit vom Prognosehorizont in kurz-, mittel- und langfristige Prognosen eingeteilt. Als Kurzfristprognosen werden im wirtschaftspolitischen Zusammenhang Prognosen mit einem Horizont von ein bis zwei Jahren bezeichnet, während mittelfristige Prognosen in etwa den Zeitraum eines Konjunkturzyklus abdecken. Langfristprognosen schließlich umfassen einen Zeitraum von zehn und mehr Jahren. Die genaue Einteilung dieser Kategorien erfolgt häufig nicht allein anhand des Prognosehorizonts, sondern im Zusammenhang mit der Fragestellung und den eingesetzten Methoden.[3]

Eine weitere Einteilung kann nach der Art der Prognose erfolgen. Zunächst kann dabei zwischen einem intuitiven und einem analytischen Vorgehen unterschieden werden. Während die Reproduktion einer intuitiven Prognose für einen Außenstehenden nicht möglich ist, sollte dies im Fall eines analytischen Vorgehens gelingen, da hier ausgehend von vorhandenen Daten und einem ausgewählten Modell die Prognose abgeleitet wird. Allerdings birgt auch das analytische Vorgehen durch die Auswahl der verwendeten Informationen und des Modells ein hohes Maß an Subjektivität, die von Außenstehenden häufig nur schwer zu beurteilen ist.

Vom Ergebnis her kann zwischen qualitativen und quantitativen Prognosen unterschieden werden. Die erste Gruppe liefert Aussagen über Entwicklungstendenzen,

---

[3] Für Aktien- oder Devisenmärkte wird eine Kurzfristprognose eher Zeiträume von wenigen Tagen oder gar innerhalb eines Tages umfassen, während eine Kurzfristprognose der demografischen Entwicklung eher zehn oder zwanzig Jahre umfassen sollte.

also beispielsweise ob die Aktienkurse eher steigen oder fallen werden, während quantitative Verfahren auch Größenordnungen angeben. Dies kann in Form einer Punktprognose erfolgen, indem ein einzelner Wert für jede prognostizierte Variable angegeben wird, oder in Form einer Intervallprognose, indem ein Wertebereich angegeben wird, in dem sich die tatsächliche Realisierung mit großer Wahrscheinlichkeit ergeben wird. Die Auswahl einer der beiden Formen stellt häufig ein Problem an der Schnittstelle zwischen Prognostiker und den Nutzern der Prognose dar. Während dem Prognostiker aufgrund der Unsicherheiten der benutzten Methode klar ist, dass eine Punktprognose kaum jemals exakt realisiert wird und eine Intervallprognose den Informationsgehalt der eigentlichen Prognose besser vermitteln kann, legen die Nutzer häufig Wert auf eine möglichst einfach zu interpretierende Größe.[4]

Ein weiteres Unterscheidungsmerkmal stellt die Dimension einer Prognose dar. Während univariate Prognosen nur Aussagen über die Entwicklung einer Variable machen, werden in multivariaten Prognosen mehrere Variablen oder gar ganze Gruppen von relevanten Größen vorhergesagt, beispielsweise die Entwicklung der wichtigsten Komponenten der Volkswirtschaftlichen Gesamtrechnung.

Ein letztes Klassifikationsmerkmal basiert schließlich darauf, ob die Prognose auf Grundlage eines mit ökonometrischen Methoden geschätzten Modells basiert oder nicht ökonometrischer Natur ist.

13.3 Grenzen des Einsatzes von Prognosen

Die vorgestellte Klassifikation von Prognosen könnte den Anschein erwecken, dass es für jede in die Zukunft gerichtete ökonomische Fragestellung auch ein geeignetes Prognoseverfahren gibt. Allerdings muss man dabei berücksichtigen, dass die Güte der Prognose, auf deren Messung in Abschnitt 13.6 eingegangen wird, von der untersuchten Größe und der gewählten Methode abhängt. Ob die erreichbare Qualität hoch genug ist, um einen sinnvollen Einsatz zu erlauben, ist somit in jedem Einzelfall zu klären. In diesem Abschnitt soll zunächst auf einige grundlegende Probleme beim Einsatz von Prognosen hingewiesen werden, die den eben geäußerten Optimismus dämpfen sollten.

Prognosen basieren immer auf der Informationsmenge, die dem Prognostiker aktuell zur Verfügung steht. Alle Fehler in den verfügbaren Daten übertragen sich also in der einen oder anderen Form ebenso auf die Prognose wie zwangsweise auftretende Effekte von nicht berücksichtigten Variablen oder Informationen. Eine Prognose ist also bestenfalls so gut wie die verfügbare Datenbasis, was angesichts der Diskussion in den ersten Kapiteln dieses Buches als wesentliche Einschränkung aufgefasst werden muss.

Die Verwertbarkeit der Prognose wird auch davon abhängen, ob das zugrunde liegende Modell – egal ob es intuitiv, analytisch, ökonometrisch oder auf andere

---

[4] Bei Heise (1991, S. 24) heißt es hierzu: "Mit einer "einerseits – andererseits" Prognose, die die vorhandenen theoretischen Unsicherheiten zum Ausdruck brächte, wäre dem Wirtschaftspolitiker wohl kaum gedient."

Weise spezifiziert ist – die untersuchten Zusammenhänge sinnvoll abbilden kann. Je länger der Prognosehorizont ist, desto eher muss davon ausgegangen werden, dass es zu grundlegenden Veränderungen kommen kann, die zu einem Versagen des Modells führen. Prognosen sind also in zweifacher Hinsicht als bedingte Aussagen aufzufassen: einmal hinsichtlich der Datenbasis oder Informationsmenge, die dem Prognostiker zur Verfügung steht, und zum anderen hinsichtlich der Angemessenheit des Modells für den Prognosezeitraum.

Ein zweiter Problemkomplex ökonomischer Prognosen ist im Zusammenhang mit der bereits in Kapitel 2 angesprochenen Unschärferelation der empirischen Wirtschaftsforschung zu sehen. Prognosen können Einfluss auf das Verhalten der Wirtschaftssubjekte haben (Weichhardt, 1982, S. 17ff). Dabei können zwei Fälle unterschieden werden.

Die sich selbst erfüllende Prognose wird durch die zukünftige Entwicklung deswegen bestätigt, weil sich die Wirtschaftssubjekte daran orientieren. Wird in einer für relevant erachteten Prognose ein beschleunigtes Ansteigen der Aktienkurse oder eines Wechselkurses angekündigt, kann dies beispielsweise dazu führen, dass verstärkt in die entsprechenden Anlagen investiert wird. Diese Reaktion auf die Prognose führt nun zu steigender Nachfrage auf dem entsprechenden Markt und damit ceteris paribus auch zu steigenden Kursen, wie es die Prognose vorhergesagt hat.

Der andere Fall ist der einer sich selbst vereitelnden Prognose. Weisen die Ergebnisse einer Prognose auf ernste Schwierigkeiten in einem ökonomischen Bereich hin, wenn die angenommene Entwicklung eintritt, kann dies Anlass zur Revision von Entscheidungen sein. Dann stimmen die ursprünglichen Annahmen nicht mehr und die Prognose verfehlt die tatsächliche Realisierung (Heise, 1991, S. 19). Ein klassisches Beispiel hierfür stellt der Schweinezyklus dar. Wird kurzfristig eine Zunahme des Angebots an Schweinefleisch prognostiziert, das bei gegebener Nachfrage zu Preissenkungen führen muss, wird dies einige Landwirte veranlassen, keine Schweine mehr zu züchten. Einige Monate später wird man statt des erwarteten Schweineberges ein zu kleines Angebot beobachten, was wiederum zu Neueinstiegen in die Schweinezucht führen kann. In diesem Beispiel vereitelt sich die Prognose nicht nur selbst, sondern ist sogar Ursache für eine zyklische Komponente im betrachteten Markt. Ein ähnliches Fallbeispiel "Der Hopfenanbauzyklus" wird auf Seite 294 vorgestellt.

13.4 Konjunkturprognose

Das konkrete Vorgehen bei der Erstellung, Interpretation und Bewertung von Prognosen soll am Beispiel der gesamtwirtschaftlichen Konjunkturprognose für die Bundesrepublik Deutschland dargestellt werden. Solche Vorhersagen werden unter anderem vom Sachverständigenrat zur Begutachtung der gesamtwirtschaftlichen Entwicklung in seinem Jahresgutachten, von der vom BMWi geförderten Projektgruppe Gemeinschaftsdiagnose[5] zweimal im Jahr und von der OECD im Wirt-

[5] Dazu gehören im Herbst 2016 Deutsches Institut für Wirtschaftsforschung in Berlin (DIW) in Kooperation mit dem Österreichischen Institut für Wirtschaftsforschung in Wien (WiFo),

schaftsbericht Deutschland veröffentlicht. Der Jahreswirtschaftsbericht der Bundesregierung liefert im Januar jeden Jahres ebenfalls Aussagen über die erwartete beziehungsweise angestrebte konjunkturelle Entwicklung. Insbesondere muss darin auf
die Prognose und Politikempfehlungen des Sachverständigenrates eingegangen werden.

Fallbeispiel: Der Hopfenanbauzyklus

Die Preisschwankungen auf dem Hopfenmarkt in Deutschland waren in den fünfziger und sechziger Jahren enorm, bevor durch die Europäische Gemeinschaft
Preisgarantien eingeführt wurden. Der Hopfenanbau ist dadurch charakterisiert, dass
neue Anbauflächen erst nach zwei bis drei Jahren volle Erträge bringen. Richten
sich die Landwirte bei ihrer Anbauentscheidung nach den aktuellen Preisen, wird
es eine hohe Korrelation zwischen Preisen und Veränderung der Anbauflächen im
Folgejahr geben, wie es die Grafik nahe legt. Dort sind die Preise in 1 000 DM/t als
durchgezogene Linie und die Anbauflächenveränderung im folgenden Jahr in v.H.
als gestrichelte Linie abgetragen.

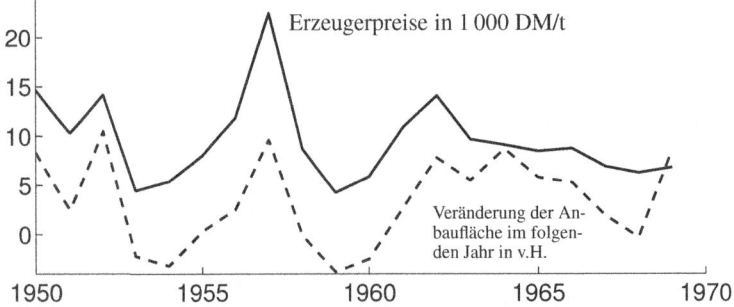

Quelle: Jarchow (1980).

Phasen mit hohen Preisen wie 1952 oder 1957 folgen daher mit einer Verzögerung
von ungefähr zwei bis drei Jahren Perioden mit einem sehr hohen Hopfenangebot
und daher niedrigen Preisen. In diesen Phasen werden Flächen stillgelegt, so dass die
Preise in den folgenden Jahren wieder steigen, bis sich der Zyklus wiederholt.

Quelle: Jarchow (1980).

---

ifo Leibniz-Institut für Wirtschaftsforschung an der Universität München in Kooperation
mit der KOF Konjunkturforschungsstelle der ETH Zürich, das Institut für Weltwirtschaft
an der Universität Kiel (IfW), das Leibniz-Institut für Wirtschaftsforschung Halle (IWH)
und das RWI - Leibniz-Institut für Wirtschaftsforschung, Essen, in Kooperation mit dem
Institut für Höhere Studien Wien (IHS). Siehe auch Projektgruppe Gemeinschaftsdiagnose
(2016).

Tabelle 13.1. Konjunkturprognosen für 2016/2017[a)]

Prognoseinstitut	BMWI	Projektgruppe		SVR		EU		Tatsächliche	
Prognosemonat	1/16	10/16		11/16		11/16		Werte	
Prognose für …	2016	2016	2017	2016	2017	2016	2017	2016	2017
Entstehung des realen Bruttoinlandsproduktes									
Arbeitsvolumen	–	1,3	0,7	0,9	0,4	–	–		
Produktivität	0,6	0,5	0,7	0,9	1,0	–	–		
Bruttoinlandsprodukt preisbereinigt	1,9	1,9	1,4	1,9	1,3	1,5	1,5		
Verwendung des realen Bruttoinlandsproduktes									
Konsumausgaben									
- private Haushalte	1,9	1,8	1,3	1,7	1,3	1,7	1,4		
- Staat	3,5	3,5	2,4	3,8	2,4	3,9	2,8		
Ausrüstungen	2,2	1,0	0,6	1,6	1,8	1,6	1,1		
Bauten	2,3	3,2	1,9	3,0	1,9	–	–		
Export	3,2	2,3	2,0	3,3	3,9	2,6	2,8		
Import	4,8	2,4	2,8	3,4	5,4	2,8	3,9		
Bruttoinlandsprodukt	1,7	1,9	1,4	1,9	1,3	1,9	1,5		
Einkommensverteilung (nominal)									
Arbeitnehmerentgelte	3,6	3,5	3,6	3,4	3,1	–	–		
Unternehmens- und Vermögenseinkommen	3,9	3,6	1,8	1,6	3,8	–	–		
Verfügbares Einkommen	2,9	2,6	2,8	2,5	2,7	–	–		
Preisentwicklung									
Private Konsumausg.	1,1	0,7	1,4	1,7	1,3	0,4[b)]	1,5[b)]		
Bruttoinlandsprodukt	1,7	1,4	1,5	1,9	1,3	1,5	1,6		

a) Veränderungsraten in Prozent; b) Harmonisierter Verbraucherpreisindex (HVPI).

Quelle: Bundesministerium für Wirtschaft und Technologie (2016, S. 66), Projektgruppe Gemeinschaftsdiagnose (2016, S. 58f), Sachverständigenrat zur Begutachtung der gesamtwirtschaftlichen Entwicklung (2016, S. 133), European Commission (2016, S. 81).

Tabelle 13.1 zeigt eine Zusammenstellung von Prognosen wichtiger Größen der Volkswirtschaftlichen Gesamtrechnung für Deutschland und die Jahre 2016 und 2017. Zum Zeitpunkt der Drucklegung ist die tatsächliche Entwicklung für 2016 noch nicht abschließend absehbar gewesen. Deswegen bleiben die letzten beiden Spalten für die tatsächlichen Werte für 2016 und 2017 leer. Sie können, sobald die tatsächlichen Werte bekannt sind, vom Leser ergänzt werden.

13.4.1 Diagnose der gegenwärtigen Lage

Wesentlich für die Treffsicherheit der Konjunkturprognose ist, wie bereits angesprochen, die korrekte Diagnose der aktuellen Ausgangslage. Dies bedeutet, dass die gegenwärtige Lage der Volkswirtschaft mit Hilfe ökonomischer Modelle aus der

Entwicklung von als exogen gegebenen Größen und relevanten wirtschaftspolitischen Entscheidungen erklärt werden muss. Selbst wenn langfristig stabile Zusammenhänge zwischen einzelnen Variablen existieren oder zumindest als existent angenommen werden, ist diese Aufgabe nicht gelöst, da gerade die kurzfristigen Abweichungen von derartigen langfristigen Tendenzen wesentlich für die konjunkturelle
Entwicklung in der nahen Zukunft sind.

Im Gutachten des Sachverständigenrates besitzt daher die Diagnose traditionell
einen hohen Stellenwert, der sich beispielsweise darin ausdrückt, dass im Gutachten
für 2016/17 gut 10 Seiten der Darstellung der allgemeinen aktuellen wirtschaftlichen
Lage gewidmet sind, wobei die tiefer gehende Analyse einzelner Politikfelder noch
gar nicht mitgezählt ist. In der medialen Darstellung finden sich diese Ausführungen allerdings meistens auf einige wenige Zahlen, beispielsweise die prognostizierte Wachstumsrate für das reale Bruttoinlandsprodukt oder die erwartete Arbeitslosenquote, reduziert, was wiederum die Erzeuger-Konsumenten-Problematik bei der
Erstellung von Prognosen veranschaulicht. Auch die seit einigen Jahren mit ausgewiesene Information zur Unsicherheit der Prognosen (Sachverständigenrat zur Begutachtung der gesamtwirtschaftlichen Entwicklung, 2016, S. 103) wird nur selten
kommentiert.

13.4.2 Entwicklung exogener Größen

Der zweite vorbereitende Schritt auf dem Weg zu einer Prognose besteht darin, festzulegen, welche Größen als exogen gegeben angenommen werden sollen und von
welcher Entwicklung für diese Größen auszugehen ist. Zu diesen Größen gehören
neben konkreten Variablen auch Einschätzungen über wirtschaftspolitische Entscheidungen.

Häufig werden außenwirtschaftliche Variablen zumindest teilweise als gegeben
angenommen. Dazu gehört die Entwicklung des Welthandels, der Wechselkurse und
der Rohölpreise. Wird die Entwicklung dieser Variablen als unsicher und zugleich
besonders wesentlich erachtet, werden auch alternative Prognosen durchgeführt. So
kann die wirtschaftliche Entwicklung einmal unter der Prämisse eines anhaltend hohen oder gar weiter steigenden Dollarkurses und einmal unter der Prämisse eines
Rückgangs abgeschätzt werden. Es bleibt dann wieder dem Anwender überlassen,
welche der – auch als Szenarien bezeichneten – Entwicklungen er für plausibler
hält. Häufig werden auch die Expansionsrate der Geldmenge und die Entwicklung
der Staatsausgaben als gegeben angenommen, da sie durch veröffentlichte Geldmen-
genziele und den Staatshaushalt zumindest für die unmittelbare Zukunft vorgezeich-
net sind. Unterschiedlich wird mit der Entwicklung der Tariflöhne umgegangen, die
zum Zeitpunkt der Prognose teilweise aufgrund längerer Laufzeit der Verträge schon
bekannt ist.

Tabelle 13.2 zeigt die Entwicklung einiger als exogen angenommener Größen,
wie sie der Gemeinschaftsdiagnose der Projektgruppe (Projektgruppe Gemeinschaftsdiagnose, 2016) und der Prognose der Deutschen Bundesbank (Deutsche
Bundesbank, 2016) im Jahr 2016 zugrunde lagen. Vergleichbare Annahmen finden

sich auch in Sachverständigenrat zur Begutachtung der gesamtwirtschaftlichen Entwicklung (2016, S. 107ff). So wird beispielsweise für den Ölpreis ein Anstieg auf 55 US-$ pro Fass in 2017 unterstellt.

Tabelle 13.2. Annahmen für Prognosen für 2016–2018

Prognoseinstitut	Projektgruppe			Bundesbank		
Prognose für ...	2016	2017	2018	2016	2017	2018
Rohölpreis (US-$/Fass)	43,6	48,9	49,8	43,4	49,1	51,3
Expansion Welthandel (%)	0,3	1,8	2,0			
Wachstum Absatzmärkte (%)				3,0	3,9	4,3
Wechselkurs US-$ / Euro	1,12	1,12	1,12	1,13	1,14	1,14
Hauptrefinanzierungssatz (EZB)	0	0	0			
EURIBOR-Dreimonatsgeld				-0,3	-0,3	- 0,3

Quelle: Projektgruppe Gemeinschaftsdiagnose (2016, S. 19) und Deutsche Bundesbank (2016, S. 19).

Die Vorgaben für die Prognose, die sich aus den Annahmen über die Entwicklung exogener Größen ergeben, können allerdings nicht vollständig vom Ergebnis der Prognose abgekoppelt werden. Wird beispielsweise von einem konstanten Wechselkurs ausgegangen und die Prognose ergibt aufgrund anderer Einflüsse einen starken Anstieg des inländischen Zinsniveaus, kann dies etwa vor dem Hintergrund der Zinsparitätentheorie Anlass geben, die ursprünglichen Prämissen zu revidieren.

13.4.3 Prognose

Ziel der Prognose im engeren Sinn ist es, auf Grundlage der Vorgaben für die Entwicklung exogener Größen Aussagen über die voraussichtliche Entwicklung wichtiger endogener Größen abzuleiten. Hierzu kommen neben der Prognose auf Basis eines ökonometrischen Modells verschiedene Verfahren zum Einsatz, auf die im Folgenden kurz eingegangen wird. Die Prognose auf Basis ökonometrischer Modelle wird Gegenstand des darauf folgenden Abschnitts 13.5 sein.

Qualitative Prognosen

Die Gruppe der qualitativen Prognosen ist in sich sehr heterogen. Sie reicht von der intuitiven freien Schätzung bis hin zu ökonometrisch basierten Prognosen, auf die jedoch erst im Zusammenhang mit den ökonometrischen Modellprognosen eingegangen wird. Hier seien nur kurz einige der anderen Methoden angesprochen.

Die bereits angesprochene freie Schätzung basiert allein auf der Erfahrung und Intuition des Prognostikers, wobei er die ihm zugängliche Informationen nutzt. Eine Überprüfung erfolgt dabei meist nur hinsichtlich der logischen Konsistenz. Obwohl derartige Prognosen hohe Qualität aufweisen können, sind sie mit dem Nachteil behaftet, dass sie vom Anwender nicht oder nur mit sehr hohem Aufwand nachvollzogen werden können. Damit ist es auch nicht möglich einzuschätzen, ob eine gute Prognose für eine Periode auch darauf schließen lässt, dass zukünftige Prognosen ebenfalls eine hohe Qualität aufweisen.

Eine Erweiterung stellt die Befragung von Experten dar. Dabei werden die Prognosen von Experten über die erwartete Entwicklung zusammengefasst. Ein Beispiel stellt der in Abschnitt 2.3 vorgestellte ZEW Finanzmarkttest dar. Ebenfalls auf der Befragung von Experten basiert die Delphi-Methode. Allerdings wird hier den Experten in einer zweiten Runde die Möglichkeit gegeben, ihre ursprüngliche Prognose im Licht der anderen Prognosen zu revidieren. Die dabei feststellbare Konvergenz der einzelnen Prognosen führt jedoch nicht zwangsweise zu einer besseren Prognosequalität (Henschel, 1979, S. 20).

Einfache Zeitreihenverfahren

Den ersten Ansatz im Bereich der klassischen Zeitreihenverfahren stellt die Extrapolation trendmäßiger Entwicklungen dar. Bereits in Abschnitt 3.2 wurden Extrapolationsmethoden angesprochen, die auf einer wie in Abschnitt 10.3 identifizierten Trendkomponente der Zeitreihe beruhen können. Lässt sich die Trendkomponente T_t der betrachteten Variable X_t beispielsweise als Polynom in Abhängigkeit von der Zeit darstellen, also

$$T_t = \sum_{i=0}^{p} \alpha_i t^i \,,$$

so kann ausgehend von den geschätzten α_i der Wert für zukünftige Perioden $t + k$ direkt berechnet werden. Diese auch als naive Zeitreihenfortschreibung bezeichnete Methode stößt jedoch aus zweierlei Gründen schnell an ihre Grenzen. Erstens werden kurzfristige Schwankungen, die für die Konjunkturprognose von besonderer Bedeutung sind, gänzlich ausgeblendet. Zweitens besteht die Gefahr, dass sich die trendmäßige Entwicklung aufgrund ökonomischer Einflussfaktoren, die im Trendpolynom nicht dargestellt werden, verändert. Wie gravierend die sich ergebenden Fehleinschätzungen auf mittlere oder lange Frist sein können, wurde bereits anhand der Fallbeispiele "Mark Twain und der Mississippi" auf Seite 45 und "Sprint mit Lichtgeschwindigkeit" auf Seite 46 diskutiert.

Eine Alternative im Bereich der univariaten Zeitreihenmodelle stellen die in Abschnitt 11.3 beschriebenen stochastischen Zeitreihenmodelle dar. Diese haben wie die naiven Zeitreihenmodelle den Vorteil, dass keine zusätzliche Information über die Entwicklung anderer (exogener) Variablen notwendig ist, da die Fortschreibung nur auf der eigenen Vergangenheit basiert. Verglichen mit der Trendextrapolation können stochastische Zeitreihenmodelle jedoch wesentlich komplexere Anpassungsvorgänge und zyklische Muster reproduzieren. Damit können durchaus auch kurzfristige Entwicklungen dargestellt werden. Deswegen werden solche Modelle insbesondere für kurzfristige Prognosen beispielsweise der Entwicklung von Zinsen oder

Wechselkursen eingesetzt. Außerdem können sie teilweise als reduzierte Form eines interdependenten Modells aufgefasst werden. In Abschnitt 11.3 wurde beispielsweise aus einem kleinen dynamischen Modell einer Volkswirtschaft das folgende Zeitreihenmodell als reduzierte Form hergeleitet:

$$Y_t = \beta_0 + \beta_1 Y_{t-1} + \beta_2 Y_{t-2} + \varepsilon_t \; .$$

Die Schätzwerte $\hat{\beta}_0, \hat{\beta}_1$ und $\hat{\beta}_2$ für die Parameter des Modells können mit Hilfe der KQ-Methode und Daten aus der Vergangenheit ($t = 1, \ldots, T$) bestimmt werden. Eine Prognose für den Zeitpunkt $T + 1$ erhält man dann durch

$$Y_{T+1}^p = \hat{\beta}_0 + \hat{\beta}_1 Y_T + \hat{\beta}_2 Y_{T-1}$$

und für $T + 2$ durch

$$Y_{T+2}^p = \hat{\beta}_0 + \hat{\beta}_1 Y_{T+1}^p + \hat{\beta}_2 Y_T \; .$$

Aus diesen Gleichungen zur dynamischen Berechnung der Prognosen ergibt sich, dass sich Fehler der Prognose für $T + 1$ auch in die Prognosen der Folgeperioden übertragen können. Obwohl diese Prognosemodelle eher schlicht und aufgrund der Übertragung von Prognosefehlern wenig robust erscheinen, stellen sie eine wichtige Referenz für die ex post Beurteilung komplexerer Prognoseansätze dar. Damit man ein Prognosemodell als hilfreich bewerten kann, sollte es sicherlich mindestens so gut sein wie diese simplen Zeitreihenansätze.

Iterative Prognose im Rahmen der VGR

Die iterative Prognose im Rahmen der Volkswirtschaftlichen Gesamtrechnung kann als Oberbegriff über die von vielen Wirtschaftsforschungsinstituten und traditionell auch vom Sachverständigenrat benutzten Methoden betrachtet werden (Müller-Krumholz, 1996, S. 45f). Ziel ist jeweils die Prognose wichtiger Eckdaten der Volkswirtschaftlichen Gesamtrechnung. Dazu gehören beispielsweise (Heise, 1991, S. 21):

auf der Verwendungsseite der private Verbrauch als größtes Teilaggregat des Bruttoinlandsproduktes, die von der Entwicklung der relativen Preise abhängigen Importe, die am stärksten zyklisch variierenden Ausrüstungsinvestitionen, die Bauinvestitionen und die Exporte, die häufig als "Lokomotive" des Aufschwungs im Inland betrachtet werden, sowie die zugehörigen Preisentwicklungen,

auf der Entstehungsseite die Beschäftigung und die daraus bei gegebenem Arbeitsangebot resultierende Arbeitslosigkeit,

auf der Verteilungsseite die Entwicklung der Effektivlöhne und Unternehmensgewinne.

Die Reihenfolge, in der diese Komponenten im Rahmen der iterativen Prognose betrachtet werden, ist nicht festgelegt. Es hängt auch von der durch die Diagnose beschriebenen aktuellen Situation ab, von welcher Komponente am ehesten konjunkturelle Impulse zu erwarten sind. Diese werden dann häufig zuerst analysiert. Für die

Prognose der Komponenten, die nicht von vorne herein als gegeben angenommen wurden, kommen neben intuitiven Verfahren auch die im vorangegangenen Unterabschnitt angesprochenen Zeitreihenverfahren sowie ökonometrische Modelle zum Einsatz.

Ausgehend von den Vorhersagen für die einzelnen Komponenten lässt sich eine Prognose für das Bruttoinlandsprodukt einmal von der Verwendungs- und einmal von der Entstehungsseite her berechnen. Gibt es Unterschiede zwischen beiden Werten, ist eine Korrektur erforderlich. In welcher Komponente diese Korrektur vorgenommen wird, bleibt dabei dem Prognostiker überlassen. Aus den ursprünglichen Annahmen über die Lohnentwicklung und die Lohndrift ergibt sich zusammen mit der über die Entstehungsseite prognostizierten Entwicklung der Beschäftigung auch eine Prognose der Verteilungsseite. Wird die darin als Restgröße bestimmte Entwicklung der Unternehmens- und Gewinneinkommen als unplausibel betrachtet, ergibt sich weiterer Anpassungsbedarf.

Der Abgleich zwischen den einzelnen Konten der Volkswirtschaftlichen Gesamtrechnung und sich daraus ergebenden Korrekturen werden solange iteriert, bis eine konsistente Prognose erstellt ist. Dabei gehen in das Modell sowohl quantitativ und qualitativ verfügbare Informationen als auch der Sachverstand der beteiligten Prognostiker ein. Allerdings sind für den potentiellen Nutzer der Prognosen die einzelnen Schritte der Erstellung der Prognose wenig transparent. Der Prozess der iterativen Anpassung wird teilweise auch als "Rundrechnen" bezeichnet.

Der statistische Überhang

Ein Aspekt der Konjunkturprognose, der für viele Prognoseverfahren relevant ist, soll an dieser Stelle kurz vorgestellt werden. Es handelt sich um das Konzept des statistischen Überhangs (Europäische Zentralbank, 2010, S. 71ff). Abbildung 13.1 veranschaulicht die Situation auf Basis des realen deutschen BIP (Kettenindex) für 2016 und der hypothetischen Werte für die Entwicklung in 2017. Die Balken zeigen die Werte für die einzelnen Quartale beider Jahre, während die durchgezogene Linie den Durchschnitt für 2016 und die gestrichelte Linie den sich aus den hypothetischen Werten ergebenden Durchschnitt für 2017 ausweisen.

Es wird deutlich, dass trotz einer für 2017 unterstellten Wachstumsdynamik, die im Mittel der Quartalsraten negativ ausfällt, ein gegenüber dem Vorjahresdurchschnitt positives Wachstum des realen Bruttoinlandsproduktes ausgewiesen würde. Ausschlaggebend hierfür ist die Entwicklung im vorangegangenen Jahr, da für die Fortschreibung der quartalsweisen Wachstumsraten nicht der Durchschnitt des vergangenen Jahres, sondern das Niveau am Jahresende relevant ist. Der statistische Überhang gibt an, welches Wachstum sich für das Folgejahr statistisch ergeben würde, wenn sich alle vierteljährlichen Zuwachsraten für das prognostizierte Jahr auf null beliefen. Die tatsächliche Wachstumsdynamik im jeweiligen Jahr lässt sich dann aus der Differenz zwischen der Wachstumsrate, die sich aus dem Vergleich der beiden Durchschnitte ergibt, und dem statistischen Überhang bestimmen. Formal ist der statistische Überhang U wie folgt definiert (Nierhaus, 1999, S. 16):

Abb. 13.1. Statistischer Überhang

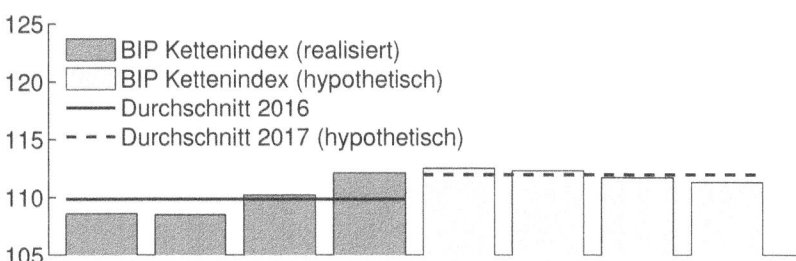

Quelle: Deutsche Bundesbank, Zeitreihendatenbank: `BBNZ1.Q.DE.N.H.0000.A`; eigene Berechnungen.

$$U = \frac{X_{t+k-1}}{\frac{1}{k}\sum_{i=0}^{k-1} X_{t+i}} \cdot 100 - 100,$$

wobei k die Anzahl der Perioden pro Jahr bezeichnet (also z.B. $k = 4$ für Quartalsdaten), X_{t+k-1} somit die letzte Beobachtung des Jahres und der Nenner den Durchschnittswert für das Jahr angibt. Üblicherweise werden für diese Betrachtung saison- und kalenderbereinigte Größen X_t herangezogen.

Praktisch ergibt sich ein ausgeprägter positiver Überhang immer dann, wenn im zurückliegenden Jahr der Wert für das letzte Quartal deutlich über dem Jahresdurchschnitt liegt. Dies war im Jahr 2016 der Fall. Damit würden selbst kleine negative Wachstumsraten für die einzelnen Quartale im Folgejahr noch zu einer insgesamt positiven Jahreswachstumsrate im Vergleich der Jahresdurchschnitte führen. Ein umgekehrter Effekt ergibt sich, wenn der Wert für das letzte Quartal unter dem Jahresdurchschnitt liegt, wie dies im Krisenjahr 2008 der Fall war. Dann werden aufgrund eines negativen Überhangs selbst positive quartalsweise Wachstumsraten möglicherweise nicht zu einer positiven Wachstumsrate des Jahresdurchschnitts führen.

13.5 Prognose mit ökonometrischen Modellen

Vorhersagen mit ökonometrischen Modellen basieren auf quantitativen Zusammenhängen zwischen zu erklärenden und erklärenden Variablen. Die Parameter dieser Modelle werden dabei mittels der in den vorangegangenen Kapiteln vorgestellten Methoden geschätzt. Insbesondere basieren ökonometrische Modelle in der Regel auf ökonomischer Theoriebildung für die einzelnen Verhaltensgleichungen, die, soweit sie bei der Schätzung bestätigt werden, empirisch relevante ökonomische Zusammenhänge ausdrücken. Für reine Zeitreihenmodelle gilt diese Annahme nur eingeschränkt, indem sie als reduzierte Form eines strukturellen Modells aufgefasst werden.

In makroökonometrischen Modellen, wie sie insbesondere für die Konjunkturprognose eingesetzt werden, finden makroökonomische Interdependenzen explizit Berücksichtigung. Inwieweit diese Berücksichtigung vollständig und konsistent erfolgt, hängt von der konkreten Modellspezifikation ab. Auch verzögerte Anpassungen, Erwartungsbildung etc. können dabei – etwa durch dynamische Modellierung – repräsentiert werden. Dafür ist es im Rahmen eines ökonometrischen Modells deutlich schwieriger, Zusatzinformationen singulären Charakters, etwa die Effekte der deutschen Wiedervereinigung, der Einführung des Euro oder der EU-Osterweiterung, einzubeziehen.[6] Andere (erwartete) Veränderungen, die zum Beispiel aus einer bereits beschlossenen Steuerreform resultieren, müssen durch Anpassungen einzelner Parameter beziehungsweise ganzer Gleichungen berücksichtigt werden.

Liegt ein vollständig spezifiziertes und geschätztes ökonometrisches Modell vor, erhält man Prognosewerte für die abhängige Variable Y_t^p, indem für die erklärenden Variablen deren angenommene Entwicklungen eingesetzt werden. Zusätzlich bedarf es noch einer Annahme hinsichtlich der zukünftigen Entwicklung der Störgrößen. Normalerweise wird man kein besonderes Wissen über diese Störgrößen haben und daher deren Erwartungswert von null für die Prognose einsetzen. Allerdings kann zusätzliches Wissen über die erwartete Entwicklung der zu erklärenden Größe, das – aus welchen Gründen auch immer – keinen Eingang in das ökonometrische Modell gefunden hat, durch von null abweichende Werte für die Störgrößen in die Berechnung der Prognosewerte eingebracht werden.

Ein wesentlicher Vorteil der Prognose mit ökonometrischen Modellen besteht darin, dass der Grad der Subjektivität deutlich kleiner ist als im Fall der im vorherigen Abschnitt geschilderten Verfahren. Damit fällt es im Rückblick auch leichter, die Ursachen für Fehlprognosen aufzudecken und daraus für zukünftige Prognosen zu lernen. Außerdem kann die Unsicherheit bei der Schätzung des ökonometrischen Modells, die sich in der Varianz des Störterms und der Varianz der Parameterschätzer ausdrückt, in einem ökonometrischen Modellrahmen im Hinblick auf die Prognose quantifiziert werden. Konkret können beispielsweise Konfidenzintervalle für die Prognose bestimmt werden.

An ökonometrische Makromodelle, die zu Prognosezwecken eingesetzt werden sollen, werden teilweise andere Anforderungen gestellt als an solche, die eher der strukturellen Analyse dienen. Die Ursache dafür liegt darin, dass für Prognosezwecke möglichst viel aktuelle und in die Zukunft reichenden Informationen einbezogen werden sollte (Deutsche Bundesbank, 1989, S. 30). Es stellt sich also die Frage, welche erklärenden Variablen besonders geeignet sind. Soll beispielsweise der private Verbrauch im kommenden Jahr prognostiziert werden, dann weist die Darstellung der vorangegangenen Kapitel darauf hin, dass dies anhand des verfügbaren Einkommens recht treffsicher möglich wäre. Das verfügbare Einkommen selbst ist jedoch in der Regel aufgrund der verzögerten Bereitstellung von Daten aus der VGR nicht

---

[6] Dies gilt insbesondere für stark aggregierte Modelle (Klein, 1983, S. 167). Andererseits stellen Strukturbruchdummies (siehe Abschnitt 9.1.4) in manchen Fällen eine Option dar, derartige Effekte im Modell abzubilden.

einmal für die laufende Periode bekannt. Deshalb bietet es sich an, neben vergangenen Werten der Variablen, die bekannt sind, gleichlaufende und führende Indikatorvariablen in das Modell einzubeziehen. Auf einige solche Indikatoren wie den Produktionsindex, Auftragseingänge oder den Geschäftsklimaindex wurde in Kapitel 4 bereits eingegangen. Zusätzlich können auch Ergebnisse qualitativer Prognosen berücksichtigt werden. Indem man für die Vergangenheit den Einfluss dieser Indikatoren auf die zukünftige Entwicklung der eigentlich interessierenden Variablen ökonometrisch schätzt, erhält man eine Gewichtung für die einzelnen Einflussgrößen.[7]

Zum Schluss dieses Abschnitts noch ein kurzer Hinweis zum Prognosedesign, dessen eindeutige Festlegung insbesondere für die Analyse der Prognosegüte wesentlich ist. Einmal angenommen, dass sich der interessierende Zusammenhang durch

$$Y_t = \mathbf{X}_t \boldsymbol{\beta} + \varepsilon_t \tag{13.1}$$

beschreiben lässt, wobei die Variablen in $\mathbf{X}$ bereits für die nächsten h Perioden – den Prognosehorizont – bekannt seien. Diese Annahme lässt sich dadurch erfüllen, dass jeweils um mindestens h Perioden verzögerte Beobachtungen benutzt werden oder dass durch ein anderes Prognosemodell – z.B. einfache Zeitreihenmodelle – bereits Prognosen für diese erklärenden Größen vorliegen. Außerdem sei unterstellt, dass die Daten für den Zeitraum $t = 1, \ldots, T$ vorliegen. Um auf dieser Basis eine Prognose für den Zeitpunkt $T + h$ zu erstellen, wäre zunächst das Modell (13.1) zu schätzen, um dann auf Basis der vorliegenden Werte für $\mathbf{X}_{T+h}$ und der geschätzten Parameterwerte $\hat{\boldsymbol{\beta}}$ die Prognose $Y_{T+h}^p = \mathbf{X}_{T+h}\hat{\boldsymbol{\beta}}$ zu berechnen.

In der Praxis wird man dieses Vorgehen für jeden Zeitpunkt T wiederholen, zu dem eine Prognose zu erstellen ist.[8] Dabei ergeben sich mindestens drei Optionen. Wenn Beobachtungen für $t = 1, \ldots, T$ vorliegen, kann die Prognosegüte nur für einen Teil dieser Beobachtungen gemessen werden. Sei $\tau = T_0, \ldots, T$ der Bereich der Daten, für den die Prognoseevaluation durchgeführt werden soll. Dann kann die erste Prognose für den Zeitpunkt τ nur auf Beobachtungen bis zum Zeitpunkt $\tau - h$ zurückgreifen. Die Schätzung von (13.1) muss also für $t = 1, \ldots, \tau - h$ erfolgen. Für die nächste Prognose (für $\tau + 1$) können jedoch auch die Beobachtungen für $\tau - h + 1$ berücksichtigt werden. Werden tatsächlich in jedem Schritt alle verfügbaren Beobachtungen benutzt, um das Prognosemodell zu schätzen, spricht man von rekursiven Prognosen. Wählt man hingegen eine feste Anzahl von Beobachtungen, d.h. man schätzt die zweite Prognosegleichung auf Basis der Beobachtungen für $t = 2, \ldots, \tau - h + 1$ stellt dies den Fall einer rekursiven Prognose mit konstantem Schätzfenster dar. In den Fällen, in denen T_0 und T nahe beieinander liegen, wird es keine großen Unterschiede zwischen beiden Prognosedesigns geben. Für sehr langfristig angelegte Betrachtungen hingegen ist eine Abwägung vorzunehmen: Bei der üblichen rekursiven Prognose wird jede verfügbare Information genutzt, was unter den üblichen Annahmen zu Schätzern mit geringer Varianz und damit zu besseren

---

[7] Eine Anwendung auf Basis der Konjunkturindikatoren des ifo Instituts und des ZEW findet sich in Hüfner und Schröder (2002).

[8] Dieses wiederholte Vorgehen sollte daher auch benutzt werden, um Messungen der Prognosegüte vorzunehmen (siehe Abschnitt 13.6).

Prognosen führen sollte. Wenn allerdings die Annahme der Strukturkonstanz nicht oder nur eingeschränkt gegeben ist, erlaubt die rekursive Prognose mit konstantem Schätzfenster eine gewisse Anpassung des Prognosemodells im Zeitablauf.

13.6 Bewertung der Prognosegüte

Eine Prognose wird die tatsächliche Realisierung der betrachteten Variablen selten genau treffen. Selbst bei qualitativen Prognosen, in denen beispielsweise nur Aussagen über das Vorzeichen einer Veränderung gemacht werden, wird es einzelne Perioden geben, in denen eine Abweichung zwischen Prognose und der späteren tatsächlichen Realisierung auftritt. Die Gründe für diese Prognosefehler lassen sich prinzipiell einteilen in

- die Datenlage am aktuellen Rand, die aufgrund nicht verfügbarer Daten, die geschätzt werden müssen, oder mit großen Messfehlern behafteter Variablen, die später noch deutlich revidiert werden, zu einem falschen Bild der gegenwärtigen Situation führen kann,[9]
- Fehler in den Annahmen bezüglich der Entwicklung der als exogen betrachteten Größen und
- Fehler in den unterstellten ökonomischen Zusammenhängen einschließlich Schätzfehlern und fehlerhaften Annahmen über die strukturelle Konstanz.

Diese Zerlegung erlaubt bedingt bereits eine ex ante Beurteilung von Prognosen. Insbesondere die unterstellte Entwicklung der als exogen betrachteten Größen kann vom Anwender anders als vom Anbieter der Prognose eingeschätzt werden. Generell ist eine ex ante Beurteilung jedoch nur sehr begrenzt möglich. Die eingeführte Zerlegung in einzelne Fehlerkomponenten ist in dieser Form ohnehin nur für ökonometrische Prognosemodelle geeignet.[10]

Die ex post Beurteilung einer Prognose kann anhand der bekannten tatsächlichen Werte für die prognostizierten Variablen erfolgen. Eine einfache, aber häufig sehr aussagekräftige Form der Darstellung ist ein so genanntes Prognose-Realisations-Diagramm, in dem auf der x-Achse die tatsächliche Realisierung Y_t und auf der y-Achse die prognostizierten Werte Y_t^p abgetragen werden. Exakte Prognosen wären dann durch Punkte auf der Winkelhalbierenden (gestrichelte Linie) charakterisiert, während Punkte oberhalb eine Überschätzung durch die Prognose und unterhalb eine Unterschätzung ausdrücken. Abbildung 13.2 zeigt eine solche Grafik für die Prognose der Wachstumsrate des Bruttoinlandsproduktes durch das ifo Institut für Wirtschaftsforschung für den Zeitraum 1992–2015.

In dieser Darstellung der Prognosefehler fällt ins Auge, dass die Anzahl positiver Abweichungen dominiert, d.h. die Prognosen waren im betrachteten Zeitraum tendenziell zu positiv. Dies gilt insbesondere für das Jahr 2009, obwohl das ifo Institut mit -2,2% schon eine der pessimistischsten Prognosen abgegeben hatte. Um diesen

---

[9] Siehe Nierhaus (2006, S. 38) für ein Beispiel.
[10] Vgl. Deutsche Bundesbank (1989, S. 34ff).

Abb. 13.2. Prognosefehler BIP-Wachstum

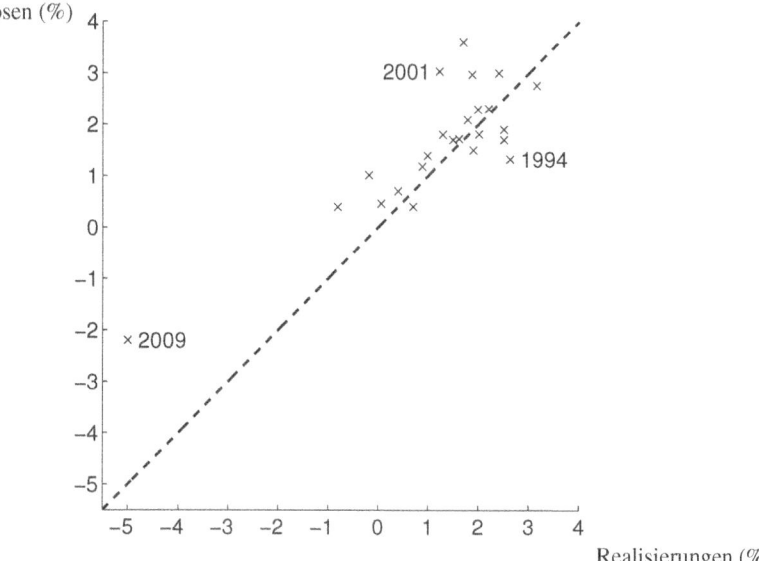

Quelle: Nierhaus (2006, S. 40) und Nierhaus (2007, 2008, 2009, 2010, 2011, 2012, 2013, 2014, 2015, 2016); eigene Darstellung.

ersten Eindruck zu quantifizieren und statistischen Tests zugänglich zu machen, werden in der Folge einige übliche Maßzahlen und Testverfahren zur Überprüfung der Prognosegüte vorgestellt.

13.6.1 Mittlerer und mittlerer absoluter Prognosefehler

Neben grafischen Darstellungen wird die Prognosegüte ex post überwiegend durch statistische Maßzahlen ausgedrückt. Bezeichne weiterhin Y_t^p die Prognose für den Zeitpunkt t und Y_t die tatsächliche Realisierung. Dann lässt sich der Prognosefehler für den Zeitpunkt t als $e_t = Y_t - Y_t^p$ definieren.

Der mittlere Prognosefehler MF $= \bar{e}$ gibt – ähnlich wie die grafische Darstellung in Abbildung 13.2 – die Richtung und das Ausmaß einer tendenziellen Über- oder Unterschätzung an. Werden längere Zeiträume für die Prognoseevaluation zugrunde gelegt, sollte dieser Wert idealerweise gleich null sein, d.h. es sollte keine systematische Über- oder Unterschätzung erfolgen. Für einzelne Perioden oder kurze Zeiträume ist dies hingegen nicht auszuschließen. Allerdings kann der mittlere Prognosefehler auch dann null werden, wenn es zwar deutliche Über- und Unterschätzungen in einzelnen Perioden gibt, diese sich aber im Mittel gerade ausgleichen. Ein mittlerer Prognosefehler von null ist demnach zwar wünschenswert, um tendenziell unverzerrte Prognosen zu erhalten, aber nicht hinreichend als Maß der Prognosegüte.

Ob ein von null verschiedener mittlerer Prognosefehler nur das Resultat zufälliger Abweichungen ist oder auf systematische Verzerrungen hindeutet, kann mit einem vergleichsweise einfachen Testansatz überprüft werden. Ausgangspunkt des Tests ist die Forderung, dass eine gute Prognose im Mittel keine Verzerrung und dieselbe Variation wie die zu prognostizierende Reihe aufweisen sollte. Im linearen Regressionsmodell

$$Y_t = \alpha + \beta Y_t^p + \varepsilon_t \tag{13.2}$$

sind also die Nullhypothesen $\alpha = 0$ und $\beta = 1$ zu testen. Ist α signifikant von null verschieden, bedeutet dies, dass die Prognose die tatsächlichen Werte systematisch über- ($\alpha < 0$) oder unterschätzt ($\alpha > 0$). Ein Wert für β größer als eins wiederum weist auf zu zurückhaltende Prognosen hin, d.h. die prognostizierten Veränderungen sind im Schnitt kleiner als die tatsächlich eingetretenen. Bei der Durchführung von t-Tests für die einzelnen Nullhypothesen oder des F-Tests für die gemeinsame Nullhypothese $\alpha = 0$ und $\beta = 1$ ist zu berücksichtigen, dass die Fehler von Mehrschrittprognosen in der Regel Autokorrelation bis zum Grad $h - 1$ aufweisen, wenn h den Prognosehorizont bezeichnet. Daher sollten für die Berechnung der t- beziehungsweise F-Statistiken in diesem Fall (also wenn $h > 1$) heteroskedastie- und autokorrelationskonsistente Schätzer der Varianz-Kovarianzmatrix der Parameter benutzt werden.[11] Für das Beispiel der BIP-Wachstumsprognosen des ifo Instituts kann zum 5%-Niveau weder die Nullhypothese $\alpha = 0$ noch die Nullhypothese $\beta = 1$ verworfen werden. Auch die gemeinsame Nullhypothese $\alpha = 0$ und $\beta = 1$ wird nicht abgelehnt. Trotz der einzelnen großen Prognosefehler, die in Abbildung 13.2 ins Auge fallen, gibt es keine statistisch signifikante Evidenz für systematische Verzerrungen dieser Prognosen. Einen besseren Eindruck von der Größenordnung der Prognosefehler als der mittlere Fehler liefert der mittlere absolute Prognosefehler. Für einen betrachteten Prognosezeitraum von $t = 1, \ldots, T$ ist dieser durch

$$\text{MAF} = \frac{1}{T} \sum_{t=1}^{T} \mid Y_t - Y_t^p \mid = \frac{1}{T} \sum_{t=1}^{T} \mid e_t \mid$$

gegeben. Dadurch, dass absolute Fehler aufsummiert werden, wird verhindert, dass sich positive und negative Prognosefehler im Zeitablauf gerade aufheben. Außerdem werden alle Prognosefehler unabhängig von der Größe des Fehlers und der Größenordnung von Y_t gleich gewichtet. Tabelle 13.3 zeigt in den Spalten 2 und 3 den mittleren (MF) und den mittleren absoluten Prognosefehler (MAF) für die Jahreswachstumsrate des realen BIP im Zeitraum 1992–2011 und die Prognosen aus dem Herbstgutachten (Oktober) der Projektgruppe Gemeinschaftsdiagnose, des Sachverständigenrates (November) und des ifo Instituts (Dezember).

Beim Vergleich der Ergebnisse fällt auf, dass alle Prognosen im Durchschnitt das Wachstum des BIP im betrachteten Zeitraum leicht überschätzt haben (MF). Der mittlere absolute Prognosefehler ist jedoch deutlich größer als der mittlere Prognosefehler. Dies bedeutet, dass es auch Jahre mit zu geringen Prognosen gab. Generell

---

[11] Vgl. Schröder (2012, S. 366ff) und Heij *et al.* (2004, S. 360).

Tabelle 13.3. Gütemaße für Prognose des realen BIP 1992–2005

	Mittlerer Prognosefehler (MF)	Mittlerer absoluter Prognosefehler (MAF)	Wurzel aus dem mittleren quadratischen Prognosefehler (WMQF)	Theilscher Ungleichheits-koeffizient (U)
Herbstgutachten der ARGE (Oktober)	-0,5	1,3	1,7	0,6
Jahresgutachten des Sachverständigenrates (November)	-0,4	1,2	1,6	0,6
Konjunkturprognose des ifo Instituts (Dezember)	-0,2	0,8	1,1	0,4

Quelle: Nierhaus (2013*a*, S. 30).

nimmt die Qualität der Prognosen im Hinblick auf MF und MAF zu, je später die Prognosen im Jahr erstellt werden. Dies deutet darauf hin, dass die zusätzlich verfügbare Information zumindest teilweise erfolgreich genutzt wird. Die Schlussfolgerung, dass die Prognosen des ifo Instituts besser wären als die der Projektgruppe, ist daher so nicht ohne Weiteres zulässig.

13.6.2 Mittlerer quadratischer Prognosefehler

Prognosefehler, die im Absolutbetrag klein ausfallen, werden oft als weniger gravierend betrachtet, selbst wenn sie häufiger auftreten, während vereinzelte Fehlprognosen größeren Ausmaßes erhebliche Konsequenzen haben können, beispielsweise als Grundlage für wirtschaftspolitische Entscheidungen. Für das BIP und damit auch das BIP-Wachstum gibt beispielsweise das Statistische Bundesamt selbst eine Fehlermarge bei der Messung von $\pm 0,25$ Prozentpunkten an. Prognosefehler unter dieser Grenze dürften daher kaum ins Gewicht fallen.

Ein Gütemaß, das Fehler unterschiedlicher Größenordnung verschieden gewichtet, ist der mittlere quadratische Prognosefehler (MQF) beziehungsweise die Wurzel daraus (WMQF).[12] Diese Größen sind durch

$$\text{MQF} = \frac{1}{T} \sum_{t=1}^{T} e_t^2 \quad \text{bzw.} \quad \text{WMQF} = \sqrt{\frac{1}{T} \sum_{t=1}^{T} e_t^2} \tag{13.3}$$

definiert und weisen somit eine starke Ähnlichkeit mit den Gütemaßen der Regressionsanalyse auf.[13] Durch die quadratische Formulierung erhalten einzelne große

---

[12] Häufig wird auch im deutschen Sprachraum die englische Abkürzung RMSE für "root mean squared error" benutzt.

[13] Vgl. Abschnitt 7.3.2.

Fehler ein deutlich höheres Gewicht als eine Vielzahl kleiner Fehler. Die Werte für
WMQF sind in Tabelle 13.3 in der vierten Spalte ausgewiesen. In diesem Fall ergeben sich nur geringfügig größere Werte als für den MAF, was darauf hindeutet, dass
die Prognosefehler eher gleichmäßig verteilt waren.

13.6.3 Theils Ungleichheitskoeffizient

Die bisher eingeführten Maße der Prognosegüte sind nicht normiert. Wenn Prognose und Realität übereinstimmen, nehmen sie zwar den Wert null an, aber von null
verschiedene Werte geben für sich genommen noch keinen Hinweis darauf, ob die
Prognose gut oder eher mittelmäßig war. Eine derartige Aussage erfordert den Vergleich mit einer anderen Prognose beispielsweise wie in Tabelle 13.3.

Die unterschiedliche Qualität mehrerer Prognosen kann als Theilscher Ungleich-
heitskoeffizient U quantifiziert werden. Liegen zwei Prognosen mit Werten für die
Wurzel des mittleren quadratischen Fehlers von WMQF_1 und WMQF_2 vor, ist der
Ungleichheitskoeffizient durch den Quotienten

$$U = \frac{\text{WMQF}_1}{\text{WMQF}_2}$$

definiert. Offensichtlich wird $U < 1$ sein, falls $\text{WMQF}_1 < \text{WMQF}_2$ ist und umgekehrt. In dieser allgemeinen Form ist der Ungleichheitskoeffizient schwer zu interpretieren, da er jeweils von der zum Vergleich herangezogenen Prognose abhängt.
In der Anwendung ist es daher üblich, eine einfache, so genannte "naive" Prognose als Vergleichsmaßstab für alle betrachteten Prognosen anzusetzen. Die Auswahl
einer solchen "naiven" Prognose sollte die Eigenschaft der betrachteten Zeitreihe
berücksichtigen. Eine gängige Wahl ist für die Prognose in Periode t den entsprechenden in Periode $t - 1$ realisierten Wert zugrunde zu legen. Im Beispiel der BIP-
Wachstumsprognose würde man also unterstellen, dass das Wachstum in Periode t
dem Wachstum in Periode $t - 1$ entspricht. Wenn die Prognosefehler der zu bewer-
tenden Prognose weiterhin mit e_t bezeichnet werden, ergibt sich im ersten Fall für
die Einschrittprognose

$$U = \sqrt{\frac{\sum_{t=1}^{T} e_t^2}{\sum_{t=1}^{T} (Y_t - Y_{t-1})^2}} \, , \qquad (13.4)$$

wobei Y_0 der letzte beobachtete Wert vor Beginn der ersten Prognose ist. Für eine
perfekte Prognose ergibt sich der Wert null. Ist der Fehler der Prognose gerade gleich
dem Fehler der naiven Prognose, erhält man den Wert eins. Eine Prognose ist also
genau dann besser als die naive Prognose, wenn $U < 1$ gilt.

Die in Tabelle 13.3 ausgewiesenen Werte für Theils U zeigen, dass alle betrachteten Prognosen der naiven Prognose deutlich überlegen sind. Allerdings ist der Vergleichsmaßstab – die Annahme konstanten BIP-Wachstums – möglicherweise noch
keine besondere Herausforderung. Als alternative Vergleichsprognose könnte man
entweder das durchschnittliche Wachstum über einen längeren Zeitraum oder ein
stochastisches Zeitreihenmodell vom Typ AR(p) benutzen.

Fallbeispiel: Antizipationen im ifo Konjunkturtest

Im ifo Konjunkturtest werden neben aktuellen Bewertungen auch Erwartungen hinsichtlich der zukünftigen Entwicklung auf Firmenebene erfragt. Es liegt daher nahe, diese Prognosen mit den später tatsächlich erfolgten Realisierungen zu vergleichen. Die Tabelle zeigt das Theilsche Ungleichheitsmaß U für die Variable Produktion im Sektor Maschinenbau. Die Variablen sind dabei jeweils definiert als Saldo zwischen der Anzahl der Firmen, die Produktionssteigerungen ausweisen beziehungsweise erwarten, und denjenigen, die einen Produktionsrückgang verzeichnen respektive erwarten.

	Prognosehorizont	
Jahr	drei Monate	ein Monat
1975	0,558	0,567
1976	1,305	0,794
1977	0,771	1,025
1978	0,855	0,735
1979	0,630	0,765
1980	0,665	0,814
1981	0,632	0,648
1982	0,441	0,508
1983	1,289	0,721
1984	1,486	0,997
1985	0,556	0,491
1986	1,447	1,056
Insgesamt 1970–86	0,725	0,661

Obwohl Pläne und Erwartungen im Konjunkturtest für einen Horizont von drei Monaten erhoben werden, zeichnet sich eine etwas bessere Prognosequalität bezogen auf einen Horizont von lediglich einem Monat ab. Neben einigen Jahren, in denen der Wert von U größer als eins ist, liegt die Prognosequalität in der Regel und im Durchschnitt über der einer naiven Prognose.

Quelle: Anderson (1988).

13.6.4 Tests für den Vergleich von Prognosen

Ein Wert für das Theilsche Ungleichheitsmaß U von kleiner als eins weist zwar darauf hin, dass die betreffende Prognose im Durchschnitt besser ist als die Vergleichsprognose. Allerdings könnte es sich hierbei – insbesondere wenn der Zeitraum für die Prognoseevaluation eher kurz ausfällt – auch um einen zufälligen Effekt handeln. Im Folgenden wird es daher darum gehen, die Eigenschaften von Prognosen mit statistischen Methoden zu analysieren, die auch Aussagen über die Signifikanz erlauben.

Einen statistischen Test für den Vergleich von zwei Prognosen haben Diebold und Mariano (1995) vorgeschlagen, der im Folgenden in der von Harvey *et al.* (1997)

modifizierten Fassung dargestellt wird. Für diesen Test hat sich die Bezeichnung modifizierter Diebold-Mariano-Test eingebürgert.

Für einen gegebenen Prognosehorizont von h Perioden bezeichnen e_{1t} und e_{2t} die Prognosefehler für Periode $t = 1,\ldots,T$ auf Basis der beiden betrachteten Prognosemodelle. Es soll die Nullhypothese getestet werden, dass sich die beiden Prognosemodelle in ihrer Güte im Erwartungswert nicht unterscheiden, dass also gilt

$$\mathrm{E}[g(e_{1t}) - g(e_{2t})] = 0\,, \tag{13.5}$$

wobei $g(\cdot)$ eine Bewertungsfunktion für die Prognosefehler ist. In den meisten Anwendungen werden quadrierte Prognosefehler betrachtet; dann wären $g(e_{1t}) = e_{1t}^2$ und $g(e_{2t}) = e_{2t}^2$. Die Differenz der bewerteten Prognosefehler wird mit $d_t = g(e_{1t}) - g(e_{2t})$ bezeichnet. Dann liegt es nahe, die Nullhypothese, dass die Prognosefehler (13.5) im Erwartungswert für beide Modell gleich groß sind, dadurch zu überprüfen, dass man als Teststatistik den Mittelwert der Differenzen der realisierten Prognosefehler, also

$$\bar{d} = \frac{1}{T} \sum_{t=1}^{T} d_t \tag{13.6}$$

betrachtet.

Für Mehrschrittprognosen, d.h. wenn $h > 1$ ist, muss davon ausgegangen werden, dass die Prognosefehler und damit auch d_t autokorreliert sind. Für optimale h-Schritt Prognosen sollte dabei nur Autokorrelation bis zur Ordnung $h - 1$ auftreten, was im Folgenden approximativ unterstellt wird. Unter dieser zusätzlichen Annahme lässt sich die Varianz von $\bar{d}$ asymptotisch durch

$$\mathrm{Var}(\bar{d}) \approx \frac{1}{T} \left[\gamma_0 + 2 \sum_{k=1}^{h-1} \gamma_k \right] \equiv V(\bar{d}) \tag{13.7}$$

approximieren, wobei γ_k die k-te Autokovarianz der d_t bezeichnet, die durch

$$\hat{\gamma}_k = \frac{1}{T} \sum_{t=k+1}^{T} (d_t - \bar{d})(d_{t-k} - \bar{d}) \tag{13.8}$$

geschätzt werden kann. Die ursprüngliche Teststatistik von Diebold und Mariano ist durch

$$\mathrm{DM} = \frac{\bar{d}}{\sqrt{V(\bar{d})}} \tag{13.9}$$

gegeben. Unter der Nullhypothese folgt diese Teststatistik asymptotisch einer Standardnormalverteilung. Allerdings zeigt sich, dass diese asymptotische Verteilung für kleine Stichproben, wie sie für den Prognosevergleich eher typisch sind, keine besonders gute Approximation darstellen. Harvey *et al.* (1997) leiten daher eine leicht modifizierte Version der Teststatistik mit besseren Eigenschaften für endliche Stichproben her:

$$\text{DMm} = \left[\frac{T + 1 - 2h + T^{-1}h(h-1)}{T}\right]^{1/2} \text{DM}. \tag{13.10}$$

Harvey et al. (1997) empfehlen außerdem, als kritische Werte für diese modifizierte Teststatistik die kritischen Werte der t-Verteilung mit $T - 1$ Freiheitsgraden heranzuziehen.

Aus dem Ergebnis, dass eine Prognose einer anderen signifikant überlegen ist, kann noch nicht die Schlussfolgerung gezogen werden, dass die unterlegene Prognose keinerlei Nutzen aufweist. In einem alternativen Ansatz zum Vergleich der Prognosegüte wird daher von der Annahme ausgegangen, dass eine Kombination beider Prognosen zu besseren Ergebnissen führen könnte als der Einsatz jeder der beiden Prognosen für sich genommen. Es könnte jedoch auch der Fall vorliegen, dass eines der Prognosemodelle bereits alle im anderen Modell enthaltenen Informationen umfasst und darüber hinaus zusätzlichen Erklärungsgehalt bietet. In diesem Fall wäre eine Kombination beider Prognosen nicht sinnvoll. Chong und Hendry (1986) untersuchen diese Frage im folgenden Ansatz:[14]

$$Y_t = \alpha Y_{1t}^p + (1 - \alpha)Y_{2t}^p + \varepsilon_t, \tag{13.11}$$

wobei Y_{1t}^p und Y_{2t}^p für die Prognosen der beiden betrachteten Prognosemodelle stehen. Gilt $\alpha = 0$, dominiert die zweite Prognose und umgekehrt für $\alpha = 1$. Wenn α zwischen null und eins liegt, liefert α den Gewichtungsfaktor, mit dem die beiden Prognosen kombiniert werden müssen, um eine optimal gewichtete Prognose zu erhalten. Praktisch wird das allgemeinere Modell

$$Y_t = \beta_0 + \beta_1 Y_{1t}^p + \beta_2 Y_{2t}^p + \varepsilon_t \tag{13.12}$$

geschätzt, um dann die Nullhypothesen $\beta_0 = 0$ (Unverzerrtheit), $\beta_1 = 0$ (Dominanz der zweiten Prognose) und $\beta_2 = 0$ (Dominanz der ersten Prognose) testen zu können. Auch für diesen Ansatz sollten bei einer Mehrschrittprognose heteroskedastie- und autokorrelationskonsistente Schätzer der Varianz-Kovarianzmatrix der Parameter benutzt werden.[15]

Eine ausführlich beschriebene Anwendung der Verfahren zum Vergleich von Prognosen findet sich bei Hüfner und Schröder (2002), die Prognosen für den Produktionsindex auf Basis der Konjunkturerwartungen aus dem ifo Konjunkturtest und dem ZEW Finanzmarkttest vergleichen.[16]

13.6.5 Bewertung qualitativer Prognosen

Für bestimmte Anwendungen ist es weniger die Größe des Prognosefehlers, die für den Anwender relevant ist, als das Vorzeichen, d.h. entscheidend ist, ob die Richtung

---

[14] Vgl. auch Schröder (2012, S. 395f).

[15] Vgl. Schröder (2012, S. 366ff) und Heij *et al.* (2004, S. 360).

[16] Vgl. hierzu auch Sachverständigenrat zur Begutachtung der gesamtwirtschaftlichen Entwicklung (2005, S. 494ff) und Abberger und Wohlrabe (2006) und die dort zitierte Literatur.

einer Entwicklung korrekt vorhergesagt werden kann. In diesem Fall muss sich auch die Überprüfung der Prognosegüte auf andere Ansätze stützen.

Beispielsweise ist in der Konjunkturprognose die Vorhersage von Wendepunkten besonders wichtig (Abberger und Wohlrabe, 2006, S. 22). Ein Wendepunkt einer Reihe Y_t zum Zeitpunkt t ist durch

$$Y_t - Y_{t-1} > 0 \quad \text{und} \quad Y_{t+1} - Y_t < 0$$

oder

$$Y_t - Y_{t-1} < 0 \quad \text{und} \quad Y_{t+1} - Y_t > 0$$

charakterisiert. Bezeichne W_t^p die Anzahl der prognostizierten und später tatsächlich eingetretenen Wendepunkte, W_n^p die zwar prognostizierten, aber nicht eingetretenen Wendepunkte, W_t^n die nicht prognostizierten, aber trotzdem eingetretenen Wendepunkte und schließlich W_n^n die nicht prognostizierten und auch nicht eingetretenen Wendepunkte. Dann ist

$$\text{WFM} = \frac{W_n^p + W_t^n}{W_t^p + W_n^p + W_t^n}$$

ein Fehlermaß für die Güte der Wendepunktschätzung. Werden alle Wendepunkte korrekt vorhergesagt, ist der Wert von WFM gerade gleich null. Wurde keine korrekte Wendepunktprognose gemacht, nimmt das Gütemaß den Maximalwert von eins an. Dieses Maß wird daher auch als Fehlerquote bezeichnet.

Ein statistisches Instrument zur Messung der Prognosegüte für qualitative Indikatoren liefert der χ^2-Unabhängigkeitstest (Fahrmeir *et al.*, 2009, S. 467f). Dieser Test basiert auf der Kontingenztabelle, in der die möglichen Kombinationen von Prognose und tatsächlicher Ausprägung zusammengefasst werden. Tabelle 13.4 zeigt schematisch eine derartige Kontingenztabelle.

Tabelle 13.4. Kontingenztabelle

	Tatsächliche Entwicklung		Randsummen
	Wendepunkt	kein Wendepunkt	
Prognose: Wendepunkt	W_t^p	W_n^p	W^p
Prognose: kein Wendepunkt	W_t^n	W_n^n	W^n
Randsummen	W_t	W_n	T

Für die einzelnen Felder der Tabelle würde man unter der Nullhypothese, dass Prognose und tatsächliche Entwicklung keinen Zusammenhang aufweisen, auf Basis der Randsummen die Werte $\tilde{W}_t^p = (W^p W_t)/T$, $\tilde{W}_n^p = (W^p W_n)/T$ usw. erwarten. Die Teststatistik

$$\chi^2 = \frac{(W_t^p - \tilde{W}_t^p)^2}{\tilde{W}_t^p} + \frac{(W_n^p - \tilde{W}_n^p)^2}{\tilde{W}_n^p} + \frac{(W_t^n - \tilde{W}_t^n)^2}{\tilde{W}_t^n} + \frac{(W_n^n - \tilde{W}_n^n)^2}{\tilde{W}_n^n} \tag{13.13}$$

ist in diesem Fall asymptotisch χ^2-verteilt mit einem Freiheitsgrad. Die Nullhypothese (kein Prognosegehalt) muss damit zum 5%-Niveau verworfen werden, wenn die Teststatistik einen Wert größer als 3,842 annimmt.

Analog zur Diskussion hinsichtlich der Wendepunkte können Gütemaße konstruiert werden, die angeben wie häufig die Abweichungen der Prognose vom tatsächlichen Wert größer als ein vorgegebener Toleranzbereich sind, oder wie häufig ein Wendepunkt der Veränderungsraten richtig vorhergesagt wurde. Soll eine Prognose möglichst gute Ergebnisse hinsichtlich eines derartigen qualitativen Gütemaßes ergeben, liegt es nahe, schon die Schätzung des ökonometrischen Modells im Hinblick auf dieses Ziel auszulegen. Sollen Wendepunkte vorhergesagt werden, wird nicht die Variable selbst Ziel der ökonometrischen Modellierung sein, sondern eine aus ihrem Verlauf abgeleitete qualitative Variable. Die Schätzung erfolgt dann zum Beispiel mit dem in Kapitel 9 beschriebenen Probit-Ansatz.

13.7 Simulation mit ökonometrischen Modellen

Im technischen Sinn bedeutet Simulation, dass ein Modell benutzt wird, um mögliche Ergebnisse zu erhalten, anstatt das reale Geschehen zu beobachten. Im Bereich der Wirtschaftswissenschaften liegt es auf der Hand, dass dies in der Regel nicht anhand eines Experiments in der tatsächlichen Ökonomie geschehen kann. Stattdessen werden Modelle eingesetzt, in denen bestimmte Parameter mit deutlich geringerem Aufwand geändert werden können, um zu sehen, wie sich die Resultate dadurch verändern. Diese Simulationsrechnungen werden dabei in der Regel mit Computerunterstützung als so genannte Computer-Simulation durchgeführt.

Simulationen werden für unterschiedliche Aufgaben eingesetzt. Zunächst geht es um die empirische Überprüfung einfacher ökonomischer Hypothesen, d.h. um die Frage, ob Effekte, die in einer Partialanalyse unmittelbar zu erwarten sind, auch in einem komplexeren Modellrahmen Bestand haben beziehungsweise welche gegenläufigen Effekte relevant werden. Weiterhin kann in Fällen, in denen von vorne herein gegenläufige Effekte erwartet werden, der Nettoeffekt einer Politikmaßnahme bestimmt werden. Von Buscher *et al.* (2001) werden beispielsweise die Beschäftigungseffekte einer Senkung der Lohnnebenkosten, die durch eine Erhöhung der Mehrwertsteuer finanziert wird, mit einer Reihe ökonomischer Modelle simuliert. Auch die Sensitivität von Modellergebnissen kann mittels Simulationen analysiert werden, beispielsweise wie stark die Werte einzelner Parameter oder gegebene Randbedingungen die Ergebnisse beeinflussen.

Methodisch betrachtet besteht kein großer Unterschied zwischen Simulation und Prognose. Denn eine modellgestützte Prognose kann auch als Simulation des Modells aufgefasst werden. Allenfalls kann der Unterschied betont werden, dass für Prognosen üblicherweise von der Strukturkonstanz der betrachteten Zusammenhänge ausgegangen wird, während in Simulationen im engeren Sinn gerade die Variation einzelner exogener Einflussfaktoren und/oder Parameter des Modells den wesentlichen Input darstellen.

Betrachten wir zunächst ein einfaches lineares Modell

$$Y_t = \beta_0 + \beta_1 X_t + \varepsilon_t \,.$$

In diesem Fall ist es direkt nachvollziehbar, wie für alternative Annahmen hinsichtlich der Entwicklung der erklärenden Größe (X_t^s), der Parameter (β_0^s, β_1^s) oder der Störterme (ε_t^s) die für Y_t zu erwartenden Werte Y_t^s berechnet werden können:[17]

$$Y_t^s = \beta_0^s + \beta_1^s X_t^s + \varepsilon_t^s \,.$$

Die daraus resultierenden simulierten Werte Y_t^s werden auch als Lösung bezeichnet. Diese Bezeichnung wird nachvollziehbar, sobald man sich allgemeinen ökonometrischen Modellen zuwendet, die nicht linear sein können und mehrere endogene Größen und simultane Abweichungen aufweisen können. Ein derartig allgemeines ökonometrisches Modell kann in der Form

$$F(\mathbf{Y}_t, \mathbf{Y}_{t-1}, \ldots, \mathbf{Y}_{t-k}, \mathbf{X}_t, \boldsymbol{\beta}) = \boldsymbol{\varepsilon}_t \tag{13.14}$$

dargestellt werden. Für vorgegebene Werte von $\mathbf{X}$, $\boldsymbol{\beta}$, $\boldsymbol{\varepsilon}$ und $\mathbf{Y}$ für die Anfangsperioden müssen die simulierten Werte $\mathbf{Y}_t^s$ durch Lösung des nichtlinearen simultanen Gleichungssystems (13.14) gewonnen werden. Dies erfolgt in der Regel durch numerische Verfahren. Auf die technischen Details soll hier nicht weiter eingegangen werden. Vielmehr wird davon ausgegangen, dass sich für jedes Modell zu vorgegebenen Werten von $\mathbf{X}$, $\boldsymbol{\beta}$ und $\boldsymbol{\varepsilon}$ die simulierten Werte $\mathbf{Y}_t^s$ bestimmen lassen.

13.7.1 Arten der Simulation

Statische und dynamische Simulation

Eine Simulation wird als statisch bezeichnet, wenn im Simulationszeitraum für verzögerte Werte der endogenen Variablen wie für die exogenen Variablen auf die tatsächlich beobachteten Variablen zurückgegriffen wird. Dynamische Anpassungsvorgänge, die sich über mehrere Perioden erstrecken, werden damit nicht abgebildet. Im Unterschied dazu werden in einer dynamischen Simulation nur für die erste Simulationsperiode die tatsächlichen Werte der verzögerten endogenen Größen eingesetzt. Für weitere Simulationsperioden wird – soweit aufgrund der Laglänge des Modells bereits möglich – auf die bereits simulierten Werte zurückgegriffen, d.h. es wird beispielsweise Y_{t-1}^s anstelle von Y_{t-1} benutzt. Damit wird die volle Modelldynamik auch in der Simulation dargestellt.

Deterministische und stochastische Simulation

Eine weitere Unterscheidung von Simulationsverfahren bezieht sich auf die Behandlung der Störgrößen. In linearen Modellen werden in der Regel für die Simulation

---

[17] Der hochgestellte Index s bezeichnet dabei jeweils simulierte Größen beziehungsweise die in der Simulation veränderten Größen.

alle Störgrößen auf ihren Erwartungswert von null gesetzt, also $\varepsilon_t^s = 0$. Dieses Vorgehen wird als deterministische Simulation bezeichnet. Die simulierte Lösung Y_t^s entspricht in diesem Fall gerade ihrem Erwartungswert. Auch die Unsicherheit der Simulationsergebnisse lässt sich in diesem Fall ohne großen Aufwand auf Basis der Varianz der Störgrößen bestimmen.

Anders verhält es sich im Fall nichtlinearer Modelle, die in modernen makroökonometrischen Ansätzen eher die Regel als die Ausnahme darstellen. In diesem Fall stellt eine Simulation auf Basis von $\varepsilon_t^s = 0$ einen verzerrten Schätzer des Erwartungswerts der tatsächlichen Effekte dar. Mithilfe der stochastischen Simulation können auch in diesem Fall konsistente Schätzwerte für den Erwartungswert und Informationen über die Verteilung der Effekte erhalten werden.

Das Vorgehen für eine stochastische Simulation bei gegebenen Werten für $\boldsymbol{\beta}^s$ und $\mathbf{X}^s$ sieht wie folgt aus: Für eine große Anzahl von Simulationsläufen Θ werden zunächst mit Hilfe von Pseudo-Zufallszahlen Realisierungen der $\boldsymbol{\varepsilon}_\tau$ erzeugt.[18] Für jede dieser Realisierungen $\tau = 1, \ldots, \Theta$ werden die simulierten Werte $\mathbf{Y}_\tau^s$ berechnet. Der Erwartungswert der Lösung für Periode t wird dann durch den Mittelwert

$$\bar{Y}_t^s = \frac{1}{\Theta} \sum_{\tau=1}^{\Theta} Y_{t,\tau}^s$$

approximiert. Diese Approximation des Erwartungswertes kann durch die Erhöhung der Anzahl der Simulationen Θ beliebig genau gemacht werden. Analog zum Erwartungswert lässt sich die Standardabweichung der Y_t^s, die sich aus der Stochastik der Störterme ergibt, ermitteln.

Ex ante und ex post Simulation

Die Unterscheidung zwischen ex ante und ex post Simulation entspricht der bereits für Prognosen vorgestellten Einteilung. Man spricht demnach von einer ex ante Simulation, wenn diese sich auf einen Zeitraum erstreckt, der über die vorhandenen Daten hinausreicht. Damit unterscheidet sich eine ex ante Simulation nur dadurch von einer Prognose, dass für exogene Variable und/oder Parameter abweichende Annahmen getroffen werden. Die ex post Simulation ist hingegen dadurch charakterisiert, dass sie für Zeiträume durchgeführt wird, für die bereits Daten vorliegen.

13.7.2 Prognosemodellselektion

Der bereits wiederholt angesprochene Zusammenhang zwischen Simulation und Prognose kann auch dafür genutzt werden, Kriterien für die Auswahl eines Prognosemodells herzuleiten. Im Unterschied zur strukturellen Analyse besteht das Ziel nicht darin, den historischen Verlauf der Daten möglichst gut nachzubilden, sondern vielmehr darin, den Prognosefehler zu minimieren. Dabei wird wie folgt vorgegangen.

---

[18] Zur Erzeugung derartiger Realisierungen und der damit verbundenen Risiken siehe Winker und Fang (1999) und Li und Winker (2003).

Zunächst wird der Zeitraum, für den Daten zur Verfügung stehen, in eine Schätz- und eine Evaluationsperiode aufgeteilt. Das Modell wird dann für die Schätzperiode angepasst, wobei nur Daten und Informationen verwendet werden, die auch dem Prognostiker am Ende dieses Zeitraums zur Verfügung gestanden hätten. Anschließend wird eine Simulation für die Prognoseperiode durchgeführt, wobei für die als exogen angenommenen Variablen deren tatsächliche Realisierungen verwendet werden. Für die verzögerten Werte der abhängigen Variablen innerhalb des Prognosehorizonts kann auf die tatsächlichen Werte zurückgegriffen werden (statische Simulation), wenn nur Einschrittprognosen betrachtet werden, ansonsten sollte eine dynamische Simulation durchgeführt werden. Für die Evaluationsperiode kann nun das gewünschte Gütemaß berechnet werden. Die Modellspezifikation folgt nunmehr dem Ziel, dieses Gütemaß zu optimieren. Ein extensiver Gebrauch dieses Ansatzes führt letztlich zu einem Modell, das in der ex post Prognose sehr gut abschneidet. Wird dieses gute Ergebnis jedoch primär durch die Anpassung an spezifische Eigenheiten der betrachteten Zeitperiode erreicht, erlaubt es keine Aussage über die echte Prognosequalität. Die Prognosemodellselektion sollte sich daher allenfalls auf den Vergleich einiger weniger Modellspezifikationen beschränken, die von vorne herein als vielversprechend angesehen werden.

13.7.3 Politiksimulationen

Ein zweites Einsatzgebiet von Simulationen stellt die Analyse alternativer wirtschaftspolitischer Maßnahmen auf Mikro- oder Makroebene dar. Dabei geht es ebenso um das Verständnis im Rückblick auf vergangene Entwicklungen als auch um die Abschätzung möglicher zukünftiger Auswirkungen. Da in der Regel kein vollständiges Modell aller ökonomischer Interdependenzen vorliegt, hat die Interpretation der Ergebnisse immer mit der gebotenen Vorsicht zu erfolgen. Mit zunehmender Komplexität der Modelle, die teilweise explizit die Veränderung von Erwartungen, Reaktionen und Anpassungsmechanismen aufgreifen, wächst auch der Geltungsbereich der Simulationsanalysen beziehungsweise die Grenzen ihrer Gültigkeit können im Modellrahmen identifiziert werden.

Das Vorgehen für Politiksimulationen lässt sich wie folgt beschreiben. Zunächst wird das Modell auf Basis der tatsächlichen Werte oder der "normalerweise" zu erwartenden Werte für wirtschaftspolitisch beeinflussbare Größen berechnet. Im ersten Fall beschränkt sich die Simulation auf einen historischen Zeitraum, es handelt sich also wieder um eine ex post Simulation, während im zweiten Fall eine ex ante Simulation unternommen wird. Die Störgrößen werden dabei im Fall einer deterministischen Simulation auf null gesetzt oder im Fall einer stochastischen Simulation aus der zugrunde liegenden Verteilung wiederholt gezogen. Das Ergebnis einer derartigen auch als Basislösung bezeichneten Simulation sei mit Y_t^b bezeichnet. Anschließend wird die Simulation mit denselben Werten für die Störgrößen und den entsprechend modifizierten Werten für die exogenen Größen und/oder die Modellparameter wiederholt. Das Ergebnis dieser Lösung wird mit Y_t^s bezeichnet. Die Differenz – oder im Fall der stochastischen Simulation die Verteilung der Differenzen –

$\Delta Y_t^s = Y_t^b - Y_t^s$ misst den Effekt der im Modell betrachteten Politikmaßnahme.[19] Im Unterschied zum Prognosemodell ist für die Auswertung einer derartigen Politiksimulation die Prognosequalität des Modells von geringerer Bedeutung, da sich Prognosefehler (zumindest in linearen Modellen) durch die Differenzenbildung aufheben. Umso wichtiger ist dafür eine korrekte Modellierung der zentralen Zusammenhänge, d.h. eine möglichst gute Spezifikation des Modells und eine möglichst genaue Schätzung der Modellparameter.

Auch die Politiksimulation ist mit Unsicherheiten behaftet. Diese resultieren einmal aus der stochastischen Natur des geschätzten Modells und – bei ex ante Simulationen – zusätzlich aus der Ungewissheit über die Entwicklung exogener Größen. Die Auswirkungen des zweiten Faktors werden dadurch verringert, dass nur die Differenzen zwischen den beiden Simulationen betrachtet werden. Betrifft ein Fehler beide Simulationen in gleichem Maße, ist er für das Ergebnis der Politiksimulation unerheblich. Davon kann jedoch bei nicht linearen und dynamischen Modellen nicht immer ausgegangen werden, so dass sich in diesen Fällen der Einsatz der stochastischen Simulation anbietet. Damit werden auch Inferenzaussagen möglich. Beispielsweise kann auf Basis der Ergebnisse einer stochastischen Simulation getestet werden, ob der Effekt einer Politikmaßnahme zu einem Signifikanzniveau von 5% positive Beschäftigungswirkungen hat.

13.8 Literaturhinweise

Eine Darstellung der Einteilung von Prognosen, von Gütemaßen und vor allem des praktischen Einsatzes einiger der hier nur angerissenen Verfahren findet sich in Hansmann (1983). Eine umfangreiche Darstellung einiger Prognoseverfahren, ihrer Grundlagen, Probleme und Güte enthalten Frerichs und Kübler (1980), Schröder (2012) und Tichy (1994), Kapitel 8 und 9.

Die Praxis der Konjunkturprognose, wie sie in Deutschland von den Wirtschaftsforschungsinstituten und dem Sachverständigenrat betrieben wurde, ist in Weichhardt (1982) zusammenfassend dargestellt. Eine Darstellung der Vorgehensweise des Sachverständigenrates zur Begutachtung der gesamtwirtschaftlichen Entwicklung liefert Heise (1991).

Tödter (2010) unternimmt eine weitergehende Analyse der Rolle des statistischen Überhangs im Rahmen von Kurzfristprognosen.

Die Prognose und Politiksimulation mit makroökonometrischen Modellen wird beispielsweise in Heilemann und Renn (2004), Holden *et al.* (1990), Kapitel 5, und Keating (1985) eingehender beschrieben.

---

[19] Vgl. Franz *et al.* (1998) und Franz *et al.* (2000) für einige Anwendungen.

Abbildungsverzeichnis

Tabellenverzeichnis

Verzeichnis der Fallbeispiele

Sachverzeichnis

Literaturverzeichnis

Abberger, K., S. Becker, B. Hofmann und K. Wohlrabe (2007). Mikrodaten im ifo institut für wirtschaftsforschung – bestand, verwendung und zugang. *AStA Wirtschafts- und Sozialstatistisches Archiv* **1**(1), 27–42.

Abberger, K., M. Birnbrich und C. Seiler (2009). Der Test des Tests im Handel – eine Metaumfrage zum ifo Konjunkturtest. *ifo Schnelldienst* **62**(21), 34–41.

Abberger, K. und W. Nierhaus (2008). Die ifo Kapazitätsauslastung – ein gleichlaufender Indikator der deutschen Industriekonjunktur. *ifo Schnelldienst* **61**(16), 15–23.

Abberger, K. und K. Wohlrabe (2006). Einige Prognoseeigenschaften des ifo Geschäftsklimas – ein überblick über die neuere wissenschaftliche Literatur. *ifo Schnelldienst* **59**(22), 19–26.

Akaike, H. (1969). Fitting autoregressive models for prediction. *Annals of the Institute of Statistical Mathematics* **21**, 243–247.

Almon, C. (1991). The INFORUM approach to interindustry modeling. *Economic Systems Research* **3**, 1–7.

Almon, S. (1965). The lag between capital appropriation and expenditures. *Econometrica* **30**, 178–196.

Anderson, O. (1988). Zur Treffsicherheit der Antizipationen im Ifo–Konjunkturtest (KT). In: *Theoretische und angewandte Wirtschaftsforschung* (W. Franz, W. Gaab und J. Wolters, Hrsg.). 233–239. Springer. Berlin.

Andrews, D.W.K. (1991). Heteroskedasticity and autocorrelation consistent covariance matrix estimation. *Econometrica* **59**, 817–858.

Andrews, D.W.K. (1993). Tests for parameter instability and structural change with unknown change point. *Econometrica* **61**(4), 821–856.

Angele, J. (2007). Insolvenzen 2006. *Wirtschaft und Statistik* **4**, 352–361.

Antonczyk, D., B. Fitzenberger und U. Leuschner (2009). Can a task-based approach explain the recent changes in the German wage structure?. *Jahrbücher für Nationalökonomie und Statistik* **229**(2+3), 214–238.

Arellano, M. (2003). *Panel Data Econometrics*. Oxford University Press. Oxford.

Babu, G.J. und C.R. Rao (1993). Bootstrap methodology. In: *Handbook of Statistics, Vol. 9* (C. R. Rao, Hrsg.). Elsevier. Amsterdam.

Bach, S., M. Kohlhaas, B. Meyer, B. Praetorius und H. Welsch (2002). The effects of environmental fiscal reform in Germany: A simulation study. *Energy Policy* **30**(9), 803–811.

Bahr, H. (2000). *Konjunkturelle Gesamtindikatoren: Konstruktionsmethoden und ihre empirische Anwendung für die Bundesrepublik Deutschland*. Lang. Frankfurt am Main.

Baltagi, B.H. (2013). *Econometric Analysis of Panel Data*. Wiley. Chichester. 5. Aufl.

Balzer, W. (1997). *Die Wissenschaft und ihre Methoden*. Alber. Freiburg.

Bamberg, G., F. Baur und M. Krapp (2011). *Statistik*. Oldenbourg. München. 16. Aufl.

Banerjee, A., J. Dolado, J.W. Galbraith und D.F. Hendry (1993). *Co-Integration, Error-Correction, and the Econometric Analysis of Non-Stationary Data*. Oxford University Press. New York.

Banerjee, A., J.J. Dolado und R. Mestre (1998). Error-correction mechanism tests for cointegration in a single-equation framework. *Journal of Time Series Analysis* **19**(3), 267–283.

Bausch, A. und F. Pils (2009). Product diversification strategy and financial performance: meta-analytic evidence on causality and construct multidimensionality. *Review of Managerial Science* **3**, 157–190.

Bechtold, S., G. Elbel und H.-P. Hannappel (2005). Messung der wahrgenommenen Inflation in Deutschland: Die Ermittlung der Kaufhäufigkeiten durch das Statistische Bundesamt. *Wirtschaft und Statistik* **9**, 989–998.

Berndt, E.R. (1991). *The Practise of Econometrics – Classic and Contemporary*. Addison-Wesley. Reading.

Biddle, J.E. und D.S. Hamermesh (1998). Beauty, productivity, and discrimination: Lawyers' looks and lucre. *Journal of Labour Economics* **16**(1), 172–201.

Blanchard, O. und G. Illing (2009). *Makroökonomie*. Pearson. München. 5. Aufl.

Bleses, P. (2007). Input-Output-Rechnung. *Wirtschaft und Statistik* **7**, 86–96.

Blinder, A.S. (1973). Wage discrimination: Reduced form and structural estimates. *Journal of Human Resources* **8**, 436–455.

Bonjour, D. und M. Gerfin (2001). The unequal distribution of unequal pay – an empirical analysis of the gender wage gap in Switzerland. *Empirical Economics* **26**, 407–427.

Box, G.E.P. und D.A. Pierce (1970). Distribution of the autocorrelations in autoregressive moving average time series models. *Journal of the American Statistical Association* **65**, 1509–1526.

Braakmann, A. (2010). Zur Wachstums- und Wohlfahrtsmessung. *Wirtschaft und Statistik* **7**, 609–614.

Brachinger, H.W. (2005). Der Euro als Teuro? Die wahrgenommene Inflation in Deutschland. *Wirtschaft und Statistik* **9**, 999–1013.

Brachinger, H.W. (2007). Statistik zwischen Lüge und Wahrheit. *AStA Wirtschafts- und Sozialstatistisches Archiv* **1**(1), 5–26.

Branchi, M., H.C. Dieden, W. Haine, C. Horváth, A. Kanutin und L. Kezbere (2007). Analysis of revisions to general economic statistics. ECB Occasional Paper 74. European Central Bank. Frankfurt.

Brand, D., W. Gerstenberger und J.D. Lindlbauer (1996). Ausgewählte Gesamtindikatoren des ifo Instituts für Wirtschaftsforschung. In: *Konjunkturindikatoren* (K.H. Oppenländer, Hrsg.). 83–94. Oldenbourg. 2. Aufl.

Brautzsch, H.-U., J. Günther, B. Loose, U. Ludwig und N. Nulsch (2015). Can R&D subsidies counteract the economic crisis? – Macroeconomic effects in Germany. *Resarch Policy* **44**, 623–633.

Brenzel, H., J. Czepek, H. Kiesl, B. Kriechel, A. Kubis, A. Moczall, M. Rebien, C. Röttger, J. Szameitat, A. Warning und E. Weber (2016). Revision der IAB-Stellenerhebung – Hintergründe, Methode und Ergebnisse. IAB-Forschungsbericht 04/2016. IAB. Nürnberg.

Brinkmann, G. (1997). *Analytische Wissenschaftstheorie*. Oldenbourg. München. 3. Aufl.

Brunner, K. (2014). Automatisierte Preiserhebung im Internet. *Wirtschaft und Statistik* **4**, 258–261.

Bundesministerium für Wirtschaft und Technologie (2016). *Jahreswirtschaftsbericht 2016*. BMWI. Berlin.

Burns, A.F. (1961). New facts on business cycles. In: *Business Cycle Indikators I*. (Princeton University Press, Hrsg.). G.H.Moore. Princeton.

Burns, A.F. und W.C. Mitchell (1946). *Measuring Business Cycles*. National Bureau of Economic Research. New York.

Buscher, H.S., H. Buslei, K. Göggelmann, H. Koschel, T.F.N. Schmidt, V. Steiner und P. Winker (2001). Empirical macromodels under test. *Economic Modelling* **18**(3), 455–474.

Büttner, T., A. Dehne, G. Flaig, O. Hülsewig und P. Winker (2006). Berechnung der BIP-Elastizitäten öffentlicher Ausgaben und Einnahmen zu Prognosezwecken und Diskussion ihrer Volatilität. ifo forschungsberichte. Institut für Wirtschaftsforschung an der Universität München.

Cameron, A.C. und P.K. Trivedi (2005). *Microeconometrics*. Cambridge University Press. New York.

Caspers, W.F. (1996). Das Konsumklima – ein Indikatorensystem für den privaten Verbrauch. In: *Konjunkturindikatoren* (K.-H. Oppenländer, Hrsg.). 401–429. Oldenbourg. München. 2. Aufl.

Champernowne, D.G. und F.A. Cowell (1998). *Economic Inequality and Income Distribution*. Cambridge University Press. Cambridge.

Chipman, J.S. und P. Winker (2005). Optimal aggregation of linear time series models. *Computational Statistics and Data Analysis* **49**(2), 311–331.

Chong, Y.Y. und D.F. Hendry (1986). Econometric evaluation of linear macro-economic models. *Review of Economic Studies* **53**(175), 671–690.

Coenen, G. und J.-L. Vega (2001). The demand for M3 in the Euro area. *Journal of Applied Econometrics* **16**(6), 727–748.

Crossley, T., J. de Bresser, L. Delaney und J. Winter (2014). Can survey participation alter household saving behavior?. Technical Report W14/06. IFS. London.

Damia, V. und C. Pic´on Aguilar (2006). Quantitative quality indicators for statistics. ECB Occasional Paper 54. European Central Bank. Frankfurt.

Davidson, R. und J.G. MacKinnon (1993). *Estimation and Inference in Econometrics*. Oxford University Press. New York.

de Wolff, P. (1938). The demand for passenger cars in the United States. *Econometrica* **6**(2), 113–129.

Deutsche Bundesbank (1989). Die Verwendung des ökonometrischen Modells der deutschen Bundesbank zu gesamtwirtschaftlichen Vorrausschätzungen. *Monatsbericht* **Mai**, 29–36.

Deutsche Bundesbank (1995). Das Produktionspotential in Deutschland und seine Bestimmungsfaktoren. *Monatsbericht* **August**, 41–56.

Deutsche Bundesbank (1998). Probleme der Inflationsbemessung. *Monatsbericht* **Mai**, 53–66.

Deutsche Bundesbank (2006*a*). Die deutsche Zahlungsbilanz für das Jahr 2005. *Monatsbericht* **März**, 17–36.

Deutsche Bundesbank (2006*b*). Finanzmärkte. *Monatsbericht* **Februar**, 27–35.

Deutsche Bundesbank (2006*c*). Konjunkturlage in Deutschland. *Monatsbericht* **November**, 39–51.

Deutsche Bundesbank (2014*a*). Die deutsche Wirtschaft in der internationalen Arbeitsteilung: ein Blick auf die Wertschöpfungsströme. *Monatsbericht* **Oktober**, 29–44.

Deutsche Bundesbank (2014*b*). Wichtige Kennzahlen zur gesamtwirtschaftlichen und staatlichen Aktivität in Deutschland nach der Generalrevision der Volkswirtschaftlichen Gesamtrechnungen 2014. *Monatsbericht* **September**, 7–12.

Deutsche Bundesbank (2016). Perspektiven der deutschen Wirtschaft – Gesamtwirtschaftliche Vorausschätzungen für die Jahre 2016 und 2017 mit einem ausblick auf das jahr 2018. *Monatsbericht* **Juni**, 13–28.

Dickey, D.A. und W.A. Fuller (1979). Distribution of the estimators for autoregressive time series with a unit root. *Journal of the American Statistical Association* **74**, 427–431.

Diebold, F.X. und R.S. Mariano (1995). Comparing predictive accuracy. *Journal of Business and Economic Statistics* **13**, 253–263.

Egner, U. (2003). Umstellung des Verbraucherpreisindex auf Basis 2000: Die wichtigsten Änderungen im Überblick. *Wirtschaft und Statistik* **5**, 423–432.

Egner, U. (2013). Verbraucherpreisstatistik auf neuer Basis 2010. *Wirtschaft und Statistik* **5**, 329–344.

Eichner, A.S. (1983). *Why Economics is not yet a Science*. Sharpe. Armon, NY.

Elbel, G. (1995). Zur Neuberechnung des Preisindex für die Lebenshaltung auf Basis 1991. *Wirtschaft und Statistik* **11**, 801–809.

Elbel, G. und U. Egner (2008a). Der Harmonisierte Verbraucherpreisindex für Deutschland. *Wirtschaft und Statistik* **8**, 681–692.

Elbel, G. und U. Egner (2008b). Verbraucherpreisstatistik auf neuer Basis 2005. *Wirtschaft und Statistik* **4**, 339–350.

Engle, R.F. und C.W.J. Granger (1987). Co-integration and error-correction: Representation, estimation and testing. *Econometrica* **55**, 251–276.

Entorf, H. und M. Kavalakis (1992). Die Nutzung von Konjunkturtestdaten für die Analyse und Prognose. In: *Zur Analyse und Prognose von Wirtschaftverläufen anhand von Konjunkturdaten* (K.H. Oppenländer, G. Poser und G. Nerb, Hrsg.). 11–60. CIRET Studien 44. München.

Europäische Kommission (1996). *Europäische Wirtschaft, Beiheft B*. Europäische Kommission. Brüssel.

Europäische Kommission (2009). *Bericht zu den Statistiken Griechenlands über das Öffentliche Defizit und den Öffentlichen Schuldenstand*. Europäische Kommission. Brüssel.

Europäische Zentralbank (2000). Potenzialwachstum und Produktionslücke: Begriffsabgrenzung, Anwendungsbereiche und Schätzergebnisse. *Monatsbericht* **Oktober 2000**, 39–50.

Europäische Zentralbank (2001). Indizes zur Messung der Kerninflation im Euro-Währungsgebiet. *Monatsbericht* **Juli 2001**, 55–66.

Europäische Zentralbank (2006). The usefulness of business tendency survey indicators for conjunctural analysis. *Monthly Bulletin* **Mai 2006**, 48–50.

Europäische Zentralbank (2008). Preise und Kosten. *Monatsbericht* **Januar**, 38–45.

Europäische Zentralbank (2010). Produktion, Nachfrage und Arbeitsmarkt. *Monatsbericht* **März**, 70–89.

European Commission (2016). *European Economic Forecast - autumn 2016*. European Commission. Brüssel.

Eurostat (2010). Bereitstellung der Daten zu Defizit und Verschuldung 2009 – erste Meldung. Pressemitteilung 55/2010. Eurostat. Luxemburg. http://epp.eurostat.ec.europa.eu/cache/ITY_PUBLIC/2-22042010-BP/DE/2-22042010-BP-DE.PDF.

Fahrmeir, L., R. Künstler, I. Pigeot und G. Tutz (2009). *Statistik: Der Weg zur Datenanalyse*. Springer. Berlin. 7. Aufl.

Fase, M.M.G. (1994). In search for stability: An empirical appraisel of the demand for money. *DeEconomist* **142**(4), 421–454.

Feenstra, R.C., R. Inklaar und M.P. Timmer (2015). The next generation of the Penn World Table. *American Economic Review* **105**(10), 3150–3182.

Felbermayr, G., M. Battisti und S. Lehwald (2016). Einkommensungleichheit in Deutschland, Teil 1: Gibt es eine Trendumkehr?. *ifo Schnelldienst* **69**(13), 28–37.

Feld, L.P. und F. Schneider (2010). Survey on the shadow economy and undeclared earnings in OECD countries. *German Economic Review* **10**(2), 109–149.

Fitzenberger, B. und R. Hujer (2002). Stand und Perspektiven der Evaluation der Aktiven Arbeitsmarktpolitik in Deutschland. *Perspektiven der Wirtschaftspolitik* **3**(2), 139–158.

Fitzenberger, B. und G. Wunderlich (2004). *Holen die Frauen auf?*. Band 69 von *ZEW Wirtschaftsanalysen*. Nomos. Baden-Baden.

Flassbeck, H. (1994). Quo vadis, Konkunktur?. *Wochenbericht des DIW 8-9/1994* 108–109.

Fleissner, P., W. Böhme, H.-U. Brautzscha, J. Höhne, J. Siassi und K. Stark (1993). *Input-Output-Analyse*. Springer. Wien.

Forschungsdatenzentrum der Statistischen Landesämter (2006). *Amtliche Mikrodaten für die wissenschaftliche Forschung*. Statistische Ämter der Länder. Düsseldorf.

Forster, O. (2011). *Analysis 1*. Vieweg. Braunschweig. 11. Aufl.

Franz, W. (2013). *Arbeitsmarktökonomik*. Springer. Berlin. 8. Aufl.

Franz, W., K. Göggelmann, M. Schellhorn und P. Winker (2000). Quasi-Monte Carlo methods in stochastic simulations. *Empirical Economics* **25**, 247–259.

Franz, W., K. Göggelmann und P. Winker (1998). Ein makroökonometrisches Ungleichgewichtsmodell für die deutsche Volkswirtschaft 1960 bis 1994: Konzeption, Ergebnisse und Erfahrungen. In: *Gesamtwirtschaftliche Modelle in der Bundesrepublik Deutschland: Erfahrungen und Perspektiven* (U. Heilemann und J. Wolters, Hrsg.). Band 61 von *Schriftenreihe des RWI Neue Folge*. 115–165. Duncker & Humblot. Berlin.

Franz, W. und W. Smolny (1994). The measurement and interpretation of vacancy data and the dynamic of the Beveridge Curve: The German case. In: *Measurement and Analysis of Job Vacancies* (J. Muysken, Hrsg.). 203–237. Avebury. Adlershot.

French, M.T. (2002). Physical appearance and earnings: Further evidence. *Applied Economics* **34**, 569–572.

Frenkel, M. und K.D. John (2011). *Volkswirtschaftliche Gesamtrechnung*. Vahlen. München. 7. Aufl.

Frenkel, M. und A. Tudyka (2012). Der Zusammenhang von Leistungs- und Kapitalbilanz. *WiSt* **Heft 11**, 589–594.

Frerichs, W. und K. Kübler (1980). *Gesamtwirtschaftliche Prognoseverfahren*. Vahlen. München.

Frisch, R. (1933). Editorial. *Econometrica* **1**(1), 1–4.

Fuchs, J. und B. Weber (2005a). Neuschätzung der Stillen Reserve und des Erwerbspersonenpotenzials für Ostdeutschland (inkl. Berlin-Ost. IAB-Forschungsbericht 18/2005. IAB. Nürnberg.

Fuchs, J. und B. Weber (2005b). Neuschätzung der Stillen Reserve und des Erwerbspersonenpotenzials für Westdeutschland (inkl. Berlin-West. IAB-Forschungsbericht 15/2005. IAB. Nürnberg.

Fuller, W.A. (1976). *Introduction to Statistical Time Series*. Wiley. New York.

Gernandt, J. und F. Pfeiffer (2007). Rising wage inequality in Germany. *Jahrbücher für Nationalökonomie und Statistik*.

Ghysels, E., C.W.J. Granger und P.L. Siklos (1996). Is seasonal adjustment a linear or nonlinear data-filtering process?. *Journal of Business and Economics Statistics*.

Granados, P. Gallego und J. Geyer (2013). Brutto größer als Netto: Geschlechtsspezifische Lohnunterschiede unter Berücksichtigung von Steuern und Verteilung. *DIW Wochenbericht* **80**(28), 3–12.

Green, G.R. und B.A. Beckmann (1993). Business cycle indikators: Upcoming revision of the composite indexes. *Survey of Current Business* **73**(10), 44–51.

Greene, W.H. (2012). *Econometric Analysis*. Pearson. Upper Saddle River, NJ. 7. Aufl.

Greenpeace (1994). *Wirtschaftliche Auswirkungen einer ökologischen Steuerreform. Gutachten des Deutschen Instituts für Wirtschaftsforschung*. Greenpeace. Berlin.

Hamermesh, D.S. und J.E. Biddle (1994). Beauty and the labour market. *American Economic Review* **84**(5), 1174–1194.

Hamermesh, D.S. und A.M. Parker (2003). Beauty in the classrom: Professors' pulchritude and putative pedagogical productivity. Working Paper 9853. NBER.

Hamilton, J.D. (1994). *Time Series Analysis*. Princeton University Press. Princeton.

Hanefeld, U. (1987). *Das Sozio-ökonomische Panel*. Campus. Frankfurt.

Hannan, E.J. und B.G. Quinn (1979). The determination of the order of an autoregression. *Journal of the Royal Statistical Society B* **41**(2), 190–195.

Hansen, G. (1993). *Quantitative Wirtschaftsforschung*. Vahlen. München.

Hansmann, K.W. (1983). *Kurzlehrbuch Prognoseverfahren*. Gabler. Wiesbaden.

Hartmann, M. und T. Riede (2005). Erwerbslosigkeit nach dem Labour-Force-Konzept – Arbeitslosigkeit nach dem Sozialgesetzbuch: Gemeinsamkeiten und Unterschiede. *Wirtschaft und Statistik* **4**, 303–310.

Harvey, D., S. Leybourne und P. Newbold (1997). Testing the equality of prediction mean squared errors. *International Journal of Forecasting* **13**, 281–291.

Hassler, U. (2004). Leitfaden zum Testen und Schätzen von Kointegration. In: *Arbeiten mit ökonometrischen Modellen* (W. Gaab, U. Heilemann und J. Wolters, Hrsg.). 85–115. Physica. Heidelberg.

Hassler, U. (2016). *Stochastic Processes and Calculus*. Springer. Heidelberg.

Hassler, U. und J. Wolters (2006). ADL models and cointegration. *Allgemeines Statistisches Archiv* **90**, 59–74.

Hauf, S. (2001). Einsatz von Census X-12-ARIMA in den Volkswirtschaftlichen Gesamtrechnungen. *Methoden – Verfahren – Entwicklungen, Nachrichten aus dem Statistischen Bundesamt* **2**, 8–10.

Heij, C., P. de Boer, P.H. Franses, T. Kloek und H.K. van Dijk (2004). *Econometric Methods with Applications in Business and Economics*. Oxford University Press. Oxford.

Heilemann, U. (2004). As good as it gets – limits of accuracy of macroeconomic short term forecasts. *Jahrbücher für Nationalökonomie und Statistik* **224**(1+2), 51–64.

Heilemann, U. und H.O. Stekler (2013). Has the accuracy of macroeconomic forecasts for Ggermany improved?. *German Economic Review* **14**(2), 235–253.

Heilemann, U. und S.M. Renn (2004). Simulation mit makroökonometrischen Modellen. In: *Arbeiten mit ökonometrischen Modellen* (W. Gaab, U. Heilemann und J. Wolters, Hrsg.). 213–232. Physica. Heidelberg.

Heiler, S. (1969). Überlegungen zu einem statistischen Modell einer wirtschaftlichen Zeitreihe und einem daraus resultierenden Analyseverfahren. *DIW-Beiträge zur Strukturforschung* **7**, 19–43.

Heiler, S. und P. Michels (1994). *Deskriptive und Explorative Datenanalyse*. Oldenbourg. München.

Heise, M. (1991). Verfahren und Probleme der Konjunkturvorhersage – dargestellt am Beispiel der Sachverständigenratsprognosen. *Wirtschaftswissenschaftliche Beiträge* **41**, 18–37.

Hendry, D.F. (1980). Econometrics – alchemy or science?. *Economica* **47**, 387–406.

Henschel, H. (1979). *Wirtschaftsprognosen*. Vahlen. München.

Henzel, S. und C. Thürwächter (2015). Verlässlichkeit der EU-Methode zur Schätzung des Produktionspotenzials in Deutschland. *ifo Schnelldienst* **68**(18), 18–24.

Herrmann, H. (1999). Probleme der Inflationsmessung. Diskussionspapier 3/1999. Deutsche Bundesbank. Frankfurt a. M.

Hettich, F., S. Killinger und P.Winker (1997). Die ökologische Steuerreform auf dem Prüfstand. Zur Kritik am Gutachten des Deutschen Instituts für Wirtschaftsforschung. *Zeitschrift für Umweltpolitik und Umweltrecht* **20**(2), 199–225.

Hinze, J. (2003). Prognoseleistung von Frühindikatoren: Die Bedeutung von Frühindikatoren für Konjunkturprognosen – eine Analyse für Deutschland. HWWA Discussion Paper 236. Hamburgisches Welt-Wirtschafts-Archiv. Hamburg.

Hodrick, R.J. und E.C. Prescott (1980). Post-war U.S. business cycles: An empirical investigation. Discussion Paper 451. Carnegie-Mellon University.

Hodrick, R.J. und E.C. Prescott (1997). Post-war U.S. business cycles: An empirical investigation. *Journal of Money, Credit & Banking* **29**(1), 1–16.

Hoffmann, D. (1995). *Analysis für Wirtschaftswissenschaftler und Ingenieure*. Springer. Berlin.

Holden, K., D.A. Peel und J.L. Thompson (1990). *Economic Forecasting: An Introduction*. Cambridge University Press. Cambridge.

Holub, H.-W. und H. Schnabl (1994). *Input-Output-Rechnung: Input-Output-Analyse*. Oldenbourg. München.

Höpfner, B. (1998). Ein empirischer Vergleich neuerer Verfahren zur Saisonbereinigung und Komponentenzerlegung. *Wirtschaft und Statistik* **12**, 949–959.

Huber, P.J. (1981). *Robust Statistics*. Wiley. New York.

Hübler, O. (2005). *Einführung in die empirische Wirtschaftsforschung*. Oldenbourg. München.

Hübler, O. (2009). The nonlinear link between height and wages in Germany, 1985-2004. *Economics and Human Biology* **7**, 191–199.

Hüfner, F. und M. Schröder (2002). Prognosegehalt von ifo-Geschäftserwartungen und ZEW-Konjunkturerwartungen: Ein ökonometrischer Vergleich. *Jahrbücher für Nationalökonomie und Statistik* **222**(3), 316–336.

Hujer, R. und R. Cremer (1978). *Methoden der empirischen Wirtschaftsforschung*. Vahlen. München.

Hylleberg, S., R.F. Engle, C.W.J. Granger und B.S. Yoo (1990). Seasonal integration and cointegration. *Journal of Econometrics* **44**, 215–228.

ifo Institut (2016). Industrie: Geschätserwartungen geben deutlich nach. *ifo Konjunkturperspektiven* **43**(2), 1–10.

Institut der deutschen Wirtschaft (2006a). Eine bunte Sache. Informationsdienst 15/2006. Institut der deutschen Wirtschaft. Köln.

Institut der deutschen Wirtschaft (2006b). Nur die halbe Wahrheit. Informationsdienst 16/2006. Institut der deutschen Wirtschaft. Köln.

Intriligator, M.D., R.G. Bodkin und C. Hsiao (1996). *Economic Models, Techniques, and Applications*. Prentice Hall. Upper Saddle River, NJ. 2. Aufl.

Jarchow, H.-J. (1980). Der Hopfenzyklus in der Bundesrepublik (1950-1970) und das Spinngewebe Theorem. In: *Arbeitsbuch Angewandte Mikroökonomik* (H. Hesse, Hrsg.). 81–89. Mohr & Siebeck. Tübingen.

Jarque, C.M. und A.K. Bera (1980). Efficient tests for normality, homoscedasticity and serial independence of regression residuals. *Economics Letters* **6**, 255–259.

Jarque, C.M. und A.K. Bera (1981). Efficient tests for normality, homoscedasticity and serial independence of regression residuals: Monte Carlo evidence. *Economics Letters* **7**, 313–318.

Johnston, J. und J. DiNardo (1997). *Econometric Methods*. McGraw-Hill. New York. 4. Aufl.

Judge, G.G., W.E. Griffiths, R.C. Hill, H. Lütkepohl und T.-C. Lee (1988). *Introduction to the Theory and Practice of Econometrics*. Wiley. New York. 2. Aufl.

Kamitz, R. (1980). Methode/Methodologie. In: *Handbuch wissenschaftstheoretischer Begriffe 2* (J. Speck, Hrsg.). 429–433. UTB Vandenhoeck & Rupprecht. Göttingen.

Kappler, M. (2006). Wie genau sind die Konjunkturprognosen der Institute für Deutschland?. Discussion Paper 06-004. ZEW. Mannheim.

Kater, U., H. Bahr, K. Junius, A. Scheuerle und G. Widmann (2008). *Die 100 wichtigsten Konjunkturindikatoren – weltweit*. Cometis. Wiesbaden. 2. Aufl.

Keating, G. (1985). *The Production and Use of Economic Forecasts*. Methuen. London.

Kettner, A. und E. Spitznagel (2005). Schwache Konjunktur: Gesamtwirtschaftliches Stellenangebot gering. IAB-Kurzbericht 06/2005. IAB. Nürnberg.

Kholodilin, K.A. und B. Siliverstovs (2006). On the forecasting properties of alternative leading indicators for the German GDP: Recent evidence. *Jahrbücher für Nationalökonomie und Statistik* **226**(3), 234–259.

Kirchgässner, G., J. Wolters und U. Hassler (2013). *Introduction to Modern Time Series Analysis*. Springer. Berlin. 2. Aufl.

Kirchner, R. (1999). Auswirkungen des neuen Saisonbereinigungsverfahrens Census X-12-ARIMA auf die aktuelle Wirtschaftsanalyse in Deutschland. Diskussionspapier 7/99. Deutsche Bundesbank. Frankfurt a. M.

Klein, L.R. (1983). *Lectures in Econometrics*. North-Holland. Amsterdam.

Klein, P.-A. (1996). Die Konjunkturindikatoren des NBER – Measurement without Theory?. In: *Konjunkturindikatoren* (K.H. Oppenländer, Hrsg.). 31–67. Oldenbourg. München. 2. Aufl.

Klotz, S. (1998). Ökonometrische Modelle mit raumstruktureller Autokorrelation. Eine kurze Einführung. *Jahrbücher für Nationalökonomie und Statistik* **218**(1+2), 168–196.

Klüh, U. und C. Swonke (2009). Konjunkturprognosen in der Krise?. *Wirtschaftsdienst* **89**(2), 84–86.

Koch, G. (1994). *Kausalität, Determinismus und Zufall in der wissenschaftlichen Naturbeschreibung*. Duncker & Humblot. Berlin.

Köhler, A. (1996). Ausgewählte internationale Gesamtindikatoren. In: *Konjunkturindikatoren* (K.H. Oppenländer, Hrsg.). 95–106. Oldenbourg. München. 2. Aufl.

König, H. und J. Wolters (1972). *Einführung in die Spektralanalyse ökonomischer Zeitreihen*. Hain. Meisenheim.

Krämer, W. (1999). Vorsicht Umfragen!. *WISU* **28**(4), 456.

Krämer, W. (2000). Trugschlüsse aus der Leistungsbilanz. *WISU* **29**(10), 1278.

Krämer, W. (2015). *So lügt man mit Statistik*. Campus. Frankfurt. 12. Aufl.

Krämer, W. und H. Sonnberger (1986). *The Linear Regression Model under Test*. Physica. Heidelberg.

Krug, W., M. Nourney und J. Schmidt (2001). *Wirtschafts- und Sozialstatistik*. Oldenbourg. München. 6. Aufl.

Kuhn, A. (2010). *Input-Output-Rechnung im Überblick*. Statistisches Bundesamt. Wiesbaden.

Kuhn, T.S. (1976). *Die Struktur wissenschaftlicher Revolutionen*. Suhrkamp. Frankfurt.

Kwiatkowski, D., P.C.B. Phillips, P. Schmidt und Y. Shin (1992). Testing the null hypothesis of stationarity against the alternative of a unit root. *Journal of Econometrics* **54**, 159–178.

Lehn, J. und H. Wegmann (2006). *Einführung in die Statistik*. Teubner. Stuttgart. 5. Aufl.

Leontief, W. (1966). *Input-Output Economics*. Oxford University Press. New York.

Leser, C.E.V. (1961). A simple method for trend construction. *Journal of the Royal Statistical Society. Series B* **23**(1), 91–107.

Li, J. und P. Winker (2003). Time series simulation with quasi-Monte Carlo methods. *Computational Economics* **21**(1–2), 23–43.

Lilliefors, H. (1967). On the Kolmogorov-Smirnov test for normality with mean and variance unknown. *Journal of the American Statistical Association* **62**, 399–402.

Lindlbauer, J.D. (1996). Ausgewählte Einzelindikatoren. In: *Konjunkturindikatoren* (K. H. Oppenländer, Hrsg.). 70–82. Oldenbourg. München. 2. Aufl.

Linz, S. (2002). Einführung hedonischer Methoden in die Preisstatistik. *Methoden – Verfahren – Entwicklungen, Nachrichten aus dem Statistischen Bundesamt* **3**, 3–4.

Linz, S. und V. Dexheimer (2005). Dezentrale hedonische Indizes in der Preisstatistik. *Wirtschaft und Statistik* **3**, 249–252.

Ljung, G.M. und G.E.P. Box (1978). On a measure of a lack of fit in time series models. *Biometrika* **65**, 297–303.

Löffler, G. (1999). Refining the Carlson-Parkin method. *Economics Letters* **64**(2), 167–171.

Loschky, A. und L. Ritter (2007). Konjunkturmotor Export. *Wirtschaft und Statistik* **5**, 478–488.

Lütkepohl, H., T. Teräsvirta und J. Wolters (1999). Investigating stability and linearity of a German M1 money demand function. *Journal of Applied Econometrics* **14**(5), 511–525.

Lütkepohl, H. und J. Wolters (1999). *Money Demand in Europe*. Physica. Heidelberg.

Lutz, C., B. Meyer, P. Schnur und G. Zika (2002). Projektion des Arbeitskräftebedarfs bis 2015: Modellrechnungen auf Basis des IAB/INFORGE-Modells. *Mitteilungen aus der Arbeitsmarkt - und Berufsforschung* **3**, 305–326.

Macaulay, F.R. (1931). *The Smoothing of Time Series*. National Bureau of Economic Research. New York.

MacKinnon, J.G. (1991). Critical values for co-integration tests. In: *Long Run Economic Relations* (R.F. Engle und C.W.J. Granger, Hrsg.). 267–276. Oxford University Press. Oxford.

MacKinnon, J.G. (1996). Numerical distribution functions for unit root and cointegration tests. *Journal of Applied Econometrics* **11**, 601–618.

Maddala, G.S. und I.-M. Kim (1998). *Unit Roots, Cointegration, and Structural Change*. Cambridge University Press. Cambridge.

McAleer, M. und L. Oxley (1999). *Practical Issues in Cointegration Analysis*. Blackwell. Oxford.

Meinke, I. (2015). Die allgemeine Revisionspolitik des Statistischen Bundesamtes. *Wirtschaft und Statistik* **4**, 9–17.

Meyer, M. und P. Winker (2005). Using HP filtered data for econometric analysis: Some evidence from Monte Carlo simulations. *Allgemeines Statistisches Archiv* **89**(3), 303–320.

Mincer, J. (1974). *Schooling, Experience, and Earnings*. Columbia University Press. New York.

Mitra, A. (2001). Effects of physical attributes on the wages of males and females. *Applied Economics Letters* **8**, 731–735.

Moosmüller, G. (2004). *Methoden der empirischen Wirtschaftsforschung*. Pearson. München.

Morgenstern, O. (1965). *Über die Genauigkeit wirtschaftlicher Beobachtungen*. Physica. Wien. 2. Aufl.

Müller-Krumholz, K. (1996). *Einführung in Begriffe und Methoden der Volkswirtschaftlichen Gesamtrechnung: Das vereinfachte Konzept im DIW*. Deutsches Institut für Wirtschaftsforschung. Berlin.

Naggies, T.S. (1996). Die Aussagefähigkeit von staatswissenschaftlichen Quoten. *IAW-Mitteilungen* **4/96**, 4–15.

Nelson, C.R. und C.I. Plosser (1982). Trends and random walks in macroeconomic time series: Some evidence and implications. *Journal of Monetary Economics* **10**, 139–162.

Nierhaus, W. (1999). Aus dem Instrumentenkasten der Konjunkturanalyse: Veränderungsraten im Vergleich. *ifo Schnelldienst* **27/99**, 11–19.

Nierhaus, W. (2006). Wirtschaftskonjunktur 2005: Prognose und Wirklichkeit. *ifo Schnelldienst* **59**(2), 37–43.

Nierhaus, W. (2007). Wirtschaftskonjunktur 2006: Prognose und Wirklichkeit. *ifo Schnelldienst* **60**(2), 23–28.

Nierhaus, W. (2008). Wirtschaftskonjunktur 2007: Prognose und Wirklichkeit. *ifo Schnelldienst* **61**(3), 21–26.

Nierhaus, W. (2009). Wirtschaftskonjunktur 2008: Prognose und Wirklichkeit. *ifo Schnell-dienst* **62**(3), 21–25.

Nierhaus, W. (2010). Wirtschaftskonjunktur 2009: Prognose und Wirklichkeit. *ifo Schnell-dienst* **63**(2), 30–33.

Nierhaus, W. (2011). Wirtschaftskonjunktur 2010: Prognose und Wirklichkeit. *ifo Schnell-dienst* **64**(2), 22–25.

Nierhaus, W. (2012). Wirtschaftskonjunktur 2011: Prognose und Wirklichkeit. *ifo Schnell-dienst* **65**(2), 22–27.

Nierhaus, W. (2013a). Konjunkturprognosen heute – Möglichkeiten und Probleme. *ifo Schnelldienst* **66**(1), 25–32.

Nierhaus, W. (2013b). Wirtschaftskonjunktur 2012: Prognose und Wirklichkeit. *ifo Schnell-dienst* **66**(2), 30–33.

Nierhaus, W. (2014). Wirtschaftskonjunktur 2013: Prognose und Wirklichkeit. *ifo Schnell-dienst* **67**(2), 41–46.

Nierhaus, W. (2015). Wirtschaftskonjunktur 2014: Prognose und Wirklichkeit. *ifo Schnell-dienst* **68**(2), 43–49.

Nierhaus, W. (2016). Wirtschaftskonjunktur 2015: Prognose und Wirklichkeit. *ifo Schnell-dienst* **69**(3), 34–40.

Nierhaus, W. und K. Abberger (2014). Zur Prognose von konjunkturellen Wendepunkten: Dreimal-Regel versus Markov-Switching. *ifo Schnelldienst* **67**(16), 21–25.

Nissen, H.-P. (2004). *Das Europäische System Volkswirtschaftlicher Gesamtrechnungen.* Physica. Heidelberg. 5. Aufl.

Nourney, M. (1983). Umstellung der Zeitreihenanalyse. *Wirtschaft und Statistik* **11**, 841–852.

Nullau, B. (1969). Darstellung des Verfahrens. *DIW-Beiträge zur Strukturforschung* **7**, 9–18.

Oaxaca, R. (1973). Male-female wage differentials in urban labor markets. *International Economic Review* **14**, 693–709.

Okun, A. (1962). Potential GNP and policy. Cowles Foundation Paper 190. Cowles Foundation, Yale University. New Haven, CT. Reprinted from the 1962 Proceedings of the Business and Economic Statistics Section of the American Statistical Association.

Oppenländer, K. H. (1996a). Zum Konjunkturphänomen. In: *Konjunkturindikatoren* (K. H. Oppenländer, Hrsg.). 4–22. Oldenbourg. München. 2. Aufl.

Oppenländer, K.H. (1996b). Eigenschaften und Einteilung von Konjunkturindikatoren. In: *Konjunkturindikatoren* (K. H. Oppenländer, Hrsg.). 23–29. Oldenbourg. München. 2. Aufl.

Oppenländer, K.H. (1996c). *Konjunkturindikatoren.* Oldenbourg. München. 2. Aufl.

Oppenländer, K.H. und G. Poser (1989). *Handbuch der Ifo-Umfragen.* Duncker & Humblot. Berlin.

Ostwald, D.A., B. Legler, M.C. Schwärzler und S. Tetzner (2015). Der ökonomische Fuß-abdruck der Gesundheitswirtschaft in Mecklenburg-Vorpommern. Technical report. WifOR. Darmstadt.

O'Sullivan, M., U. Lehr und D. Edler (2015). Bruttobeschäftigung durch erneuerbare Energien in Deutschland und verringere fossile Brennstoffimporte durch erneuerbare Energien und Energieeffizienz. Technical Report 21/15. Bundesministerium für Wirtschaft und Energie.

Pedersen, T.M. (2001). The Hodrick-Prescott filter, the Slutzky effect, and the distortionary effect of filters. *Journal of Economic Dynamics & Control* **25**, 1081–1101.

Persons, W.M. (1919). An index of general business conditions. *The Review of Economics and Statistics* **1**, 109–211.

Phillips, P.C.B. und P. Perron (1988). Testing for a unit root in time series regression. *Biometrika* **75**, 335–346.

Pindyck, R.S. und D.L. Rubinfeld (1998). *Econometric Models and Economic Forecasts.* McGraw- Hill. New York. 4. Aufl.

Pohlmeier, W., G. Ronning und J. Wagner (2005). Guest editorial: Econometrics of anonymized micro data. *Jahrbücher für Nationalökonomie und Statistik* **225**(5), 515–516.

Popper, K.R. (1994). *Logik der Forschung.* Mohr & Siebeck. Tübingen. 10. Aufl.

Prey, H. und E. Wolf (2004). Catch me if you can. Erklärungsfaktoren des Lohndifferenzials zwischen Männern und Frauen in den Jahren 1984 bis 2001. In: *Herausforderungen an den Wirtschaftsstandort Deutschland* (B. Fitzenberger, W. Smolny und P. Winker, Hrsg.). Band 72 von *ZEW Wirtschaftsanalysen.* 143–167. Nomos. Baden-Baden.

Projektgruppe Gemeinschaftsdiagnose (2016). Gemeinschaftsdiagnose Herbst 2016. *ifo Schnelldienst* **69**(19), 1–60.

Radermacher, W. und T. Körner (2006). Fehlende und fehlerhafte Daten in der amtlichen Statistik. Neue Herausforderungen und Lösungsansätze. *Allgemeines Statistisches Archiv* **90**, 553–576.

Räth, N. (2016). Volkswirtschaftliche Gesamtrechnungen – Reflexionen 2016. *Wirtschaft und Statistik* **3**, 96–113.

Räth, N. und A. Braakmann (2010). Bruttoinlandsprodukt 2009. *Wirtschaft und Statistik* **1**, 13–28.

Räth, N. und A. Braakmann (2016). Bruttoinlandsprodukt 2015. *Wirtschaft und Statistik* **1**, 9–32.

Ratha, D., S. Mohapatra und A. Silwal (2009). Migration and remittance trends 2009. Migration and Development Brief 11. World Bank.

Rengers, M. (2006). Unterbeschäftigung als Teil des Labour-Force Konzeptes. *Wirtschaft und Statistik* **3**, 238–256.

Rinne, H. (2004). *Ökonometrie.* Vahlen. München.

Ronning, G. (1991). *Mikroökonometrie.* Springer. Heidelberg.

Ronning, G. (2006). Microeconometric models and anonymized micro data. *Allgemeines Statistisches Archiv* **90**, 153–166.

Ronning, G. (2011). *Statistische Methoden in der empirischen Wirtschaftsforschung.* LIT. Münster. 2. Aufl.

Ruud, P.A. (2000). *An Introduction to Classical Econometric Theory.* Oxford University Press. New York.

Sachverständigenrat zur Begutachtung der gesamtwirtschaftlichen Entwicklung (1970). *Konjunktur im Umbruch – Risiken und Chancen.* Kohlhammer. Stuttgart.

Sachverständigenrat zur Begutachtung der gesamtwirtschaftlichen Entwicklung (1994). *Den Aufschwung sichern – Arbeitsplätze schaffen.* Metzler-Poeschel. Stuttgart.

Sachverständigenrat zur Begutachtung der gesamtwirtschaftlichen Entwicklung (1996). *Reformen voranbringen.* Metzler-Poeschel. Stuttgart.

Sachverständigenrat zur Begutachtung der gesamtwirtschaftlichen Entwicklung (2003). *Staatsfinanzen konsolidieren – Steuersysteme reformieren.* Statistisches Bundesamt. Wiesbaden.

Sachverständigenrat zur Begutachtung der gesamtwirtschaftlichen Entwicklung (2004). *Erfolge im Ausland – Herausforderungen im Inland.* Statistisches Bundesamt. Wiesbaden.

Sachverständigenrat zur Begutachtung der gesamtwirtschaftlichen Entwicklung (2005). *Die Chancen nutzen – Reformen mutig voranbringen.* Statistisches Bundesamt. Wiesbaden.

Sachverständigenrat zur Begutachtung der gesamtwirtschaftlichen Entwicklung (2007). *Das Erreichte nicht verspielen.* Statistisches Bundesamt. Wiesbaden.

Sachverständigenrat zur Begutachtung der gesamtwirtschaftlichen Entwicklung (2009). *Die Zukunft nicht aufs Spiel setzen.* Statistisches Bundesamt. Wiesbaden.

Sachverständigenrat zur Begutachtung der gesamtwirtschaftlichen Entwicklung (2015). *Zukunftsfähigkeit in den Mittelpunkt*. Statistisches Bundesamt. Wiesbaden.

Sachverständigenrat zur Begutachtung der gesamtwirtschaftlichen Entwicklung (2016). *Zeit für Reformen*. Statistisches Bundesamt. Wiesbaden.

Sandhop, K. (2012). Geschätstypengewichtung im Verbraucherpreisindex. *Wirtschaft und Statistik* **3**, 266–271.

Schindler, F. und P. Winker (2012). Nichtstationarität und Kointegration. In: *Finanzmarkt–Ökonometrie* (M. Schröder, Hrsg.). 227–266. Schäffer–Poeschel. Stuttgart. 2. Aufl.

Schiopu, I.C. und N. Siegfried (2006). Determinants of workers' remittances: Evidence from the european neighbouring region. ECB Working Paper 688. European Central Bank. Frankfurt.

Schips, B. (1990). *Empirische Wirtschaftsforschung, Methoden, Probleme und Praxisbeispiele*. Gabler. Wiesbaden.

Schira, J. (2016). *Statistische Methoden der VWL und BWL*. Pearson. München. 5. Aufl.

Schlittgen, R. und B.H.J. Streitberg (2001). *Zeitreihenanalyse*. Oldenbourg. München. 9. Aufl.

Schmidt, K. und G. Trenkler (2006). *Einführung in die Moderne Matrix-Algebra*. Springer. Berlin. 2. Aufl.

Schneider, F. (2005). Shadow economies around the world: What do we really know?. *European Journal of Political Economy* **21**, 598–642.

Schneider, F. (2015). Schwarzarbeit, Steuerhinterziehung und Korruption: Was ökonomische und nichtökonomische Faktoren zur Erklärung beitragen. *Perspektiven der Wirtschaftspolitik* **16**(4), 412–425.

Schneider, F. und D. Enste (2000). *Schattenwirtschaft und Schwarzarbeit*. Oldenbourg. München.

Schor, G. (1991). *Zur rationalen Lenkung ökonomischer Forschung*. Campus. Frankfurt.

Schröder, M. (2012). Erstellung von Prognosemodellen. In: *Finanzmarkt–Ökonometrie* (M. Schröder, Hrsg.). 347–401. Schäffer–Poeschel. Stuttgart. 2. Aufl.

Schwarz, G. (1978). Estimating the dimension of a model. *The Annals of Statistics* **6**(2), 461–464.

Sin, C.-Y. und H. White (1996). Information criteria for selecting possibly misspecified parametric models. *Journal of Econometrics* **71**(1–2), 207–225.

Sonnenburg, A., B. Stöver und M.I. Wolter (2016). Ansatzpunkte zur Abschätzung der ökonomischen Folgen der Flüchtlingszahlen und erste Quantifizierung – Aktualisierung. Technical Report 2016/03. GWS. Osnabrück.

Speth, H.-T. (1994). Vergleich von Verfahren zur Komponentenzerlegung von Zeitreihen. *Wirtschaft und Statistik* **2**, 98–108.

Speth, H.-T. (2004). Komponentenzerlegung und Saisonbereinigung ökonomischer Zeitreihen mit dem Verfahren BV4.1. Methodenberichte 3. Statistisches Bundesamt.

Stahmer, C. (2010). Organisatorischer Neuanfang und erste Berechnungen. *Wirtschaft und Statistik* **2**, 179–195.

Stahmer, C., P. Bless und B. Meyer (2000). Input-Output-Rechnung: Instrumente zur Politikberatung. Informationen für ein Pressegespräch am 30. August 2000. Statistisches Bundesamt.

Stamfort, S. (2005). Berechnung trendbereinigter Indikatoren für Deutschland mit Hilfe von Filterverfahren. Diskussionspapier, Reihe 1: Volkswirtschaftliche Studien 19/2005. Deutsche Bundesbank. Frankfurt a. M.

Statistisches Bundesamt (1997). *Das Arbeitsgebiet der Bundesstatistik 1997*. Metzler-Poeschel. Stuttgart.

Statistisches Bundesamt (2005). *Preise in Deutschland*. Statistisches Bundesamt. Wiesbaden.

Statistisches Bundesamt (2013). *Hedonische Methoden in der amtlichen Preisstatistik – Update*. Statistisches Bundesamt. Wiesbaden.

Statistisches Bundesamt (2016). *Input-Output-Rechnung nach 12 Gütergruppen / Wirtschafts- und Produktionsbereichen 2012 (Revision 2014)*. Statistisches Bundesamt. Wiesbaden.

Stephan, G. (2008). The effects of active labor market program in Germany: An investigation using different definitions of non-treatment. *Jahrbücher für Nationalökonomie und Statistik* **228**(5+6), 586–611.

Stier, W. (1999). *Empirische Forschungsmethoden*. Springer. Berlin. 2. Aufl.

Stier, W. (2001). *Methoden der Zeitreihenanalyse*. Springer. Berlin.

Stobbe, A. (1994). *Volkswirtschaftliches Rechnungswesen*. Springer. Berlin. 8. Aufl.

Stock, J.H. und M.W. Watson (2012). *Introduction to Econometrics*. Pearson. Boston, MA. 3. Aufl.

Strack, D., H. Helmschrott und S. Schönherr (1997). Internationale Einkommensvergleiche auf der Basis von Kaufkraftparitäten: Das Gefälle zwischen Industrie- und Entwicklungsländern. *ifo Schnelldienst* **10**, 7–14.

Swann, G.M.P (2006). *Putting Econometrics in its Place*. Edward Elgar. Cheltenham.

Szenzenstein, J. (1995). Preisindizes für industrielle Güter in der amtlichen Statistik. In: *Preismessung und technischer Fortschritt* (D. Harhoff und M. Müller, Hrsg.). 11–36. Nomos. Baden-Baden.

Tachowsky, P. (2015). Illegale Aktivitäten in den Volkswirtschaftlichen Gesamtrechnungen. *Wirtschaft und Statistik* **2**, 28–41.

Tatem, A.J., C.A. Guerra, P.M. Atkinson und S.I. Hay (2004). Momentous sprint at the 2156 Olympics?. *Nature* **431**, 525.

ten Raa, Thijs (2005). *The Economics of Input-Output Analysis*. Cambridge University Press. Cambridge.

Thüringer Landesamt für Statistik (2016). *Natürliche Bevölkerungsbewegungen in Thüringen 2015*. Thüringer Landesamt für Statistik. Erfurt.

Thury, G. und M. Wüger (1992). Outlier detection and seasonal adjustment. *Empirica* **19**(2), 245–257.

Tichy, G. (1994). *Konjunktur*. Springer. Berlin. 2. Aufl.

Tödter, K.-H. (2005). Umstellung der deutschen VGR auf Vorjahrespreisbasis. Diskussionspapier 31/2005. Deutsche Bundesbank. Frankfurt a. M.

Tödter, K.-H. (2010). How usefull is the carry-over effect for short-term economic forecasting?. Discussion Paper Series 1: Economic Studies 21/2010. Deutsche Bundesbank. Frankfurt a. M.

Twain, M. (2001). *Leben auf dem Mississippi*. Aufbau. Berlin.

United Nations Development Programme (2005). Human Development Report 2005. Technical report. United Nations Development Programme. New York.

United Nations Development Programme (2009). Human Development Report 2009. Technical report. United Nations Development Programme. New York.

United Nations Development Programme (2015). Human Development Report 2015. Technical report. United Nations Development Programme. New York.

U.S. Census Bureau (2016). X-13ARIMA-SEATS reference manual. Technical report. U.S. Census Bureau, Statistical Research Division. Washington.

Vigen, T. (2015). *Spurious Correlations*. Hachette. New York.

Vlaeminck, S., R. Toepfer, K. Tochtermann, B. Hausstein, Y. Sure-Vetter, G.G. Wagner und M. Fräßdorf (2014 (2. Aufl.)). *Auffinden, Zitieren, Dokumentieren: Forschungsdaten in den Sozial- und Wirtschaftswissenschaften*. ZBW - Leibniz-Informationszentrum Wirtschaft. Kiel.

Vogelvang, B. (2005). *Econometrics: Theory and Applications with EViews*. Prentice Hall. Harlow.

von Auer, L. (2007). Hedonic price measurement: the CCC approach. *Empirical Economics* **33**, 289–311.

von der Lippe, P. (2007). *Index Theory and Price Statistics*. Peter Lang. Bern.

Wagner, G.G., J. Göbel, P. Krause, R. Pischner und I. Sieber (2008). Das Sozio-oekonomische Panel (SOEP): Multidisziplinäres Haushaltspanel und Kohortenstudie für Deutschland. *AStA Wirtschafts- und Sozialstatistisches Archiv* **2**(4), 301–328.

Wallace, T.D. und J.L. Silver (1988). *Econometrics: An Introduction*. Addison-Wesley. Reading.

Walras, L. (1874). *Elements d'économie politique pure*. Corbaz. Lausanne.

Weichhardt, R. (1982). *Praxis der Konjunkturprognose*. Kohlhammer. Stuttgart.

Wewel, M.C. (2014). *Statistik im Bachelor-Studium der BWL und VWL*. Pearson. München. 3. Aufl.

White, H. (1980). A heteroskedasticity-consistent covarianz estimator and a direct test for heteroskedasticity. *Econometrica* **48**, 817–838.

Winker, P. (1996). *Kreditrationierung auf dem Markt für Unternehmenskredite in der BRD*. Mohr & Siebeck. Tübingen.

Winker, P. (1999). Sluggish adjustment of interest rates and credit rationing. *Applied Economics* **31**, 267–277.

Winker, P. und F. Rippin (2005). Hedonic regression for digital cameras in Germany. Diskussionspapier 2005–005E. Staatswissenschaftliche Fakultät. Universität Erfurt. http://www.econstor.eu/dspace/handle/10419/23942.

Winker, P. und K.-T. Fang (1999). Zufall und Quasi-Monte Carlo Ansätze. *Jahrbücher für Nationalökonomie und Statistik* **218**, 215–228.

Winkler, O.W. (2009). *Interpreting Economic and Social Data*. Springer. Berlin.

Wolters, J. (2004). Dynamische Regressionsmodelle. In: *Arbeiten mit ökonometrischen Modellen* (W. Gaab, U. Heilemann und J. Wolters, Hrsg.). 47–83. Physica. Heidelberg.

Wolters, J. und U. Hassler (2006). Unit root testing. *Allgemeines Statistisches Archiv* **90**, 43–58.

Wooldridge, J. M. (2010). *Econometric Analysis of Cross Section and Panel Data*. MIT Press. Cambridge, MA. 2. Aufl.

York, R. und P. Atkinson (1997). The reliability of quarterly national accounts in seven major countries: A user's perspective. *Journal of Economic and Social Measurement* **23**(4), 239–262.

Zöfel, P. (2003). *Statistik für Wirtschaftswissenschaftler*. Pearson. München.

The manufacturer's authorised representative in the EU is Springer
Nature Customer Service Centre GmbH, Europaplatz 3, 69115 Heidelberg,
Germany. If you have any concerns regarding our products, please
contact ProductSafety@springernature.com

Printed and bound by CPI Group (UK) Ltd, Croydon, CR0 4YY
27/04/2026
02097666-0008